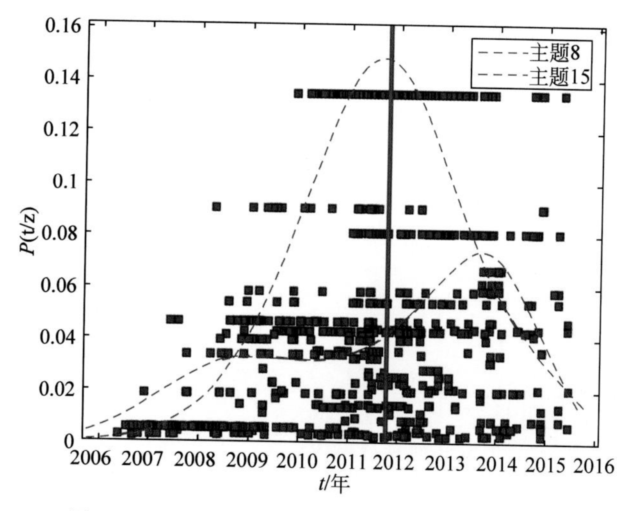

图 6-7 主题 8 和主题 15 的主题时间特性示意图

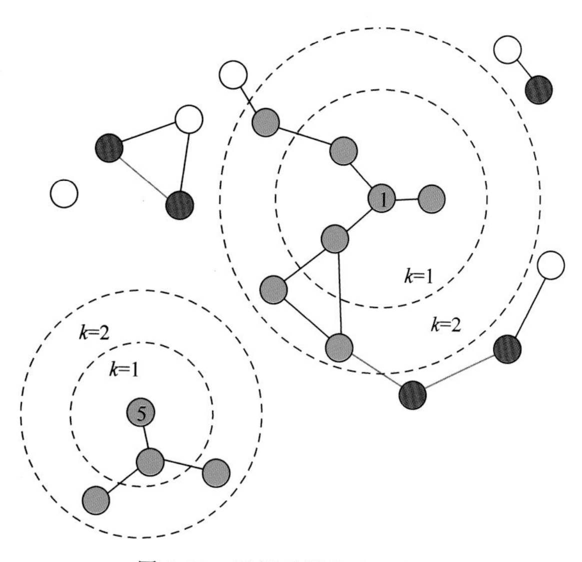

图 7-25 局部采样方法示意图

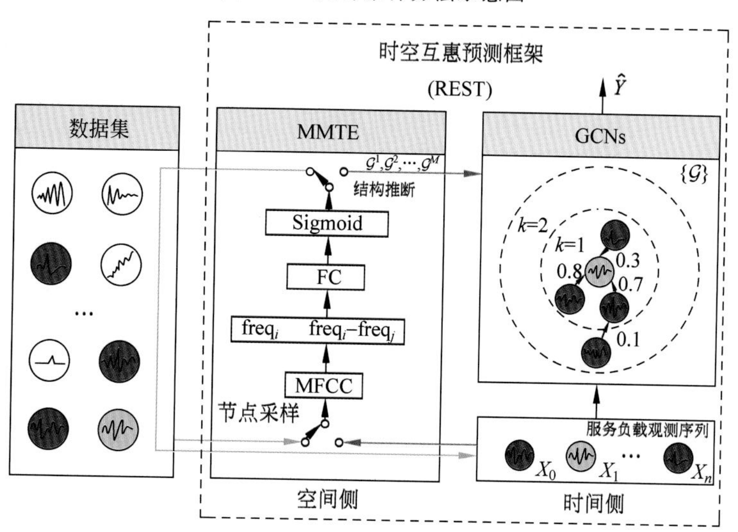

图 7-32 时空互惠预测框架

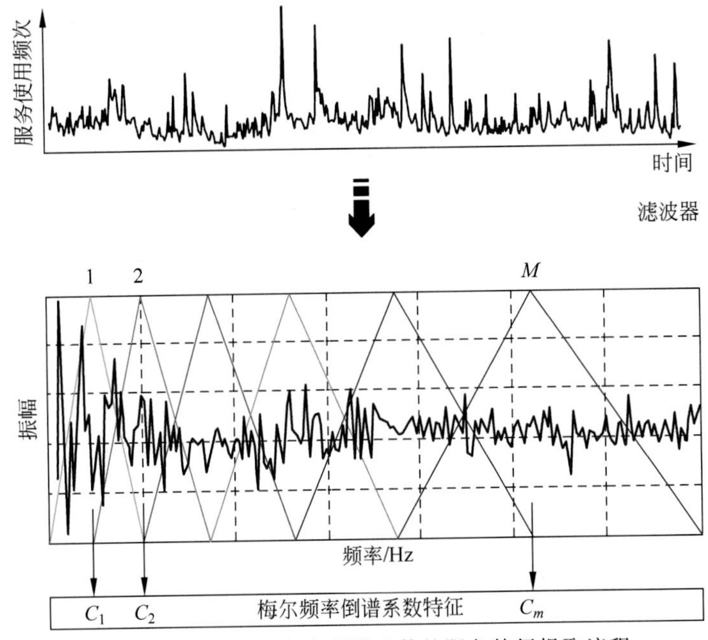

图 7-33　基于梅尔频率倒谱系数的服务特征提取流程

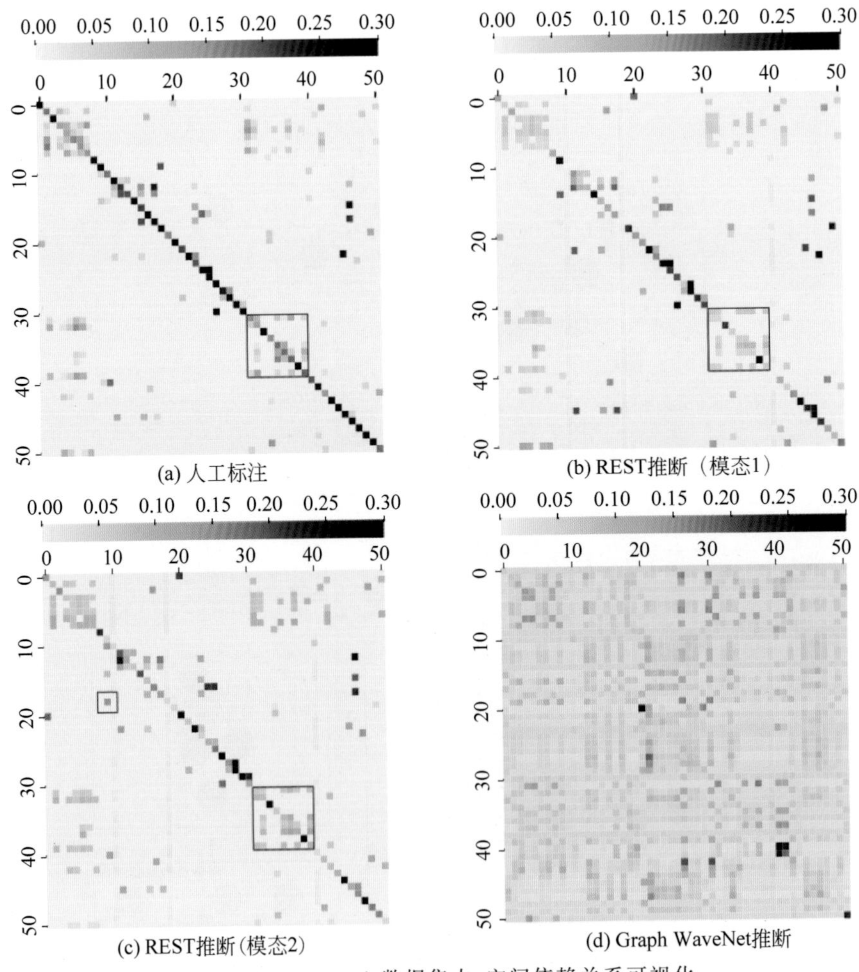

图 7-36　Metr-LA 数据集中，空间依赖关系可视化

服务互联网

体系结构与聚合协同方法

范玉顺　黄双喜◎著

清华大学出版社
北京

内容简介

本书是一部系统论述服务互联网系统模型、体系结构、行为演化规律的学术性专著。全书共分为8章，其中第1、2章介绍了服务互联网基本概念与组成，以及多层次自适应服务互联网体系结构；第3、4章介绍了服务互联网生态系统特性，服务种群/群落演化模型，以及基于生态系统理论的服务互联网系统特性分析；第5～8章介绍了服务表示、服务发现组合、服务预测、服务推荐等典型的服务聚合协同方法。

本书适合作为广大高校计算机专业、软件专业、自动化专业研究生自学参考用书。

图书在版编目(CIP)数据

服务互联网体系结构与聚合协同方法/范玉顺，黄双喜著．—北京：清华大学出版社，2022.9
ISBN 978-7-302-59645-5

Ⅰ．①服… Ⅱ．①范… ②黄… Ⅲ．①物联网－研究 Ⅳ．①TP393.4

中国版本图书馆 CIP 数据核字(2021)第 251153 号

责任编辑：赵 凯
封面设计：刘 键
责任校对：焦丽丽
责任印制：宋 林

出版发行：清华大学出版社
网　　址：http://www.tup.com.cn，http://www.wqbook.com
地　　址：北京清华大学学研大厦 A 座　　**邮　　编**：100084
社 总 机：010-83470000　　**邮　　购**：010-62786544
投稿与读者服务：010-62776969，c-service@tup.tsinghua.edu.cn
质量反馈：010-62772015，zhiliang@tup.tsinghua.edu.cn
课件下载：http://www.tup.com.cn，010-83470236
印 装 者：三河市龙大印装有限公司
经　　销：全国新华书店
开　　本：185mm×260mm　**印　张**：15.5　**插　页**：1　**字　　数**：384 千字
版　　次：2022 年 10 月第 1 版　**印　　次**：2022 年 10 月第1 次印刷
印　　数：1～1000
定　　价：89.00 元

产品编号：093620-01

前言
FOREWORD

随着服务计算技术及模式的不断发展，面向服务思想已成为计算机科学与技术的主流思想之一。现实中的各类物理资源及人工服务通过虚拟化方式被接入互联网。万物皆服务的思想使得互联网不再是一个只提供通信和连接服务的网络技术平台，而演化成为连接服务计算与商务服务的桥梁，深刻改变着计算和商务模式。

服务互联网可以看作互联网发展的高级阶段。它是一种基于互联网的、由海量异质服务组成的、动态演化的复杂类生态系统。每个服务由服务提供商提供以满足特定的功能需求；服务根据服务消费者的需求，通过第三方服务组合开发者进行个性化定制或者动态组合形成服务组合从而创造价值增值。海量的服务在长期的竞争协作过程中形成复杂的关联关系，具备动态演化、持续增长、自组织等生态系统特性。

服务互联网的出现与快速发展，引起了服务计算、软件工程、现代服务业等相关技术和领域的新变革，也对相关理论和技术提出了一系列挑战，主要涉及服务互联网的形态、结构及特性等方面。由于网络环境中的服务特性千差万别，而且交互过程复杂，传统方法和理论很难对这些服务聚合所形成的复杂服务网络的规律、特性及行为进行预测和分析，必须利用新的方法和理论，对服务互联网的规律、机理进行分析，建立服务互联网结构与行为模型，对网络环境下异种、异构服务资源的聚合及演化过程进行分析、管理和控制。近年来，人们一直对服务互联网体系结构及特性分析中所存在的科学问题与基础性理论方法进行研究，期望能够为服务互联网的发展提供理论指导与技术支撑。

本书基于人们对服务互联网多年研究的成果，对服务互联网的概念、结构与模型，以及服务互联网的聚合协同机制进行详细的介绍。主要分为服务互联网结构与模型、服务互联网特性分析方法、服务互联网聚合协同机制三个方面。希望能够形成系统化的理论基础，对服务互联网形成与演化过程进行科学化分析。本书内容对于服务互联网的建立与优化具有重要理论价值，对于现代服务业相关领域的推广应用也具有重要指导意义。

范玉顺

2022年7月

FOREWORD

CONTENTS

第1章

服务互联网生态系统概念与模型

1.1 研究背景与现状

1.1.1 研究背景与意义

生态系统被认为是一个鲁棒的、规模可伸缩、持续、动态、自适应、自组织、能够自动解决复杂动态问题的复杂系统[1]。因此借鉴生态系统的概念,学术界和工业界已经发展形成了产业生态系统(Industrial Ecosystem)、商业生态系统(Business Ecosystem)、数字商业生态系统(Digital Ecosystem)、软件生态系统(Software Ecosystem)等概念。随着面向服务的思想的广泛应用,催生了 Web 服务生态系统(Web Service Ecosystem)、业务服务生态系统(Business Service Ecosystem,BSE)、务联网(Internet of Service)等模型。因此,服务互联网生态系统(Service Ecosystem)的概念是随着产业环境变革、面向服务架构(SOA)不断发展而催生的,如图 1-1 所示。

随着面向服务思想的广泛应用,企业和组织正在越来越多地将其业务流程、业务能力、数据资源等封装成为业务服务,并通过互联网实现相互的协作,以应对动态变化的市场环境。

同理,面向服务的思想已经成为软件领域的主流之一,软件即服务的广泛应用使得大量的软件采用面向服务的框架进行封装成为 Web 服务,软件生态系统也逐渐转变成为 Web 服务生态系统。Alistair Barros 等定义 Web 服务生态系统的五类主要角色,并将 Web 服务生态系统看成服务的集合,进而讨论服务的供应、发现与编排、交互、质量管理以及服务协调等关键问题[2]。由于目前大部分 Web 服务是由各个服务提供商提供并且分布在互联网环境中,因此 Riedl 等强调了服务平台提供商的重要性,通过引入服务平台实现对互联网环境中分散的服务的发现和搜索[3]。与此同时,由于服务消费者需求的动态性和复杂性,往往一个服务难以满足服务消费者的实际需求,而是需要通过相互协同形成服务组合(Service Composition)才能为服务消费者提供服务从而创造价值增值。

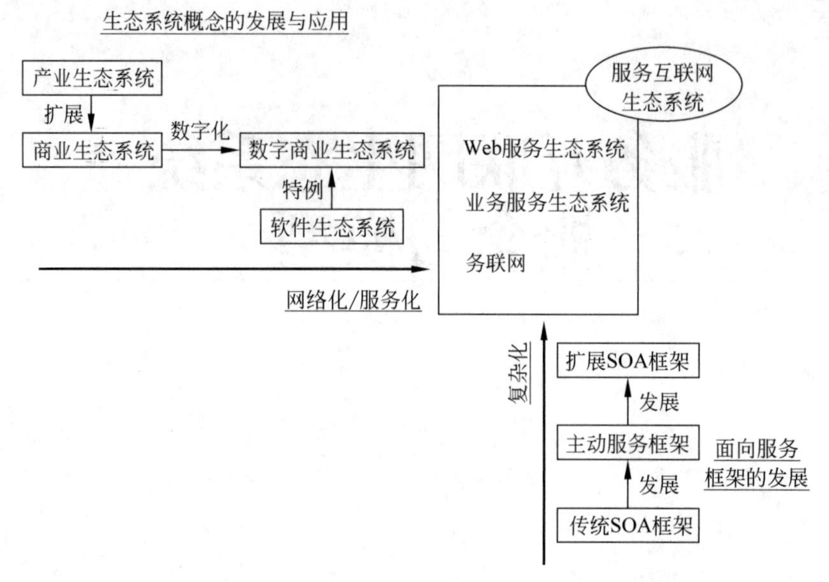

图 1-1 服务互联网生态系统概念的发展历程

因此，从以上的分析可以看出，随着海量的服务（包括业务服务、Web 服务等）被服务提供商发布到互联网中，而为了实现服务消费者动态变化、复杂的实际需求，不同的服务不一定完全按照服务提供商设定的方式运行，而是通过第三方服务组合开发者的个性化定制或者动态组合形成服务组合，从而满足服务消费者的实际需求，进而创造价值增值。在长期的竞争协作过程中具备了复杂系统自组织特性和协同进化特性，因此为了描述海量服务在互联网环境中形成的复杂系统，从生态系统概念以及面向服务的思想两个角度出发，服务互联网生态系统可以定义如下：

服务互联网生态系统是一种基于互联网的、由海量异质服务组成的、动态演化的复杂类生态系统。每个服务由服务提供商提供以满足特定的功能需求；服务根据服务消费者的需求，通过第三方服务组合开发者进行个性化定制或者动态组合形成服务组合从而创造价值增值。海量的服务在长期的竞争协作过程中形成了复杂的关联关系，具备了动态演化、持续增长、自组织等生态系统特性。

可见，服务互联网生态系统并不是凭空出现，而是由于生态系统在社会-经济-技术等人工系统的成功应用以及面向服务思想的广泛应用而逐渐发展形成的概念，其产生的目标在于对分布于互联网当中的海量服务进行有效的管理，促进服务的应用，从而创造价值增值。

1.1.2 国内外研究现状

在服务互联网生态系统中，大量的服务提供商通过互联网提供服务，海量的服务共存于互联网中。具备相似功能的服务将会相互竞争以获得应用，从而为服务提供商创造经济效益或者扩大服务提供商的影响力。而为了方便服务的选择，服务平台提供商收集分布在互联网环境当中的海量服务，并且将服务组织成为服务功能领域，在此基础上进行标注和分类，从而降低服务搜索和服务选择的难度。由于服务消费者需求的复杂性和动态性，往往不存在一个完全满足服务消费者需求的功能，需要对服务进行定制，甚至一个服务无法满足需求，而是需要多个服务通过构建服务组合才能满足服务消费者所需要的功能。然而由于服务消费者往往不具备对服务进行个性化定制或者构建服务组合的能力，因此，需要第三方服务组合开发者对服务进行个性化定制或者构建服务组合。由于存在海量的服务能够提供所需要的服务功能，所以第三方服务组合开发者需要从海量的服务中选择所需要的服务。与此同时，由于第三方服务组合开发者以及服务消费者作为服务互联网生态系统的用户有着个性化的需求，如所处的地理位置、对服务的偏好等，所以对服务组合的个性化体验产生不同的需求。为了从系统的层面对海量服务形成的服务互联网生态系统进行分析和管理，有必要主要从系统、组织两个层面深入探索。

在系统层面，服务提供商提供服务，并将其发布到互联网中，服务通过互联网相互竞争和协作。该层面的核心问题包括：如何建模从而能够有效描述海量服务以及服务之间的复杂关联关系？如何对海量服务的特性进行量化分析？如何预测系统的演化过程？因此该层面主要解决系统认知的问题。

在组织层面，海量的服务通过服务平台或者自组织的方式形成服务功能领域，从而协助服务选择。该层面的核心问题包括：如何对海量服务进行有效的组织和管理？如何识别服务领域中的可信服务？如何对服务和服务功能领域进行标注？因此该层面主要解决组织优化的问题。

1. 服务互联网生态系统系统模型研究现状

本节将从服务互联网生态系统中服务、服务系统两个维度，对服务互联网生态系统在系统层面的研究进行总结和分析。其中，服务统计特性分析主要从海量服务个体的特性进行统计分析，服务关联网络分析讨论海量服务之间的关联关系，以及基于这些关联关系构成的服务关联网络。

1）服务统计特性分析

在服务互联网生态系统中，为了对服务系统的特性进行分析，需要采集分布于网络中的海量服务，进而对服务系统的特性进行量化描述。Fan 和 Kambhampati 于 2005 年构建网络爬虫获取了几个公开的服务注册中心，进而对服务系统的规模、复杂性、多样性以及描述的有效性进行分析[4]。Li 等则于 2006 年进行更深入的详细分析，提出通过搜索引擎获取分布于互联网中服务的设想[5]。在此基础上，Masri 和 Mahmoud[6]于 2008 年结合从服务注册中心获取服务以及通过搜索引擎获取服务两种方式，从互联网中获取服务，进而对从以上两个渠道所获得服务的规模、可用性、复杂性、多样性以及描述的有用性进行比较分析。而为了分析互联网中服务的服务质量，Zheng 等于 2009 年通过搜索引擎、服务门户网站以及知名公司网站等方式采集了互联网中的 21 197 个公开服务[7,8]。进而通过 Planet-Lab 构建分布于多个国家的节点，模拟访问分布在不同国家地区的服务从而采集得到服务的响应时间(Round Trip Time，RTT)以及失败率(Failure Rate，FR)，首次对实际互联网环境下的服务 QoS 进行了采集分析。

2）服务关联网络分析

在服务互联网生态系统中，服务并不是完全独立地存在，而是在长期的协作过程中形成了复杂的关联关系。因此服务之间的关联关系成为服务互联网生态系统成功的一个重要方面,已经引起了工业界和学术界的广泛关注[9,10]。

Kil 等在对服务 WSDL 文件解析的基础上,基于服务接口参数的匹配程度上定义了服务之间的匹配关系,在此基础上形成了服务参数网络、服务接口网络以及服务网络三个层次的网络模型,在此基础上对三个网络体现出来的幂律特性和小世界特性进行了初步的分析[11]。Zheng 和 Athman 在服务接口参数之间匹配关系的基础上定义了服务可组合网络并探讨如何从网络中挖掘有趣、有用的服务组合模式[12]。Guo 等基于服务的接口匹配关系定义服务可组合关系,基于服务提供商之间的关系定义服务之间的商业实体关系以及基于服务之间协作频次的统计协作关系,并在此基础上探讨这些关联关系对于构建服务组合的影响[13]。

为了描述服务之间的语义关联关系,Zhuge 从语义关联的角度定义了语义链网络模型(Semantic-Link Network),是一种面向 Web 资源管理的语义数据模型[14,15]。Liu 等利用元模糊认知图(Element-Fuzzy Cognitive Map,E-FCM)从语义角度对服务进行定义,并利用 E-FCM 的相似和关联关系构建服务协作语义链;进而利用 E-FCM 描述 Web 资源,构建 Web 资源之间协作链网络(Association Link Network,ALN),并对 ALN 的小世界特性和度分布进行分析[16]。赵安平基于服务之间的交互消息以及 Markov 概率图模型挖掘服务之间的语义关系,对服务之间的语义关系进行标注,形成基于语义链网络的服务语义链网络(Service Semantic Link Network,S-SLN)[17]。

Liang 和 Su 则将服务定义为包含输入数据和输出数据的操作节点,根据输入数据和输出数据之间的数据属性关系构建服务之间的依赖网络(Service Dependencies Graph,SDG)。Gu 等从服务所操作的数据对象以及数据对象之间的包含关系构建服务数据关联(Service Data Link,SDL)模型,并且与 SDG 模型结合形成 SDG+模型,支持服务数据之间属性数量、属性转换以及显式依赖的定义[18]。

叶世阳从服务质量关联的角度出发,定义基于服务描述的服务质量关联关系发现方法,并且在此基础上构建基于 0-1 整数线性规划的考虑服务 QoS 关联的服务选择方法。Luo 等则进一步从服务质量关联的角度出发定义选择结果关联、质量属性关联、功能属性关联三种服务质量关联关系,并基于此形成服务质量关联分类体系和建模方法[19]。

Maamar 等基于服务的相似角度出发定义了竞争、协作、替代三种服务间行为关系,从服务在生态系统中的生态位定义监督和推荐两种社会关系,从服务在服务互联网生态系统中所扮演的角色构建服务之间的服务社交化网络,在此基础上分析服务的响应模式对服务管理带来的要求以及对服务选择的影响[20]。

Pedrinaci 等从关联数据(Linked Data)的角度出发,提出基于资源描述框架(Resource Description Framework(schema),RDF(s))的最小服务模型(Minimal Service Model,MSM),从而将服务转换成为关联服务(Linked Service)[21];Chen 等则在此基础上基于关联数据之间的关系定义服务之间的关联模式,在此基础上构建全局服务关联网络(Global Social Service Network),并且与关联数据相结合支持基于服务关联网络的服务搜索[22]。

从以上分析可以看出,目前对服务之间的关联网络主要涵盖以下几个方面:

(1) 基于服务接口参数匹配关系形成的逻辑关系网络;

(2) 基于服务语义链关系形成的语义链关系网络;

(3) 基于服务数据关系形成的数据关系网络；

(4) 基于服务质量依赖关系形成的服务质量关系网络；

(5) 基于服务行为和社会关系形成的社会化关系网络；

(6) 基于关联数据关系形成的关联服务关系网络；

(7) 基于服务组合关系形成的服务协作关系网络。

可见，对服务关系的分析正在从基于服务的内在机制（服务接口参数、服务语义链、服务数据、服务质量）逐渐转向服务的外在关系（服务行为和社会关系、服务关联数据关系、服务组合关系），并利用历史数据和外部数据来挖掘服务的关联关系。其原因在于出于隐私和商业利益的考虑，服务提供商没有动力公开服务的内部机制，但有动力发布其服务被使用的情况。此外，随着关联数据在知识管理领域的迅速发展，通过关联数据对服务进行标注将能够丰富服务之间的关系，从而进一步方便对分布在互联网中的服务进行搜索和选择。

2. 服务自动化组织研究现状

服务互联网生态系统中存在海量的服务，如何对海量的服务进行有效的组织，进而协助服务组合开发者进行服务选择，对于服务互联网生态系统的管理有着重要的意义。特别是随着服务数量的迅速增长，如何对海量的服务进行有效的组织，将能够有效降低服务发现和服务选择的难度。而对海量服务进行组织的一种最有效的方法就在于根据服务之间的相似度进行聚类。目前关于服务组织的研究主要从服务功能和服务质量两个角度展开。

1) 基于服务功能的服务组织

部分学者从语义的角度研究服务的聚类问题。Bianchini 等从服务的功能、服务提供商以及服务请求三个角度构建服务的语义模型，并且从两个服务接口名称的语义相似度、接口参数的语义相似度两个角度计算服务的语义相似度，在此基础上利用 UDDI 提供的服务目录的组织方式对服务进行组织[23]。Pop 等针对服务输入/输出接口的参数的语义描述，构建基于蚁群启发式算法的服务语义相似度计算方法，从而对服务进行基于语义的聚类[24]。

部分研究则基于关键词匹配的角度展开研究。Liu 等则从 WSDL 文件中抽取服务名称、服务提供商名称、服务内容以及服务场景四个特征值，进而构建关键词向量，根据向量的余弦相似度进行相似度的计算[25]。

2) 基于服务质量的服务组织

在实际的应用中，服务的 QoS 至关重要，往往对于服务的应用起到至关重要的影响。因此部分学者从服务质量的角度讨论服务的组织。张良杰等从服务解决方案的角度出发，抽取服务可访问性、服务成本、服务接口、服务可靠性、服务响应时间以及服务状态等六个特征，并且根据这些特征的欧氏距离计算服务的相似度，最后利用 K 均值聚类方法对服务进行聚类。

1.2　服务互联网生态模型

1.2.1　生态系统模型框架

在服务互联网生态系统中，服务提供商将业务、流程、资源、数据、信息等进行封装，通过 SOAP、REST 或者事件驱动框架（Event Driven Architecture，EDA）等方式发布到互联网中对外提供服务。服务平台提供商搜索和挖掘分布在互联网中的服务，对服务进行统一描述和标注并且将功能相似的服务进行聚类形成服务功能领域，从而形成服务市场，并且在此基础上提供主动服务，如 ProgrammableWeb、Apple App Store、myExperiment、BioCatagory、Google App Engine 等。服务消费者根据实际的业务需求从服务市场中选择相应的服务，或者对服务进行个性化定制，从而实现按需服务的机制。然而由于服务消费者需求的复杂性和不确定性，往往单个服务难以完全满足具体的需求，而是需要多个服务之间相互协同形成服务组合。因此催生第三方服务组合开发者（Third-party Service Composition Developer, SCD），选择一个或者多个服务进行个性化定制和重构，形成增值服务以满足实际的业务需求。因此第三方服务组合开发者在服务互联网生态系统中事实上起到了服务中介（Service Mediator）的作用。需要注意的是，服务消费者和第三发服务组合开发者并不一定是不同的实体，具有服务定制和服务组合开发能力的服务消费者均能够扮演第三方服务组合开发者的角色。但是因为服务消费者和第三方组合开发者在服务互联网生态系统中所起的作用不同，而且大部分服务消费者往往不具备服务定制和服务组合开发的能力，所以本书明确地区分这两个逻辑概念。因此，在服务互联网生态系统中主要包括服务提供商、服务平台提供商、第三方服务组合开发者和服务消费者四类主体，服务、服务组合、服务市场、用户需求四类对象。

1.2.2 服务互联网生态系统对象行为分析

从四类主体的角度出发，可以得知在服务互联网生态系统中主要存在四个增值行为：

(1) 服务提供商通过互联网对外提供服务，以满足特定的功能需求；

(2) 服务平台提供商提供服务市场，以搜索和管理海量的服务，并对功能类似的服务进行聚类组织形成服务功能领域，以便服务的选择和使用；

(3) 第三方服务组合开发者选择一个或者多个服务进行定制并构建服务组合，实现服务之间的协同，以满足复杂的业务需求；

(4) 服务消费者选择服务或者服务组合，通过绑定和调用等操作以满足实际的业务需求。

从四类对象的角度出发，可以得知在服务互联网生态系统中服务之间存在着竞争和协作的关系。

竞争：海量的服务在服务互联网生态系统中聚集形成服务功能领域，相当于生物生态系统中的种群。具有相似功能的服务相互竞争以获得服务消费者的使用，从而为服务提供商获取利益，如收入或者市场影响力等。不断有新的服务进入系统，而部分服务则在竞争过程中逐渐退出系统，相当于生物生态系统中种群个体的进入与退出。

协作：同一个服务组合中的服务相互协作。各个服务在长期的协作过程形成了复杂的协作社团，类似于生物生态系统中的群落。协作社团中的服务之间形成特定的协作模式，能够以更有效的模式满足服务消费者的需求。

与此同时，服务互联网生态系统中的服务以及服务组合以满足服务消费者的需求为目标。服务消费者的需求是整个服务互联网生态系统演化的动力，类似于生物生态系统中的能量输入。生物生态系统中不同种群之间的个体形成食物链，能量沿着食物链递减；而服务互联网生态系统中不同功能领域的服务之间根据实际业务需求形成协作链/价值链，在协作过程中满足业务需求，实现价值增值。虽然协作链并不等同于价值链，价值链也不一定是协作链。协作链强调服务之间的协作关系，而价值链则强调价值增值的过程。但是因为服务在协作过程中构成服务组合从而创造价值增值，因此本书后续内容将不再区分价值链与协作链两个概念。由于实际业务需求的复杂性和不确定性，使得服务互联网生态系统中的协作链更加灵活多变，服务之间的协作关系更加动态复杂。服务互联网生态系统在实际业务需求的推动下不断演化成长。

随着语义网技术的发展，RDF 作为一组标记语言的技术标准，被广泛用于描述和表达网络资源的内容和结构，从而实现跨平台跨领域的交互和协作。不同的服务市场相互融合已经成为一种趋势，因此部分服务平台提供商提供的服务市场正在往专业化的角度发展，从而弱化成为服务功能领域，甚至转变成为一种提供服务搜索和管理的服务。而部分的服务市场则相互融合，逐渐形成基于互联网的统一环境。互联网已经成为最广义的服务市场，类似于生物生态系统的生物圈。而服务功能领域则是最狭义的服务市场，专注于特定功能的服务。因此本书不再单独强调服务市场的概念，而是代之以服务功能领域和互联网。

1.2.3　服务互联网生态系统模型定义

服务互联网生态系统是一种基于互联网的动态演化的复杂类生态系统。表 1-1 汇总了服务互联网生态系统和生物生态系统的概念类比。

表 1-1　服务互联网生态系统和生物生态系统的概念类比

生物生态系统	服务互联网生态系统	生物生态系统	服务互联网生态系统
生物圈	互联网/服务市场①	能量	服务消费需求
生物个体	服务	食物链	协作链/价值链②
种群	服务功能领域	能量递减	价值增值
群落	服务协作社区		

因此，类比生物生态系统，本章将服务互联网生态系统定义如下：

服务互联网生态系统是一种基于互联网的、由海量服务(Service, S)组成的、动态演化的复杂类生态系统。每个服务由服务提供商(Service Provider, SP)提供以满足特定的功能需求，并且根据其服务功能聚合形成服务功能领域(Service Domain, SD)；不同的服务之间由第三方服务组合开发者根据服务消费者(Service User, SU)的业务需求(Service Requirement, SR)构成增值服务组合(Service Composition, SComp)，并且在长期的协同过程中形成服务社团(Service Community, SComm)。

因此服务互联网生态系统可以用三元组进行描述：

$$SS=\{<SP,SCD,SU>,<S,SComp,SR>,<SD,SComm>\} \tag{1-1}$$

其中，$<SP,SCD,SU>$代表服务互联网生态系统中的三种主体的集合，SP 表示所有服务提供商的集合，$SP=\{sp_1,sp_2,\cdots,sp_x\}$，其中 x 表示服务提供商的数量；SCD 表示所有第

① 互联网环境是最广义的服务市场，服务功能领域则是最狭义的服务市场。后续本书不再强调服务市场的概念。

② 服务在协作过程中创造价值增值。协作链从协作行为角度分析服务之间的关系，价值链则从价值增值的角度定义服务之间的关系，后续本书不再区分这两个概念。

三方服务组合开发者的集合，$SCD=\{scd_1,scd_2,\cdots scd_y\}$，其中 y 表示第三方服务组合开发者的数量；SU 表示所有服务消费者的集合，$SU=\{su_1,su_2,\cdots,su_z\}$，其中 z 表示服务消费者的数量；

$<S,SComp,SR>$表示服务互联网生态系统当中的三种对象；S 表示所有服务的集合，$S=\{s_1,s_2,\cdots,s_n\}$，其中 n 表示服务的数量；$SComp$ 表示服务组合的集合，$SComp=\{c_1,c_2,\cdots,c_m\}$，其中 m 表示服务组合的数量；SR 表示服务需求，$SR=\{sr_1,sr_2,\cdots,sr_o\}$，其中 o 表示服务需求的数量。

$<SD,SComm>$则表示海量服务在长期的竞争协作形成的两种组织方式。SD 表示服务功能领域的集合，$SD=\{sd_1,sd_2,\cdots,sd_p\}$，其中 p 表示服务功能领域的数量；$SComm$ 表示服务社团的集合，$SComm=\{sc_1,sc_2,\cdots,sc_q\}$，其中 q 表示服务社团的数量。

需要注意的是，正如前文所言，服务市场从服务功能角度可以看成提供服务搜索和管理等特定功能的服务，从服务组织角度则可以看成服务领域或者多个服务领域的集合；服务平台提供商也可以看成特定的服务提供商。因此本书不再明确强调服务平台提供商以及服务市场这两个概念。

服务是服务互联网生态系统中的基本元素，是由服务提供商提供的能够满足特定业务需求的实体。服务作为一个涉及软件工程、分布式计算、网络协议、业务流程等多个领域的概念，得到了国际标准化组织、工业界以及学术界的广泛关注。其核心内容主要包括服务功能、非功能属性、访问接口、标准规范、访问过程五个部分，其中服务功能代表着满足实际业务需求的能力。非功能属性代表在访问服务过程中体现出来的如服务响应时间、执行成功率等服务质量。访问接口和标准规范代表从技术方面如何访问服务以及服务的设计开发遵循何种规范。访问过程代表服务的交互过程。可见访问过程的描述用于保证服务的正确性，需要在服务进入服务互联网生态系统之前进行验证。而访问接口和标准规范则是服务的技术细节，在实际的应用过程中可以通过创建服务适配器的方式实现服务之间的交互。因此这三者对于服务消费者而言是透明的。所以本书主要关注服务的功能属性和非功能属性。另外，由于服务互联网生态系统处于持续动态演化过程，服务进入系统的时间将是一个重要的因素。因此本书重点关注服务的功能属性、非功能属性、时间属性，并将服务定义为如下的五元组：

$$s_i=\{sp_i,sf_i,qos_i,st_i,sta_i\} \tag{1-2}$$

其中，sp_i 代表服务 s_i 的服务提供商，sf_i 代表服务的功能属性，qos_i 代表服务的非功能属性，st_i 代表服务进入服务互联网生态系统的时间，sta_i 代表服务状态。本书将服务的状态从可用性的角度定义为可用和不可用两种。由于服务的功能属性往往通过自然语言进行描述，因此服务功能属性可以进一步定义为一系列的功能标签（Tag）：

$$sf_i=\{tag_{i1},tag_{i2},\cdots\} \tag{1-3}$$

服务组合是第三方服务组合开发者选择一个或者多个服务进行定制和重构从而实现特定的功能从而满足特定的业务需求。显然服务组合是服务之间协同关系的体现，同时也是服务之间产生价值增值的主要形式，得到了工业界和学术界的广泛关注。服务组合满足服务消费者的业务需求，因此能够得到服务消费者的反馈评价。本书关注服务组合实现的功能，以及服务之间的协作关系、服务消费者对服务组合的反馈、服务组合的时间属性，并将服务组合定义为如下的五元组：

$$c_j=\{cd_j, cf_j, csr_j, cr_j, ct_j, cqos_j\} \tag{1-4}$$

其中，cd_j 表示第三方服务组合开发者；cf_j 表示服务组合支持的业务能力，同理可以用一系列的功能标签进行描述：

$$cf_j=\{tag_{j1}, tag_{j2}, \cdots\} \tag{1-5}$$

csr_j 表示服务组合中各个服务之间的协作关系，可以采用如下二元组表示：

$$csr_j=\{<s_{j1}, s_{j2}, \cdots>, csp_j\} \tag{1-6}$$

其中，$<s_{j1}, s_{j2}, \cdots>$表示服务组合中使用的服务的集合；csp_j 表示服务之间形成的流程结构，如串行、并行、选择、循环等。

cr_j 表示服务消费者对服务组合的反馈评价，ct_j 表示服务组合被构建并发布到服务互联网生态系统当中的时间，$cqos_j$ 表示服务组合对服务消费者而言的服务质量。

服务功能领域是指服务互联网生态系统中功能相似的服务在长期的竞争过程中形成的集合体。服务功能领域中的每一个服务提供相似的功能；与此同时，每一个服务的功能存在一定的差异化，从而与相同服务功能领域中的其他服务进行差异化竞争，因此每一个服务对各个服务功能领域存在一定的隶属度(Membership Degree)。本书将服务功能领域定义为如下二元组：

$$sd_k=\{sdf_k, sdm_k\} \tag{1-7}$$

其中，sdf_k 表示服务功能领域的功能描述，代表服务功能领域中各个服务功能上的共性，可以用一系列的功能标签进行描述：

$$sdf_k=\{<tag_{k1}, tm_{k1}>, <tag_{k2}, tm_{k2}>, \cdots, <tag_{ki}, tm_{ki}>\} \tag{1-8}$$

其中，tm_{ki} 表示服务功能标签 tag_{ki} 描述该服务功能领域服务功能共性的能力。

sdm_k 表示服务功能领域中每一个服务的隶属度，可以定义为一系列二元组：

$$sdm_k=\{<s_{k1}, sdm_{k1}>, <s_{k2}, sdm_{k2}>, \cdots, <s_{kl}, sdm_{kl}>\} \tag{1-9}$$

其中，$<s_{k1}, sdm_{k1}>$表示服务 s_{k1} 对于服务功能领域 sd_k 的隶属度为 sdm_{k1}，$sdm=[0,1]$。显然，如果将隶属度定义为二值函数 $sdm=\{0,1\}$，则表示服务或者完全不隶属于服务功能领域或者完全隶属于服务功能领域：

$$sdm_{kl}=\begin{cases}0, & s_{kl}\notin sd_k\\ 1, & s_{kl}\in sd_k\end{cases} \tag{1-10}$$

服务协作社团是指服务在长期的协同过程中形成的动态集合。在社团中的各个服务存在一定的互补性，在相互协同过程中产生价值增值。在协同过程中每个服务可能从属于多个协同社团。因此类似于服务功能领域，本书将服务协作社团定义为如下的二元组：

$$sc_l=\{scf_l, scm_l\} \tag{1-11}$$

其中，scf_l 表示服务协同社团的功能描述，代表社团中各个服务功能在协同过程中体现出来的功能，可以用一系列功能标签进行描述：

$$scf_l=\{tag_{l1}, tag_{l2}, \cdots\} \tag{1-12}$$

scm_l 表示服务协作社团中每个服务的隶属度，可以定义为一系列二元组：

$$scm_l=\{<s_{l1}, scm_{l1}>, <s_{l2}, scm_{l2}>, \cdots\} \tag{1-13}$$

其中，$<s_{l1}, scm_{l1}>$表示服务 s_{k1} 对于服务协作社团 sc_l 的隶属度为 scm_{l1}，$scm=[0,1]$。显然，如果将隶属度定义为二值函数 $scm=\{0,1\}$，则表示服务或者完全不隶属于服务协作社团或者完全隶属于服务协作社团：

$$scm_{lh} = \begin{cases} 0, & s_{lh} \notin sc_l \\ 1, & s_{lh} \in sc_l \end{cases} \tag{1-14}$$

服务功能领域和服务协作社团是服务互联网生态系统中海量服务的不同组织方式，服务功能领域从功能的角度来组织服务，而服务协作社团则从协作过程的角度来组织服务。

1.3 服务互联网多层异质网络模型

基于服务互联网生态系统的增值行为，容易识别出服务互联网生态系统中各个核心主体和对象之间的关系，主要包括：

(1) 服务提供关系(Provide Relation)：服务提供商提供服务；

(2) 服务组合开发关系(Develop Relation)：第三方服务组合开发者开发服务组合；

(3) 服务调用关系(Invoke Relation)：服务组合调用服务；

(4) 服务组合评价关系(Evaluate Relation)：服务消费者使用服务组合并作出反馈。

网络已经被广泛应用于描述复杂系统的关联关系，其中网络节点代表个体，边代表个体之间的相互关系。基于以上分析，服务互联网生态系统可以很容易地使用如图 1-2 所示的多层异质网络进行描述。因此利用网络模型，可以进一步将服务互联网生态系统形式化定义为一个多层异质网络。

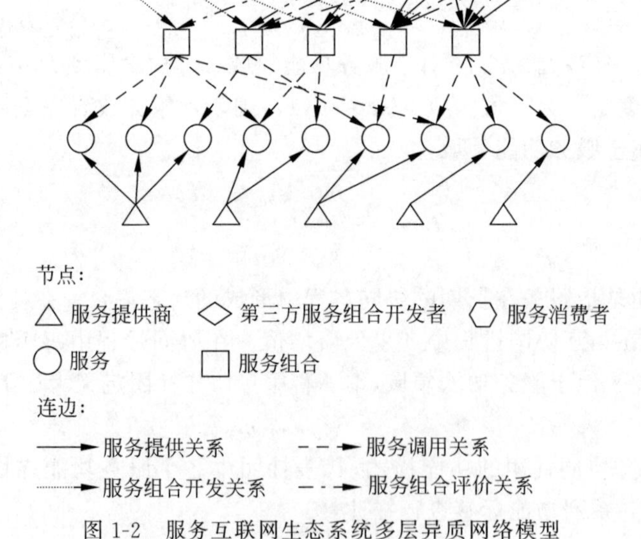

图 1-2 服务互联网生态系统多层异质网络模型

服务互联网生态系统是一个多层异质网络：

$$G^{MHeN} = \{< SP, SCD, SU, S, SComp >, < G^{PrN}, G^{DeN}, G^{InN}, G^{EvN} >\} \tag{1-15}$$

其中，SP 代表服务供应商的集合，SCD 代表第三方服务组合开发者的集合，SU 代表服务消费者的集合，S 代表服务的集合，$SComp$ 代表服务组合的集合；G^{PrN} 代表服务供应商、服务以及服务供应关系构成的服务供应网络，G^{DeN} 代表第三方服务组合开发者、服务组合以及服务组合开发关系构成的服务组合开发网络，G^{InN} 代表服务组合、服务以及服务调用关系构成的服务调用网络，G^{EvN} 代表服务消费者、服务组合以及服务组合评价关系构成的服务组合评价网络。

服务供应网络描述服务供应商以及服务之间的供应关系，可以定义为二部图：

$$G^{PrN}=\{SP,S,E^{Pr}\} \tag{1-16}$$

其中，E^{Pr} 可以表示为

$$E^{Pr}=\{(sp_i,s_j)\mid sp_i\in SP,s_j\in S\} \tag{1-17}$$

因此，服务供应网络可以进一步表示为一个 $x\times n$ 的矩阵 $\boldsymbol{M}^{PrN}=[p_{ij}]_{x\times n}$，其中 x 表示服务供应商的数量，n 表示服务的数量，p_{ij} 为二值函数：

$$p_{ij}=\begin{cases}1, & sp_i\ 提供\ s_j\\0, & sp_i\ 未提供\ s_j\end{cases} \tag{1-18}$$

服务组合开发网络描述第三方服务组合开发者与服务组合之间的开发关系，可以描述为二部图：

$$G^{DeN}=\{SCD,SComp,E^{DC}\} \tag{1-19}$$

其中，SCD 代表第三方服务组合开发者，$SComp$ 代表服务组合，E^{DC} 代表两者之间的开发关系，可以表示为

$$E^{DC}=\{(cd_i,c_j)\mid cd_i\in SCD,c_j\in SComp\} \tag{1-20}$$

因此，服务组合开发网络可以进一步表示为一个 $y\times m$ 矩阵 $\boldsymbol{M}^{DeN}=[d_{ij}]_{y\times m}$，其中 y 表示第三方服务组合开发者的数量，m 代表服务组合的数量，d_{ij} 为二值函数：

$$d_{ij}=\begin{cases}1, & cd_i\ 开发\ c_j\\0, & cd_i\ 未开发\ c_j\end{cases} \tag{1-21}$$

服务调用网络描述服务组合与服务之间的调用关系，可以描述为一个二部图：

$$G^{InN}=\{SComp,S,E^{CS}\} \tag{1-22}$$

其中，$SComp$ 代表服务组合，S 代表服务，E^{CS} 代表服务组合对服务的调用关系，可以表示为

$$E^{CS}=\{(c_i,s_j)\mid c_i\in SComp,s_j\in S\} \tag{1-23}$$

因此，服务调用网络可以进一步表示为一个 $m\times n$ 矩阵 $\boldsymbol{M}^{InN}=[b_{ij}]_{m\times n}$，其中 m 表示服务组合的数量，n 代表服务的数量，b_{ij} 为一个二值函数：

$$b_{ij}=\begin{cases}1, & c_i\ 调用\ s_j\\0, & c_i\ 未调用\ s_j\end{cases} \tag{1-24}$$

服务组合评价网络描述服务消费者对服务组合的评价，可以描述为二部图：

$$G^{EvN}=\{SU,SComp,E^{UC}\} \tag{1-25}$$

其中，$SComp$ 代表服务组合，SU 代表服务消费者，E^{UC} 代表服务消费者对服务组合的评价关系，可以表示为

$$E^{UC}=\{(u_i,c_j,a_{ij})\mid u_i\in SU,c_j\in SComp\} \tag{1-26}$$

其中，a_{ij} 表示服务消费者 u_i 对服务组合 c_j 的评分。因此，服务组合评价网络可以进一步表示为一个 $z\times m$ 矩阵 $\boldsymbol{M}^{EvN}=[a_{ij}]_{z\times m}$，其中 m 表示服务组合的数量，z 代表服务消费者的数量。

1.4 服务互联网竞争协作模型

1.4.1 服务竞争网络

在服务互联网生态系统中，具有相似功能的服务之间存在一定的功能重叠，从而存在一定的竞争关系。为了描述服务之间的竞争关系，本书首先定义服务功能网络。

服务功能网络描述服务与服务标签之间的标注关系，可以描述为一个二部图：

$$G^{SFuN}=\{S,Fu,E^{SF}\} \tag{1-27}$$

其中，S 代表服务的集合，Fu 代表服务标签的集合，E^{SF} 代表服务与服务标签的标注关系，可以表示为

$$E^{SF}=\{(s_i,tag_j)\mid s_i\in S,tag_j\in Fu\} \tag{1-28}$$

因此，服务功能网络可以进一步表示为一个 $n\times h$ 矩阵 $\boldsymbol{M}^{SFuN}=[ftag_{ij}]_{n\times h}$，其中 n 代表服务的数量，h 表示服务功能标签的数量，$ftag_{ij}$ 为一个二值函数：

$$ftag_{ij}=\begin{cases}1, & s_i \text{ 被 } tag_j \text{ 标注}\\ 0, & s_i \text{ 未被 } tag_j \text{ 标注}\end{cases} \tag{1-29}$$

显然，对于服务功能网络中的每一个服务标签节点，与其直接相连的服务节点均提供该服务标签对应的功能，从而存在功能上的竞争，因此这些服务从一定程度上构成了以服务标签为共性功能的服务功能领域。如图 1-3 所示，服务 a、b、c、d 构成了以服务功能标签 5 为功能描述的服务功能领域。

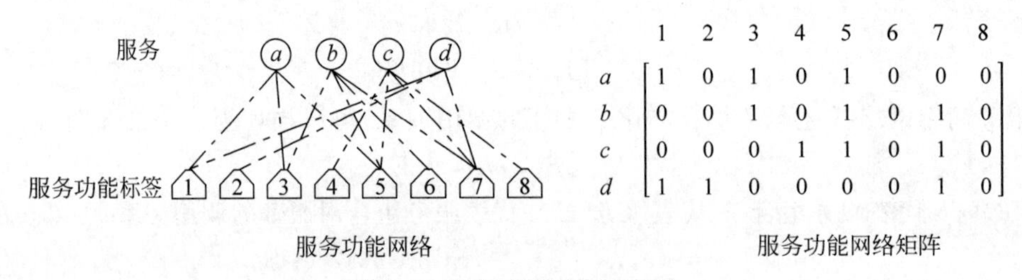

图 1-3 服务功能网络示意图

基于服务之间是否存在相同的服务功能标签，本书定义如下的服务竞争网络。

服务竞争网络描述服务之间在服务功能上的竞争关系，可以表示为一个同质网络：

$$G^{SComN}=\{S,E^{SCom}\} \tag{1-30}$$

其中，S 代表服务的集合，为网络当中的节点；E^{SCom} 代表服务之间的功能竞争关系，当且仅当两个服务 s_i，s_j 之间存在相同的功能标签时，s_i，s_j 之间的连边存在。

$$E^{SCom}=\{(s_i,s_j,scomw_{ij})\mid s_i,s_j\in S,i\neq j\} \tag{1-31}$$

两个服务之间连边的权重 $scomw_{ij}$ 表示两个服务的竞争指数。因此服务竞争网络中的竞争系数可以描述为一个 $n\times n$ 的矩阵 $\boldsymbol{M}^{SComN}=[scomw_{ij}]_{n\times n}$，其中对角线上的元素为 0，非对角线上的元素表示两个服务之间的竞争指数。

非常自然地，可以将服务之间的竞争指数定义为两个服务之间存在的相同功能标签的数量。相同功能标签的数量越多，两个服务之间的竞争程度越高，容易得到服务功能网络与

服务竞争网络之间的关系：

$$\boldsymbol{M}^{SComN}=\boldsymbol{M}^{SFuN}\cdot(\boldsymbol{M}^{SFuN})^{\mathrm{T}} \tag{1-32}$$

以上定义并没有考虑到不同功能标签对于服务竞争指数的影响。不失一般性，可以定义功能标签的权重矩阵 $\boldsymbol{V}^{Fu}$ 用于描述每个功能标签对服务竞争指数的影响，因此式(1-32)可以进一步定义为

$$\boldsymbol{M}^{SComN}=\boldsymbol{M}^{SFuN}\cdot\boldsymbol{V}^{Fu}\cdot(\boldsymbol{M}^{SFuN})^{\mathrm{T}} \tag{1-33}$$

显然，如果将权重矩阵定义为 $\boldsymbol{V}^{Fu}=\boldsymbol{I}_{h\times h}$，则每一个功能标签的影响一致，此时式(1-33)弱化为式(1-32)。如果将权重矩阵定义为 $\boldsymbol{V}^{Fu}=\mathrm{diag}[(M^{SFuN})^{\mathrm{T}}\cdot M^{SFuN}]$，此时对角线上的每个元素代表该标签下服务的数量，可见该定义认为服务数量越多，该标签下所有服务之间的竞争越激烈，因此该标签对服务的竞争指数的影响更加显著。

1.4.2 服务协作网络

在服务互联网生态系统中，存在互补关系的服务被第三方服务组合开发者选择构建服务组合，在服务组合中相互协作，以满足特定的业务需求。因此本书从服务与服务组合之间的相互关系入手，定义如下服务协作网络。

服务协作网络描述服务在协同过程中形成的协作关系，可以描述为二部图：

$$G^{SColN}=\{S,E^{SCol}\} \tag{1-34}$$

其中，S 代表服务的集合；E^{SCol} 代表服务之间的协作关系，当且仅当两个服务 s_i,s_j 曾经在服务组合中协作时，s_i,s_j 之间的连边存在。

$$E^{SCol}=\{(s_i,s_j,f_{ij})\mid s_i,s_j\in S,i\neq j\} \tag{1-35}$$

两个服务之间连边的权重 f_{ij} 表示两个服务的协作指数。显然，服务之间的协作指数可以通过一个 $n\times n$ 的服务协作矩阵 $\boldsymbol{M}^{SCol}=[f_{ij}]_{n\times n}$ 进行统一表示，其中对角线元素为0，而非对角线元素则表示两个服务之间的协作指数。

从以上定义可以看出，服务协作网络可以从服务调用网络抽取获得。根据服务组合是否包含服务之间的结构信息可以定义如下两种从服务调用网络抽取服务协作网络的规则：

给定服务组合 c_j 中服务的协同关系，$csr_j=\{<s_{j1},s_{j2},\cdots,s_{jg}>,csp_j\}$，$csp_j$ 非空，g 表示其中服务的数量。定义其服务协同矩阵为一个 $g\times g$ 的矩阵 $\boldsymbol{M}_j^{SColN}=[c_{kl}]_{g\times g}$，当且仅当两个服务 s_{jk},s_{jl} 在 csp_j 中存在直接流关系时，$c_{kl}=1,k\neq l$；$c_{kl}=0,k=l$。

然而在现实中，为了保护服务组合开发者开发服务组合的利益以及减少隐私泄露，服务组合中具体的服务流程结构往往不可见，也即 csp_j 为空。此时服务之间的协作关系可以弱化为在同一个服务组合中的服务均存在协作关系，通过该关系来定义服务组合的服务协作矩阵。

给定服务组合 c_j 中服务的协同关系，$csr_j=\{<s_{j1},s_{j2},\cdots,s_{jg}>,\varnothing\}$，$csp_j$ 为空，g 表示其中服务的数量。定义其服务协同矩阵为一个 $g\times g$ 的矩阵 $\boldsymbol{M}_j^{SColN}=[c_{kl}]_{g\times g}$，其中 $c_{kl}=1,k\neq l$；$c_{kl}=0,k=l$。

图1-4给出了从服务调用网络中构建服务协作网络的示意图。可见每一个服务组合在服务协作网络中形成了一个服务之间的完全子图。此时服务之间的协作矩阵可以通过服务调用网络直接进行投影获得：

$$SCol=InN^{\mathrm{T}}\cdot InN \tag{1-36}$$

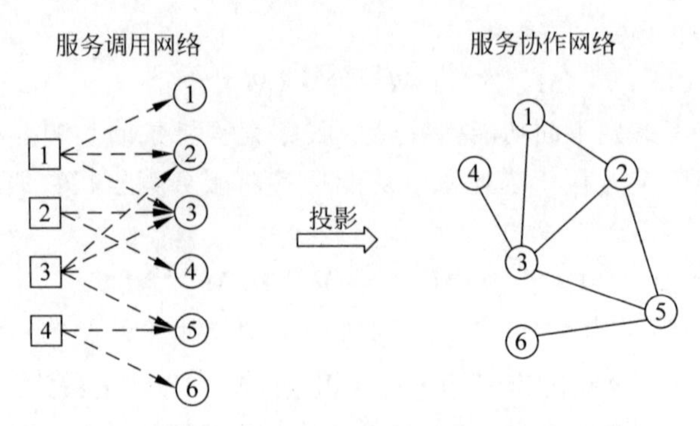

图 1-4 服务调用网络与服务协作网络的投影关系

参考文献

[1] De Castro, Nunes L. Fundamentals of natural computing: basic concepts, algorithms, and applications [M]. Florida. CRC Press, 2006.

[2] Barros A P, Dumas M. The Rise of Web Service Ecosystems[J]. IT Professional, 2006, 8(5): 31-37.

[3] Riedl C, B O Hmann T, Leimeister J M, et al. A framework for analysing service ecosystem capabilities to innovate[C]//Proceedings of 17th European Conference on Information Systems, 2009, 1-12.

[4] Fan J, Kambhampati S. A snapshot of public web services[J]. ACM SIGMOD Record, 2005, 34(1): 24-32.

[5] Li Y, Liu Y, Zhang L, et al. An exploratory study of web services on the internet [C]//IEEE International Conference on Web Services, 2007, 380-387.

[6] Al-Masri E, Mahmoud Q H. Investigating web services on the World Wide Web[C]//Proceedings of the 17th international conference on World Wide Web, 2008, 795-804.

[7] Zheng Z, Ma H, Lyu M R, et al. Wsrec: A collaborative filtering based web service recommender system[C]//IEEE International Conference on Web Services, 2009, 437-444.

[8] Zheng Z, Zhang Y, Lyu M. Investigating QoS of Real-World Web Services[J]. IEEE Transactions on Services Computing , 2014, 7(1): 32-39.

[9] Maamar Z, Hacid H, Huhns M N. Why Web Services need social networks [J]. IEEE Internet Computing, 2011, 15(2): 90-94.

[10] Muntaner-Perich E, de la Rosa Esteva J L I S. Using dynamic electronic institutions to enable digital business ecosystems: Coordination, Organizations, Institutions, and Norms in Agent Systems II[M]. Springer, 2007, 259-273.

[11] Kil H, Oh S, Elmacioglu E, et al. Graph theoretic topological analysis of web service networks[J]. World Wide Web, 2009, 12(3): 321-343.

[12] Zheng G, Bouguettaya A. Service mining on the web[J]. IEEE Transactions on Services Computing, 2009, 2(1): 65-78.

[13] Guo H, Tao F, Zhang L, et al. Correlation-aware web services composition and QoS computation-model in virtual enterprise[J]. The International Journal of Advanced Manufacturing Technology, 2010, 51(5-8): 817-827.

[14] Zhuge H, Sun Y. The schema theory for semantic link network[J]. Future Generation Computer Systems, 2010, 26(3): 408-420.

[15] Zhuge H. Communities and emerging semantics in semantic link network: Discovery and learning [J]. IEEE Transactions on Knowledge and Data Engineering,2009,21(6): 785-799.

[16] Liu F,Luo X,Xu Z,et al. Discovery of Web services based on Collaborated Semantic Link Network [J]. IEEE International Workshop on Semantic Computing and Systems,2008,89-94.

[17] 赵安平.基于概率图模型的服务语义链网络研究[D].重庆: 西南大学,2011.

[18] Liang Q A,Su S Y. AND/OR graph and search algorithm for discovering composite web services [J]. International Journal of Web Services Research,2005,2(4): 48-67.

[19] 叶世阳.支持服务质量关联的复合服务选择与协商技术研究[D].合肥: 中国科学技术大学,2010.

[20] Maamar Z,Faci N,Luck M,et al. Specifying and implementing social Web services operation using commitments[C]//Proceedings of the 27th Annual ACM Symposium on Applied Computing,2012, 1955-1960.

[21] Klyne G,Carroll J J,Mcbride B. Resource description framework (RDF): Concepts and abstract syntax[J]. W3C Recommendation,2004,10.

[22] Chen W,Paik I,Hung P. Constructing a Global Social Service Network for Better Quality of Web Service Discovery[J]. IEEE Transactions on Services Computing,2013: 1-14.

[23] Bianchini D,De Antonellis V,Pernici B,et al. Ontology-based methodology for e-service discovery [J]. Information Systems,2006,31(4): 361-380.

[24] Pop C B,Chifu V R,Salomie I,et al. Semantic web service clustering for efficient discovery using an ant-based method: Intelligent Distributed Computing IV[M]. Springer,2010,23-33.

[25] Liu W,Wong W. Discovering homogenous service communities through web service clustering: Service-Oriented Computing: Agents,Semantics,and Engineering[M]. Springer,2008,69-82.

第2章

服务互联网生态系统组成与结构

2.1 研究背景与意义

欧盟在第七框架计划中提出务联网(Internet of Service,IoS)[1],用于描述互联网环境下的海量服务以及服务的应用模式。务联网本质上是一个网络化综合性的服务互联网生态系统,支持基于网络的服务协作与竞争,从而实现价值的创造和增值。此处的服务不仅包括Web服务,也包含生产性商务服务、生活消费服务等[2]。

2.2 国内外研究现状

Ruggaber等进一步将务联网细化为SOA、Web2.0、技术上的语义表示、创新的业务模型、系统学方法,以及基于生态群落的创新,并且强调在未来所有的人、机器、产品都可以通过服务化而连接至未来的网络上[3]。莫同等从人、机器、软件等具有不同特性的单元群体出发,定义服务物种,不同的物种组成了种群[4]。Schroth等结合Web2.0和SOA的设计原则和技术,给出了务联网的一种基础结构[5]。Sawatani等则认为务联网是一个由价值驱动的,结合了复杂系统自组织特性和生态系统协同进化特性的系统,对于周边环境和内部结构的变化都有很强的适应能力[6]。

2.3 服务互联网组成结构

与生物生态系统相似,服务互联网生态系统是由服务互联网中的服务个体、服务种群、服务群落与环境因子等,在服务市场等机制作用下通过复杂的耦合关系演化组成的(图2-1)。

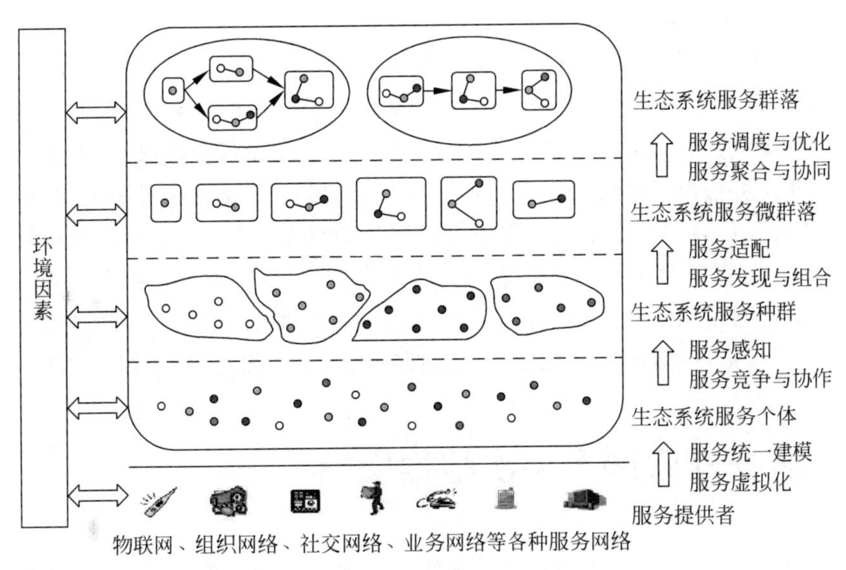

图 2-1 服务互联网的组成结构

各组成要素在服务互联网生态系统中发挥着不同的作用，它们分工协作、相互影响，共同保障服务互联网的有效运转，从而实现服务资源的有效配置与可持续发展。

在生态学中，个体一般指一个生物个体或一个群体中的特定主体。服务个体是在服务链某个环节承担一定角色，具备一定服务功能的所有微观个体等统称。它们由不同的跨网、跨界、跨域的服务提供者，经过不同的服务网络的传输聚集到服务互联网中，通过统一建模与服务虚拟化等技术最终形成生态系统中的服务个体。它们为服务互联网价值链的产生、发展提供保障动力，间接影响相关服务个体的新生、迁入、聚集或淘汰，从而对服务互联网生态系统的整体结构、空间等的演化产生重要影响。

生物种群是生态学中的一个重要概念，在特定时间和一定空间中生活和繁殖的同种个体的总和，即是同一物种个体的一个集合体。种群内部生物个体单元不是简单地集合在一起，而是通过交互、协作、竞争等各种复杂的联系组织在一起形成的一个统一体。服务互联网服务种群是服务互联网生态系统内部提供同种功能的服务组成的集合，同生物种群一样，它们通过复杂的竞合关系形成一个统一的有机体。服务互联网服务种群内部的各个组成个体的核心特征是具备相似或相同的特征，如承担相似服务功能。

生物群落是特定空间或特定生境下各种生物种群有规律的组合，它是生态系统中有直接或间接关系的生物有机体构成的组合体，它们之间以及它们与环境之间彼此影响，相互作用，具有一定的形态结构、营养结构和生物功能。群落是一个比种群具有更加复杂、更加高级的生命组织层次，具有一定的动态结构、边界特征和分布范围。服务互联网服务群落是指在特定时间空间内，由若干不同的服务互联网中的服务种群有机结合而成的集合体。服务互联网的服务群落由各类服务种群及保障性的服务种群组成，它们是服务互联网生态系统的所有生物成分的总和。服务互联网服务群落的性质是由组成群落的种群的适应性（如对服务经济、服务市场需求、服务通信体系、服务标准体系、服务相关的政策法规和制度）以及这些服务种群彼此之间的竞争、协作、共生模式和关系所决定的。服务互联网的服务群落将承担不同角色、职责和服务功能的服务及配套服务种群有机地耦合在一起，使不同类型服务及配套服务种群之间能够实现专业化分工与协作。

生态环境因子是指某一特定生物体或生物群落周围一切环境因素的总和,包括空间以及直接或间接影响该生物体或生物群落生存的各种因素。多种生物成分、非生物环境因子等彼此依存,形成生态系统统一整体。非生态环境因子则是指影响生物体发展的所有外部要素的总和,其为生物提供必要的生存条件,但同时又可能出现某些限制生物发展的因子。非生物环境是服务互联网生态系统的重要组成部分和重要依托,其影响着服务互联网的生存和可持续发展;同样,服务互联网生态系统中各类服务个体、服务种群等也对环境产生重要的影响,它们之间相互作用、相互制约、相互影响。一般而言,服务互联网生态系统的非生态环境因子主要包括自然环境、经济发展、政治制度、地域文化、科技创新等要素。

2.4 服务互联网多层次结构模型

服务互联网生态系统是一类在社会经济等非生态环境因素影响下,基于各种服务网络叠聚,由海量异质跨界跨域的服务组成的、动态演化的复杂生态系统。每个服务能够解决或部分解决客户需求,都有对应的服务提供商,并可根据服务功能的相似性聚集形成一定的服务种群。不同的服务个体可由第三方服务链开发者、第四方服务超链开发者,根据生态系统服务客户或服务市场内的大规模个性化复杂需求,构成增值的服务链乃至服务超链,并且在长期竞争、合作的协同过程中形成一定的服务群落。服务群落在外界复杂动态社会经济环境因素的影响下进一步演化发展、交互融合,从而形成服务互联网生态系统。因此,在服务互联网生态系统中主要包括服务提供商、第三方服务链开发者、第四方服务超链开发者和服务客户四类主体,以及服务、服务链、服务超链、服务客户需求四类对象。图 2-2 表示了服务互联网生态系统多层次结构模型。

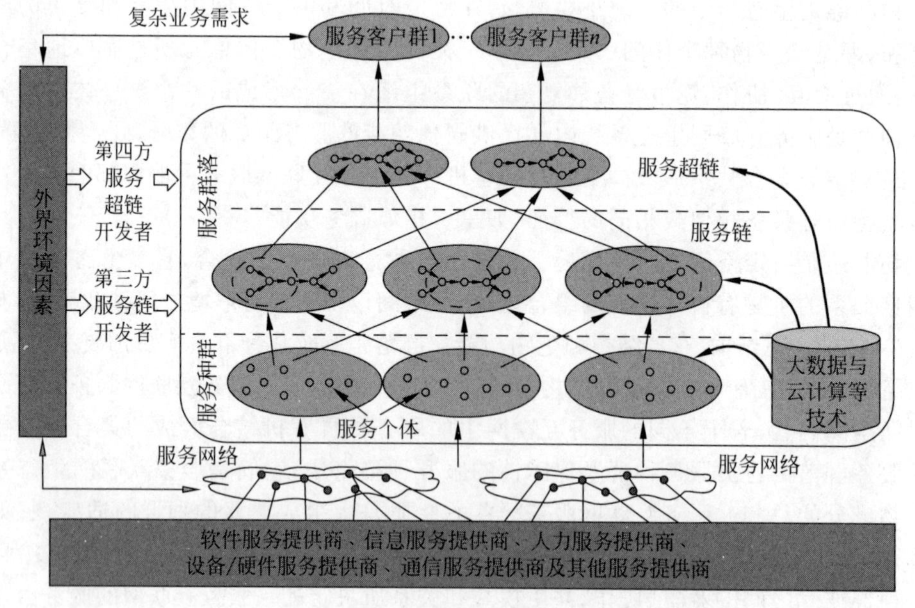

图 2-2 服务互联网的多层次结构模型

从生态学视角来看，任何生态系统都包含由从低到高的四个层次，具体为生态个体、种群、群落、生态系统。根据服务互联网生态系统理论中服务系统的构成和组织层次结构分析，服务互联网生态系统同样也具有四个层次的结构，具体包括服务互联网的服务个体、服务互联网的服务种群、服务互联网的服务群落和服务互联网生态系统，即在服务互联网生态系统中也存在着“个体—种群—群落—生态系统”的四层次组织结构。服务互联网生态系统就是由各种服务网络汇集的海量“微观个体”——服务，并由其组成的若干服务种群、服务群落子系统而耦合形成的一个复杂的生态系统。

其中，服务互联网的服务个体是在服务链某个环节承担一定角色，具备一定服务功能的所有微观个体的统称。通过多个服务网络的交错联结，对多层次跨网跨域跨界的不同服务资源进行虚拟化与统一建模，产生服务互联网下的服务个体。这些服务个体往往按照功能相似相近特性聚集，通过服务感知、服务竞争与共生形成一个个“种群”组织，服务互联网的服务种群是服务互联网生态系统中以任务和职能分工为导向形成的多个相似服务主体的集合。各个服务种群，通过服务适配与服务发现与组合，围绕服务协作链、价值链的分工和配套，通过横向和纵向的集聚，进而交叉耦合形成服务群落组织。在服务互联网的服务群落中，不同服务群落生态位空间有所差异，存在多种服务价值交叉关联和服务层次嵌套关系。这些服务群落在复杂的外界环境因素关联、耦合作用下，推动服务群落进一步进行服务调度与优化、服务的聚合与协同，最终形成一定结构和生态秩序的服务互联网生态系统。

2.5　服务互联网系统特性分析

服务互联网这一系统同时存在着内外特性，其中对于系统内部来说，服务互联网具有服务多样性、结构有序性、资源共享性以及演化动态性的内特性。对系统与外部环境的交互来说，服务互联网系统又表现出了系统开放性、稳定性、根植性以及他组织性的外特性，如图 2-3 所示。接下来，本节将分别对其进行说明。

2.5.1　服务互联网系统内特性

服务互联网与自然生态系统有一定的相似特征[7]，其系统的内在特性主要表现如下。

1. 服务多样性

多样性是指生态系统所包含物种种类的丰富性，它是生态系统生存和发展的基础。同样，服务多样性也是衡量服务互联网生态系统的重要特征和关键指标。正像自然界中每个生物群落都是由一定的植物、动物和微生物种类组成的一样，服务互联网由来自服务协作链中相关主体组成，包括各种类型服务个体和相关服务个体。服务互联网中涉及服务种群类型数量的多少以及每类服务种类主体数量的多少，直接关系到服务互联网的生态多样性。从服务链纵向来看，它由关键服务与其上游关联服务和下游关联服务共同联结组成，这些上中下游服务通过专业的服务分工和服务协作，促进各类服务资源优化配置，实现服务互联网下的服务协同效应。从服务链横向看，关键类型的服务与其他不同类型的相关服务有着千丝万缕的关系。这些服务种群、服务个体或组织在服务价值链中占据一定的生态位资源空间，它们通过专业化服务分工以及服务竞争与服务协作，共同推进服务互联网生态系统的发展。

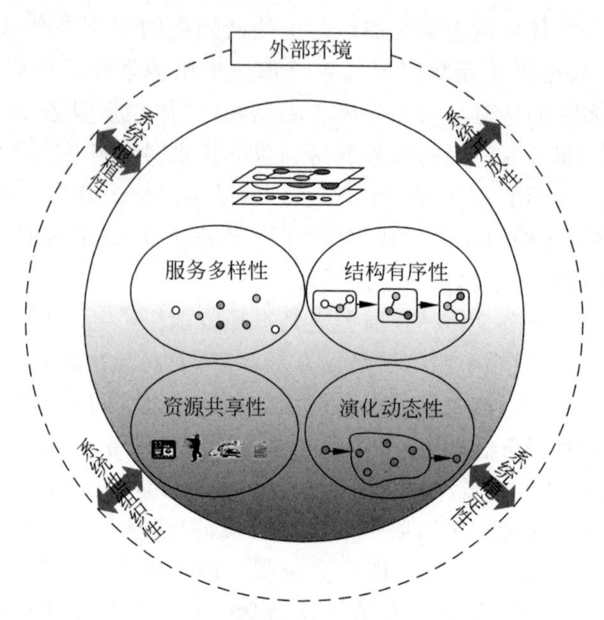

图 2-3 服务互联网的系统特性

2. 结构有序性

服务互联网由若干不同类型服务单元个体组成,但它不是由这些个体的简单聚集“相加”,而是通过错综复杂的社会网络关系和价值联结组成一个生命有机整体。在服务互联网中,各类服务种群、服务个体都通过服务资源整合、服务分工协作和相互适应,共同遵循一定的服务互联网生态系统秩序和规则,实现了有序共处、共生进化。

3. 资源共享性

在自然生态系统中,生物个体和种群为了自身发展的需要,通过资源共享,共同抵御自然灾害,提升自我繁殖与发展的能力。同样,由于各种各样的因素,服务互联网内的各个服务提供商通过各种服务网络来跨网跨域整合、共享各类服务资源,降低服务交易成本,例如,服务互联网通过共享多层服务网络传输通道、服务市场平台、服务公共信息平台以及配套型服务等,降低服务交易成本。

4. 发展动态性

和自然生态系统一样,服务互联网内部的生态单元都具有一定的生命周期,处于不断的动态变化和调整中。伴随服务互联网对外开放以及与外界不断进行物质循环、能量流动和信息交换,其内部各服务个体、服务种群等会通过优胜劣汰,实现不断变化和动态调整适应。在竞争过程中,一些新的服务个体会不断涌现产生,同时一些竞争失败的服务会有很大概率会被淘汰失效。

2.5.2 服务互联网系统外特性

服务互联网同时属于复杂系统的范畴,其系统也存在一定的外在特性[8],主要表现如下。

1. 系统开放性

服务互联网生态系统通过开放不断与外部环境进行物质、能量、信息等交换,维持系统的生存与发展活力。服务互联网生态系统的演化发展过程不仅需要服务协作链及配套服务的各类服务种群、服务个体之间的能量传递、信息沟通、协同创新等途径来达到内部的有机整合，而且需要服务种群及内部构成服务的子系统不断加强与外部环境的物质、能量和信息交流，才能适应外部市场环境变化，推动系统由低度有序向高度有序状态发展。因此，服务互联网生态系统的这种开放性成为系统与外界资源互动，保持生态系统持续发展活力的关键。

2. 系统稳定性

稳定性是系统发展的重要前提，是系统维持演化发展的一种重要机制。如果一个系统的稳定性越好，那么该系统抵抗外界影响与维持发展的能力越强。服务互联网生态系统的稳定性是指系统的结构、状态、行为的恒定及优化的过程。在一定外部环境变化条件下，服务互联网生态系统具有一定的抵抗能力和恢复能力。但是，它的稳定是一种动态平衡下的稳定，是发展的、相对的稳定。在外部环境发生变化条件下，系统可能失稳，使得服务互联网生态系统不断向复杂和高级方向演化和发展。

3. 系统根植性

服务互联网生态系统中的各种服务不是孤立的个体，而是深深嵌入于经济、社会发展环境中，与政治、经济、科技、文化及生态环境密切相关。这种根植性可以增强服务互联网的竞争优势，强化服务互联网生态系统发展的路径依赖。

4. 系统他组织性

生物种群的自组织行为是生物生存和进化的主要途径之一，同样的，服务互联网生态系统也不例外。服务互联网生态系统的自组织特性是自发地、自主地向结构更加有序方向演化的过程和结果，同时，服务互联网生态系统的形成与发展也离不开他组织的积极引导和推动作用，特别是在服务互联网初级发展阶段需要良好的服务基础设施条件、服务政策环境、外部服务产业发展和服务市场需求等外部环境或条件配合。总体而言，他组织不是服务互联网生态系统本身所有固有的属性，它是通过物质、能量和信息的传导到服务互联网生态系统内部，进而通过内部机制传导和各服务要素的协同作用产生的具体影响。

参考文献

[1] Soriano J, Heitz C, Hutter H, et al. Internet of Services: Evolution of Telecommunication Services [M]. Springer, 2013, 283-325.

[2] 徐晓飞，王忠杰. 未来互联网环境下的务联网[J]. 中国计算机协会通讯，2011，7(6)：8-12.

[3] Ruggaber R. Internet of services: SAP research vision: Enabling Technologies [C]//16th IEEE International Workshops on Infrastructure for Collaborative Enterprises, 2007, 3.

[4] Mo T, Xu X, Wang Z. A service system theory frame based on ecosystem theory[C]//International Conference on Wireless Communications, Networking and Mobile Computing, 2007, 3184-3187.

[5] Schroth C, Janner T. Web 2.0 and SOA: Converging concepts enabling the internet of services[J]. IT Professional, 2007, 9(3): 36-41.

[6] Sawatani Y. Research in Service Ecosystems[C]//Proceedings of 2007 PICMET, 2007: 2763-2768.

[7] 樊俊杰，曹玉书，周凌云，等. 城市物流产业集群生态系统结构及演化机理分析[J]. 生产力研究，2016，000(008)：52-56.

[8] 赵进，刘延平. 产业集群生态系统协同演化的环分析[J]. 科学管理研究，2010，28(002)：70-72.

[9] 范钦满，周凌云，樊俊杰，等. 区域物流生态系统协同演化横型及稳定性分析[J]. 统计与决策，2019(9)：47-51.

第3章

服务互联网演化分析

3.1 研究背景与意义

在服务互联网生态系统中，不断有服务加入，也有服务在竞争过程中退出系统；服务在动态竞争协作的过程中形成了复杂的涌现特性，表现出复杂社会化系统的特征。服务演化从服务个体演化过程的角度进行分析；服务系统演化则从系统的角度对服务互联网生态系统的演化过程和演化机制进行分析和研究。构建服务互联网生态系统演化评价指标体系，分析服务互联网生态系统在长期演化过程中形成的涌现特征，将有助于理解服务互联网生态系统的内在机制以及演化过程，指导服务互联网生态系统的管理和诱导，促进服务互联网生态系统的良性成长。

3.2 国内外研究现状

3.2.1 服务演化

在服务互联网生态系统中服务并不是自发布以后就保持不变，而是随着在服务互联网生态系统中的竞争和协作不断地变化[1]。因此服务的演化描述服务在整个生命周期中每一个阶段的变化，近年来已经引起了学术界的关注[2]。目前对服务演化的研究主要集中在服务版本演化、服务协议演化以及服务质量演化三个方面。

1. 服务版本演化

目前对于服务版本演化的研究受到比较广泛的关注，主要的研究工作从服务版本演化的模型定义、演化识别以及演化影响分析三个角度展开。

针对服务版本演化的模型定义，Zou 等将服务演化定义为服务功能逻辑以及实现方式的变化，具体体现为服务 WSDL 文件的版本(Service Version)变化[3]。Leitner 等进一步给出了服务版本演化的分类体系，将服务版本演化分成非功能属性变化(Non-Functional Changes)、接口变化(Interface Changes)以及语义变化(Semantic Change)三种，并在此基础上构建服务演化版本图表征服务版本演化的过程[4]。Papazoglou 明确将服务演化定义为服务一系列一致的、明确的持续变化过程，并体现为不同的服务版本(Service Version)，进而基于服务变化的影响分成轻度变化(Shallow Change)以及深度变化(Deep Change)两类[5]。在此基础上 Andrikopoulos 等定义了服务结构变化(Structural Changes)、服务行为变化(Behavioral Changes)以及服务政策变化(QoS-related Policy-induced Changes)三类服务演化的表现，并且基于抽象服务描述框架(Abstract Service Description，ASD)对服务的演化过程进行形式化描述，支持服务的兼容性演化[6]。

针对服务版本演化的识别，Fokaefs 等提出一种基于树结构变化识别的 VTracker 方法用于识别服务不同版本的 WSDL 的变化[7]。在此基础上，Romano 等进一步提出 WSDLDiff 方法从更细粒度的角度对 WSDL 的变化进行量化分析[8]。Becker 等定义了服务版本的描述模型，并给出服务版本兼容性的自动化检测方法[9]。

为了量化分析服务演化的影响，Wang 和 Capretz 基于服务的内部和外部依赖关系构建依赖矩阵，在此基础上定义服务演化的行为，并且分析服务演化带来的影响[10]；Yamashita 等考虑服务的使用情况，设计一种从服务的调用日志获取每一个版本服务使用情况的方法，从而结合服务使用情况(Usage Profile)以及服务版本对服务演化带来的影响进行评估[11]。Silva 等进一步给出了服务使用情况的抽取方法从而支持服务提供商对服务演化的评估和管理[12]。

2. 服务协议演化

服务协议演化主要指在服务通信协议的修改以及在运行过程中通信协议的变化。Rinderle 等从服务组合/服务工作流中服务之间的交互过程出发，分析服务通信协议的变化对服务组合/服务工作流的影响，进而给出对通信协议变化的控制方法[13]。Ryu 等构建服务通信协议变化的影响分析模型，基于影响分析结果将正在进行的服务调用自动分类成为可迁移和不可迁移两种类型，给出了不同类型情况下的应对策略；并且提出基于决策树模型的预测方法对服务调用模式进行预测和分析[14]。Skogsrud 等针对服务访问中的安全协议的政策变化，构建扩展状态机模型(Extended State Machine，ESM)分析安全协议政策变化带来的可能的安全冲突问题[15]。

3. 服务质量演化

服务质量演化主要是指由于互联网环境的变化以及服务使用情况的变化，服务消费者体验到的服务质量不再与服务提供商所宣称的一致，而是随着时间持续地变化。此外，不同位置对服务的调用所获得的服务质量也将变得不一致。因此如何对服务质量的演化进行分析和预测受到了广泛的关注。目前针对服务质量预测的研究主要从以下两个方面展开：

1) 时间序列预测(Time Series Prediction，TSP)

该方法构建服务质量时间序列，进而利用时间序列对服务质量的演化过程进行预测。Cavallo 等采集服务在不同时间的响应时间，从而构成服务质量的时间序列，进而利用自回归移动平均模型(Autoregressive Integrated Moving Average Model，ARIMA)对服务质量时间序列进行预测[16]。

2) 协同过滤(Collaborative Filtering，CF)

该方法基于协同过滤方法，利用其他的数据预测缺失的服务质量。Zheng 等基于混合协同过滤的方法，融合基于用户的协同过滤(User-based Pearson Correlation Coefficient prediction,UPCC)和基于物品的协同过滤(Item-based Pearson Correlation Coefficient prediction,IPCC),提出混合协同过滤方法,利用服务之间的相似度以及用户之间的相似度,从而对用户使用服务时的服务可用性进行有效的预测[17]。

可见,服务版本演化主要探讨服务版本的描述模型、服务版本变化的识别,并且对服务版本演化带来的影响进行评估;服务协议演化则关注服务协议的变化对服务组合或者服务工作流带来的影响以及如何适应服务协议的演化;服务质量演化的研究则在分析服务质量演化过程的基础上,重点关注如何对服务的质量进行预测,主要包括基于时间序列的预测以及基于协同过滤方法的预测。

3.2.2 服务系统演化

服务互联网生态系统作为海量服务以及服务之间复杂关系构成的复杂系统,处于持续的动态演化过程中。为了对服务互联网生态系统的演化过程进行模拟,部分学者从多代理的角度对服务互联网生态系统进行建模分析。Villalba 等借鉴生态系统的特征设计了服务生态系统的参考框架,并认为服务生态系统应具有自组织(Self-organization)、自适应(Self-adaptability)、持续演化(Long-lasting Evolvability)的特性,进而构建基于多代理的仿真模型对设计的参考框架进行仿真分析[18]。Mostafa 等从服务生态系统中服务的动态到达和退出,以及每个服务提供商自主对服务的行为具有自主控制的演化特征出发,构造基于多代理的系统演化模型,将每一个服务建模成为自主的服务代理(Service Agent),将服务组合过程定义为服务代理之间的自组织协作[19],进而根据服务代理的历史信息从服务个体信任和种群信任两个角度描述服务之间的协作选择的偏好。

此外,Weiss 等从服务协作关系出发,分析服务协作网络度分布的无标度特性,进而分析服务组合复杂性的演化过程[20]。在此基础上,进一步设计服务互联网生态系统中的复制模型(Copying Model)对服务互联网生态系统的演化过程进行仿真分析,仿真结果表明该模型能够较好地再现服务协作网络的无标度特性。

尽管部分研究从多代理系统以及复杂网络演化仿真的角度出发对服务互联网生态系统的演化过程进行分析,然而多代理仿真和复杂网络演化仿真的分析方法都只能体现出服务互联网生态系统演化过程中表现出来的部分涌现特性,并不能对服务互联网生态系统演化的内在机制进行分析。因此,目前在该领域的研究还处于刚刚起步的阶段,缺乏定量分析的方法,也没有能对服务互联网生态系统的演化过程进行有效预测的方法。

3.2.3 生物生态系统健康度评价

自从 Schaeffer 于 1988 年提出生态系统健康度评价的概念以来,生态系统的健康度评价问题受到了广泛的关注,并被应用于森林、草地、流域、海洋等自然生态领域,并且逐渐扩展到城市生态等领域,对生态系统健康度从强调生态系统结构和功能的完整性、维持服务能力等角度进行深入剖析,形成了包括活力、抗干扰力/恢复力、组织结构、维持生态系统功能、对外界投入的依赖性、对人类管理的要求、对相邻系统的危害和对人类健康的影响等 8 个方面,并且在这些指标体系的基础上结合实际研究的生态系统对象,形成针对性的指标体系。

表 3-1 整理了上述 8 个方面指标的简单介绍。显然,“活力、恢复力、组织结构”从系统内部结构和功能的完整性和稳定性进行评价,“维持生态系统功能、对外界投入的依赖性、对人类管理的要求”描述生态系统维持功能所需要的外界干涉,“对相邻系统的危害、对人类健

康的影响"则强调生态系统对外部的影响。

表 3-1 生物生态系统健康度指标体系介绍

内涵方面	指标项	说明
结构和功能的完整性和稳定性	活力 抗干扰力/恢复力 组织结构	可测量的能量或者活动性 受干扰后恢复原始状态的能力 系统结构的复杂度,包括物种多样性、共生竞争等相互关系复杂性等
维持服务的能力	维持生态系统功能 对外界投入的依赖性 对人类管理的要求	生态系统可对外服务于人类社会的能力 是否需要外界的投入来维持生态系统的稳定 对人类管理行为的要求
对外界的影响	对相邻系统的危害 对人类健康的影响	是否危害别的系统,即负外部性的影响 对人类健康的影响

3.2.4 商业生态系统健康度评价

自 Moore 于 1996 年提出商业生态系统的概念,用于分析和刻画企业、组织、政府机构以及其他利益相关方在商业活动中形成的复杂关系,商业生态系统得到了学术界和工业界的广泛关注。围绕着商业生态系统健康度的分析和评价,Iansiti 和 Levien 从生产率、强健性和缝隙市场创造力三个角度构建评价指标,基于是否能够持续地为其中的成员创造有利的机会评判商业生态系统的健康度。

表 3-2 整理了这三个方面的健康度评价指标。从指标中可以看出,Iansiti 和 Levien 更加强调商业生态系统的内在特性以及这些特性的持续性。Erik den Hartigh 等则进一步发展 Iansiti 和 Levien 关于商业生态系统健康度的定义,从经济学的角度给出了可操作的细化指标,用于对商业生态系统的状态进行描述。相关文献则从系统稳定性和持续性两个角度综合了 Costanza 关于生物生态系统结构和功能的完整性以及 Iansiti 和 Levien 关于商业生态系统的持续性两方面的评价,给出了一个简化的商业生态系统的评价量化模型,但缺乏具体的可操作性。

表 3-2 商业生态系统健康度评价指标

内涵方面	指标项	说明
生产率	要素生产率 随时间变化的生产率 创新的实现	投资回报率 投资回报率的时间变化趋势 创新从出现到广泛应用的时间差 创新技术使用难度的下降速度 创新技术被不同类型成员以多种形式利用
强健性	存活率 生态系统结构的持续性 可预见性 有限的报废 使用体验与情境的连续性	成员的存活比率 成员关系的结构特征稳定 结构变化轨迹可预测 轻微扰动不会导致大幅度抛弃"过时"能力现象出现 对外界服务渐变而非剧烈转变
缝隙市场创造力	企业多样性的增加 产品和技术多样性的增加	给定时间内新增企业数量 给定时间内新增产品、技术、业务的数量

3.3 服务互联网演化特征与条件

服务互联网生态系统是一个开放的不可逆系统,其形成、演化发展过程具有明显的复杂性和自组织特性,因此,运用自组织理论从整体层面研究服务互联网生态系统演化机理是适用的。基于复杂系统理论分析可以看出,开放性、远离平衡性、非线性和涨落等结构特性构成服务互联网生态系统的自组织演化发展的条件。[21]

3.3.1 服务互联网演化基础前提

服务互联网生态系统是一个全面开放性系统。服务互联网生态系统的各类服务资源整合、服务个体战略合作、服务的生产运行、服务的技术应用、服务的信息共享、服务的基础设施等都是在开放的状态下进行的,都受到经济、社会、文化、科技等外部环境因素的影响和制约。服务互联网生态系统的内部运行都以外界环境的输入/输出为基本条件,其不断与外部环境进行物质、能量、信息的交换,具体表现为服务人才、服务资金、服务技术、服务资源、服务设备、服务产品、服务知识、服务信息等流动变化。只有不断加大与外部环境的物质、能量、信息的交换,才能促进服务互联网生态系统结构和功能的改善,从而保持系统的生命活力。远离平衡态是系统出现有序结构的必要条件,也是对系统开放的进一步说明。服务互联网生态系统关于时间是非对称的,其演化过程具有不可逆和非平衡性,是一类典型远离平衡系统。在服务互联网生态系统演化过程中呈现出不同程度的非均匀和多样化的特点,如服务市场需求分布、服务网络布局、服务的设施建设、专业化服务分工与服务合作、服务的技术创新与应用、服务信息交互等方面,存在或多或少的差异,这种差异化是系统发展的动力之一,促进系统内部与外部物质、能量和信息的充分交流。

3.3.2 服务互联网演化发生诱因

涨落是指系统自发地偏离某一平均态的现象,系统通过涨落能达到有序,即通过涨落能形成新的结构。在开放系统中,不可控制的随机涨落是推动系统形成新的有序结构的动力,在自组织中起着关键作用,系统通过涨落去触发旧结构的失稳,探寻新结构的生成。受到外界的随机扰动,服务互联网生态系统内外部各种形式的涨落现象普遍存在,如服务经济发展的波动、服务相关政策的变动、服务区域规划的调整、服务新技术和标准的推广应用、服务战略联盟合作、服务的能力、水平等领域中都存着在各种形式的起伏现象。虽然服务互联网生态系统的内外涨落现象多种多样,但处于相对稳定状态时,涨落的影响是微弱的,只有在外界环境影响下服务互联网生态系统的非稳定性因素达到一定阈值时,通过非线性作用机制放大为“巨涨落”,推动原来系统结构的失稳,从而触发服务互联网生态系统新结构的形成。

3.3.3 服务互联网内在演化动力

协同学认为系统演化的动力是系统内部各子系统之间的竞争和协同。其中,竞争是协同的基本前提和条件。一方面,竞争的存在,促进服务协作链中各服务群落、服务种群和服务个体之间对资源的争夺加剧,促进系统内部服务技术创新、服务模式变革、服务更新、服务制度建设等,加速了系统内部之间优胜劣汰,使得各类服务资源要素在分布上呈现更大的差异、非均匀性和不平衡性。另一方面,竞争也是协同的前提和基本条件。服务市场激烈的竞争促使服务互联网协作链的分工细化,推动服务互联网中相关服务种群、服务个体的生态位分离、特化,促进服务互联网服务协作链纵向和横向的协作。

3.3.4　服务互联网演化外在体现

系统虽有多样化的运动转化方式,但可总结为两种基本外在体现模式,即渐变和突变。渐变是指系统新质的演化表现为缓慢、逐渐和连续的形成,而突变是指系统的演化表现为短暂、发展迅速激烈、变化量大,呈现一种质态的飞跃。渐变和突变现象在服务互联网生态系统的发展过程中普遍存在,它们既相互对立,又相互统一,在一定情况下可以相互转化。渐变现象具体表现为服务互联网生态系统中某一服务群落、服务种群、服务个体的逐渐发展壮大,服务整体效率的提升,系统的服务产出水平的增加等。突变现象只有在巨涨落的推动下才能发生。

3.4　服务互联网生态系统演化机制

3.4.1　服务互联网形成和诱发机制

影响服务互联网形成的因素众多,但常常个别的因素起着重要的作用,起初,在服务市场与客户等释放的服务需求的吸引下,与服务协作链有关的服务开始有倾向在一定区域集聚发展。这一时期服务个体数量较少,且服务规模较小,服务竞争程度低,具有较强的服务价值创造能力,因而形成集聚核和集聚势,不断吸引服务协作链上下游服务向该区域范围扎堆发展。

随着各种类型的服务个体及配套服务加速聚集,促进了服务价值链的专业化分工,产生了在原来服务资源分离状态下难以获得的规模服务经济和范围服务经济,即单个服务个体从服务协作链中其他服务的发展中获得生产率的提高,同时促进服务各类服务资源要素的自由流动,加速服务协作链中服务之间的分工与协作、交流与沟通,促进服务成本的下降,进而进一步加速服务的集聚发展,促进了服务链的纵向分工和横向联系,进而促进服务互联网生态系统的形成及综合竞争能力的提升。

服务互联网生态系统的形成和诱发因素具体可以归为基于服务市场与用户等释放的大规模个性化服务需求,牵引互联网、组织网络、社交网络与业务网络等服务网络及配套服务机构的联结集聚,为满足可以提供给服务需求方一个综合服务解决方案的目的,这促进了服务互联网的形成。

3.4.2　服务互联网发展与增长机制

服务互联网的雏形形成以后,更多服务协作链的相关服务及配套服务加入,促进服务市场竞争的加剧,也加速服务协作链的分工精细化,即服务互联网内部的各类服务等按照自身核心竞争能力的塑造要求,有效挖掘利用服务的内部资源和发展潜力,同时广泛整合服务外部的资源,将非核心业务服务进行剥离或者分包。随着服务互联网内部各类服务数量的增加,其整体服务规模持续壮大,外部经济性会不断增强,但边际递增效应逐渐减弱,此时服务互联网生态系统演进的自增强机制开始发挥重要作用。

服务互联网的自增强机制增加服务价值链上下游服务及配套服务之间的信任,拓展了服务协作链的纵向分工和横向联系,产生服务收益递增、服务交易效率提高和服务技术创新等效应和优势,促进服务互联网的形成,从而进一步突破原有服务业务范围、丰富服务协作链种群的多样性,逐渐形成更大范围的服务互联网。

3.4.3 服务互联网成熟与锁定机制

服务互联网进入成熟期后,随着服务协作链中各种类型服务主体的聚集规模的扩大,服务市场的竞争异常激烈。由于服务互联网内部分工协作不可能无限制发展下去,此时如果服务互联网的创新优势不能维持下去。随着服务产品或服务业务的同质化和服务核心竞争能力的趋同,服务之间的竞争变得越来越激烈,服务成本上升、服务收益减少,一些服务种群、服务个体开始被服务市场淘汰,使得服务互联网生态系统开始走向衰退。服务互联网生态系统的衰退主要是由“锁定效应”导致的。“锁定效应”本质上是服务互联网生态系统在其生命周期演进过程中产生的一种“路径依赖”现象,包括技术性锁定效应、功能性锁定效应、认知性锁定效应、制度和政策性锁定效应等。

“锁定效应”导致服务互联网整体锁定、服务学习和创新能力不足、服务转换成本增加、服务交易的无效率、服务系统整体的确定性风险、应对服务市场环境变化的能力弱化等负面作用。如果服务互联网不能根据服务市场需求及时进行调整、服务创新和服务转型升级,那么就不能突破路径依赖、创造出新的发展路径,则很可能发展停滞甚至走向衰落,长期锁定在低效状态。

3.4.4 服务互联网重构与革新机制

服务互联网生态系统演化实质上就是其在生命周期过程中不断变异以及寻找、选择和重构各类服务资源,以更好地适应和满足服务市场各类需求变化的过程。要促进服务互联网生态系统突破,实现可持续发展,必须依赖系统的重构与革新机制。由于服务互联网的内外部环境总是动态变化,如服务发展政策、服务内部结构、服务运作模式、服务技术创新、服务资源交换机制等调整或革新,它们共同作用导致服务互联网生态系统变异的产生和进一步发展。革新机制使得系统内部服务种群要么做出改变以适应外部环境,要么不能适应环境而被淘汰。重构机制则是服务互联网服务迫于内部压力和环境变化,实现生态系统的重构。

它可以借助于外部服务资源的整合、服务资本运作、服务战略合作、服务网络化扩张及内部服务深层次组织变革、服务技术创新等路径,促进服务互联网生态系统的结构调整,突破原来服务增长方式的限制,适应服务市场需求的动态变化,提高服务互联网的适应能力与竞争力,从而实现服务互联网的转型升级,增强服务互联网生态系统的适应能力和竞争能力,并开始服务互联网生态系统新一轮生命周期的演化发展。

3.4.5 服务互联网的生态平衡特性

1. 服务互联网生态系统的生态平衡条件

服务互联网生态系统保持生态平衡取决于服务互联网生态系统的服务多样性、服务完备性、服务开放性、服务分工协作性等多个因素，它们既是服务互联网生态系统形成和发展的必要条件，也是保障服务互联网生态系统活力和效率的重要前提。

1）服务互联网生态系统内的服务需要保持服务多样性

服务多样性是服务互联网生态系统多样性的中心，是维持服务互联网生态系统生存和可持续发展的重要基础。如果在服务互联网生态系统内部，某些服务个体缺失，那么服务链将不完善，服务功能和资源整合效率将受到很大影响，同时相关服务个体需要支出额外的服务成本去弥补自己的不足及服务集群的劣势。如果服务互联网内服务个体在服务功能等层面相类似，那么这些服务个体之间必然存在激烈的市场竞争，处于服务链低端的服务个体会更多采取特别的服务策略来争夺客户市场。当前由于某些服务之间没有过多差异性，导致其之间竞争过于激烈，过多地依靠服务价格竞争策略；如果服务之间保持一定的差异性，如服务模式、服务手段、服务方法等层面保持差异化，那么这种差异性可促进服务互联网的专业化分工与协作，进而有助于进一步实现协同效应。

2）服务互联网生态系统内需要功能完善的服务分工协作网络

服务互联网生态系统中的服务生产网络有序运行可有效满足服务市场需求、降低服务交易成本、减少服务管理费用、提高服务资源利用效率。服务互联网生态系统内部各服务种群、服务个体之间需要加强专业化分工和协作，形成价值整合式的服务网络体系。一方面，服务互联网生态系统内部具有互利关系的服务个体之间的依赖程度不能太大，需要保持适度的服务竞争，从而推动服务在服务模式、服务设计、服务组织管理等方面的创新。另一方面，服务互联网生态系统内部各服务种群、服务个体需要扩大服务合作，深化服务合作，建立多种形式的服务合作关系网络，既可以是服务网络、服务战略联盟、服务资本运作等层面的合作，也可以是共建服务基础设施、整合服务市场要素等方面的服务合作，这些能够促进服务互联网生态系统提高服务资源整合效率，提升服务产出效率，降低服务运作成本，增强服务比较优势。

3）服务互联网生态系统需要形成开放型的服务生态系统

开放系统是与封闭系统相对而言的，它是指既相对独立于外部环境，又不断地与外部环境进行物质、能量、信息交换的系统。服务互联网生态系统的开放性是全方位的，其服务个体、服务种群、服务群落以及服务互联网整体与外界社会、经济、生态环境存在许多领域、环节的物质、能量、信息的交换，不仅包括服务资金、服务技术、服务人才、服务能源等服务资源的输入/输出，还体现为服务个体、服务种群等的流动及迁入/迁出。服务互联网生态系统需要通过服务改革，进一步扩大开放的力度，加强服务产业、服务投资、服务技术、服务信息、服务人才等的交流合作，加快形成开放型的服务互联网生态系统，从而培育服务互联网的发展优势，推动服务互联网生态系统向更加有序的稳定结构演化。

4）服务互联网生态系统要具备服务制造链的完备性

服务制造链的完备性直接影响服务互联网生态系统的运行效率，影响服务互联网的可持续发展。服务互联网生态系统服务制造链的完备性具体为各服务群落、服务种群、服务个体的富集程度，它们之间的服务分工与协作关系，以及配套服务的服务耦合匹配程度等多个层面。它们直接影响服务互联网的服务分工与协作、内部的服务供求关系、服务链的运行效率等，从而对服务互联网的生态关系整体形成产生重要的影响。需要按照服务市场规律，依据生态学原理，在服务互联网可持续发展目标的指引下，将服务关联的机构等组织在一起，发挥服务协同效应，形成完整的服务互联网的服务链。

2. 服务互联网生态系统的生态平衡规律

服务互联网生态系统的生态平衡是稳定与动态平衡的综合体。服务互联网生态系统要维持自身的生态平衡、促进健康发展，就必须在一个相对稳定的状态下进行。同时，服务互联网生态系统的生态平衡又是一种动态的、相对的平衡。因此，服务互联网生态系统生态平衡的运行具有如下规律。

1）相互依存与制约规律

服务互联网中不存在孤立组分，所有元素或组分间相互依存、相互作用、相互制约。在服务互联网生态系统演化发展的过程中，服务互联网内部各个服务个体、服务种群、服务群落子系统之间存在相互依存与相互制约的关系，即当服务互联网中某个服务种群、服务群落的发展受到阻碍时，其他服务种群、服务群落的发展也将受到或多或少的影响，并会将这种影响反馈传递给有联系的服务种群、服务群落，如此循环作用，形成反馈回路。这一特性和规律要求在构建服务互联网生态系统时需要特别重视这种内部各个服务个体、服务种群、服务群落子系统之间的相互作用关系，建立良性服务反馈循环回路。如果不从复杂系统的角度，整体上考虑服务互联网生态系统的形成与发展，不具体分析内部各个服务子系统间的相互促进和相互制约作用，就不能正确地认识服务互联网生态系统内部服务生态秩序形成及发展动力所在。

2）能量流动与转化规律

能量流动是生态系统的重要功能之一，是各类生态系统生存的一个重要基础，具体是指生态系统中能量的输入、传递、转化和消失的过程。能量为生态系统物质循环提供动力，如果没有能量的流动，就不会有生命的存在。在生态系统中，物质循环和能量流动是紧密联系在一起同时进行的。能量在食物链中是单向流动，逐级递减，即向着一个方向逐级流动，不断消耗和散失，而物质是能量的载体，则可被生物多次利用。

在服务互联网生态系统中，除了存在物质循环与能量流动外，服务资金、服务信息、服务知识等也在循环和转化。它们把各服务种群、服务群落子系统有机地联结成为一个整体，从而维持了整个服务互联网生态系统的持续存在动力和平衡。

3）协同进化规律

在一个生态系统中，没有生物能够自已独立进化，都是与其他不同物种或多或少相互影响，并通过协同进化发展而来。协同进化，具体是指在一个互相影响的生态环境里，某一生物物种的特性为适应其他生物带来的影响而产生进化，而后者的生物特性也为适应前者的变化而产生进化。它是生物物种之间相互适应的共同进化机制，对提高生物物种的适应能力、促进系统走向更高级的有序具有重要意义。

服务互联网生态系统内部存在协同进化规律，即，在自组织机制作用下，其内各个服务个体、服务种群、服务群落等之间通过相互配合、相互补充与相互协作，实现和谐共存、协同进化的效应，从而推动整个系统的可持续发展。服务互联网生态系统与环境之间也存在着协同进化规律，它们直接存在着作用与反作用的过程。服务互联网生态系统会给环境影响；环境也会影响服务互联网生态系统的发展。

4）最大阈值规律

在外界环境因素涨落的影响下，服务互联网生态系统具有一定有限的调节能力，当外界环境涨落因素的影响超出一定极限时，服务互联网生态系统的服务生态平衡就会遭到破坏，系统就会实现由量变向质变的飞跃。服务互联网生态系统的演化发展过程就是不断打破旧的服务生态秩序和结构平衡，建立新的服务生态秩序和平衡的过程。维护服务生态平衡不只是要保持其原初始稳定状态，而是要发挥服务互联网生态系统内部服务个体、服务种群、服务群落的主观能动性去维护优化适合发展的服务生态平衡秩序，或者打破不适合自身、环境发展要求的服务旧结构，建立新的服务生态平衡，使服务互联网生态系统的整体结构更合理、功能更完善、运行效率更高。

3.5　服务互联网种群演化分析

3.5.1　服务种群生态关系分析

与自然界的生态系统一样，服务互联网生态系统的服务群落是由若干服务种群组成的一个相互联系、相互制约的统一综合体。在这个复杂的系统中，每一个服务种群都有其特定的位置，并与服务协作链中其他种群建立密切的联系。服务协作链中各个服务种群之间可以直接相互关联、发生作用，也可以间接关联发生影响和作用；这些影响是相对复杂且多种多样的，如对于双方既可以是有利，也可以是有害的，还可以是偏利或偏害的等。根据自然生态系统中生物种群之间的关系类型，结合服务互联网服务种群的交换关系和影响分析，可以看出服务互联网中相关服务种群的关系主要包括服务竞争关系、服务合作关系、服务捕食关系、服务寄生关系、服务中性关系、服务偏利关系、服务偏害关系等。

服务竞争关系是指两个服务种群之间互相竞争、抑制发展；服务合作关系是指两个服务种群互相有利、共生发展；服务捕食关系表示某一服务种群摄取另一服务种群中的服务个体的全部或部分；服务寄生关系是指两服务种群同时存在，对一种服务种群受益而另一服务种群受害；服务中性关系是指某一服务种群和另一服务种群互不影响；服务偏利关系是指两种服务种群生活在一起，对其中之一服务种群有利，而对另一服务种群不获得利益；服务偏害关系是指两种服务种群生活在一起，对其中之一服务种群有害，而对另一服务种群不获得利益。

在服务互联网中，服务种群间最主要的生态关系主要包括服务竞争关系与服务协作关系，因此，可以将服务互联网生态系统服务种群之间关系确定为服务竞争共生、服务合作共存以及服务竞合共生关系。

3.5.2　服务种群竞争演化模型构建

现代生物学理论认为，自然生态系统中两类相似的种群之间会因对生存环境和资源的争夺，产生种群竞争现象。在服务互联网生态系统内无论是提供相同服务的服务种群之间，还是上游下游服务种群之间均存在相互竞争的关系，这种竞争关系使得一个服务种群的服务产值市场饱和度对另一个服务种群的服务产值增长率具有阻滞作用。在生态学研究中，美国生态学家 Lotka 和意大利数学家 Volterra 建立了种群间竞争关系的理论基础，他们提出的种群间竞争 Lotka-Volterra 模型，已被广泛用来分析各类型种群间的竞争关系，对现代生态学理论的发展有着重大影响。考虑多服务种群竞争的共生关系，根据 Lotka-Volterra 种群进化模型，可以得到竞争环境下服务互联网生态系统中单一服务种群的演化方程：

$$\frac{\mathrm{d}P_i(t)}{\mathrm{d}t}=r_iP_i(t)\left(1-\frac{P_i(t)}{K_i}-\sum_{j\neq i}^{n}\beta_{ij}\frac{P_j(t)}{K_i}\right) \tag{3-1}$$

其中，$P_i(t)$代表 t 时刻服务种群 P_i 的服务产值，它们是时间 t 的函数；K_i 表示服务种群 P_i 相对独立时，在服务技术水平一定、服务资源要素给定的情况下的最大服务产值规模，并假设其为常数；r_i 表示理想环境下服务种群 P_i 的服务产值最大增长率，也假设为大于 0 的常数；服务种群之间的竞争程度可用服务种群竞争系数(Competitive Coefficient)来表示，β_{ij} 表示服务种群 P_j 对服务种群 P_i 的竞争影响效应。

为了便于分析，本书只讨论服务互联网生态系统内两个服务种群的演化模型。当服务互联网生态系统中两个服务种群相互作用时，每一个服务种群的增长率不仅受自身服务种群规模的影响，还与另一个服务种群的服务价值规模相关，其演化方程组为

$$\begin{cases}\dfrac{\mathrm{d}P_1(t)}{\mathrm{d}t}=r_1P_1(t)\left(1-\dfrac{P_1(t)}{K_1}-\beta_{12}\dfrac{P_2(t)}{K_2}\right)\\[2ex]\dfrac{\mathrm{d}P_2(t)}{\mathrm{d}t}=r_2P_2(t)\left(1-\dfrac{P_2(t)}{K_2}-\beta_{21}\dfrac{P_1(t)}{K_1}\right)\end{cases} \tag{3-2}$$

通过分析可以看出，服务互联网生态系统中不同服务种群之间竞争共生演化的结果取决于竞争作用系数的取值范围。为了研究服务互联网生态系统中不同状态下服务种群之间竞争共生演化的结局，需要对方程组的平衡点进行稳定性分析。平衡点就是使方程组为零时的实数解。

如果存在某个领域，使两个实数解从某个初始点出发，当 t 趋向无穷大时，P_1 和 P_2 分别趋向于向平衡点演进。忽略随机涨落因素的影响，则演化方程组都取等于 0 得到两个服务种群竞争演化的四个局部平衡点，分别是$(0,0)$，$(K_1,0)$，$(0,K_2)$，$\left(\dfrac{K_1(1-\beta_{12})}{1-\beta_{12}\beta_{21}},\dfrac{K_2(1-\beta_{21})}{1-\beta_{12}\beta_{21}}\right)$。对于一个由微分方程系统描述的服务互联网生态系统中不同服务种群之间的竞争共生作用关系及演化过程，其平衡点的稳定性可通过由该系统得到的雅可比矩阵的局部稳定分析进行判定。可进一步应用动态系统的系数矩阵及判别指标方法，对服务互联网生态系统中不同服务种群之间竞争共生平衡点的稳定性进行判定。

3.5.3 服务种群合作演化模型构建

服务互联网生态系统内各服务种群除了服务竞争关系外，还有一种非常普遍的关系，即服务协作，也称为服务合作。在服务互联网生态系统内无论是提供相似服务的服务种群之间，还是上游下游服务种群之间均存在相互服务合作关系，服务合作关系使得一个服务种群的服务产值市场饱和度对另一个服务种群的服务产值增长率具有促进作用。当服务种群合作共生时，通过互利共存、优势互补，可以增强彼此的服务竞争能力，又促进相互学习，有利

于形成互补的服务互联网的网络结构以及和谐的上下游服务链关系，进而使得双方相互受益、相互制约、共同演化。

引入合作效应系数，可以得到分工合作环境下服务互联网生态系统中单一服务种群的演化方程：

$$\frac{\mathrm{d}P_i(t)}{\mathrm{d}t}=r_iP_i(t)\left(1-\frac{P_i(t)}{K_i}+\sum_{j\neq i}^{n}\alpha_{ij}\frac{P_i(t)}{K_j}\right) \tag{3-3}$$

其中，α_{ij} 表示服务种群 j 对服务种群 i 的服务合作影响效应；其他符号的含义与竞争共生状态下类似。

考虑两个服务种群合作的共生关系，根据 Lotka-Volterra 种群进化模型，可以得到服务互联网生态系统中两类服务种群相互合作影响下的共生动态演化模型：

$$\begin{cases}\dfrac{\mathrm{d}P_1(t)}{\mathrm{d}t}=r_1P_1(t)\left(1-\dfrac{P_1(t)}{K_1}+\alpha_{12}\dfrac{P_2(t)}{K_2}\right)\\[2ex]\dfrac{\mathrm{d}P_2(t)}{\mathrm{d}t}=r_2P_2(t)\left(1-\dfrac{P_2(t)}{K_2}+\alpha_{21}\dfrac{P_1(t)}{K_1}\right)\end{cases} \tag{3-4}$$

忽略随机涨落因素的影响，则演化方程组都取等于 0 得到两个服务种群竞争演化的四个局部平衡点，分别是$(0,0)$，$(K_1,0)$，$(0,K_2)$，$\left(\dfrac{K_1(1+\alpha_{12})}{1-\alpha_{12}\alpha_{21}},\dfrac{K_2(1+\alpha_{21})}{1-\alpha_{12}\alpha_{21}}\right)$。为了判定各平衡点的稳定性，可利用近似线性方法判定平衡点的稳定性。从服务种群的合作演化的结果可以看出，其中$\left(\dfrac{K_1(1+\alpha_{12})}{1-\alpha_{12}\alpha_{21}},\dfrac{K_2(1+\alpha_{21})}{1-\alpha_{12}\alpha_{21}}\right)$是实现两个服务种群合作共生演化的稳定解，这表示两服务种群通过在服务技术、运作、管理等方面的合作和服务信息资源共享等，扩大各自的服务种群的服务产值增值规模，可实现服务种群的共生发展、协同进化效应。

3.5.4 服务种群竞合演化模型构建

在服务互联网生态系统内，因为其跨界、跨域、跨网的服务集聚特性、公共资源的有限性以及服务市场占有率高低导致的服务提供者最终经济利益收入高低，所以无论是提供相似服务功能的服务个体之间，还是价值链上下游关系的服务个体之间，均同时存在相互竞争与相互协作的关系。这种竞合关系的存在使得一个服务个体经济收益状况的变化对另一个服务个体经济收益状况的变化造成有利或者有害的影响。继而，经济收益状况的好坏影响服务个体的生存状况，从而进一步影响其所属服务种群的规模演化。因此服务个体之间的竞争与合作并存的关系，对其所属的服务种群的发展具有提升与阻滞作用。

从生态学角度，服务互联网生态系统内部服务种群之间竞争与合作的实质是对各维度生态位资源的争夺和占据，一些无法适应激烈服务市场竞争的服务种群将被淘汰或主动调整生态位空间，实现生态位的分离，最终实现各服务种群的竞合共生状态，从而构建服务种群竞合演化模型：

$$\frac{\mathrm{dpopu}_i}{\mathrm{d}t}=\sum_{i=1}^{m}r_ip_i\left(1-\frac{p_i}{S_i}+\sum_{j\neq i}^{n}\frac{\alpha_{ij}p_j}{S_j}-\sum_{j\neq i}^{n}\frac{\beta_{ij}p_j}{S_j}\right) \tag{3-5}$$

其中，$\alpha_{ij}=\dfrac{k_{ij}}{\sum\limits_{j=1}^{n}k_{ij}}$ 表示服务种群合作演化系数；$\beta_{ij}=\dfrac{l_{ij}}{\sum\limits_{j=1}^{n}l_{ij}}$ 表示服务种群竞争演化系数。

根据上述模型，可以构建服务互联网生态系统两个服务种群竞合共生演化模型：

$$\begin{cases}\dfrac{\mathrm{d}p_1}{\mathrm{d}t}=f(p_1,p_2)=r_1p_1\left(1-\dfrac{p_1}{S_1}+\alpha_{12}\dfrac{p_2}{S_2}-\beta\dfrac{p_2}{S_2}\right)\\ \dfrac{\mathrm{d}p_2}{\mathrm{d}t}=g(p_1,p_2)=r_2p_2\left(1-\dfrac{p_2}{S_2}+\alpha_{21}\dfrac{p_1}{S_1}-\beta\dfrac{p_1}{S_1}\right)\end{cases} \tag{3-6}$$

系统达到共生平衡状态时，存在定态解 $(0,0)$，$(S_1,0)$，$(0,S_2)$，$\left(\dfrac{S_1(1-\beta_{12}+\alpha_{12})}{1-(\alpha_{12}-\beta_{12})(\alpha_{21}-\beta_{21})},\dfrac{S_2(1-\beta_{21}+\alpha_{21})}{1-(\alpha_{12}-\beta_{12})(\alpha_{21}-\beta_{21})}\right)$。可进一步应用动态系统的系数矩阵及判别指标方法，对服务互联网生态系统两服务种群竞合平衡点的稳定性进行分析。

3.6 服务互联网群落演替分析

由于受到业务关系、计算环境、价值导向、社会环境等因素的影响，服务互联网中具有直接或间接关系的多种服务种群聚集在一起形成有规律的组合，即生态系统中的服务群落。它是由多个不同的服务种群构成的，这些服务种群不是简单地拼凑在一起，而是随着大规模个性化的客户需求，通过第三方服务链开发者与第四方服务超链开发者的服务挑选、组合与开发工作，形成价值链并实现服务价值增值，后又经过服务需求的动态变化而反复调整磨合，最终形成的一个相对稳定的组合。

在服务群落中，服务整体解决方案的价值链形成需要涉及不同服务种群之间的一起搭配。但在价值链中，根据所提供的服务功能与客户需求的契合度大小，价值链中的不同服务种群的重要性有一个强弱的排序。例如，提供服务功能与服务需求强烈相关的核心服务种群的重要性比提供辅助型服务功能的服务种群重要性高。生态系统为了实现持续的价值增值，往往使这些重要性高的服务种群占有更高的公共环境资源使用优势与经济收益优势，使所需的服务持续产出。同样，由于服务功能质量的高低或客户选择偏好，也存在根据服务被使用次数高低导致的服务种群重要性高低排名，最终也导致不同服务种群对公共资源占有率等指标的大小不同。

综合上述两方面内容，加上社会经济等环境因素的影响，不同服务种群的公共资源占有率与经济收益的高低变化导致服务种群的新增与消亡，最终导致服务群落结构的演化更替。

同时，在生物生态系统中，不同的生物种群对于环境资源的占有率不同，这种资源占有率的差别造成了生物种群的强弱排序。在系统中对环境资源占有率大的生物种群成为优势生物种群，相反，资源占有率小的生物种群成为相对劣势的生物种群。优劣势生物种群在一起形成的相互作用关系就是生物群落的演替机理与规律。因此，对于服务群落的演化更替可以借鉴生态学原理进行建模解释。

服务互联网生态系统是由多个不同的服务种群构成的，每个服务种群都有不同的服务竞争力和活力，并通过相互协同演化达到动态的平衡。外部服务资源环境容量会引发服务互联网生态系统内部服务种群对有限服务资源的争夺，而这种变化影响的传导程度是不同的。因此，借鉴生物学中 Tilman 的 n 种集合种群动力模型，来研究外部环境因素变化条件下服务互联网生态系统内部服务种群的协同演化规律。它是一个高阶的非线性微分动力方程组的数学模型，用来表示种群之间变化的关系导致系统整体结构演变的一种模型。

首先，定义服务种群的集聚程度与集聚效应。生物种群空间分布的稀疏性可以用聚集度来表示。受此定义的启发，我们将聚集度定义为某个服务群体中服务个体之间的业务交互数量占所有服务群体中业务交互总数的比例。高集聚度意味着商业互动更加频繁，可能导致不必要的竞争。低集聚度会增加知识交流和协同创新等活动的难度。因此，集聚效应可用集聚程度进一步表示如下：

$$Ae_i = 1 - (Ad_i - Adbest_i)^2 \tag{3-7}$$

其中，Ad_i 代表服务种群 i 的集聚度（$0<Ad_i<1$），Ad_i 越大，服务种群 i 的聚集度越高；$Adbest_i$ 代表服务种群 i 的最佳集聚度，即服务种群的服务产值增长率最大时的集聚度；Ae_i 代表服务种群 i（$0<Ae_i<1$）的集聚效应，Ae_i 越大，说明当前集聚度越有利于服务种群 i 的发展。然后构建服务互联网生态系统的服务群落动态演化更替模型如下：

$$\frac{\mathrm{d}q_i}{\mathrm{d}t} = Em_i q_i Ae_i \left(1 - D - \sum_{j=1}^{i} q_j\right) - Ex_i q_i - \sum_{j=1}^{i-1} Em_j Ae_j q_j q_i \tag{3-8}$$

其中，第一项表示服务种群 i 对生态位资源的成功侵占；第二项表示服务种群 i 死亡或迁出引起的生态位资源占有率下降；第三项表示强竞争服务种群导致弱竞争服务种群 i 对生态位资源占有率的下降。这就说明在激烈的服务市场竞争中，竞争能力较弱的服务种群需要具备较强的服务个体繁殖率、较小的服务迁出和死亡率，才能维持在服务互联网生态系统中的生存进化。在这里，服务种群的扩散率主要是用来指服务种群的服务资源整合、服务网络扩张、服务业务拓展等能力。

在服务互联网生态系统中，有 n 个服务种群，由于不同服务种群的服务生态位、服务资源占有、服务发展基础条件等不同，具备不同的服务竞争能力、服务扩散能力、服务迁出率和死亡率，通过服务种群间非线性作用实现了共生演化并达到动态平衡。

3.7 服务互联网整体演化分析

3.7.1 服务互联网演化动力分析

一般而言，复杂的经济社会系统的形成与演化都有其内在动力和外在动力两个方面。对于服务互联网生态系统而言，其正是在内、外部各种因素的相互作用下，实现从一种有序的状态向另一种有序状态的演化发展。促进服务互联网生态系统演化的动力主要来自系统外部动力要素和内部动力要素。

其中，促进服务互联网生态系统演化的外部动力要素主要体现为服务市场需求、服务科技进步、服务相关的政策和服务的专业化分工等因素；

促进服务互联网生态系统演化的内部动力要素主要体现为服务链上下游各服务种群、服务个体之间相互影响、相互促进的服务协作因素，以及对服务市场、服务资源等竞争的因素。

内部动力要素是服务互联网生态系统演化发展的源泉和动力，外部动力要素是服务互联网生态系统演化发展的条件，外部动力要素总是通过影响内部动力要素的某一和某些方面而起作用。

1. 外部动力

对服务互联网生态系统的外部驱动机制的考察要综合考虑对服务互联网产生影响的各方面因素，归纳起来主要有四个方面：服务市场需求、服务科学技术进步、服务的社会专业化分工和服务相关发展政策引导。

1）服务市场需求

服务市场需求是服务互联网生态系统产生的目的和根本动力，在系统演化发展中起着不可替代的作用。服务需求变化的轨迹与服务互联网生态系统演进的轨迹有一定关联性，服务需求的变化会引导服务互联网服务网络结构调整、服务互联网总体规模壮大和发展方式的转变，从而成为服务互联网生态系统演化发展过程中外在首要动力。从服务市场的服务需求来源角度来看，服务互联网的服务需求是服务互联网进行服务活动特别是服务制造所派生的一种次生需求。服务互联网发展总体水平、服务相关产业空间布局、服务资源分布、服务消费客户人群分布等使服务需求呈现出分布不均衡的形态。服务市场需求是服务互联网生态系统演化形成和发展的原动力，这里强调的服务需求是在一定的地域范围、一定的时间下各类服务消费者对各类服务愿意购买而且能够有效使用的服务需求。

由于服务互联网依托经济社会而发展，深深嵌入各种繁杂的社会关系中，具有根植性。经济社会发展水平直接决定着服务需求结构和规模。服务需求主要包括各类产业、群体和个人对各类服务的需求。同时，在基本的服务个体需求基础上，还产生了对复杂组合服务等增值服务需求。随着服务经济结构调整和服务发展方式转变，各类产业与服务客户的相关服务需求也迅速转变发展，引发服务互联网服务需求端结构的重大调整，也推动着服务互联网供给侧的结构改革。

总体而言，服务市场需求对服务互联网生态系统演化发展的影响是一个长期的过程，且在不同时期的作用效应不同。服务市场需求的变化在初始阶段表现不明显，随着经济和社会发展不断地变化，当变化达到一定程度，形成一定规模时，将形成对服务互联网的演化发展的牵引。服务市场需求拉动服务互联网的发展，反过来，服务互联网在满足各类不同服务产业和服务消费需求的同时又会诱发新的服务需求，从而拉动新一轮服务互联网的发展，这样循环往复，使得服务需求拉动成为服务互联网演化的重要和持续的动力。

2）服务科学技术进步

服务科学技术进步与服务结构升级密不可分，影响着服务互联网结构的增长动力和生产效率，成为推进服务互联网演化发展的动力之一。对于服务互联网来说，服务的科学技术进步会直接改变服务互联网的服务资源整合、服务网络运行、服务生产运作、服务组织管理等，改变服务市场需求端的结构和要求，在一定程度上决定服务互联网演化的方向，影响服务互联网生态系统整体的运行效率、演化进程。

服务科学技术的进步能够在服务平台和服务市场中广泛推广应用，提升了服务互联网体系的运行效率，推动着服务模式创新，成为服务互联网演化的重要动力源之一。服务相关的科学技术作为第一生产力，正全面作用于服务互联网生态系统的各个层面，特别是服务信息化、服务自动化等服务技术使得服务发现、服务选择、服务推荐、服务组合、服务信息处理等服务的作业效率提升，也使得各服务个体之间的服务信息更加共享、服务经营管理决策更加高效，从而优化服务互联网内部的组织和运作方式，促进服务互联网的服务供需有效衔接和耦合。

3）服务的专业化分工

服务的分工专业化对于服务互联网的发展起着重大的推动作用。服务链中有多个服务个体环节，在整个服务链上，需要优化整合多个服务环节，每个环节都需要服务之间的配合与沟通，最后才能形成优质的、整体的服务解决方案。随着服务化、专业化趋势愈发明显，同时有力地推动服务链和价值链的延伸，加速服务互联网生态系统的发展。一方面，在包含海量异质服务的服务互联网中，存在很多能够专业化单独处理某一项任务的服务，还存在一定的提供服务组合的服务手段，提高服务互联网的运作效率；另一方面，一批各服务领域专业化的第三方、第四方辅助型服务也应运而生，提供各种不同类型的服务，满足多样化、个性化的服务消费者们的需求。从细分行业来看，服务的高度专业化发展趋势更加明显，如医疗养老等与客户群体消费相关的服务保持较高增长速度。

服务的专业化分工主要集中在三个方面：①进一步丰富了服务互联网中服务种群的多样性，扩大供给服务的规模和类型，引导服务客户进行服务外包，释放更多的服务市场需求；②促进服务链中各个服务的生态位特化，加速一批服务的专业化发展，促进更多专业化服务理念、服务模式、服务技术的产生，这些是服务技术进步与创新的潜在力量，也是服务互联网生态系统演化发展的重要基础；③加速服务向服务互联网靠拢，降低服务交易成本，带来更多的服务价值，又反过来刺激服务市场对服务的需求，为服务互联网的演化发展提供新的服务需求和动力。

4）服务互联网的相关发展政策

服务互联网生态系统的演化发展在很大程度上受到政府相关宏观政策的影响，如服务互联网发展规划、服务互联网投资、服务互联网税收优惠、服务互联网区域合作、服务互联网技术创新、服务互联网人才战略、服务互联网标准化建设等政策会直接影响服务互联网的规划建设。由于我国现代服务业的发展起步较晚，服务体系不健全，服务运营成本较高，受到政策方面的影响就更为显著。通过制定服务互联网发展相关规划和引导服务互联网发展的系列政策，通过完善服务互联网的基础设施，服务财政补贴、服务税收优惠等系列扶持服务互联网发展政策，促进服务互联网的更加健康发展。

总体来看，相关服务政策对服务互联网的影响体现为：一方面，政策会在一定程度上刺激或减少经济投资，引导经济结构调整与转型升级，从而影响服务市场的服务需求规模和服务结构类型，直接影响到服务互联网的发展；另一方面，针对服务互联网发展的相关政策和措施，会直接影响到对服务互联网生态系统的投资与规划，影响到服务互联网生态系统的空间规划与布局，从而决定未来服务互联网生态系统的演化方向。

2. 内部动力

服务互联网生态系统是一类复杂的自组织的生态系统，外部动力要素在服务互联网生态系统发展过程中起着重要条件作用，它们通过影响服务互联网生态系统内部动力要素的结构和作用关系，从而影响服务互联网生态系统自身的内生动力和发展活力。从内部动力要素构成的角度来说，服务互联网服务链各类服务种群、服务个体之间以及它们与外部环境之间的竞争与协作，是推动服务互联网生态系统自组织演化的最终决定力量。

1）服务竞争机制

竞争是指由于系统内部和系统之间的不均匀性和不平衡性，使得个体或群体间产生力图胜过或压倒对方的心理需要和行为活动。由于服务资源、服务市场需求等的制约，服务互联网生态系统中存在多种类型、多种形式的服务竞争现象，并伴随着整个服务互联网生态系统的演化发展过程。竞争是服务互联网生态系统演化最活跃的动力，一方面导致服务互联网生态系统处于远离平衡态的条件，同时也能够促进服务互联网生态系统的生态向有序的结构演化发展。

服务互联网生态系统的竞争包括两大层面：一层是服务互联网生态系统内部服务群落、服务种群、服务个体之间的竞争，具体表现为对服务客户、服务市场的争夺，对服务互联网基础设施的投资和控制的争夺，对服务相关的各类服务资源的整合竞争等，带动服务互联网中竞争格局和态势的变化，从而改变服务互联网生态系统内部服务群落、服务种群、服务个体之间的关系，带动服务互联网生态系统的演化发展。另一层的意义是服务互联网生态系统各服务群落、服务种群、服务个体与外部环境之间同类主体的竞争，这些竞争带来对服务互联网生态系统内各类服务资源的有序分配和整合，提升服务互联网生态系统资源的利用效率，提升服务互联网生态系统内部服务群落、服务种群、服务个体的生存活力和发展潜力，并通过优胜劣汰、推动服务互联网生态系统内部结构和各要素作用机制的变化，进而影响服务互联网生态系统的演化发展。

2）服务协作机制

协作指的是构成服务互联网生态系统的要素或子系统之间的协调和同步作用。服务互联网生态系统是聚集的各相关服务相互分工及协作而形成的集群，它的竞争优势来自聚集海量异质服务之间的互动和服务互联网生态系统内外相关主体之间的协作，产生超越原来各自单独作用而形成的整个系统的聚合作用。服务互联网生态系统内各服务种群、服务个体之间的服务共生与服务协作是促进服务互联网生态系统演化的重要内在因素。服务互联网生态系统中协作主要体现为：服务供需主体之间的协作，共同推动服务外包，提高第三方、第四方服务比例，释放服务市场需求，从而推进专业化服务互联网生态系统的发展；服务互联网生态系统中相关服务群落、服务种群、服务个体，围绕某一个共同服务目标、服务任务等，加强服务分工与协作，发挥各自的核心服务资源、服务能力要素和优势，共同配合、高效地实现服务互联网生态系统管理的运行，从而实现共同发展。

3.7.2 服务互联网的涨落与序参量

由于服务互联网生态系统内外部环境因素的影响，服务互联网生态系统普遍存在许多形式的涨落现象，这会影响服务互联网生态系统的演化方向，增加了服务互联网生态系统演化发展的复杂性。根据涨落现象产生的来源，服务互联网生态系统的涨落可分为内部涨落和外部涨落两大种类。内部涨落包括服务互联网生态系统内部服务群落、服务种群、服务个体等产生对平均值的偏离，例如新的服务模式的出现，服务的资源整合水平和竞争能力的波动等；外部涨落是外部因素对服务互联网生态系统形成与发展产生的各种影响，比如服务互联网结构调整与转型升级、服务互联网基础设施建设。

涨落是服务互联网生态系统演化发展的内在表现形式，是促进服务互联网生态系统向有序结构演化的重要诱因。当服务互联网生态系统处于某一开放的环境，达到某一临界值、涨落的偏离值超出一定范围时，如果服务互联网生态系统不能使涨落收敛回归，并且通过内部各服务群落、服务种群、服务个体等要素之间的非线性作用被放大，使这种“小涨落”带动周围其他的要素产生协同效应，形成“巨涨落”，从而可能会促进服务互联网生态系统原来的结构失稳而发生质变，即形成突变与飞跃，从而诱发既有结构的解体，实现系统“质”的跃迁。

序参量是指在系统演化过程中从无到有的变化，影响着系统各要素由一种相变状态转化为另一种相变状态的集体协同行为，并能指示出新结构形成的参量。内外的涨落现象的出现，是促进服务互联网生态系统演化发展过程中产生序参量这一支配控制参量的重要原因。在服务互联网生态系统演化发展过程中有许多控制参量，分为“快变量”和“慢变量”，而“慢变量”决定着服务互联网生态系统演化方向，支配快变量的行为，并成为新结构的序参量。

序参量是服务互联网生态系统中各构成服务个体、服务种群、服务群落及服务子系统集体运动的产物，对于服务互联网生态系统的形成与发展起着决定性作用。在涨落的驱动下，如某一服务模式创新、驱使服务互联网生态系统远离平衡，其内部各构成要素基于服务链、服务超链、价值链而紧密关联，并相互影响。当控制参量达到阈值时，服务互联网生态系统靠近临界点，某些涨落得到集体响应，此时服务互联网生态系统各服务构成要素之间所形成的关联逐渐增强且起主导作用，各服务要素的协同作用和效应被放大，进而导致支配服务互联网生态系统演化的序参量的出现。序参量是服务互联网生态系统相变前后所发生的质的变化的最突出的标志。

3.7.3 服务互联网整体演化模型构建

服务互联网生态系统内部各种群的竞合演化，推动服务互联网生态系统整体的自组织演化发展。服务互联网生态系统是一种典型的耗散结构，完全具备自组织演化条件。服务互联网生态系统就是在自组织占主导机制作用下不断向更高层次、更加有序结构进化。本节重点针对服务互联网生态系统的条件下，提出基于复合虫口模型的服务互联网生态系统整体演化趋势模型，并进行相关的理论与数学分析。

服务互联网生态系统内部服务种群的演化与服务群落的演替，推动服务互联网生态系统整体的自组织演化发展。同时，服务互联网生态系统的发展也深受外界环境因素的影响，也不可以忽略其对生态系统演化发展的作用。本节重点针对服务互联网生态系统自组织与他组织条件下基于改进的一种虫口模型的服务互联网生态系统整体演化模型，并进行相关的理论与建模分析。

虫口模型认为，当一个物种进入新的环境以后，物种的数量呈现S形增长趋势，即物种的数量会受到外界环境资源的限制，物种数量先急剧增长，当其增长达到一定规模以后，增长速度会逐渐下降，直到速度增长为零，此时物种的规模达到环境最大容量。

服务互联网生态系统的发展与生态系统中生物数量的增长规律具有相似性，因此可以借鉴该方程来描述服务互联网生态系统整体演化的生命周期过程。这是因为服务互联网生态系统的发展资源和空间是有限的，不可能无限制增长，都要受到外部各种要素的制约，如受到服务基础设施、服务科学技术、经济社会发展水平、服务市场容量、服务资本、服务劳动力资源等发展因素的制约，也会受到内部逐步增长带来自身抑制作用影响。该虫口模型数学形式可表示为

$$\frac{\mathrm{d}P}{\mathrm{d}t}=rP\left(1-\frac{P}{M}\right) \tag{3-9}$$

针对整体服务互联网生态系统，在生态系统特性分析的基础上，进一步选择整体经济收益规模对其演化状况进行刻画分析，这比数量方面的变化更能够说明生态系统价值增值的实现情况。P 是当前服务互联网生态系统的服务价值规模，且随着时间 t 的变化而变化；M 表示服务互联网在一定时间及环境要素下（资金、环境、服务市场、生产服务所需劳动力等要素禀赋）的独立状态下所能达到的最大价值规模；r 为服务互联网价值规模的内禀增长率，因此一个生命周期内服务互联网的价值规模变化曲线为S形。

总体来看，服务互联网生态系统整体演化中一个生命周期具有类似生态系统进化的发展规律与发展趋势，可以用生物种群的形成、成长、成熟、更替等过程进行描述。根据虫口模型的S形曲线的特征分析，可以看出服务互联网生态系统总体的一个生命周期发展过程大体存在着四个不同的生命周期特征和演化过程。

进一步考虑到服务互联网各方面特性，对该模型加入政府社会经济等表示外因素动力的因子：

$$\frac{\mathrm{d}P}{\mathrm{d}t}=rP\left(1-\frac{\varepsilon P^{\sigma}}{M}\right)+\eta \tag{3-10}$$

其中，r 表示服务互联网的总体服务价值规模的内禀增长率；M 表示服务互联网生态系统在一定时间及环境要素下（资金、环境、服务市场、服务生产所需劳动力等要素禀赋）的独立状态下所能达到的最大总体价值规模；ε 表示服务互联网外部动态环境因素（资金、环境、政策、服务市场、服务生产所需劳动力等各种社会经济因素）对服务互联网生态系统的总体价值规模增长的不同影响，$\varepsilon>1$ 表示外部社会经济等环境因素总体对系统呈抑制作用，反之则为促进作用；σ 表示服务互联网内部服务种群之间竞争协作共生对服务互联网生态系统整体演化的推动或阻滞作用影响，其值大于0，当 $\sigma<1$ 时模型曲线呈现下凸增长，当 $\sigma>1$ 时模型曲线呈上凸增长；η 为常数补偿项。

总体来说，该模型满足了服务互联网生态系统总体演化的非线性特征、密度制约效应与外部社会经济因子等因素影响的表示。

3.7.4 服务互联网生命周期分析

总体来看，服务互联网生态系统的整体演化具有生物种群进化的类似规律，可以用生物种群的形成、成长、成熟、蜕变等过程进行描述。根据S形曲线的特征分析，可以看出服务互联网生态系统的发展过程仍然存在着生命周期特征和演化过程。

1. 形成期

此时期往往为服务互联网生态系统初步形成阶段或服务互联网生态系统经历结构调整，进一步跨界跨域等新发展形成阶段。这时，服务互联网生态系统的总体服务价值规模增长速度及价值规模增长加速度都越来越大。在服务用户需求与经济收益的吸引下，各类与形成服务链相关的服务开始聚集并创建为新的价值链。此时，新环境下的服务链和价值链的规模与结构处于初始阶段，且服务互联网生态系统内新生服务的类型与数量、服务价值链规模都呈初步上升趋势，还未形成当前市场需求与体系结构下高效的服务群落等，整个系统可产生的服务价值收益呈现进一步扩大发展的趋势。

2. 生长期

此时期服务互联网生态系统的产值增长速度继续递增，而产值增长加速度越来越小。这是服务互联网生态系统发展的扩张阶段。由于服务基础设施的不断建设，吸引越来越多的服务主体迁入，服务种群丰富性不断拓展，围绕服务链、价值链的关系更趋复杂，各要素之间的竞争与协同进一步增强，系统综合发展水平和竞争能力得到极大的提升。此时，服务互联网生态系统内的服务从单一服务主体行为向多元主体共同参与、共同成长的生态系统行为进化。

3. 成熟稳定期

在这个时期，当前环境下服务互联网的内部结构和各类组成要素之间的关系、相互作用都趋于稳定，各服务群落、服务种群、服务个体之间人才、技术、信息、知识、物资等交流趋于频繁，服务链分工细化，配套型服务完善，竞争与协作作用进一步加强，整个服务互联网生态系统呈现成熟运行态势。由于服务互联网生态系统的多样化和复杂性增加，带来系统高效率的分工和协作，进而增强系统的内在稳定性。在服务需求的推动下，服务链与价值链进一步完备，扩大了生态系统内服务提供商数量并为其带来了经济效益与生产活力，激活了跨界跨域跨网异质服务的竞合规模，实现了服务互联网生态系统构建的共赢模式。

4. 变化期

服务互联网生态系统价值达到当前一个生命周期内的最大规模。系统内各个服务单元、服务种群、服务群落因生态系统的繁荣稳定享受着当前环境下经济收益的最大化。

然而，由于此时服务互联网生态系统内服务群落、服务种群、服务个体数量仍然在进一步增加，对各类资源要素的争夺加剧，服务互联网生态系统的外部资源环境空间的约束作用更趋明显，系统增长的动能面临转换和调整，且由于经济效益惯性，整个系统价值规模增长速度放缓甚至停滞。此时，服务互联网的市场需求日趋饱和，服务的供给主体资源占有和支配能力下降，相关服务群落、服务种群、服务个体之间的矛盾凸显，使得服务互联网生态系统变得不稳定，面临衰落与退化的风险。因此，需要进一步制定保障服务互联网生态系统可持续性的有序演化、价值持续增创与生命周期更新的策略。

在一个演化生命周期内，服务互联网生态系统的服务产值规模的演化轨迹，即 S 形曲线的形状会受到参数 M 和 r 的影响。其中，参数 M 决定服务互联网生态系统的服务产值规模空间的上限值。对于一定的 r 值，若 M 值越大，服务互联网的生命周期时间约长；对于一定的值，若 $M>r>0$，系数 r 值越大，则服务互联网演化生命周期越短，会很快促进服务互联网进入下一轮演化生命周期。考虑多个生命周期演化过程的连续影响，同时考虑演化路径和方向不确定性，因此，服务互联网生态系统演化轨迹变得复杂。

总体来看，服务互联网生态系统的演化路径有三种类型：

(1) 正向演化，即服务互联网生态系统中各类服务群落之间、服务种群之间、服务个体之间通过有序规范的竞争、协同，并通过技术、管理、服务等创新，形成一种不断创新的路径依赖，推动服务需求规模扩大、服务互联网的规模扩张、服务资源整合能力提升、服务互联网综合竞争能力提升，实现服务互联网生态系统的不断转型与结构升级；

(2) 反向更替，即服务互联网生态系统陷入路径锁定影响，服务创新动能不足，服务的资源整合和竞争能力下降，服务互联网生态系统开始向衰退方向发展；

(3) 扩散与转移，即由于某一服务功能区域的服务收益优势和服务集聚效应的影响，导致服务个体偏向某一服务功能区域集聚。因此，服务互联网生态系统具体向哪个路径演化发展,综合取决于服务相关因素、服务互联网生态系统外部涨落以及服务互联网生态系统内部不同时期的服务竞争与服务协同作用影响。

3.8 服务互联网演化特性指标体系

从以上对生物生态系统和商业生态系统健康度评价的分析中可以看出,目前对系统健康度的评价主要从系统内部评价结构稳定性、完整性和持续性以及从系统外部评价其对外界影响、对外界的依赖性两个角度进行分析。由于本书的目标在于对服务互联网生态系统的演化特性进行分析,所以本书将更多关注系统本身的指标,即服务互联网生态系统本身的稳定性、完整性和持续性等。表 3-3 给出了本章使用的一些表示符号代表的意义。

表 3-3 符号说明

符号	说　明
$\lvert * \rvert$	表示集合中元素的数量,如$\lvert SP \rvert$代表服务提供商数量
$Ne(*)$	表示获取节点在网络当中的邻接节点的集合,如对于服务功能网络 $SFuN$ 当中的功能标签节点 tag_j,$Ne(tag_j)$表示获得与该功能标签节点直接连接的所有的服务节点
$Live(*)$	表示获取集合中处于可用状态的元素的数量,在本书中表示获取其中可用服务的集合
$First(*)$	表示从出现在服务互联网生态系统中直到被首次使用的时间,在本书中用于表述服务功能领域以及服务的首次使用时间
$N(*)$	表示网络中节点的集合
$E(*)$	表示节点集合中边的集合
d_{ij}	表示网络中两个节点之间的最短距离,即两个节点之间最小连接边的数量
$* \cap *$	表示获得两个集合中相同元素的集合
$* \cup *$	表示获得两个集合中非重复元素的集合
$\langle * \rangle$	表示计算平均值
$P(*)$	表示分布函数

3.8.1 稳定性

服务互联网生态系统的稳定性体现在服务互联网生态系统能够稳定持续地为服务消费者提供相应的功能,以满足其动态多变的业务需求。结合 Costanza 以及 M. Iansiti 和 R. Levien 关于生态系统稳定性和强健性的定义,对服务互联网生态系统的稳定性可以从以下的几个角度进行分析。

1. *活力*(Vigor)

对于服务互联网生态系统而言,系统中的服务提供商、第三方服务组合开发者和服务、服务组合的数量越多,则服务互联网生态系统越有可能满足为服务消费者提供所需的业务需求,其生产力越高,系统的活力越强。因此本书从服务互联网生态系统中服务提供商、第三方服务组合开发者、服务和服务组合的数量及其增长的角度定义服务互联网生态系统的活力,映射到服务互联网生态系统的网络模型中则代表着网络中节点数量及其增长的过程。

表 3-4 总结了关于活力指标的定义以及在网络模型中对应的量化指标。

表 3-4　服务互联网生态系统健康度评价指标：系统活力

指标项	描　　述	指　标　项	对 应 网 络	网络量化指标
活力	服务互联网生态系统中主体和对象的数量	服务提供商数量	服务互联网生态系统异质网络模型	$\|SP\|$
		第三方服务组合开发者数量		$\|SCD\|$
		服务数量	G^{MHeN}	$\|S\|$
		服务组合数量		$\|SComp\|$

2. 强健性(Robustness)

强健性主要体现为系统抗干扰的能力(表 3-5)。对于服务互联网生态系统而言,外界干扰对系统的影响主要体现为由于外界原因导致服务不再可用。所以服务互联网生态系统的强健性主要体现在对于每一个服务功能领域下是否存在可替代的服务。一个服务功能领域下的可用服务数量越多,表明服务互联网生态系统在该领域下有着越强的抗干扰能力,因此可以从服务功能领域下服务的数量和存活率两个角度对服务互联网生态系统的强健性进行分析。

表 3-5　服务互联网生态系统健康度评价指标：系统强健性

指标项	描　　述	指　标　项	对 应 网 络	网络量化指标
恢复力/抗干扰能力	每一个服务功能领域下服务的数量以及存活率	服务功能领域中服务数量	服务功能网络模型 G^{SFuN}	$\|Ne(sd_j)\|$
		服务功能领域中服务存活率		$\frac{\|Live(Ne(sd_j))\|}{\|Ne(sd_j)\|}$

3. 组织结构的复杂性(Organization)

生物生态系统在长期的演化过程中个体之间形成了复杂的关联关系,自组织构成了复杂的组织结构;商业生态系统中的各个利益主体相互协作竞争也形成了复杂的组织结构。复杂的组织结构对于保证系统的稳定性有着重要意义。同理,服务互联网生态系统中服务在长期的协作过程中构成了复杂的服务协作网络。因此,基于复杂网络分析方法研究服务协作网络的复杂性,将能够揭露服务互联网生态系统长期协作过程中形成的复杂组织结构以及服务之间的协作机制。

从复杂网络角度对复杂系统的复杂性进行定量与定性的研究,已经成为网络分析的一个重要课题。目前对网络系统复杂性的研究主要体现在结构复杂性、节点复杂性以及各种复杂性因素之间的相互影响等领域上,包括小世界特性、无标度特性、异配性等(表 3-6)。因此本书将基于服务协作网络的复杂网络特性,对服务之间的协作关系进行刻画和分析。

表 3-6　服务互联网生态系统健康度评价指标：组织结构的复杂性

指标项	描　　述	指　标　项	对 应 网 络	网络量化指标
组织结构复杂性	服务在长期协同过程中形成的复杂结构特性	小世界特性	服务协作网络模型	$\frac{C}{C_{\text{rand}}},\frac{L}{L_{\text{rand}}}$
		无标度特性	G^{SColN}	$\gamma-1$
		度匹配特性		r

小世界网络模型主要包括 Watts 和 Strogtz 提出的 WS 小世界模型以及 Newman 和 Watts 提出的 NW 小世界模型。小世界网络的核心特征为特征路径长度短而集聚系数高。其中特征路径长度(Characteristic Path Length,CPL)表示网络的平均路径长度,其定义为

$$L=\frac{1}{|N|(|N|-1)}\sum_{i\neq j}l_{ij} \tag{3-11}$$

其中,N 表示网络中节点的数量; l_{ij} 表示两个节点之间的最短距离。

集聚系数描述网络中节点的邻接节点之间也互相邻接的比例,因此可以定义为

$$C=\frac{1}{|N|}\sum_{i}\frac{2|E(Ne(i))|}{|Ne(i)|(|Ne(i)|-1)} \tag{3-12}$$

其中,$|Ne(i)|$表示网络中节点 i 的邻接节点的数量; $|E(Ne(i))|$表示节点 i 的邻接节点中连边的数量。

为了对网络的小世界特性进行量化,Watts 和 Strogtz 进一步将小世界网络与具有相同连边概率的 ER 随机网络进行比较,并将具有与随机网络相似的特征路径长度但是比随机网络高得多的集聚系数的网络定义为小世界网络。因此小世界特性的量化标准为

$$\frac{C}{C_{rand}}\gg 1,\quad \frac{L}{L_{rand}}\approx 1 \tag{3-13}$$

无标度特性指的是网络中的分布满足幂律分布特征,由 Barabasi 和 Albert 于 1999 年提出,并迅速得到了广泛的关注和应用。在无标度网络中绝大多数节点的度非常低,而少部分节点的度则非常高,在整个网络当中占据核心的位置。可见具有无标度特性的网络具有明显的非均匀性,网络中的节点具有明显的分层结构。目前对网络的无标度特性进行量化分析主要存在两种方法:

(1) 获取网络中节点的度分布函数 $P(k)$,即网络中节点的度为 k 的概率,判断其是否满足幂律特征; 如满足则将幂指数 γ 作为无标度特性的量化指标。

$$P(k)\propto k^{-\gamma} \tag{3-14}$$

(2) 在度分布函数的基础上,计算其累积度分布(Cumulative Degree Distribution Function),表示度不小于 k 的节点的概率:

$$CP(k)=\sum_{k'=k}^{\infty}P(k') \tag{3-15}$$

并判断累积度分布是否满足幂律特征; 如满足则将幂指数 $\gamma-1$ 作为无标度特性的量化指标。

$$CP(k)\propto k^{-(\gamma-1)} \tag{3-16}$$

由于累积度分布具有更强的去随机性,本书将采用累积度分布的方法对无标度特性进行分析,并将幂指数 $\gamma-1$ 作为量化指标。

为了描述复杂网络中不同度的节点之间的相关关系,Pastor-Satorras 等从网络中节点度之间的相关系数,给出识别网络节点之间的相关关系的方法: 对于网络中所有度为 k 的节点 $v[k]$,计算其中每一个节点 $v_i[k]$的邻接节点的度的平均值 $k_{nn}(v_i[k])$; 进而计算 $k_{nn}(v_i[k])$的平均值,得到平均邻接度 k_{nn}; 最后考察 k 与 k_{nn} 的相关系数,如果相关系数大于 0,则表示网络为同配网络(Assortative),反之则为异配网络(Disassortative)。

从以上的定义可以看出,匹配性显示网络中不同类型节点之间连接的偏好性。对于同

配网络，节点度高的节点倾向于与节点度高的节点建立连接，节点度低的节点倾向于与节点度低的节点建立连接；对于异配网络，节点度低的节点倾向于与节点度高的节点建立连接。

显然 Pastor-Satorras 等的定义只能用于识别网络节点之间的匹配关系，并不能进行量化，对此 Newman 进一步提出了网络整体的匹配系数：

$$r=\frac{\sum_{(i,j)\in E}\frac{d_i d_j}{|E|}-\left(\sum_{(i,j)\in E}\frac{d_i+d_j}{2|E|}\right)^2}{\sum_{(i,j)\in E}\frac{d_i^2+d_j^2}{2|E|}-\left(\sum_{(i,j)\in E}\frac{d_i+d_j}{2|E|}\right)^2} \tag{3-17}$$

如果 $r>0$，则称网络为同配网络；如果 $r<0$，则称网络为异配网络。由于 Newman 的匹配系数能够量化整个网络的匹配性，因此本书将利用 Pastor-Satorras 等的方法识别网络的匹配性，进而利用 Newman 的匹配系统量化网络的匹配程度。

4. 可预见性(Predictability)

对于一个健康的系统，系统的结构并不会在短时间内发生剧烈的变化，其变化的轨迹是可以预见的。其本质来自系统内部的行为特征存在一定的惯性，而不会发生剧烈的变动。由于服务协作网络体现了服务互联网生态系统中服务协同的模式以及服务组合的特性，为了定义服务协作网络的可预见性，本节首先定义如下的两个服务协作网络。

汇总服务协作网络：给定某一时间段 t，容易获得截至该时间段结束，服务互联网生态系统形成的服务协作网络。由于此时的服务协作网络代表在此之前所有服务之间的协作关系，因此本节将其定义为汇总服务协作网络 $G_{sum}^{SColN}(t)$。

分片服务协作网络：给定某一时间段 t，获得该时间段内的服务组合及其调用的服务，进而获得 t 时间段内的服务协作网络。由于此时的服务协作网络只包含 t 时间段内的协作关系，因此本书将其定义为分片服务协作网络 $G_{snap}^{SColN}(t)$。

如图 3-1 所示，对于 $G_{snap}^{SColN}(t+1)$中的服务节点和服务连边，根据其在 $G_{sum}^{SColN}(t)$中的状态，可以划分为以下的几种。

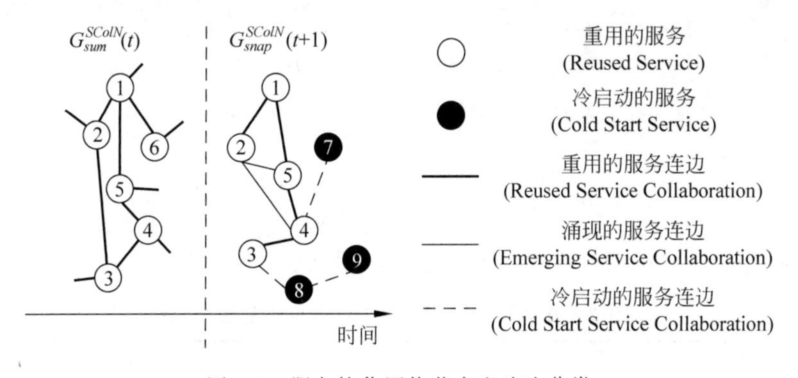

图 3-1　服务协作网络节点和连边分类

1）服务节点

对于 $G_{snap}^{SColN}(t+1)$中的服务节点，可以根据其是否在 $G_{sum}^{SColN}(t)$中出现过，则该服务是否在之前被应用于服务组合中，将服务节点分成两类：

(1) 重用的服务(Reused Service，RS)：该服务在此之前曾经被至少使用过一次，即存在于$G_{sum}^{SColN}(t)$中。

$$RS(t)=\{s \mid s \in G_{sum}^{SColN}(t) \,\&\, s \in G_{snap}^{SColN}(t+1)\} \tag{3-18}$$

(2) 冷启动的服务(Cold Start Service，CSS)：该服务不曾被使用过，即不存在于$G_{sum}^{SColN}(t)$中。

$$CSS(t)=\{s \mid s \in G_{snap}^{SColN}(t+1) \,\&\, s \notin G_{sum}^{SColN}(t)\} \tag{3-19}$$

2) 服务连边

对于$G_{snap}^{SColN}(t+1)$中的服务连边，同样可以根据其是否在当中出现过进行分类，而对于未出现过的连边，则可以进一步根据其是否包含冷启动的服务细分成为两类，因此可以将服务连边分成以下的三类：

(1) 重用的服务连边(Reused Service Collaboration，RSC)：该服务连边存在于$G_{sum}^{SColN}(t)$中，表明该服务协作模式在此之前出现过。

$$RSC(t)=\{(s_i,s_j) \mid (s_i,s_j) \in G_{snap}^{SColN}(t+1) \,\&\, (s_i,s_j) \in G_{sum}^{SColN}(t)\} \tag{3-20}$$

(2) 涌现的服务连边(Emerging Service Collaboration，ESC)：该服务连边不存在于$G_{sum}^{SColN}(t)$中，但是其使用的服务均在此之前出现过。

$$ESC(t)=\{(s_i,s_j) \mid (s_i,s_j) \in G_{snap}^{SColN}(t+1), s_i, s_j \in G_{sum}^{SColN}(t) \,\&\, (s_i,s_j) \notin G_{sum}^{SColN}(t)\} \tag{3-21}$$

(3) 冷启动的服务连边(Cold Start Service Collaboration，CSSC)：该服务连边不存在于$G_{sum}^{SColN}(t)$，与此同时，两个端点服务至少有一个并不存在于$G_{sum}^{SColN}(t)$中。

$$CSSC(t)=\{(s_i,s_j) \mid (s_i,s_j) \in G_{snap}^{SColN}(t+1), s_i \mid s_j \notin G_{sum}^{SColN}(t) \,\&\, (s_i,s_j) \notin G_{sum}^{SColN}(t)\} \tag{3-22}$$

显然，对于$G_{snap}^{SColN}(t+1)$而言，由于RS，RSC以及ESC中的服务均已经存在于$G_{sum}^{SColN}(t)$中，存在可能对其状态进行预测；而CS以及CSSC则包含了不曾出现过的服务，仅通过$G_{sum}^{SColN}(t)$不能对其状态进行预测。因此本书将从RS，RSC以及ESC的角度定义如下的三个指标，对服务互联网生态系统的可预见性进行量化：

$$Predictability(RS(t))=\frac{|RS(t)|}{|N(G_{snap}^{SColN}(t+1))|} \tag{3-23}$$

$$Predictability(ESC(t))=\frac{|ESC(t)|}{|E(G_{snap}^{SColN}(t+1))|} \tag{3-24}$$

$$Predictability(CSSC(t))=\frac{|CSSC(t)|}{|N(G_{snap}^{SColN}(t+1))|} \tag{3-25}$$

表3-7汇总了本书对服务互联网生态系统可预见性的量化指标。

表3-7 服务互联网生态系统可预见性的量化指标

指标项	描　述	指　标　项	对应网络	网络量化指标
可预见性	服务互联网生态系统服务协同模式的可预见性	服务的稳定性	服务协作网络模型	$Predictability(RS(t))$
				$Predictability(ESC(t))$
		服务协作模式的稳定性	G^{SColN}	$Predictability(CSSC(t))$

3.8.2 创造性

由于服务消费者需求的不确定性，服务互联网生态系统能否不断地出现新的服务功能、新的服务协作模式以满足服务消费者的需求，对于服务互联网生态系统的健康度有着重要的意义。因此本节将参照 M. Iansiti 和 R. Levien 对创造性的定义，从以下三个角度对服务互联网生态系统的创造性进行量化。

1. 缝隙市场创造力(Niche Creation)

在服务互联网生态系统中缝隙市场创造力主要体现为服务功能标签的增长过程(表 3-8)。因此一个最直观的指标来自服务功能网络中服务功能标签的数量的增长过程，即新增服务功能标签(New Tag，NT)可以定义为

$$NT(t)=N(G_{snap}^{SFuN}(t),Fu)-N(G_{snap}^{SFuN}(t),Fu)\cap N(G_{sum}^{SFuN}(t-1),Fu) \quad (3\text{-}26)$$

其中，$N(G_{snap}^{SFuN}(t),Fu)$表示在 t 时间段内的服务功能网络 $G_{snap}^{SFuN}(t)$中服务功能标签的集合；$N(G_{sum}^{SFuN}(t-1),Fu)$表示截至 t 时间段之前的服务功能网络 $G_{sum}^{SFuN}(t-1)$中服务功能标签的集合。因此，$N(G_{snap}^{SFuN}(t),Fu)\cap N(G_{sum}^{SFuN}(t-1),Fu)$表示新增服务中已经在系统中存在的服务功能标签集合。

表 3-8 服务互联网生态系统健康度评价指标：缝隙市场创造力

指标项	描 述	指 标 项	对 应 网 络	网络量化指标
缝隙市场创造力	服务互联网生态系统新增服务功能标签的特性	新增服务功能标签的数量	服务功能网络模型	$\|NT(t)\|$
		新增服务功能标签的比例		$NTR(t)$
		包含新增服务功能标签的新增服务比例	G^{SFuN}	$NSNTR(t)$

很容易定义每个时间段内新增服务功能标签在当月新增服务中服务功能标签的比例(New Tag Ratio，NTR)：

$$NTR(t)=\frac{|NT(t)|}{|N(G_{snap}^{SFuN}(t),Fu)|} \quad (3\text{-}27)$$

由于在服务互联网生态系统中服务是提供服务功能的最小原子单位。如果新增服务能够提供新增的服务功能标签，说明该新增服务能够给服务互联网生态系统带入新的功能特性。因此包含新增服务功能标签的新增服务(New Service with New Tag，NSNT)可以定义为

$$NSNT(t)=\{s \mid s_i \in N(G_{snap}^{SFuN},S),\exists tag_j \in Ne(G_{snap}^{SFuN},s_i) \wedge tag_j \in NT(t)\} \quad (3\text{-}28)$$

其中，$Ne(G_{snap}^{SFuN},s_i)$表示服务功能网络 G_{snap}^{SFuN} 中服务节点 s_i 的邻接节点，即该服务包含的服务功能标签。只要存在一个服务功能标签属于新增的服务功能标签，则该服务属于 NSNT。因此包含新增服务功能标签的新增服务的比例可以定义为

$$NSNTR(t)=\frac{|NSNT(t)|}{|N(G_{snap}^{SFuN}(t),S)|} \quad (3\text{-}29)$$

2. 创新实现力(Delivery of Innovation)

服务互联网生态系统的创新实现力主要体现在以下几个方面。

1）新服务功能标签的接受速度

新的功能标签出现以后是否能够得到服务提供商的采用，并且有新的服务出现。显然，对于服务功能网络而言，服务功能标签节点的度的变化过程体现了该功能标签下服务的新增情况。因此可以通过服务功能标签节点平均度$<Ne(tag_j)>$的变化来体现（表3-9）。

表3-9 服务互联网生态系统健康度评价指标：创新实现力

<table>
<tr><th>指标项</th><th>描 述</th><th colspan="2">指 标 项</th><th>对应网络</th><th>网络量化指标</th></tr>
<tr><td rowspan="4">创新实现力</td><td rowspan="4">服务互联网生态系统新服务功能标签、新服务、新服务模式的应用和传播</td><td colspan="2">服务功能标签节点平均度</td><td>服务功能网络 G^{SFuN}</td><td>$<Ne(tag_j)>$</td></tr>
<tr><td colspan="2">服务首次使用年龄分布</td><td>服务调用网络 G^{InN}</td><td>$P(Age(t))$</td></tr>
<tr><td rowspan="2">服务组合复杂性</td><td>服务组合平均度</td><td rowspan="2">服务调用网络 G^{InN}</td><td>$<|Ne(Scomp_j)|>$</td></tr>
<tr><td>服务组合度分布</td><td>$P(|Ne(Scomp_j)|)$</td></tr>
</table>

2）新服务的接受速度

服务在被首次使用时距离其发布的时间间隔体现了服务组合开发者对于新服务的采用速度。为了描述方便，本书将其定义为首次使用年龄。首次使用年龄越少，则服务组合开发者越容易采用新的服务。由于服务调用网络G^{InN}既包括服务的发布时间，同时也包括服务首次使用时间的信息，因此本书从服务调用网络的角度出发，定义服务首次使用年龄分布$Age(t)=j$表示服务调用网络中首次使用年龄的时间为t的服务总共有j个。

3）服务组合的复杂性

服务组合复杂度可以通过服务组合中服务的数量以及服务之间关联关系的角度进行描述。由于服务组合中服务之间的关联关系信息第三方服务组合开发者不一定会披露，因此本书只从服务组合中服务的数量的角度进行定义。服务组合中服务数量越多，代表着服务组合能够提供的功能越多，能够提供的价值增值越多。在服务调用网络中，服务组合中服务数量可以表示为其中服务组合节点的度。因此本书从服务调用网络中服务组合节点的平均度$<|Ne(Scomp_j)|>$以及度分布$P(|Ne(Scomp_j)|)$对服务组合的复杂性进行定义。

3. 竞争模式（Competition Pattern）

服务互联网生态系统中具有相似功能的服务之间相互竞争。在服务功能领域中服务的竞争模式体现了第三方服务组合开发者的选择偏好。为了量化服务的竞争模式，本书从服务功能网络和服务调用网络出发，获得每一个功能标签下的所有服务，以及每一个服务被服务组合使用的频次，进而采用 Herfindahl-Hirschma 指数（HHI）对每一个服务功能标签中的服务集中度进行量化，其定义如下所示：

$$HHI(tag_j)=10000\times\sum_{s_i\in Ne(G^{SFuN},tag_j)}\frac{|Ne(G^{InN},s_i)|}{\sum_{s_i\in Ne(G^{SFuN},tag_j)}|Ne(G^{InN},s_i)|}\tag{3-30}$$

其中，$|Ne(G^{InN},s_i)|$表示服务s_i在服务调用网络G^{InN}中的邻接节点的数量，代表服务的使用频次；$Ne(G^{SFuN},tag_j)$则表示服务功能标签tag_j在服务功能网络G^{SFuN}中的邻接服务节点的集合。

3.8.3 演化指标体系汇总

综上所述，如表3-10所示，本书结合生物生态系统和商业生态系统健康度评价，从稳定性、创造性两个方面定义了服务互联网生态系统的系统评价体系，并结合关于服务互联网生态系统网络模型的定义，给出了每个指标的计算方法和过程。

表3-10 基于网络分析的服务互联网生态系统评价指标体系

一级指标	二级指标	指标说明	三级指标	对应网络	网络量化指标
稳定性	活力	服务互联网生态系统中主体和对象的数量	服务提供商数量	服务互联网生态系统异质网络模型 $MHeN$	$\lvert SP\rvert$
			第三方服务组合开发者数量		$\lvert SCD\rvert$
			服务数量		$\lvert S\rvert$
			服务组合数量		$\lvert SComp\rvert$
	强健性	每个服务功能领域下服务的数量以及存活率	服务功能领域规模	服务功能网络模型 G^{SFuN}	$\lvert Ne(sd_j)\rvert$
			服务功能领域中服务存活率		$\frac{\lvert Live(Ne(sd_j))\rvert}{\lvert Ne(sd_j)\rvert}$
	组织结构复杂性	服务在长期协同过程中形成的复杂结构特性	小世界特性	服务协作网络模型 G^{SColN}	$\frac{C}{C_{\text{rand}}},\frac{L}{L_{\text{rand}}}$
			无标度特性		$\gamma-1$
			度匹配特性		r
	可预见性	服务互联网生态系统服务协作模式的可预见性	服务的稳定性	服务协作网络模型 G^{SColN}	$Predictability(RS(t))$
			服务协作模式的稳定性		$Predictability(ESC(t))$
					$Predictability(CSSC(t))$
创造性	缝隙市场创造力	服务互联网生态系统服务功能标签的增长	新增服务功能标签的数量	服务功能网络模型 G^{SFuN}	$\lvert NT(t)\rvert$
			新增服务功能标签比例		$NTR(t)$
			新增服务包含新增服务功能标签的比例		$NSNTR(t)$
	创新实现力	服务互联网生态系统新服务功能标签、新服务、新服务模式的应用和传播	服务功能标签节点平均度	服务功能网络 G^{SFuN}	$<Ne(tag_j)>$
			服务首次使用年龄分布	服务调用网络 G^{InN}	$P(Age(t))$
	服务竞争模式	服务相互竞争的模式	服务组合复杂性 服务组合平均度	服务调用网络 G^{InN}	$<\lvert Ne(Scomp_j)\rvert>$
			服务组合复杂性 服务组合度分布		
			服务赫芬达尔赫希曼指数	服务调用网络 G^{InN}，服务功能网络 G^{SFuN}	$P(\lvert Ne(Scomp_j)\rvert)$
					$HHI(tag_j)$

从以上的分析可以看出，服务互联网生态系统演化指标可以通过异质网络模型、服务功

能网络、服务协作网络、服务调用网络四个主要的网络模型计算获得。事实上，从分析中可以看出，服务功能网络主要体现了服务之间的竞争关系，而服务协作网络和服务调用网络则体现了服务在长期演化过程中形成的合作关系。因此可以进一步以服务之间的竞争和协作关系为核心将表3-10整理形成如图3-2所示的指标体系。需要注意的是，由于活力指标通过整个服务互联网生态系统网络模型的节点规模进行描述，因此并没有包含在图3-2中。

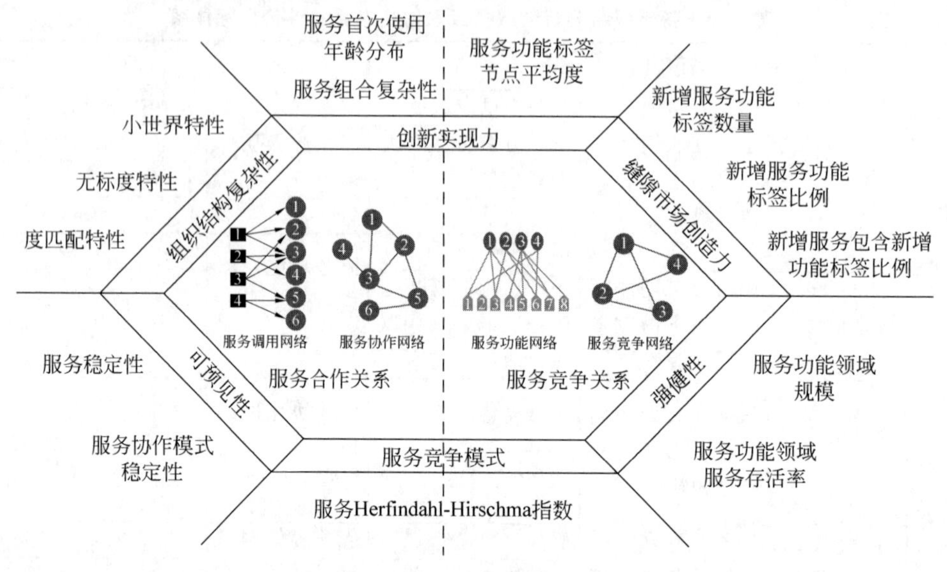

图3-2 基于服务合作竞争关系的系统评价指标体系

从图3-2中可以看出，组织结构复杂性和可预见性体现了服务之间的合作关系；创新实现力以及服务竞争模式则是服务之间竞争关系的综合体现；缝隙市场创造力以及强健性则是服务竞争关系的体现。因此，表3-10构建的指标体系结构将能够有效地体现出服务互联网生态系统中服务之间相互合作和竞争形成的特性。

参考文献

[1] Papazoglou M P. The challenges of service evolution[C]//The 20th International Conference on Advanced Information Systems Engineering,2008,1-15.

[2] Wang Y,Wang Y. A survey of change management in service-based environments[J]. Service Oriented Computing and Applications,2013,7(4): 259-273.

[3] Zou Z L,Fang R,Liu L,et al. On synchronizing with web service evolution[C]//IEEE International Conference on Web Services,2008,329-336.

[4] Leitner P,Michlmayr A,Rosenberg F,et al. End-to-end versioning support for web services[C]//IEEE International Conference on Services Computing,2008,59-66.

[5] Papazoglou M P. The challenges of service evolution[C]//The 20th International Conference on Advanced Information Systems Engineering,2008,1-15.

[6] Andrikopoulos V,Benbernou S,Papazoglou M P. On the evolution of services[J]. IEEE Transactions on Software Engineering,2012,38(3): 609-628.

[7] Fokaefs M, Mikhaiel R, Tsantalis N, et al. An Empirical Study on Web Service Evolution[C]//IEEE International Conference on Web Services, 2011, 49-56.

[8] Romano D, Pinzger M. Analyzing the evolution of web services using fine-grained changes[C]//IEEE International Conference on Web Services, 2012, 392-399.

[9] Becker K, Lopes A, Milojicic D, et al. Automatically determining compatibility of evolving services [C]//IEEE International Conference on Web Services, 2008, 161-168.

[10] Wang S, Capretz L F. A dependency impact analysis model for web services evolution[C]//IEEE International Conference on Web Services, 2009, 359-365.

[11] Yamashita M, Vollino B, Becker K, et al. Measuring change impact based on usage profiles[C]// IEEE International Conference on Web Services, 2012, 226-233.

[12] Silva E, Vollino B, Becker K, et al. A business intelligence approach to support decision making in service evolution management[C]//IEEE International Conference on Services Computing, 2012, 41-48.

[13] Rinderle S, Wombacher A, Reichert M. On the controlled evolution of process choreographies[C]// Proceedings of the 22nd International Conference on Data Engineering, 2006, 1-12.

[14] Ryu S H, Casati F, Skogsrud H, et al. Supporting the dynamic evolution of Web service protocols in service-oriented architectures[J]. ACM Transactions On the Web, 2008, 2(2): 1-46.

[15] Skogsrud H, Benatallah B, Casati F, et al. Managing impacts of security protocol changes in service-oriented applications[C]//29th International Conference on Software Engineering, 2007, 468-477.

[16] Cavallo B, Di Penta M, Canfora G. An empirical comparison of methods to support QoS-aware service selection[C]// Proceedings of the 2nd International Workshop on Principles of Engineering Service-Oriented Systems, 2010, 64-70.

[17] Zheng Z, Lyu M R. Personalized Reliability Prediction of Web Services[J]. ACM Transactions on Software Engineering and Methodology, 2013, 22(2): 12.

[18] Villalba C, Zambonelli F. Towards nature-inspired pervasive service ecosystems: concepts and simulation experiences[J]. Journal of Network and Computer Applications, 2011, 34(2): 589-602.

[19] Mostafa A, Zhang M, Bai Q. Trustworthy Stigmergic Service Composition and Adaptation in Decentralized Environments[J]. IEEE Transactions on Services Computing, 2014, 9(2): 317-319.

[20] Weiss M, Gangadharan G R. Modeling the mashup ecosystem: structure and growth[J]. R&D Management, 2010, 40(1): 40-49.

[21] 樊俊杰. 城市物流产业集群生态系统演化及评价研究[D]. 北京：北京交通大学, 2018.

第4章

基于ProgrammableWeb的服务网络演化特性分析与预测

4.1 基于 ProgrammableWeb 的服务网络演化特性分析

4.1.1 ProgrammableWeb 生态系统

时至今日,服务互联网生态系统正在逐渐引起商业界和学术界的关注,并且逐渐形成了一些服务互联网生态系统,如以苹果公司的 iOS 开发平台为核心形成的智能移动服务互联网生态系统,以 Google 公司的相关产品和应用为核心的创新生态系统,以淘宝为核心形成的电子商务服务互联网生态系统,以 ProgrammableWeb.com 为依托形成的 OpenAPI 服务互联网生态系统,以 myExperiment 和 BioCatagory 为依托形成的生命科学服务互联网生态系统。由于 ProgrammableWeb 生态系统收集了服务、服务提供商、服务组合、服务组合开发者、服务组合评价等相关内容,提供了服务互联网生态系统分析相关的最完整信息,是目前信息最全、数据最多最完整的可获得数据集,因此本书将以 ProgrammableWeb 为例,分析和研究服务互联网生态系统在演化过程中体现出来的涌现特性。

在介绍从 ProgrammableWeb 上获取的服务互联网生态系统数据之前,本章首先介绍系统中服务、服务组合、第三方服务组合开发者的元数据信息。

1. 服务

图 4-1 给出了 ProgrammableWeb 生态系统中提供的服务信息的示意图。在系统中,每个服务的基本信息包括服务名称、服务功能描述、服务摘要、服务功能领域、服务标签、服务支持的协议、服务支持的数据结构、服务的主页、服务提供商以及服务提供公司。由于大部分的服务并非公司提供,因此大部分服务的提供公司信息为空。其次,服务列表中提供了服务更新时间,表征服务进入服务互联网生态系统的时间。另外,如果服务不可用,则在添加关于服务失效状态提示的同时,在服务标签中增加 deadpool 的标注。因此可以根据服务失效状态提示以及判断是否包含 deadpool 的方式获得服务的可用状态。本书获得的服务信息的元数据结构包括:

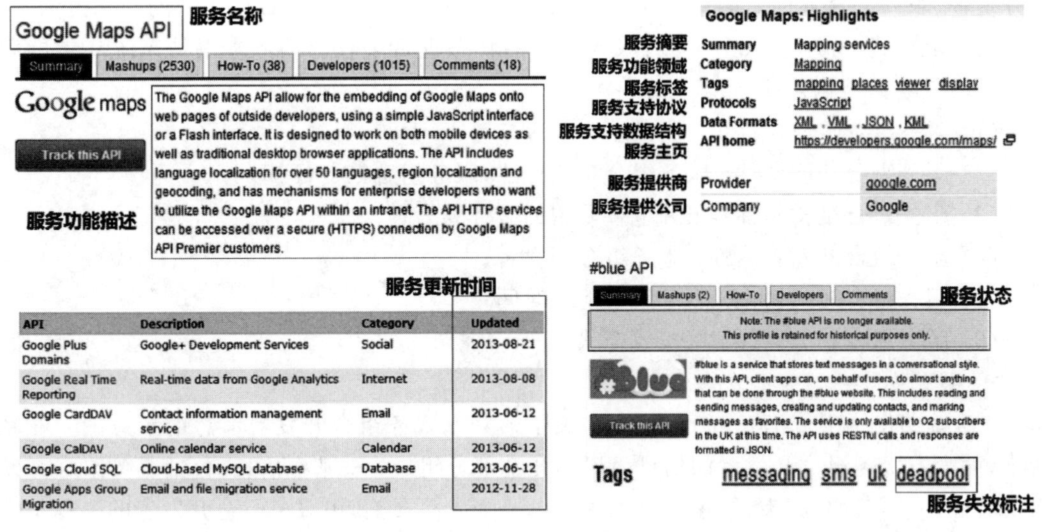

图 4-1　ProgrammableWeb 中服务信息分布示意图

(1) 服务唯一性标识：服务名称；

(2) 服务所属功能领域：服务功能领域；

(3) 服务功能属性：服务描述、服务摘要、服务标签；

(4) 服务提供商属性：服务提供商名称、服务提供商公司名称；

(5) 服务时间属性：服务更新时间/服务发布时间；

(6) 服务状态属性：服务状态。

2. 服务组合

图 4-2 给出了 ProgrammableWeb 中关于服务组合相关信息的示意图。服务组合列表提供了服务组合的名称、功能描述、服务组合所调用的服务、对服务组合的评分以及访问次数。与此同时，对于服务组合的详细信息，系统进一步提供包括功能标签、添加时间、服务组

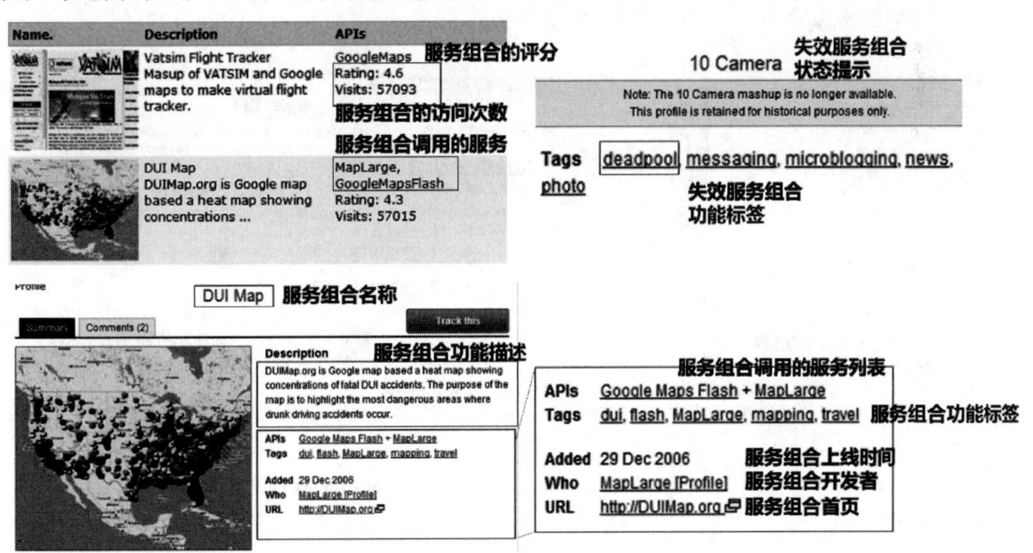

图 4-2　ProgrammableWeb 中服务组合信息分布示意图

合开发者、服务组合主页的信息。同理，对于失效的服务组合，系统提供失效的状态提示，并且在其功能标签中添加 deadpool 对服务组合的状态进行表征。因此本书从系统获得的服务组合的元数据结构包括：

(1) 服务组合唯一性标识：服务组合名称；

(2) 服务组合功能属性：服务组合功能描述，服务组合功能标签；

(3) 服务组合结构属性：服务组合调用的服务列表；

(4) 服务组合开发者属性：服务组合开发者；

(5) 服务组合时间属性：服务组合上线时间；

(6) 服务组合状态属性：服务组合状态。

3. 第三方服务组合开发者信息

图 4-3 给出了 ProgrammableWeb 中关于第三方服务组合开发者信息的示意图。在系统中，第三方服务组合开发者的信息由以下几个部分组成：①基本信息，包括服务组合开发者的名称、实际名称、城市、国家、性别、主页以及个人简介，其中服务组合开发者的名称是唯一标识；②关注的服务列表，主要包括关注的服务名称；③发布的服务组合列表，包括服务组合的名称以及服务组合的功能描述；④使用过的服务信息，包括在其所发布的服务组合中所使用的服务名称；⑤使用过的服务功能标签的信息，包括在其所发布的服务组合、所使用的服务中的功能标签；⑥社交网络信息，包括被其标注为好友的其他服务组合开发者的名称；⑦活动信息，主要包括其进入系统的时间及曾经发布的论坛信息。

由于本书主要关注服务组合开发者在系统中发布服务组合的行为，使用过的服务信息、使用过的服务功能标签的信息可以通过服务组合开发者发布的服务组合以及这些服务组合所调用的服务得到，再加上系统当中由于信息缺失导致的数据不可获取的问题，本书获得的服务组合开发者信息包括：

(1) 唯一性标识：名称；

(2) 地理位置信息：城市和国家；

(3) 发布的服务组合的信息：服务组合的名称；

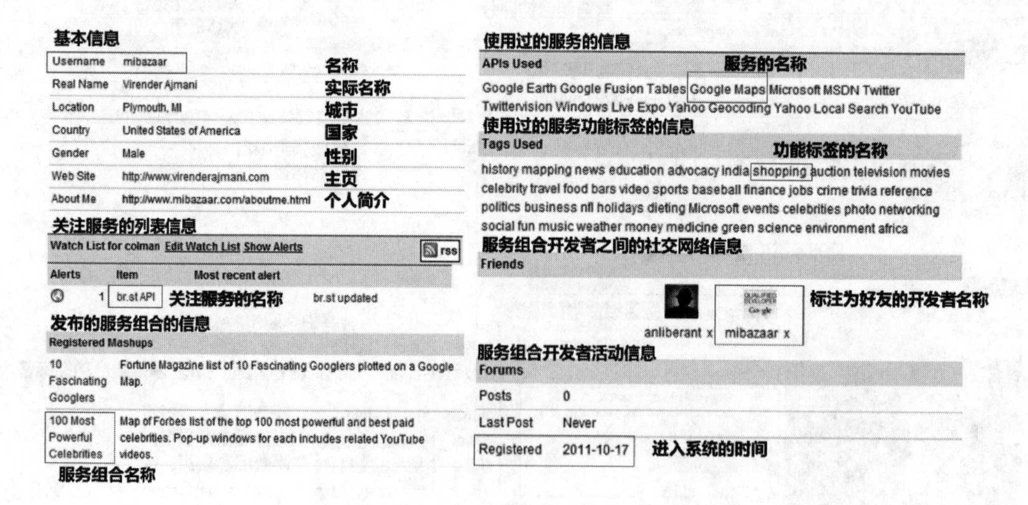

图 4-3 ProgrammableWeb 中第三方服务组合开发者信息分布示意图

(4) 社交网络信息：标注为好友的开发者的名称；

(5) 时间属性：进入系统的时间。

4. ProgrammableWeb 生态系统

基于以上的分析，本章构建数据采集模块从 ProgrammableWeb 上获取服务、服务组合、第三方服务组合开发者以及服务功能领域的信息，并且根据服务的提供商信息、服务组合调用的服务的列表、第三方服务组合开发者发布的服务组合列表、服务功能领域中的服务列表、服务以及服务组合的功能标签等关联关系，构建 ProgrammableWeb 生态系统的网络模型。表 4-1 汇总了本书获取的 2005 年 6 月—2014 年 2 月 ProgrammableWeb 数据集的基本信息。因此该服务互联网生态系统是一个由 10969 个服务、7307 服务组合、64529 服务组合开发者以及 9487 个服务提供商构成的多层异质网络。本书将以该数据集作为研究的基础，因此如果没有特别的注明，后文中的服务互联网生态系统指的就是 ProgrammableWeb 生态系统。

表 4-1 ProgrammableWeb 基本信息

指 标 项	值
开始时间(Begin Time)	2005 年 6 月 2 日
截止时间(End Time)	2014 年 2 月 17 日
服务数量(Number of Services)	10969
曾用服务数量(Number of Services used by at least one compositions)①	1326
服务组合数量(Number of Service Compositions)	7307
活跃服务组合开发者数量(Number of Active Composition Developers)②	2616
服务组合开发者数量(Number of Composition Developers)③	64529
服务提供商数量(Number of Service Providers)	9486
服务功能领域数量(Number of Service Domains)	66
功能标签数量(Number of Tags)④	3238

4.1.2 ProgrammableWeb 演化特性分析

1. 活力分析(Vigor Analysis)

本书以月份为单位，获得以每个月份为截止节点的服务互联网生态系统的快照，进而计算得到每一个服务互联网生态系统快照的服务、服务组合、服务组合开发者以及服务提供商的数量。图 4-4 给出了服务、服务组合、服务组合开发者以及服务提供商数量的演化过程。

从图中可以看出，在服务互联网生态系统中，在 2010 年 6 月(60 个月)之前系统中的服务增长相对缓慢，而在之后则迅速增长，并一直保持快速增长的态势；服务提供商的增长态势与服务增长一致，这是因为在 ProgrammableWeb 生态系统中，服务提供商提供的服务的平均数仅为 1.15(10950/9467)，即服务提供商与服务之间基本处于一一对应的状态。另外，服务组合的增长在整个过程中基本处于线性增长的过程，而在 2012 年 2 月(80 个月)之

① 曾用服务表示至少被应用在一个服务组合中的服务，因此只有 1326 个。

② 活跃服务组合开发者数量只统计至少发布一个服务组合的开发者，因此只有 2616 个。

③ 此处将所有的服务组合开发者都统计在内，包括未曾发布任何服务组合的开发者，数量达到了 64529 个。

④ 此处功能标签只按照系统提供的功能标签来进行统计，并没有考虑服务的功能描述。

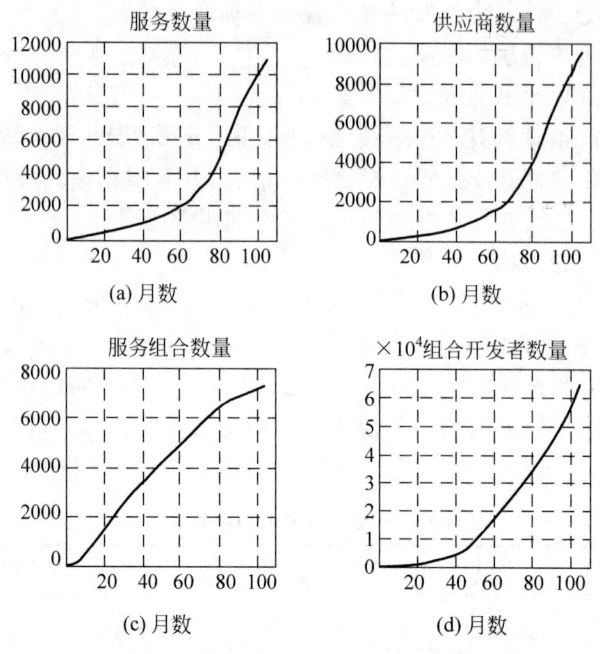

图 4-4 服务互联网生态系统活力变化过程

后增长速度放缓；服务组合开发者在 2009 年 6 月(48 个月)之后进入高速增长的过程。从以上分析中可以看出，大量的服务进入服务互联网生态系统，丰富了服务系统可提供的服务功能；大量的服务组合开发者进入服务互联网生态系统，提供了实现服务价值增值的可能；然而服务组合的增长速度相对服务和服务组合开发者而言，增速比较缓慢，甚至有放缓的趋势。这是因为服务的迅速增长为服务组合开发者进行服务选择带来了信息过载问题(Information Overload Problem)，使得选择合适的服务变得困难。因此对于服务互联网生态系统而言，如何帮助服务组合开发者进行服务选择，方便服务组合的构建，将是促进服务互联网生态系统发展的一个重要需求。

进一步可以计算每一个月当中服务、服务组合、服务提供商以及服务组合开发者的增量。如图 4-5 所示，服务在 2010 年 6 月(60 个月)之后按照每月至少新增 100 个服务的速度爆发增长，峰值达到了每月 395 个(86 个月，2012 年 8 月)服务；服务提供商的增速与服务保持一致；对于服务组合而言，基本上保持在每月 50 个以上新增服务组合的速度增长，但是整体上处于下降的趋势，在 2012 年 2 月(80 个月)以后增速，甚至从 2014 年 1 月(103 个月)降到了 20 个(2014 年 2 月不在计算的范围之内)；对于服务组合开发者而言，在 2009 年 1 月(42 个月)之后经过了两次跨越式的增长，2009—2011 年基本上按照每月 700 个的增速增长，而在 2011 年之后更是达到了每月 1000 以上的增速。这个增长的过程与服务的增长是相互匹配的。从以上分析可以得出，服务的迅速增长吸引了大量的服务组合开发者进入服务互联网生态系统，从而给服务互联网生态系统带来了潜在的价值增长能力，然而该能力并没有有效地转化成为服务组合。

从以上的分析中可以看出，ProgrammableWeb 生态系统处于快速增长的过程中，大量的服务进入系统，并且增速处于提速阶段，大大丰富了服务互联网生态系统的可用能力；与此同时，服务的丰富吸引了大量的服务组合开发者进入系统，并处于迅速增长的过程，有效

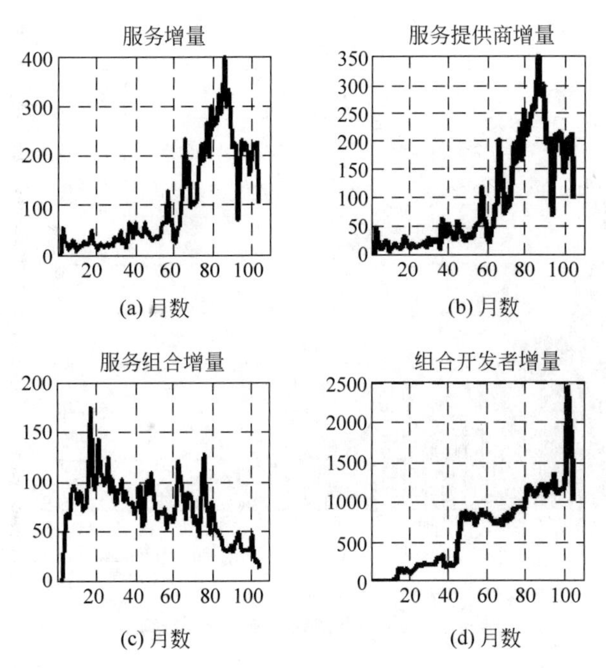

图 4-5 服务互联网生态系统活力增速变化过程

增强服务互联网生态系统满足不确定性业务需求的潜能；服务组合处于稳定增长过程，但是增长趋势在放缓。可见服务的丰富和服务组合开发者的增加并没有有效转化成为服务组合以满足业务的需求。

2. 强健性分析(Robustness Analysis)

服务互联网生态系统的抗干扰能力主要体现在当某个服务因为外部干扰而退出系统时，是否有相应的替代服务实现对该失效服务的替代。显然，每一个服务功能领域下服务的数量直接体现了服务互联网生态系统的抗干扰能力。因此本书首先分析在不同服务领域中服务数量的分布以及各个服务领域下的服务存活率。

从图 4-6 中可以看出，在服务互联网生态系统中不同领域的服务数量分布非常不均匀。排在前十的“Tools”“Internet”“Financial”“Social”“Enterprise”“Mapping”“Messaging”“Reference”“Shopping”和“Government”大部分提供比较通用的服务功能，因此服务的数量较多；而排在后十的“Wiki”“Politics”“Media Search”“Blog Search”“Goal Setting”“Catalog”“Other Search”“Auctions”“Dating”“Portal”则提供了比较特定的功能，提供的服务的数量比较少。同时，每个功能领域下服务的存活率平均值达到了 85.5%。

进一步，以月单位统计每个服务领域中服务的数量，从而形成如图 4-7 所示的热图，白色部分表示该服务领域还未出现相关的服务。从图中可以看出，服务领域中服务的数量随着时间逐渐增长，然而服务领域中服务的数量与服务领域的存在时间并没有直接的关系。部分领域从开始出现服务以后，其中的服务数量迅速增长，如服务领域 Backend 在 2011 年 10 月(77 个月)开始出现服务以后，领域中的服务数量迅速的长，目前的服务数量已经达到 146 个服务；而 Goal Setting 在 2005 年 10 月就已经开始出现了相关的服务，然而并没有迅速得到广泛的应用。

从以上分析可以看出，服务领域中服务数量的分布非常不均匀，该服务互联网生态系统

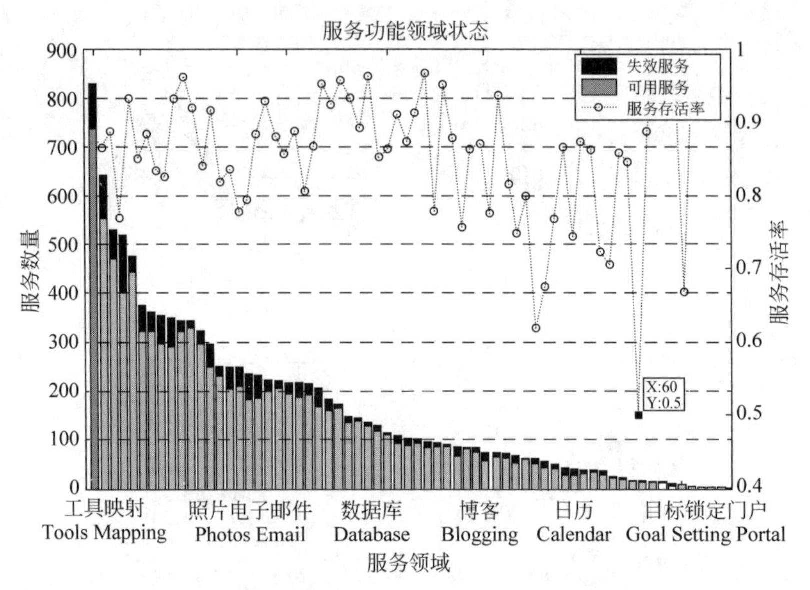

图 4-6　服务互联网生态系统领域服务分布以及存活率

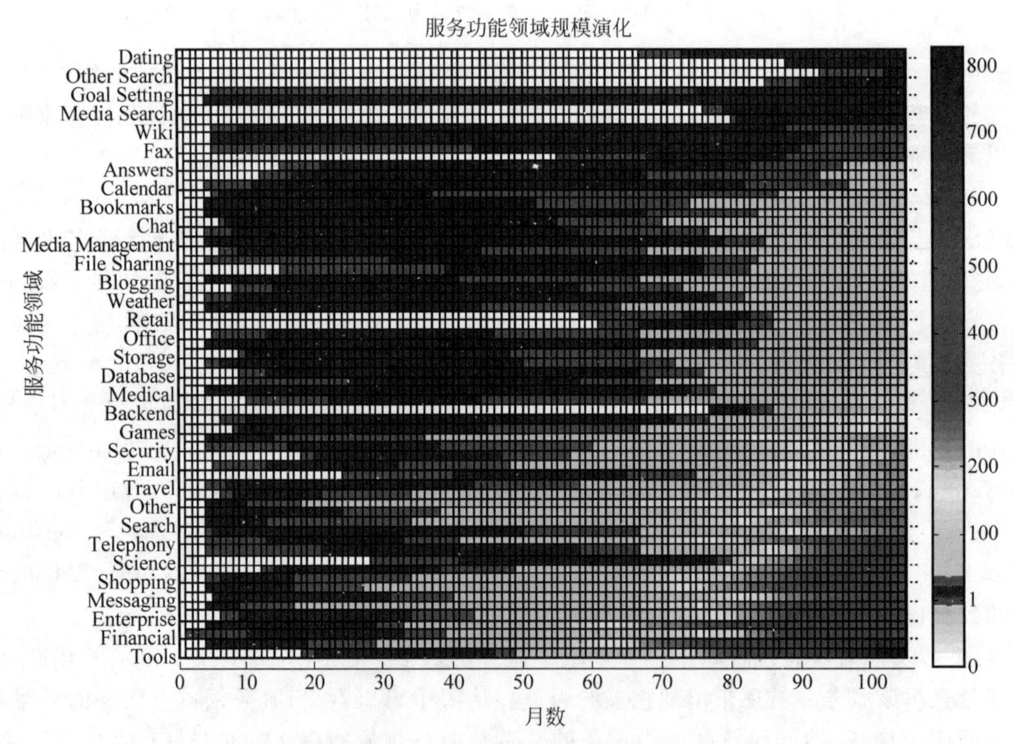

图 4-7　服务互联网生态系统领域服务变化过程

在比较通用的服务功能领域中存在的服务较多，抗干扰的能力比较强；然而也存在部分的服务领域服务数量稀缺，并长期处于缺乏的状态，在这些服务功能领域中服务互联网生态系统的抗干扰能力非常缺乏。

3. 组织结构的复杂度(Organization Analysis)

服务互联网生态系统在长期的协同过程中形成复杂的组织结构。组织结构的复杂度主要体现在服务协同网络的演化过程中。为了分析服务协同网络的特性，本书首先构建服务调用网络，进而构建服务协同网络。表 4-2 给出了服务协同网络的基本网络特性。

表 4-2　服务协同网络基本网络特性

指　标　项	值
节点数量(Number of Nodes)	1326
边数量(Number of Edges)	13874
平均度(Average Node Degree)	20.926
平均邻接平均度(Average Neighbor Node Degree)	118.188
网络密度(Network Density)	1.58%
连通子图数量(Number of Connected Sub-Graph)	189
最大连通子图节点数量(Number of Nodes in Largest Connected Sub-Graph)	1112
最大连通子图覆盖比例(Percent of Nodes for the Largest Connected Sub-Graph)	83.94%

其中，平均邻接平均度表示网络中每个节点的邻接节点平均度的平均值；边密度表示网络中边占网络中所有可能的边的比例，可用于度量网络的稀疏度，同时也体现了网络中两个节点之间存在连边的概率。其定义如式(4-1)所示：

$$Density = \frac{2\mid E\mid}{\mid N\mid(\mid N\mid - 1)} \tag{4-1}$$

连通子图表示网络中所有相互连通的节点及其之间的边共同构成的子图。对于协作网络而言，连通子图数量越多，说明网络越零碎，存在的协作关系越零碎，越来越多的边缘服务受到关注。

为了分析这些指标的变化过程，本书以月份为单位，获得以每一个月份为时间节点得到的服务互联网生态系统，并对该服务互联网生态系统的基本特性进行分析，得到了如图 4-8 所示的结果。从图 4-8 中可以看出，协作网络中服务节点数量呈线性上升趋势[图 4-8(a)]，而边的数量也以近似线性的方式提升[图 4-8(b)]，直接带来的结果就是网络的边密度逐渐下降，网络稀疏性越来越强[图 4-8(d)]；如图 4-8(c)所示，网络中的平均度在 2006 年 2 月(20 个月)之前逐渐上升，在 2006 年 2 月出现一次大的跃升之后逐渐下降，原因在于 2006 年 2 月出现一些服务组合使用大量的服务，从而导致服务协作网络中的边出现了一次激增，如图 4-8(b)所示。在此之后协作网络的平均度逐渐下降。然而平均邻接平均度则处于持续的上升，说明每个服务的邻接节点的度处于整体上升的阶段，这表明网络中的服务越来越倾向于与度比较高的服务相协作。其次，服务协作网络中的连接子图数量呈直线上升，同时最大连通子图中节点所占的比例逐渐下降，可见用户对边缘服务的关注度在逐渐上升，越来越多的边缘服务节点被使用[图 4-8(e)]。

1) 小世界特性分析(Small World Analysis)

网络的小世界特性主要体现在网络具有比埃尔德什-雷尼随机网络高的聚集系数以及与 ER 随机网络相当的特征路径长度。因此本书对于每一个月份下的服务互联网生态系统，构建服务协同网络 G^{SColN}，按照算法 4-1，首先计算协作网络的聚集系数以及特征路径

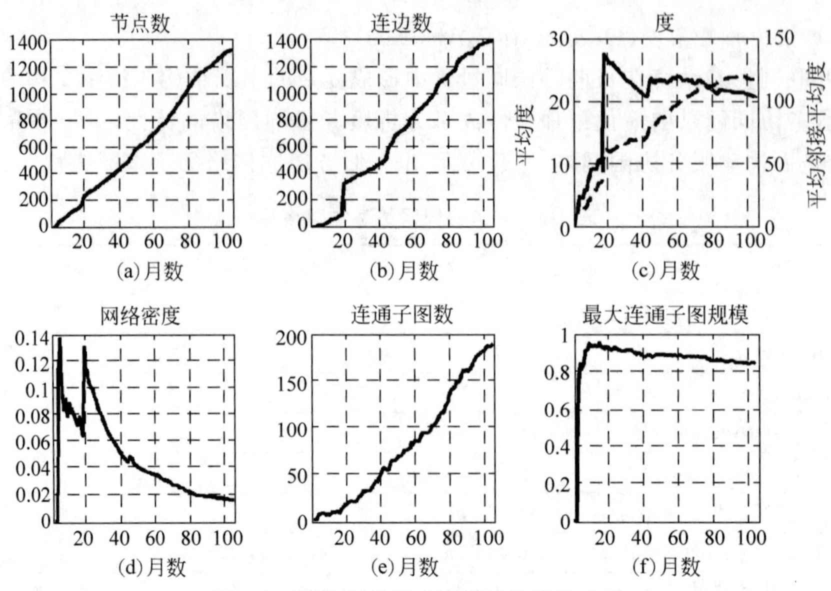

图 4-8 协作网络基本网络特性演化过程

长度，进而根据协作网络的节点数以及网络边密度生成 ER 随机网络，并计算生成的 ER 随机网络的聚集系数以及特征路径长度，从而为判断协作网络的小世界特性提供判断依据。

算法 4-1 协作网络小世界特性判断

Input：协作网络 G^{SColN}

Output：聚集系数比例指标 C/C_{rand}，特征路径长度比例指标 L/L_{rand}

Begin：

1. 计算 G^{SColN} 的聚集系数 C
2. 计算 G^{SColN} 的特征路径长度 L
3. 获得 G^{SColN} 的节点数量 $|N|$ 以及网络密度 $Density$
4. 生成一个包含 $|N|$ 个节点的网络 G^{rand}，对其中的任意两个节点，按照概率 $Density$ 建立连边
5. 计算 G^{rand} 的聚集系数 C_{rand}
6. 计算 G^{rand} 的特征路径长度 L_{rand}
7. 计算聚集系数比例指标 C/C_{rand}，特征路径长度比例指标 L/L_{rand}

图 4-9 显示了聚集系数和特征路径长度的比值随着时间的变化过程。从图中易得，协作网络的特征路径长度与 ER 随机网络的特征路径长度相当，并且从 2006 年 4 月（10 个月）

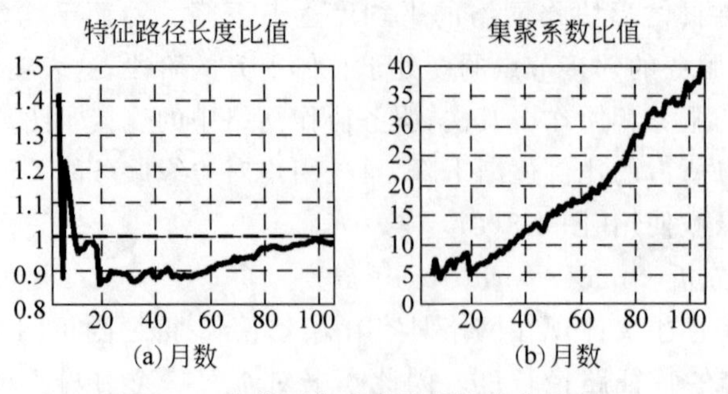

图 4-9 协作网络小世界特性演化过程

开始特征路径长度比例小于1；而协作网络的聚集系数则明显高于ER随机网络的聚集系数，比值随着时间不断攀升。可见，服务协作网络的小世界特性越来越明显，即服务协作网络在保持较低特征路径长度的情况下，聚集系数不断提升，服务的邻接节点之间有着更高的概率产生协作。

2）幂律特性分析(Scale-free Analysis)

为了判断协作网络是否满足幂律特性，本书从节点度分布以及边权分布两个角度对协作网络中是否具备幂律特性进行分析。

（1）节点加权度分布。

在服务协作网络中，对于每一个服务节点，获得每一个节点的邻接节点，从而获得该服务节点对应的所有的边，将边权进行加总从而得到服务节点的加权度；进而统计该加权度对应的服务节点的数量，从而得到加权度的频度分布(Frequency Distribution for Weighted Degree,FDWD)，以 $FDWD(i)=j$ 表示加权度为 i 的节点的数量为 j。在此基础上可以得到加权度的累积分布(Cumulative Distribution for Weighted Degree, CDWD)，以 $CDWD(i)=j$ 表示加权度大于 i 的节点的数量为 j。

（2）边权分布。

在服务协作网络中，对于每一个服务连边，获得该连边的权重，代表两个服务在曾经同一个服务组合当中协作的次数；进而统计该边权对应的服务连边的数量，得到边权的频度分布(Frequency Distribution for Edge Weight,FDEW)，以 $FDEW(i)=j$ 表示边权为 i 的服务连边的数量为 j。在此基础上可以得到边权的累积分布(Cumulative Distribution for Edge Weight, CDEW)，以 $CDEW(i)=j$ 表示边权大于 i 的服务连边的数量为 j。

图4-10展示了服务协作网络中加权度以及边权的累积分布在对数坐标轴下的曲线。从中可以看出，服务协作网络的加权度以及边权的累积分布均近似满足幂律分布，服务协作网络的加权度以及边权具备无标度特性。由于幂律分布体现了服务协作过程中的偏好特征，则加权度高的服务被重用的概率更高，边权高的服务连边被重用的概率更高。可见在服务协作网络中，服务组合开发者倾向于从历史信息当中学习信息，受欢迎的服务更加容易获

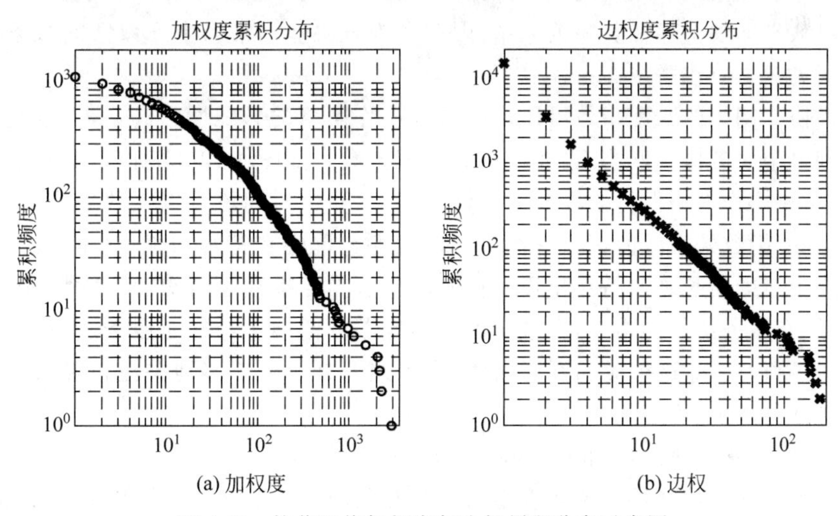

图4-10　协作网络加权度与边权累积分布示意图

得服务组合开发者的关注从而以更高的概率被应用于新的服务组合中；同理，受欢迎的服务连边更加容易获得服务组合开发者的信任而被使用。

进一步按照月份获得服务协作网络的快照，按照同样的方法计算其加权度以及边权的累积分布，并且采用幂律分布对这两个累积分布进行拟合，得到其幂律指数，从而得到如图4-11所示的幂律指数演化曲线。从图中易得，对于加权度分布而言，其幂指数持续下降，说明幂律分布特征在逐渐下降；反之，对于边权分布而言，其幂指数持续上升，表明幂律分布特征在不断增强。可见在服务协作网络中，边缘服务得到服务组合开发者越来越多的关注，与此同时服务组合开发者越来越多地选择成熟的服务协作模式。

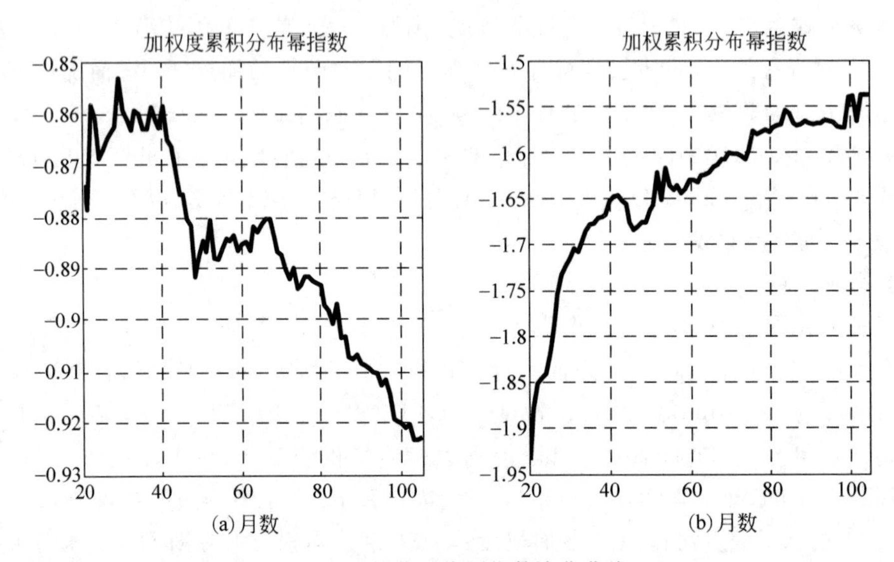

图4-11 协作网络幂指数演化曲线

3）匹配特性分析(Degree Correlation Analysis)

从协作网络中容易得到每个节点的度以及该节点的邻接节点的平均度，从而建立节点度与平均邻接节点平均度之间的关系。如图4-12(a)所示，容易得知节点度与平均邻接节点平均度在对数坐标轴下存在负相关关系，因此在服务协作网络当中度数低的服务倾向于与度数高的服务建立协作联系。

从服务协作网络的匹配指数可以证实服务协作网络的异配性。进一步，按照月份可以容易地得到每个服务协作网络，进而得到其匹配指数。如图4-12(b)所示，所有的匹配指数均为负数，可见协作网络保持着匹配的特性。同时，整个时间段可以大致划分为3个阶段。在阶段(a)异配指数处于低值，并且持续下降，表明异配性在持续加强；在阶段(b)，异配指数经过一个突然的增长之后持续下降；在阶段(c)，异配指数逐渐增加，表明异配性在逐渐减弱。可见，在服务协作网络中，在最初阶段边缘服务倾向于与核心服务进行协作，然而在最后的阶段[阶段(c)]，这种倾向逐渐减弱，服务组合开发者更多地关注边缘服务之间的协作以创造更多的增值。

4. 可预见性分析(Predictable Analysis)

本书主要从服务协作网络的角度定义服务互联网生态系统的可预见性，包括重用服务、重用服务连边以及涌现服务连边的比例。因此本节以月份为时间单位，对于每一个月份 t，

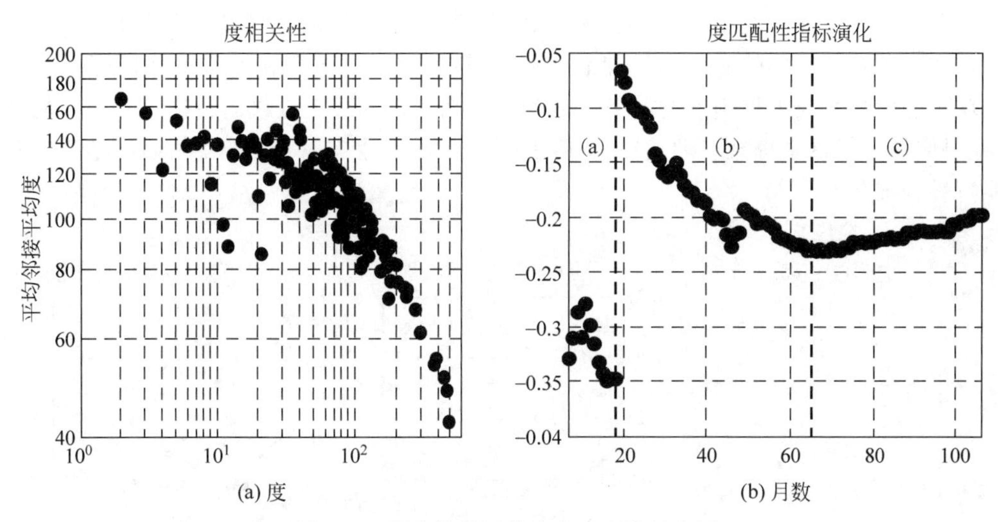

(a) 度　　(b) 月数

图 4-12　服务协作网络度度匹配特性分析

获得截至该月份的汇总服务协作网络 $G_{sum}^{SColN}(t)$；同时获得 $t+1$ 月的分片服务协作网络 $G_{snap}^{SColN}(t+1)$，从而分析服务以及服务协作模式的可预见性。

从图 4-13 中可以得知，对于每个月份的服务协作网络 $G_{snap}^{SColN}(t)$，其中约 80%的服务为重用服务，约 50%的服务连边为重用服务连边，约 30%的服务连边为涌现服务连边。即对于 $G_{snap}^{SColN}(t)$而言，大约 80%的服务或者服务连边可以通过对 $G_{sum}^{SColN}(t)$的分析获得信息。因此服务协作网络有着明显的可预见性。

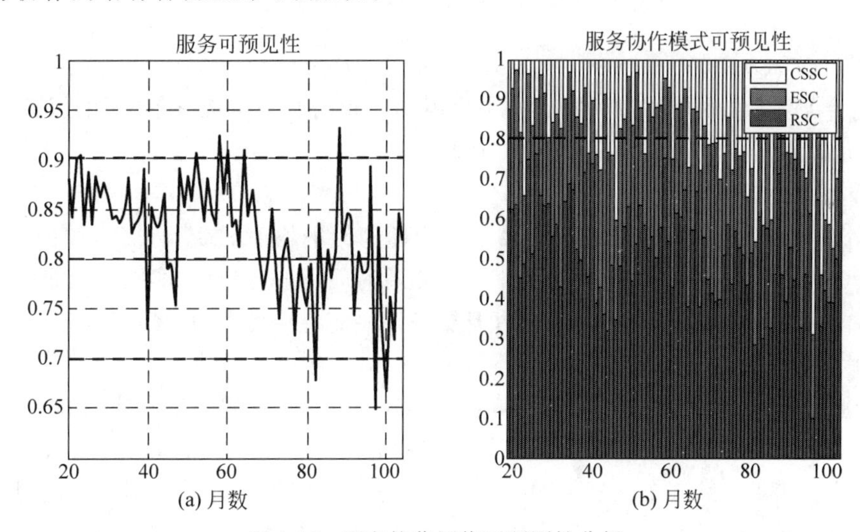

(a) 月数　　(b) 月数

图 4-13　服务协作网络可预测性分析

5. 缝隙市场创造力分析(Niche Creation Analysis)

本书从服务功能网络中服务功能标签增长的角度出发，对服务互联网生态系统的缝隙市场创造力进行描述，重点关注新服务功能标签的产生过程，主要包含三个方面的指标：新增服务功能标签的数量($|NT|$)，新增服务功能标签所占的比例以及新增服务包含新增服务功能标签的比例。

如图 4-14 所示，服务互联网生态系统中每月新增服务功能标签的数量呈现上升趋势，然而新增服务功能标签的比例却呈现下降趋势，新增服务中包含新增服务功能标签的比例也呈现下降的趋势。可见当前的服务互联网生态系统中的服务提供商在提供新服务的过程中，主要倾向于提供系统现有的功能，以夯实服务互联网生态系统的服务能力，以新增服务功能特性为辅。

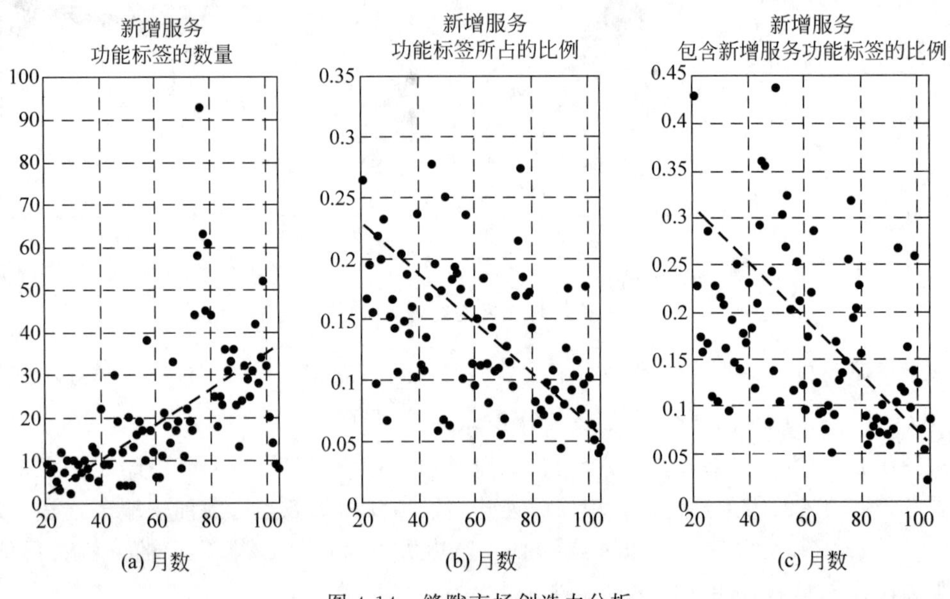

图 4-14 缝隙市场创造力分析

6. 创新实现力分析(Delivery of Innovation Analysis)

服务互联网生态系统的创新实现力主要体现在新的服务功能标签、新的服务被接受并使用的速度以及服务组合的复杂度三个方面。

1) 服务功能标签实现情况

该情况可以得到服务功能网络中服务功能标签的平均度的变化过程，如图 4-15(a)所示。从图中可以看出，服务功能标签的平均度随着时间呈上升趋势，即服务功能标签在进入系统以后能够得到服务供应商的关注，并且服务提供商将会提供相应的新服务。

2) 服务首次使用年龄情况

对于服务调用网络中的每一个服务，容易得到服务首次被服务组合使用的时间，从而得到服务首次使用时与进入服务互联网生态系统的时间之间的间隔，即首次使用年龄。因此本书定义首次使用年龄分布：$Age(t)=j$ 表示服务调用网络中首次使用年龄的时间为 t 的服务总共有 j 个。从图 4-15(b)可见，服务首次使用年龄分布近似于幂律分布。大部分被使用的服务的首次使用年龄都比较小。因此在服务互联网生态系统中，一个服务进入系统以后，越长时间没有被应用到服务组合中，该服务被选择作为服务组合的概率就越低。可见服务组合开发者在选择从未被使用过的服务时，更多地青睐于新发布进入服务互联网生态系统的服务。

3) 服务组合复杂度分析

服务组合的复杂性首先体现在服务组合中使用的服务数量，即服务组合的长度。服务

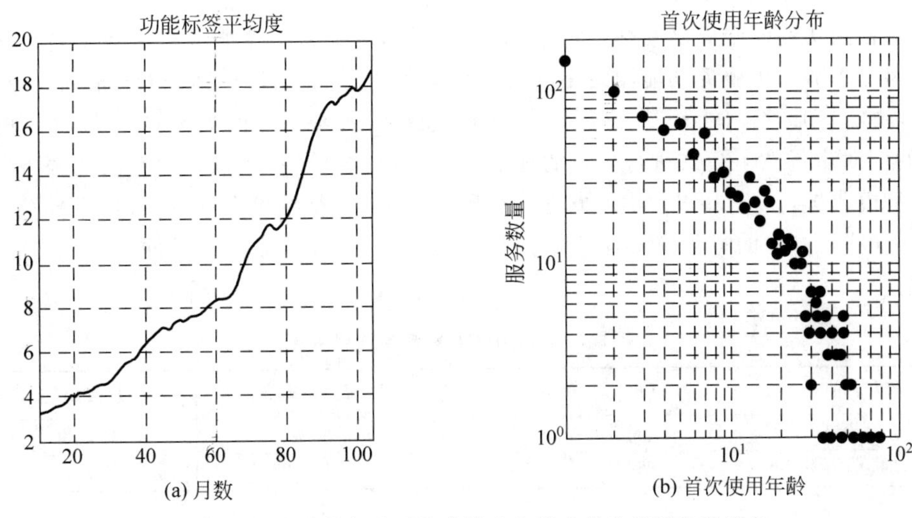

图 4-15　服务功能标签平均度演化与服务首次使用年龄分布

组合长度越长，表明服务组合使用越多的服务，有更多的潜能实现价值增值。在服务调用网络中，服务组合长度则体现为服务组合的度。因此类似于对服务协作网络的分析，本书首先获得服务调用网络中服务组合节点的度分布。

从图 4-16 中可以看出，服务组合节点的度分布满足幂律分布。大部分的服务组合将使用较少的服务，只有小部分的服务组合调用比较多的服务。主要原因在于服务组合中的服务越多，该服务组合的构建成本越高；同时，由于每一个服务的不确定性，服务数量越多，服务组合的维护成本越高，服务组合失效的可能性越高。进一步，容易得到服务组合节点度分布的幂律指数，因此可以获得该幂律指数的演化过程。从图中可以看出该幂律指数在逐渐地降低。可见幂律效应在逐渐地减弱，服务组合开发者在逐渐开发更加复杂的服务组合，以便满足更加复杂的业务需求。

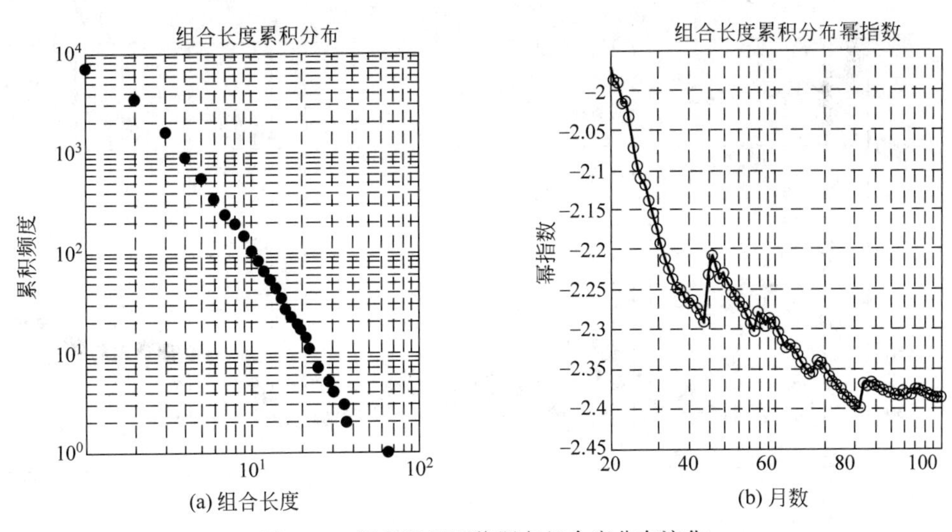

图 4-16　服务调用网络服务组合度分布演化

7. 竞争模式(Competition Pattern Analysis)

具有相同功能的服务之间存在竞争,竞争结果体现在每一个服务被服务组合调用的频次上。因此本节对于服务功能网络中的每一个服务功能标签,计算其 *HHI* 指数。*HHI* 指数越大,说明该服务功能领域下服务之间的垄断性越强。根据美国司法部给出的根据 *HHI* 的值对市场竞争模式进行分辨的标准,本节对总共使用频次超过 20 次的服务功能标签的竞争模式进行统计分析,得到如表 4-3 所示的结果。从结果中可以看出,大部分的服务功能领域(66.86%)的竞争模式处于高寡占型,只有小部分(15.38%)的服务功能领域处于竞争型。

表 4-3 根据 *HHI* 的竞争模式分类

HHI 值	*HHI*>2500	2500≥*HHI*≥1500	*HHI*<1500
竞争模式	高寡占型	低寡占型	竞争型
服务功能领域数量	66.86%	17.75%	15.38%

为了考察竞争模式与服务功能标签的使用频次之间的关系,本书将服务功能标签按照其总使用频次进行排序,进而计算 *HHI* 的累积平均值。如图 4-17 所示,*HHI* 累积平均值可以大致分成 3 个阶段:(a)阶段随着使用频次的降低,寡占性增强,服务组合倾向于使用受到广泛应用的服务,这是因为在这个阶段的服务功能标签提供的功能属于通用性的功能,在每一个功能领域下已经存在被广泛认可的服务,如“mapping”“display”“viewer”“places”等;在(b)阶段则随着使用频次的降低,寡占性迅速降低,竞争性增强;,这是因为在这个阶段存在大量的服务提供类似的功能,存在一定的竞争;而在(c)阶段则是因为该部分提供的功能大部分为特定性较强的功能,如“exchange” “health”等,每个领域下存在一些专用的服务。然而尽管 *HHI* 的累积平均值随着使用频次发生变化,但其值一直保持在 3000 以上,可见在服务互联网生态系统的竞争中,每个领域的垄断性都比较强,均存在少量的服务占据了主导地位。

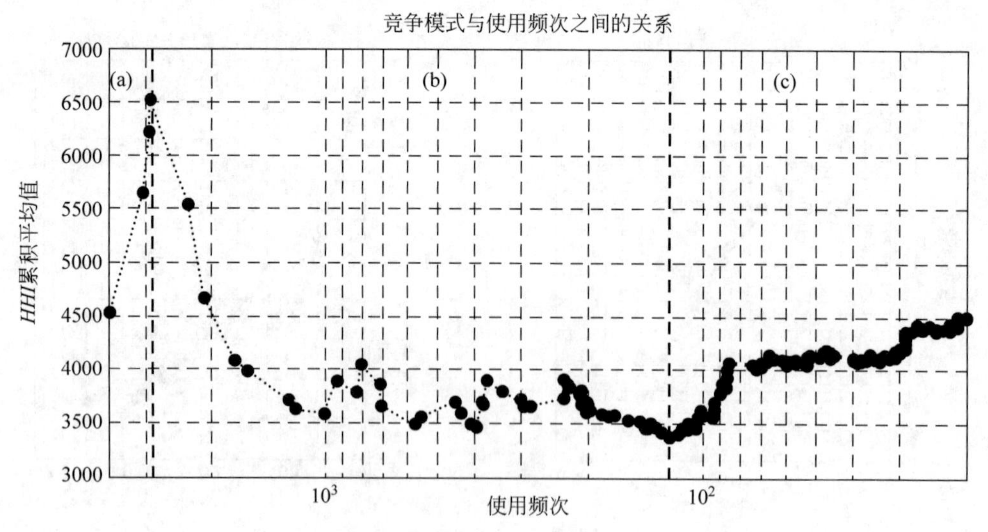

图 4-17 服务竞争模式与服务领域使用频次之间的关系

4.1.3 演化特性讨论

从以上对 ProgrammableWeb 生态系统的分析可以得知：

（1）ProgrammableWeb 活性较强，大量的服务进入系统，并且增速处于提速阶段；服务的丰富吸引了大量的服务组合开发者进入系统，有效增强服务互联网生态系统满足不确定性业务需求的潜力；然而服务组合的增长趋势放缓。可见服务的丰富和服务组合开发者的增加并没有有效地转化，并没有促进更多增值服务组合的创造。其中一个主要的原因在于大量的服务带来了服务选择过程的信息过载，因此如何对服务组合进行推荐，方便和促进服务组合的构建，从而促进服务互联网生态系统的增长，是一个重要的研究问题。

（2）服务互联网生态系统中服务数量的分布非常不均匀，部分领域的强健性较强，但也存在一些领域长期缺乏相应的服务，强健性较差。

（3）服务互联网生态系统中的服务在长期的动态协作过程中形成了复杂的协作关系，在长期的演化过程中涌现出明显的小世界特性、幂律特征以及异配性。这些特征表明如果两个服务曾经与越多的共同服务协作，则这两个服务将有越高的概率在未来被选择用于构成服务组合；在服务组合开发者构造服务组合的过程中，受欢迎的核心服务将获得更高的概率被重用，然而这种倾向正在逐渐减弱，服务组合开发者越来越多地关注边缘服务；受欢迎的服务协作模式获得更高的概率被重用，而且这种趋势在逐渐增强，可见服务组合开发者倾向于从过去的历史信息中学习服务之间协作的方式；此外，边缘服务倾向于与核心服务协作，核心服务提供通用的基础功能，而边缘服务提供特性功能，从而创造更多的价值增值。

（4）服务互联网生态系统中服务消费者的需求、服务组合开发者选择服务的行为习惯、服务之间的协作机制等存在一定的惯性，服务协作网络的服务节点以及服务协作模式存在可预见性。

（5）从对缝隙市场创造力的分析中可以得知，尽管服务互联网生态系统提供的服务功能正在逐渐增加，系统的多样性正在增强，然而服务提供商在提供新服务功能的同时，更倾向于提供系统原有的功能，丰富每一个功能领域下的服务数量。

（6）服务互联网生态系统中，服务提供商能够接受新的服务功能特性，并且提供相应的服务以丰富服务互联网生态系统的能力，提高健壮性；同时，服务组合开发者在选择未曾被使用过的服务时，更加倾向于使用刚进入服务互联网生态系统的新鲜服务。

（7）在服务互联网生态系统中，每个服务功能领域下少量的服务占据了主导地位，系统属于寡占性竞争。因此对于服务提供商而言，提供一个服务能够在某一个领域占据主导地位的服务，将比提供一个“多功能”但不能在某一个领域有特色的服务，更加容易得到服务组合开发者的认可和使用。

4.2 服务互联网演化预测

4.2.1 问题背景

在服务互联网生态系统中，大量的新增服务不断进入服务互联网生态系统，丰富服务互联网生态系统能够为服务消费者提供的功能，与此同时不断有新的服务组合开发者注册进入系统,也提高了服务互联网生态系统构造增值服务组合以满足服务消费者日益复杂多样化需求的潜力,然而这些能力并没有有效转化成为增值服务组合。事实上,系统中服务组合的增速依旧缓慢增长,甚至增速有所放缓。导致这种现象的原因很多,但是从服务互联网生态系统本身而言,主要原因包括三个方面。

(1) 服务消费者需求持续变化。

随着时间的变化,服务消费者的需求也在不断变化。由于服务组合开发者通过构建服务组合以满足服务消费者的复杂需求从而创造价值增值。而对于 ProgrammableWeb 生态系统而言,尽管有着大量的服务组合开发者进入服务互联网生态系统,但是大量的服务组合开发者属于非活跃的服务组合开发者,没有发布任何的服务组合,因此没有真正融入服务互联网生态系统当中。事实上,只有 4.5%的服务组合开发者曾经发布过服务组合。如果能够协助服务组合开发者把握服务消费者需求的变化趋势,从而开发相应的高价值服务组合,将能够促进服务组合开发者更好地融入服务互联网生态系统中。

(2) 大量服务的增长为服务选择带来了信息过载问题。

每一个需求均存在大量的服务可以提供相应的功能,从而为服务选择带来了困难。服务推荐(Service Recommendation)方法已经被认为是一种解决信息过载问题的有效方法,得到了学术界和工业界的广泛认可。从大量的服务中为服务组合开发者推荐合适的服务,将能够有效降低服务组合开发者开发服务组合的困难。

(3) 部分服务因竞争失败等原因退出系统带来了服务组合可用性的问题。

大量的服务在服务互联网生态系统中相互竞争。部分服务因为竞争失败等原因可能退出服务互联网生态系统。这些服务的退出将会影响使用这些服务的服务组合的可用性。为了保证服务组合的长期有效性,如何在构建服务组合的过程中有效地过滤掉可能失效的服务,将能有效地提升构建的服务组合的长期可用性。

因此如何协助服务组合开发者构建对服务消费者需求的认知和预判,并且从海量的服务中为其推荐相应的服务,提高构建的服务组合的可靠性,对降低构建服务组合的门槛,促进服务组合开发者参与到服务互联网生态系统中有着重要的意义。

4.2.2 问题描述

在服务互联网生态系统中服务组合体现了服务之间的协作关系。在长期的演化过程中,大量服务之间的相互协作形成了复杂的关联关系,涌现出复杂网络系统的特征,如小世界、幂律特性和异配性等;同时,服务协作网络具备可预见性,即可以通过历史协作关系的分析对未来协作网络的变化进行预测。由于服务协作网络事实上代表着服务之间的协作历史,体现了服务消费者的历史需求,因此服务协作网络的演化过程事实上也体现了系统中服务消费者需求的变化过程。基于此,本章进一步将问题描述为:

给定历史服务协作网络,如何有效预测服务协作网络的演化,并且从中抽取服务组合模式以支持服务组合推荐?

为了解决以上问题,接下来本章将首先给出服务协作网络序列模型,并且给出问题的形式化定义;进而从网络预测的角度对服务协作网络的演化进行预测分析;最后给出基于预测网络的服务推荐。

4.2.3　网络序列模型与问题形式化定义

服务协作网络体现了服务互联网生态系统中服务之间的协作关系，是服务组合模式的体现。服务协作网络的演化预测能够有效地体现服务互联网生态系统中服务组合模式的演化过程。为了能够对服务协作网络的演化过程进行预测分析，本章首先定义如下服务协作网络相关模型。

1. 分片服务协作网络(Snap Service Collaboration Network)

给定第 i 个时间分片 t_i，获得该时间段内发布的服务组合，从而构建其服务调用网络，并且进一步生成服务协作网络。由于该服务协作网络只体现了某一个时间分片内的服务协作关系，本章将其定义为分片服务协作网络 $G_{snap}^{SColN}(t_i)$。

从以上对分片服务协作网络的定义可以得知，每一个分片服务协作网络描述了在该时间段内服务协作的模式，因此可以容易地定义如下的分片服务协作网络序列，用于描述服务协作模式在服务互联网生态系统中的演化过程。

2. 分片服务协作网络序列(Snap Service Collaboration Network Series)

给定一个时间序列 $t_1,t_2,\cdots,t_k$，对其中的每一个时间分片 t_i，$1\leqslant i\leqslant k$，获取其分片服务协作网络 $G_{snap}^{SColN}(t_i)$，获得分片服务协作网络序列 $G_{snap}^{SColN}(k)=\{G_{snap}^{SColN}(t_i),1\leqslant i\leqslant k\}$，其中 k 表示时间序列的长度。

由于服务协作网络的演化过程可以使用分片服务协作网络序列进行描述，因此可以进一步将服务协作模式的预测问题转换成为服务协作网络序列的预测问题。

3. 服务协作网络序列演化预测问题

给定分片服务协作网络序列 $G_{snap}^{SColN}(k)=\{G_{snap}^{SColN}(t_i),1\leqslant i\leqslant k\}$，寻找映射方法：$F$：$G_{snap}^{SColN}(k)\to G_{snap}^{SColN}(t_{k+j})$，$j\geqslant 1$，预测分片服务协作网络序列在未来的网络。

为了解决以上定义的服务协作网络演化预测问题，本章定义以下两个网络。

4. 过往服务协作网络(Past Service Collaboration Network)

给定第 i 个时间分片 t_i 以及时间窗口 l，获取第 $\max(1,i-l+1)$个时间分片到第 i 个时间分片期间发布的服务组合，并且生成相应的服务协作网络。由于该服务协作网络涵盖了截至 t_i 的 l 个时间分片中的服务协作关系，本章将其定义过往服务协作网络 $G_{past}^{SColN}(t_i,l)$。

5. 前向服务协作网络(Forward Service Collaboration Network)

给定第 i 个时间分片 t_i 以及前向时间窗口 g，获取第 i 个时间分片到第 $i+g$ 个时间分片期间发布的服务组合，并且生成相应的服务协作网络。由于该服务协作网络体现了服务协作网络在之后的变化，本章将其定义为前向服务协作网络 $G_{forward}^{SColN}(t_i,g)$。

分片服务协作网络可以通过分片服务协作矩阵 $M_{snap}^{SColN}(t_i)$进行描述，过往协作网络的服务协作矩阵可以定义为 $M_{past}^{SColN}(t_i,l)$，前向服务协作网络则为 $M_{forward}^{SColN}(t_i,g)$。显然，过往协作网络和前向服务协作网络均可以通过汇总分片服务协作网络获得。为了描述不同时间段下的分片服务协作网络的区别，本章进一步定义时间衰减参数 θ，因此过往协作网络的服务协作矩阵可以定义为

$$M_{past}^{SColN}(t_i,l,\theta)=\sum_{p=\max(1,i-l+1)}^{i}(1-\theta)^{i-p}M_{snap}^{SColN}(p) \tag{4-2}$$

如果 $\theta=0$,说明所有的分片服务协作网络对于过往服务协作网络的影响是一致的。如果 $0<\theta<1$,说明时间越久远的服务组合对于过往服务协作网络的影响越小。θ 越大,表明该衰减效应越明显。如果将时间窗定义为 $l=\infty$,此时所有的历史分片均会被涵盖,此时过往服务网络则表示所有历史服务组合构成的服务协作网络 $G_{sum}^{SColN}(t_i)$。

同理,前向协作网络的服务协作矩阵可以定义为

$$M_{forward}^{SColN}(t_i,g,\theta)=\sum_{p=i+1}^{i+g}(1-\theta)^{g-p}M_{snap}^{SColN}(p) \tag{4-3}$$

图 4-18 给出了分片服务协作网络、过往服务协作网络以及前向服务协作网络之间的关系。

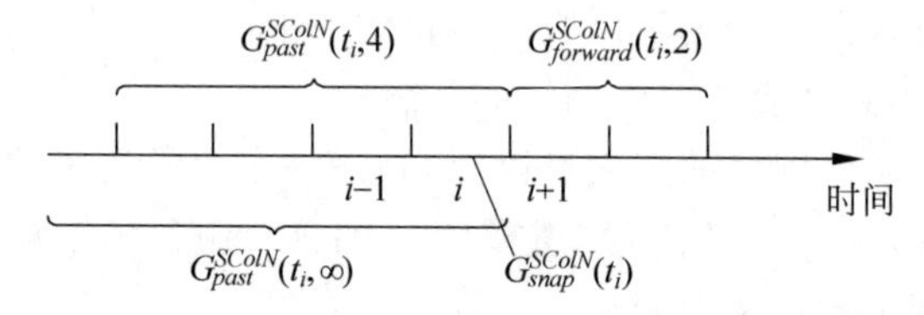

图 4-18 三种服务协作网络之间的关系示意图

基于以上过往服务协作网络以及前向服务协作网络的定义,可以进一步定义过往服务协作网络与前向服务协作网络之间的映射问题。

6. 基于时间窗的服务协作网络序列预测问题

给定分片服务协作网络序列 $G_{snap}^{SColN}(t_i)=\{G_{snap}^{SColN}(t_j),1\leqslant j\leqslant ii\}$,过往时间窗口 l,时间衰减参数 θ,前向时间窗口 g,构建过往服务协作网络 $G_{past}^{SColN}(t_i,l,\theta)$以及前向服务协作网络 $G_{forward}^{SColN}(t_i,g,\theta)$,寻找映射函数 $F:G_{past}^{SColN}(t_i,l,\theta)\rightarrow G_{forward}^{SColN}(t_i,g,\theta)$,实现过往服务协作网络对前向服务协作网络的映射。

类似于第 3 章关于服务协作网络的可预见性的定义,容易根据节点和连边在 $G_{past}^{SColN}(t_i,l,\theta)$中的状态将 $G_{forward}^{SColN}(t_i,g,\theta)$中的节点分为重用的服务(RS)和冷启动的服务(CSS)两种;将连边分为重用的服务连边(RSC)、涌现的服务连边(ESC)以及冷启动的服务连边(CSSC)三种。

由于 CS 以及 CSSC 在 $G_{past}^{SColN}(t_i,l,\theta)$ 中并不包含相应的信息,无法直接通过 $G_{past}^{SColN}(t_i,l,\theta)$进行预测;而 RS,RSC 和 ESC 则在 $G_{past}^{SColN}(t_i,l,\theta)$中包含了相应的信息,有可能通过 $G_{past}^{SColN}(t_i,l,\theta)$进行预测。

针对 RS,RSC 和 ESC 的预测,显然 RS 将会被 RSC 和 ESC 所涵盖。问题则转换成为对 RSC 和 ESC 的预测问题。因此可以从链路预测(Link Prediction)的角度对问题进行形式化的定义。

7. 基于链路预测的服务协作网络预测问题

给定分片服务协作网络序列 $G_{snap}^{SColN}(t_i)=\{G_{snap}^{SColN}(t_j),1\leqslant j\leqslant i\}$,过往时间窗口 l,时间衰减参数 θ,前向时间窗口 g,构建过往服务协作网络 $G_{past}^{SColN}(t_i,l,\theta)$以及前向服务协作网络 $G_{forward}^{SColN}(t_i,g,\theta)$,寻找映射函数 $F:S\times S\rightarrow R,S\in N(G_{past}^{SColN}(t_i,l,\theta))$,对 $G_{past}^{SColN}(t_i,l,\theta)$中的任意一对节点对$(s_u,s_v)$,计算其在 $G_{forward}^{SColN}(t_i,g,\theta)$中出现的概率。

而对于 CS 以及 CSSC 的预测问题,由于比例小,在本书中暂不考虑,而是将其留作未来的研究工作。

4.2.4　基于链路预测的服务协作网络演化预测

为了对服务协作网络的演化过程进行有效的预测，本节从过往服务协作网络 $G_{past}^{SColN}(t_i,l,\theta)$ 中节点和节点对的拓扑特性和时间特性出发，定义服务协作网络的演化特征。为了方便下文的定义，表 4-4 给出了相应符号的说明以及定义。

表 4-4　服务协作网络演化特性定义相关符号说明

符号	符号说明
(s_u,s_v)	表示服务协作网络中两个服务节点构成的连边
s_u,s_v	表示服务协作网络中的服务节点
$w_i(s_u,s_v)$	表示服务协作网络 $G_{past}^{SColN}(t_i,l,\theta)$ 中两个服务节点连边 (s_u,s_v) 的权重
$Ne_i(s_u,s_v)$	表示服务协作网络 $G_{past}^{SColN}(t_i,l,\theta)$ 中两个服务节点 s_u,s_v 的共同邻接节点构成的集合

4.2.5　服务协作网络演化特征提取

1. 节点对

节点对的特性指的是以节点对当中的两个节点为一个整体定义相关的拓扑特性和时间特性，主要包括以下的四个方面的特征。

(1) 节点对连边的权重(Current Sum Edge Weight，CSEW)。

从服务协作网络的无标度特性分析可知，服务协作网络的边权累积分布满足幂律分布，并且该幂律效应在逐步增强，因此两个服务节点连边的权重越高，这两个服务节点在未来有更高的概率在同一个服务组合中协作，从而出现在前向服务协作网络当中，因此节点对连边的权重 $w_i(s_u,s_v)$ 将作为一个特征。

(2) 共同邻接节点权重(Weighted Common Neighbors，WCN)。

从服务协作网络的小世界特性分析中可知，服务协作网络具备明显的小世界特性，即较短的特征路径长度以及较高的聚集系数。因此每个服务节点的邻接服务之间有更高的可能在未来建立连接。而从服务节点的角度而言，即这两个服务节点的共同邻接节点越多，这两个服务节点在未来构建协作连边的概率更高。由于服务协作网络为一个加权网络，因此本章定义如下的共同邻接节点权重特征：

$$WCN_i(s_u,s_v)=\sum_{s_k\in Ne_i(s_u)\cap Ne_i(s_v)} w_i(s_u,s_k)\times w_i(s_v,s_k) \tag{4-4}$$

其中，$s_k\in Ne_i(s_u)\cap Ne_i(s_v)$，表示两个服务节点之间的共同邻接节点。

(3) AA 加权共同邻接节点权重(Adamic/Adar，AA)。

对于服务节点对 s_u,s_v 的共同邻接节点 $s_k\in Ne_i(s_u)\cap Ne_i(s_v)$，不同的邻接节点对这两个服务节点的重用的概率的影响是不同的。例如，一个邻接节点 s_k 如果存在很多的邻接节点，那么它对这两个服务节点对的影响将会有明显降低。从该现象出发，Adamic 和 Adar 对共同邻接节点的效应进行了加权。由于服务协作网络是一个加权网络，本章定义如下 AA 加权共同邻接节点权重：

$$AA_i(s_u,s_v)=\sum_{s_k\in Ne_i(s_u)\cap Ne_i(s_v)} \frac{w_i(s_u,s_k)\times w_i(s_v,s_k)}{\log(|Ne_i(s_k)|)} \tag{4-5}$$

(4) 上一次服务连边出现的时间间隔(Reciprocal Last Edge Occurred Time Stamps, RLEOTS,简称 RLE)。

在服务协作网络中,由于不断有新的服务的加入以及新服务组合模式的产生,服务组合开发者将更加关注新鲜的服务组合模式,如果一个服务组合模式长时间没有被使用,那么其被重新使用的概率将会明显下降。因此本章从服务连边上一次出现的时间间隔的角度定义如下的指标:

$$LE_i(s_u,s_v)=\begin{cases}0, & (s_u,s_v)\in G_{snap}^{SColN}(t_i)\\ i-j, & (s_u,s_v)\in G_{snap}^{SColN}(t_j)\,\&\,(s_u,s_v)\notin G_{snap}^{SColN}(t_k), i-l<j<k\leqslant i\\ l+1, & (s_u,s_v)\notin G_{snap}^{SColN}(t_k), i-l\leqslant j<k\leqslant i\end{cases} \tag{4-6}$$

$LE_i(s_u,s_v)$表示上一次该服务连边出现的时间间隔,显然时间间隔越大,服务连边再次出现的概率越小,因此本章定义其倒数形式作为演化预测的指标:

$$RLE_i(s_u,s_v)=\frac{1}{LE_i(s_u,s_v)+1} \tag{4-7}$$

2. 节点

节点特性表示从节点的角度出发,判断节点在未来重新出现的概率。如果两个节点在未来重新出现的概率较高,那么这两个节点在未来将会以较高的概率构成服务连边。

(1) 服务节点加权度(Vertex Weighted Degree,VWD)。

从服务协作网络的无标度特性分析中可以看出,服务的加权度累积分布满足幂律特征,表明服务的加权度越高,服务具备更高的概率在未来被重用。这是因为加权度高的服务一般提供比较通用功能的服务,并且由于被经常调用,服务提供商有着更高的动力去维护该服务的功能,服务组合开发者也更可能信任该服务而选用。因此本节从服务的加权度的角度定义如下的演化特征:

$$VWD_i(s_u,s_v)=\log\Big(\sum_{s_k\in Ne_i(s_u)} w_i(s_u,s_k)\Big)+\log\Big(\sum_{s_j\in Ne_i(s_v)} w_i(s_v,s_j)\Big) \tag{4-8}$$

(2) PageRank 节点重要性(Page Rank based Service Importance,PRI)。

PageRank 算法已经被广泛应用于网络当中用于评价网络每一个节点的重要性。在 PageRank 中每一个节点的重要性由其邻接节点的重要性决定。而在服务协作网络中,如果一个服务的邻接节点具备较高的概率被重用,由于该服务能够与其邻接节点构成协作关系以满足一定的功能,则该服务也将有着比较高的概率被服务组合开发者所关注从而出现在未来的服务协作网络中。因此基于 PageRank 的重要性,本书定义如下的演化特征:

$$PRI_i(s_u,s_v)=PRI_i(s_u)+PRI_i(s_v) \tag{4-9}$$

其中,$PRI_i(s_u)$表示服务节点 s_u 在服务协作网络中的 PageRank 节点重要性。

(3) Betweenness 节点中心性(Betweenness based Service Centrality,BSC)。

在服务协作网络中,如果一个服务能够以一个更短的距离与其他的服务建立连接,即服务更容易与其他的服务协作形成服务组合,那么该服务在未来将有更高的概率被重用到服务组合中。由于 Betwenness 介数中心度指标能够反映网络节点与其他节点之间的距离,较高的 Betweenness 中心度表示节点具有更高的中心度,因此本章从 Betweenness 中心度的角度定义服务节点对的特征：

$$BSC_i(s_u,s_v)=BSC_i(s_u)+BSC_i(s_v) \tag{4-10}$$

其中，$BSC_i(s_u)$表示服务节点 s_u 在服务协作网络中的 Betweenness 介数中心度。

（4）上一次服务节点使用的时间间隔（Reciprocal Last Vertex Occurred Time Stamps，RLVOTS），简称 RLV。

与服务组合模式相似，如果一个服务长时间没有被使用，那么该服务再次被使用的可能性将会不断下降。事实上，由于不断有新服务的发布，服务组合开发者将会倾向于新发布的服务；而且如果一个服务长时间没有被使用，那么服务提供商将缺乏动力维护该服务，因此该服务也将有比较高的可能无法正常对外提供服务能力，导致服务组合开发者不会选择使用该服务。因此本章首先定义如下的上次服务使用时间间隔 $LV_i(s_u)$：

$$LV_i(s_u)=\begin{cases}0, & s_u\in G_{snap}^{SColN}(t_i)\\ i-j, & s_u\in G_{snap}^{SColN}(t_j)\&s_u\notin G_{snap}^{SColN}(t_k),i-l<j<k\leqslant i\\ l+1, & s_u\notin G_{snap}^{SColN}(t_k),i-l\leqslant j<k\leqslant i\end{cases} \tag{4-11}$$

显然时间间隔越大，服务再次出现的概率越小，因此本章采用倒数形式定义两个服务节点再次出现的概率：

$$RLV_i(s_u,s_v)=\frac{1}{LV_i(s_u)+LV_i(s_v)+1} \tag{4-12}$$

至此本书从节点对和节点两个角度，定义了服务协作网络的演化特征。从定义中可以很容易地得知，CSEW、WCN、AA、VWD、PRI、BSC 这 6 个指标主要从节点对和节点在单个服务协作网络中的拓扑结构进行定义，而 RLE 和 RLV 两个指标则涉及节点对和节点在多个服务协作网络当中的时间特性。因此可以将这 8 个指标整理成为如图 4-19 所示的二维网格。

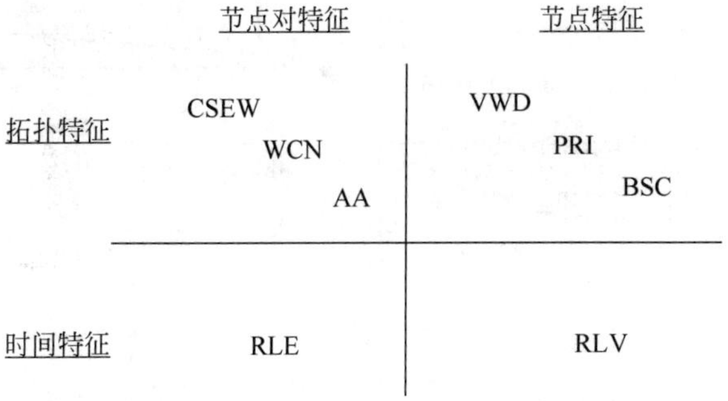

	节点对特征	节点特征
拓扑特征	CSEW WCN AA	VWD PRI BSC
时间特征	RLE	RLV

图 4-19 二维服务协作网络演化特征示意图

4.2.6 服务协作网络演化特征验证

为了分析以上定义的 8 个指标对服务协作网络演化特征对服务协作网络演化过程的反映程度，本节定义如下的非监督线性分类器。

给定一个网络演化特征 f 以及阈值 f_v，对于网络 $G_{past}^{SColN}(t_i,l,\theta)$中的任何节点对 s_u，s_v，计算其特征值 $f(s_u,s_v)$，如果 $f(s_u,s_v)\geqslant f_v$，则认为该服务节点对将在未来构建服务协作连边；否则，如果 $f(s_u, s_v) < f_v$，则认为该服务节点在未来将不会形成连边。

为了量化定义该分类器对服务网络演化过程的预测效果，本节根据服务节点对在 $G_{forward}^{SColN}(t_i, g)$ 网络中的实际状态对预测结果进行验证，并且采用如下的 Recall/Fallout 指标对预测结果进行量化分析：

$$\frac{recall}{fallout} = \frac{\dfrac{true\ positives}{positives}}{\dfrac{false\ positives}{negatives}} = \frac{\dfrac{true\ positives}{false\ positives}}{\dfrac{positives}{negatives}} \tag{4-13}$$

其中，*true positives* 表示线性分类器认为在 $G_{forward}^{SColN}(t_i, g, \theta)$ 当中会出现而且也确实出现了的服务节点对的数量；*false positives* 表示分类器认为在 $G_{forward}^{SColN}(t_i, g, \theta)$ 中会出现但是却没有出现的服务节点对的数量；*positives* 表示在 $G_{forward}^{SColN}(t_i, g, \theta)$ 中出现的服务节点对的数量，*negatives* 表示在 $G_{forward}^{SColN}(t_i, g, \theta)$ 没有出现的服务节点对的数量。从以上的定义中可以得出 Recall/Fallout 代表着服务节点对在未来网络中出现的概率相对于不出现的概率的倍数。显然指标值越高，说明分类器的分类效果越好。例如，如果一个服务节点对的 CSEW 的 Recall/Fallout 值达到 100，则说明该服务节点在未来服务协作网络中出现的概率将是不出现的概率的 100 倍。

因此给定一个服务协作网络 $G_{past}^{SColN}(t_i, l, \theta)$ 以及一个特征 f，很容易可以得到 $G_{past}^{SColN}(t_i, l, \theta)$ 中所有服务节点对应的该特征值的取值范围。将阈值 fv 在取值范围内进行变动，便可以得到该特征对该服务协作网络演化效果的体现过程。图 4-20 显示了以 $G_{past}^{SColN}(t_{86}, 10, 0)$ 为例，各个特征值对 $G_{forward}^{SColN}(t_{86}, 1, 0)$ 的预测效果。从图中可以看出，对于所有的 8 个特征值，随着阈值的增加，其 *Recall/Fallout* 指标值不断上升，这表明对于服务网络 $G_{past}^{SColN}(t_{86}, 10, 0)$ 中的节点对而言，特征值越高，在未来网络 $G_{forward}^{SColN}(t_{86}, 1, 0)$ 中出

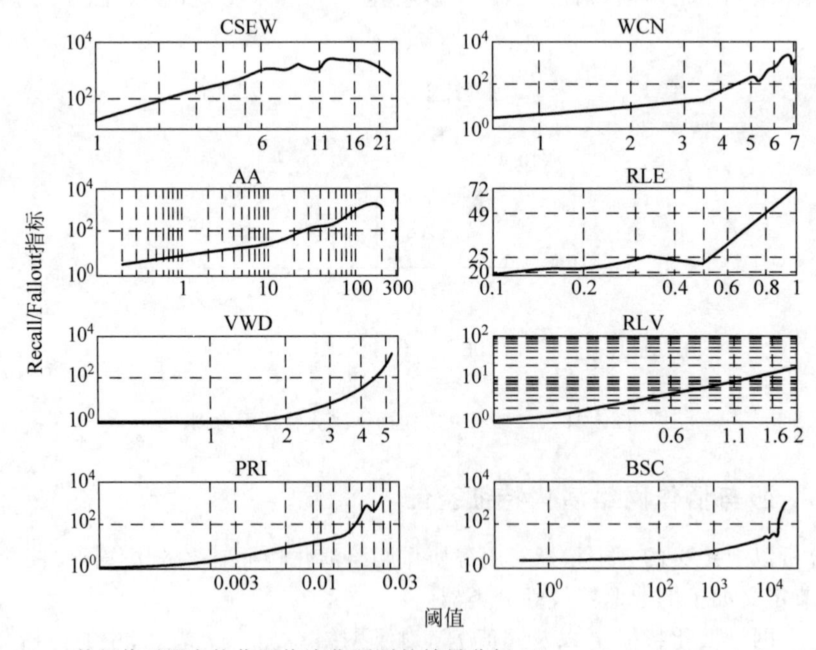

图 4-20 特征值对服务协作网络演化预测的效果分析，以 $i=86, l=10, g=1, \theta=0$ 为例

现的概率就更高。在网络 $G_{forward}^{SColN}(t_{86},1,0)$ 中出现的节点对相对集中于特征值比较高的区域。因此可以根据这些特征值的排序作为服务节点对演化预测的指标。

从以上的分析中可以看出，每一个特征均能够反映出服务协作网络的演化规律，并且特征值越大，该服务节点对在未来形成服务组合的概率就越高。因此非常直接地可以按照所有服务对的特征值进行排序，排位越高出现的概率越高。然而每一个特征仅反映了服务协作网络演化规律的一个方面，因此本节采用排序融合的方法实现所有特征值的汇总。

为了后续的描述方便，首先假设 $p_j^{t_i}(s_u,s_v)$ 代表协作网络 $G_{past}^{SColN}(t_i,l,\theta)$ 中的一个节点对 (s_u,s_v)，在不引起误解的情况下可以将其简化为 $p_j^{t_i}$，此处 $j=1,2,\cdots,N$。$N=\frac{|N(G_{past}^{SColN}(t_i,l,\theta))|(|N(G_{past}^{SColN}(t_i,l,\theta))|-1)}{2}$，代表服务协作网络中 $G_{past}^{SColN}(t_i,l,\theta)$ 所有可能的节点对。针对每一个特征 f，计算每一个服务节点对的特征值，并且按照其特征值从大到小进行排序，从而得到基本的排序序列(Primary Ranking)：$pr_f^{t_i}=\{p_{f,1}^{t_i},p_{f,2}^{t_i},\cdots,p_{f,N}^{t_i}\}$，$f=\{CSEW,WCN,AA,RLE,VWD,PRI,BSC,RLV\}$。

由于不同的排序序列是根据不同的特征值计算所得，其绝对值的值域差别非常明显。如 *CSEW* 的值域为[1,22]，而 RLE 的值域为[0.1,1]。因此直接采用特征值并没有意义。由于在服务协作网络中存在明显的幂律特征，从而导致排序序列中的取值存在明显的绝对值差距。另外，由于最终的目标在于对所有的节点对进行排序，节点对在排序序列中的位置有着更加明确的意义。因此本书根据 Borda 打分的方法，对节点对重新进行归一化：

$$B(pr_f^{t_i},p_j^{t_i})=\frac{N-\pi(pr_f^{t_i},p_j^{t_i})}{N} \tag{4-14}$$

其中，$\pi(pr_f^{t_i},p_j^{t_i})$ 表示服务对 $p_j^{t_i}$ 在基本排序序列 $pr_f^{t_i}$ 当中的位置。显然对于排位越高的服务对，其 $\pi(pr_f^{t_i},p_j^{t_i})$ 的值越小，其 Borda 值越高。

通过以上的 Borda 归一化以后，有效消除了不同排序序列之间的域值的区别，也消除了因为幂律特征所导致的不均匀问题。因此本书直接采用线性函数的方式，将每一个节点对在每一个排序序列中的 Borda 打分值进行线性加合：

$$F=R\boldsymbol{W} \tag{4-15}$$

其中，$R_{jf}=B(pr_f^{t_i},p_j^{t_i})$，$\boldsymbol{W}=[w_1,w_2,\cdots,w_8]^{\mathrm{T}}$。在本书中我们直接采用 $\boldsymbol{W}=\left[\frac{1}{8},\frac{1}{8},\cdots,\frac{1}{8}\right]^{\mathrm{T}}$ 表示每一个特征值对服务协作网络演化的影响。

4.2.7　实证分析

为了验证前文提出的服务协作网络预测方法，本节以实际的 ProgrammableWeb 的数据集为基础，分析和讨论基于链路预测的服务协作网络预测方法在预测服务协作网络演化的性能。

1. 评价指标

为了对预测的结果进行评判，对于 $G_{past}^{SColN}(t_i,l,\theta)$ 中的每一对节点对，本书将在

$G_{forward}^{SColN}(t_i,g,\theta)$中出现的节点对定义为正样本，在$G_{forward}^{SColN}(t_i,g,\theta)$中不存在的样本则认为是负样本。由于服务协作网络的网络边密度非常小，即服务协作网络为典型的稀疏网络。因此本章采用 AUC 指标（Area Under the Receiver Operating Characteristic Curve）对预测效果进行评判。这是因为 AUC 指标在由于稀疏性导致的非均衡数据（Imbalanced Dataset）分析当中有着很好的表现而被广泛应用于对非均衡数据分析的算法评价。由于 AUC 指标等价于 Wilcoxon-Mann-Witney 测试，本质上用于评判正样本的评分有多大的概率高于负样本，因此本章按照 Wilcoxon-Mann-Witney 测试计算服务协作网络预测的性能。

算法 4-2　基于 Wilcoxon-Mann-Witney 的 AUC 指标计算

Input：$G_{past}^{SColN}(t_i,l,\theta)$，$G_{forward}^{SColN}(t_i,g,\theta)$，排序算法 F
Output：AUC 指标
Begin：
1. $AUC=0, PP\leftarrow\phi, NP\leftarrow\phi$　　　　//初始化
2. for $p_j^{t_i}\in G_{past}^{SColN}(t_i,l,\theta)$
3. if $p_j^{t_i}\in G_{forward}^{SColN}(t_i,g,\theta)$　　　　//如果节点对属于，则该节点对为正样本
4. $PP\leftarrow PP\cup p_j^{t_i}$
5. else　　　　//否则为负样本
6. $NP\leftarrow NP\cup p_j^{t_i}$
7. end
8. for $pp_j^{t_i}\in PP$
9. for $np_k^{t_i}\in NP$
10. if $F(pp_j^{t_i})>F(np_k^{t_i})$　　　　//如果正样本的排序值比负样本的高
11. $AUC+=1$
12. else if $F(pp_j^{t_i})=F(np_k^{t_i})$　　　　//如果正样本的排序值等于负样本
13. $AUC+=0.5$
14. end
15. end
16. $AUC=\frac{AUC}{|PP||NP|}$

其中，第 1～7 行用于统计正样本和负样本的集合；第 8～15 行计算每个节点对的排序值，并且根据正样本与负样本之间的排序值的大小关系更新 AUC 值；第 16 行进行归一化。

从以上的计算中可以看出，AUC 本质上用于计算正样本的排序值不小于负样本的排序值的概率。显然该值越大，排序算法更能够反映实际情况，因此排序算法的性能越好。

2. 实验结果分析

1) 排序融合的有效性分析

为了验证排序融合方法的有效性，本书首先基于每个演化特征形成服务节点对的基本排序算法，进而按照前文描述的排序融合方法对各个基本排序序列进行融合，因此总共包括 8 个基本的排序方法和 1 个排序融合方法。表 4-5 给出了这 9 个基本排序方法的基本信息。

给定 $l=10,\theta=0$，对于每一个时刻 t_i，本节构建服务协作网络 $G_{past}^{SColN}(t_i,l,\theta)$，对于表 4-5 给出的每一个排序算法，计算每对节点对的排序值；进而对于 $g=[1,8]$，构建服务协作网络 $G_{forward}^{SColN}(t_i,g,\theta)$，并且计算每个排序算法得到的 AUC 值；最终将所有的 AUC 值

进行平均，从而得到了每个排序算法在整个服务协作网络演化过程当中的性能特征，如表 4-6 所示。

表 4-5　基于演化特征的排序算法汇总

排序算法	排序算法描述
AR	根据排序融合算法对服务节点进行排序
VWD	基于 VWD 特征值对服务节点进行排序
PRI	基于 PRI 特征值对服务节点进行排序
AA	基于 AA 特征值对服务节点进行排序
BSC	基于 BSC 特征值对服务节点进行排序
WCN	基于 WCN 特征值对服务节点进行排序
RLV	基于 RLV 特征值对服务节点进行排序
RLE	基于 RLE 特征值对服务节点进行排序
CSEW	基于 CSEW 特征值对服务节点进行排序

表 4-6　平均 AUC 性能比较

排序算法	1	2	3	4	5	6	7	8
AR	0.9125	0.907	0.9032	0.9004	0.8981	0.8951	0.8923	0.8897
VWD	0.894	0.8867	0.8829	0.8802	0.8781	0.8753	0.8724	0.8698
PRI	0.8886	0.8804	0.8759	0.8728	0.8701	0.8669	0.8639	0.8611
AA	0.8861	0.8807	0.8778	0.8748	0.8725	0.8693	0.8659	0.8628
BSC	0.8842	0.8764	0.8714	0.8682	0.8658	0.8628	0.86	0.8575
WCN	0.8841	0.8787	0.876	0.8729	0.8706	0.8674	0.864	0.8609
RLV	0.8208	0.811	0.8025	0.7972	0.7923	0.787	0.7833	0.7805
RLE	0.7667	0.7483	0.7359	0.7267	0.7193	0.7119	0.7054	0.6998
CSEW	0.762	0.7429	0.7304	0.7212	0.7137	0.7064	0.6999	0.6943

从表 4-6 中可见，CSEW 以及 RLE 的性能最差，这是因为这两种排序算法只能处理重用的服务连边 RSC，对于其他的服务连边均赋予相同的排序值。VWD，PRI，AA，BSC 以及 WCN 的性能比较接近，这是因为这些指标均体现服务协作网络中服务连边的拓扑结构特征，而忽略了时间特性。本章提出的排序融合方法 AR 则获得了最优的性能。与单特征最优的 VWD 相比较，AR 取得了 2.07%～2.30%的 AUC 性能提升；而与最差的 CSEW 相比，则获得了 19.75%～28.14%的 AUC 性能提升；这是因为该算法有效地汇总了演化过程中不同方面的特征值，包括拓扑结构特征和时间特征、节点特征以及节点对特征。

2）时间窗口 l 的影响分析

本节探讨时间窗口长度对预测结果的影响。令 $g=1,\theta=0$，并取 $l=1,2,3,4,5,10,20,\cdots$，重复之前的实验，得到如图 4-21 所示的平均 AUC 指标。进一步可以得到窗口变化对预测性能的变化，如表 4-7 所示。从图 4-24 中可以看出随着时间窗口的增加，过往服务协作网络 $G_{past}^{SColN}(t_i,l,\theta)$ 包含的服务互联网生态系统的历史信息越多，使得预测性能有所上升；对于不同的时间窗口，AR 算法均得到了最优的预测性能。

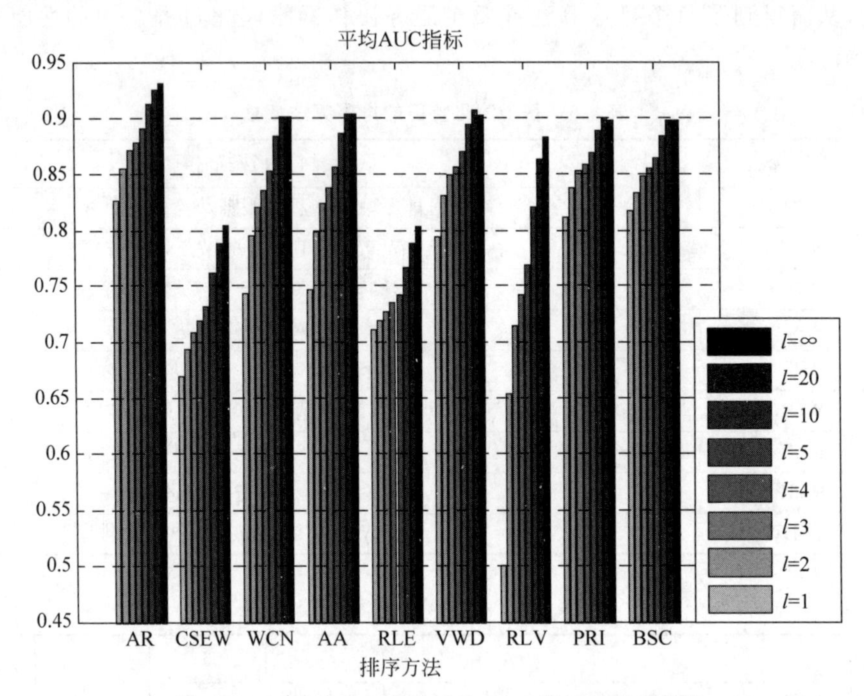

图 4-21　时间窗口长度对平均 AUC 性能的影响分析

表 4-7　时间窗口增加对平均 AUC 指标的贡献

l	AR	VWD	PRI	AA	BSC	WCN	RLV	RLE	CSEW
1～5	0.064	0.063	0.110	0.109	0.031	0.076	0.268	0.059	0.046
5～10	0.022	0.030	0.031	0.030	0.025	0.024	0.053	0.020	0.021
10～20	0.013	0.026	0.017	0.017	0.020	0.013	0.042	0.012	0.013
20～∞	0.006	0.016	0.000	−0.000	0.016	−0.005	0.020	−0.003	0.001

从表 4-7 中可以看出，随着时间窗口的增加，增加历史信息对于提高 AUC 性能带来的边际效应在持续下降，甚至对于 AA，WCN 和 RLE 而言，将时间窗口扩展到所有的历史信息反而使得 AUC 的性能有所下降。这是因为带入历史信息的同时，也带入了相应的噪声信息。事实上，当时间窗口达到 10 以后，AR 的性能已经达到了 0.9125。然而随着时间窗口的增加，如图 4-22 所示，$G_{past}^{SColN}(t_i,l,\theta)$中服务节点对的数量迅速增加，因此样本数量迅速增加，从而导致了计算时间的迅速增加。因此时间窗口的选择将是一个预测性能和计算时间的均衡。

3）时间衰减参数 θ 的影响分析

由于只有 AR，CSEW，WCN，AA 以及 VWD 的定义中涉及了服务连边的权重，其预测结果将会受到时间衰减参数 θ 的影响。而其他的排序方法并不涉及连边的权重，时间衰减参数不会对其预测结果产生影响。因此本节对时间衰减参数设定不同的参数值，得到了 AR，CSEW，WCN，AA 以及 VWD 五个排序算法得到的平均 AUC 指标，如表 4-8 所示。

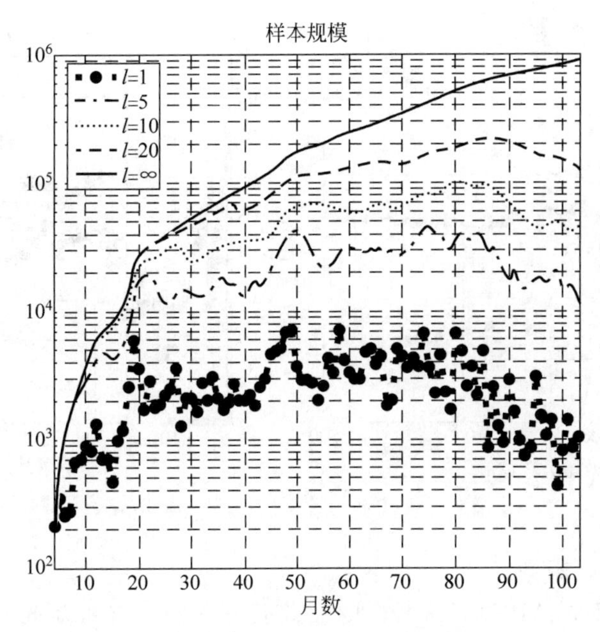

图 4-22　时间窗口长度对样本规模的影响

表 4-8　时间衰减参数对平均 AUC 指标的贡献

θ	AR	CSEW	WCN	VWD	AA
0.0	0.9125	0.762	0.8841	0.8861	0.894
0.05	0.9123	0.762	0.8836	0.8855	0.8928
0.1	0.9122	0.762	0.8828	0.8848	0.8916
0.15	0.912	0.762	0.8821	0.8841	0.8906
0.20	0.9119	0.762	0.8812	0.8833	0.8896

从表 4-8 中可以看出，时间衰减参数对于 AUC 指标的影响非常微弱。可见对于服务组合开发者而言，历史服务协作模式的有效性并不是连续衰减的效果，而是服务组合开发者选定关注的时间范围的服务协作模式，对于选定的时间窗范围内的服务协作信息一视同仁，而不会有明显的偏向。

4）失效服务过滤分析

在服务互联网生态系统中，服务在长期的演化过程中可能因为竞争失败导致服务失效。服务的失效将会直接影响到使用该服务的服务组合的可用性。而在服务组合构建过程中，协作服务组合开发者过滤可能失效的服务，将能够有效提高构建的服务组合的长期有效性。因此本节讨论在服务协作网络预测方法当中失效服务的过滤效果。

对于 $G_{past}^{SColN}(t_i, l, \theta)$ 中的服务节点对，使用排序算法获得每一个服务对对应的概率值，并且将服务对按照计算所得的数值从大到小进行降序排序。每个服务对包含两个服务，因此很容易得到前 k 个服务对中所有的服务，进而可以计算得到这些服务中失效服务的比例。显然，失效服务的比例越低，说明排序算法在过滤失效服务的能力越高。从图 4-26 中易知，对于 $l=\infty$ 的情况，本章提出的 AR 方法的失效服务比例远低于 VWD 方法。计算两个失效服务比例曲线下方的面积，容易得到 AR 的面积仅为 VWD 的 38.59%，即 AR 方法

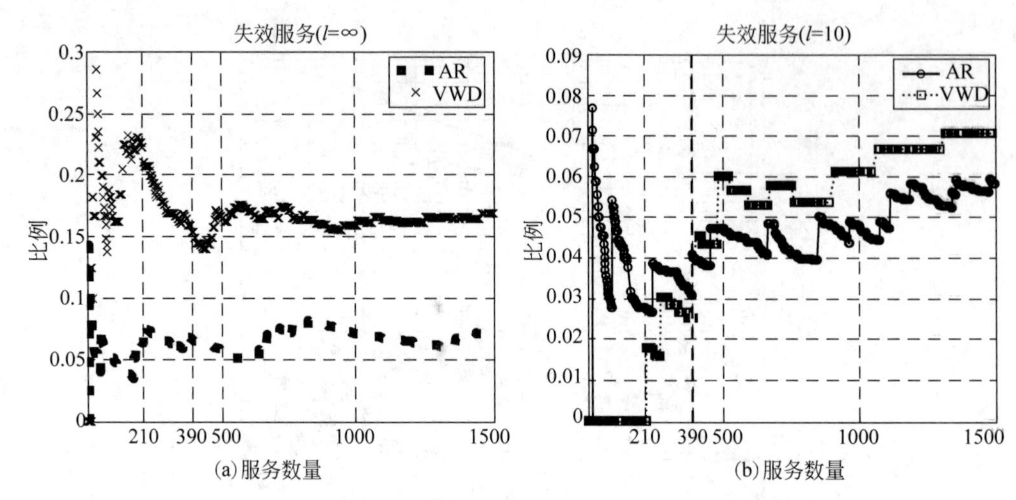

图 4-23 失效服务过滤性能比较分析

降低了 61.41%的失效服务。

对于 $l=10$ 的情况，AR 以及 VWD 的失效服务比例均有所降低。VWD 对于最初的 390 个服务能够获得更低的失效服务比例，然而在此之后 AR 获得更优的失效服务过滤性能。这是因为对于时间窗口设定为 10 的情况下，VWD 体现的是该时间窗口内的热度，而短期内服务的热度不会有很大的变化，热度的服务将能够得到服务提供商的有效关注从而保证了有效性。然而对于长尾部分，则由于 AR 能够体现服务之间的关联关系以及服务协作网络的内在演化机制，从而能够更好地过滤掉可能会失效的服务。同样，考虑失效服务曲线下方的面积，AR 方法获得比 VWD 低 4.31%的失效服务。如果仅仅考虑 390 以后的长尾效果，则 AR 方法降低了 19.02%的失效服务的面积。

5）现有链路预测方法比较

为了更好地分析排序融合方法的性能，本书考虑以下几种考虑时间演化的链路预测方法：

(1) 边权序列预测方法(Link Weight Series Forecast, LWSF)。

该方法针对网络中的每一个节点对，获取其在每一个时间片网络当中的边权，构成边权序列，进而使用在时间序列分析中常见的整合移动平均自回归模型对该边权序列进行预测，并按照预测值对节点对进行排序。预测值越高，该节点对在未来出现的概率越高。

(2) 随机森林融合方法(Random Forest Aggregation, RFA)。

该方法针对节点对的拓扑结构特征进行计算，从而得到节点对在每一个演化特征下的特征值，进而构建随机森林模型对网络进行预测。同理，预测值越高，则认为该节点对在未来出现的概率越高。

(3) 朴素贝叶斯融合方法(Naive Bayes Aggregation, NBA)。

该方法与 RFA 类似，仅仅是将融合方法换成了朴素贝叶斯模型。同理，该方法针对每一个节点对生成一个预测值，该预测值越高，则认为该节点对在未来出现的概率更高。

针对 LWSF，本书基于 R 语言实现边权序列的预测；而 RFA 以及 NBA 则是在 Weka 的基础上构建训练模型。图 4-24 给出了几种方法的平均 AUC 指标上的比较。

从图 4-24 中可以看出，本书采用的 AR 方法获得了最优的性能。与 LWSF 相比，AR

获得了20%的性能提升，这是因为LWSF方法只能预测重用的服务连边(RSC)，而无法预测未来才出现的涌现的服务连边(ESC)；与RFA相比，AR获得了50%的性能提升，这是因为AR通过Borda打分的方法去除了不同特征之间阈值的区别，并且通过排位的方法去除因为幂律特性导致的绝对值不均匀问题带来的影响；与NBA相比，AR则获得了5%的性能提升，这是因为NBA与RFA相比对于不同特征之间的差异有着更好的均衡性。

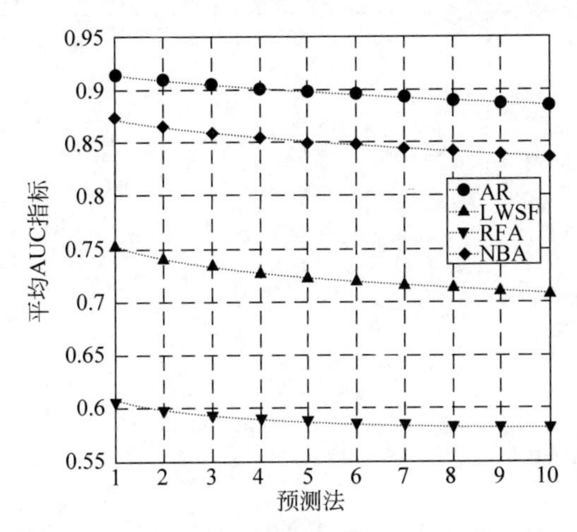

图4-24　不同预测方法的平均AUC性能比较

参考文献

[1] Liu Y,Fan Y,Huang K. Service Ecosystem Evolution and Controlling: A Research Framework for the Effects of Dynamic Services[C]//International Conference on Service Sciences. IEEE,2013.

[2] Crawford C H,Bate G P,Cherbakov L,et al. Toward an on demand service-oriented architecture[J]. IBM Systems Journal,2005,44(1): 81-107.

[3] Schick A G, Gordon L, Haka S. Information overload: A temporal approach[J]. Accounting, Organizations and Society,1990,15(3): 199-220.

[4] Liu X,Hui Y,Sun W,et al. Towards service composition based on mashup[C]//2007 IEEE Congress on Services (Services 2007). IEEE,2007: 332-339.

[5] Cao B, Liu J, Tang M, et al. Mashup Service Recommendation based on user interest and social network[C]//2013 IEEE 20th International Conference on Web Services. IEEE,2013: 99-106.

第5章

服务的推荐与发现

5.1 研究背景

随着互联网技术的发展,用户获取软件的方式从被动获取变成主动获取,这就导致开发软件时要以用户需求为中心,然而传统的软件开发模式不能满足这种条件。为了解决传统软件开发模式的问题,有学者提出了面向服务的计算(Service-Oriented Computing,SOC)的开发模式。SOC是以服务为基本单位,可以将相关的服务组合成应用服务的开发模式,它也可以开发分布式、跨平台的服务软件。随着SOC技术的发展,互联网上可以获取的服务类型和数量呈爆炸式增长,如著名的服务网站Programmable目前已经拥有10000多个API服务和6000个Mashup服务以及大量的服务开发者,以服务为中心的网络飞速成长。

服务是具有模块化、自适应以及良好的互操作能力的应用程序,其内部封装良好,用户可以通过公开的访问接口调用服务。随着面向服务的软件开发日益流行,越来越多的公司参与到服务开发行列中。在这种趋势下,服务不仅数量爆炸式增长,而且类型多样化,从而带来了新的问题和挑战。用户如何在数量众多、类型丰富的服务中发现自己需要的服务是服务发现领域的研究热点之一。

服务发现是指根据用户对目标服务中功能或非功能性的描述,使用匹配算法从服务注册中心检索出满足用户要求的服务集。服务发现主要有两个过程,即匹配和选择。匹配过程是指将服务使用者的需求描述与服务注册中心中的服务集进行匹配处理;选择过程就是从匹配好的服务集中选择用户自己需要的服务。如何计算服务之间的相似度是服务发现领域的关键,目前已经有不少研究人员对服务发现进行了研究,提出了不少提高服务发现的方法。服务发现方法主要有基于关键字的服务发现方法、基于服务的简单语义描述的发现方法以及基于服务的丰富语义描述的发现方法。

5.2 国内外研究现状

5.2.1 基于文本的服务推荐与发现

服务平台上存在丰富的文本信息，如服务的描述信息、用户的需求描述信息，一些服务平台上的评论功能还可以让用户反馈自己对服务的文本评价。这些丰富的文本信息蕴含着用户的隐性偏好和服务的特征信息。传统的推荐系统利用用户对服务的调用和评分信息进行个性化推荐。然而，在实际场景下，这些评分信息往往是稀疏的。相比于单纯利用显式评分特征，文本信息可以弥补评分稀疏性的问题，且具有很强的可解释性能。举例来说，应用商城中的 App 描述信息可以反映该 App 的功能；用户对某一饭店的评论信息中隐含了菜品特色、饭店水平、用户的饮食偏好等多种信息。因此，学术界在基于语义的服务推荐与发现领域做了很多的研究，很多推荐系统工作开始考虑利用评论信息为用户和服务进行建模。

基于文本的服务推荐与发现的核心任务是如何得到更精确的用户和服务表示。传统的机器学习方法基于隐含狄利克雷分布(Latent Dirichlet Allocation，LDA)及其变体建模文本信息的方法。LDA 是一种无监督的主题建模算法，被广泛应用于自然语言处理和推荐系统中。与通常的(Term Frequency-Inverse Document Frequency)相比，主题模型可以在语义上计算文本内容的相关性。主题模型是一种词袋模型，即只考虑文本总的词频，不考虑顺序。LDA 应用在推荐算法中时，先使用训练文本集合建模主题模型，然后使用模型对新文本进行主题预测，通过用户点击的文本，建模用户对主题的兴趣。最终建模出用户和服务的表示，进行个性化服务推荐。Wang 等[1]提出了协作主题回归模型 CTR，结合主题建模 LDA 和矩阵分解，将传统的矩阵分解推广为概率模型(图 5-1)，同时通过主题模型将文档表示成可解释的低维度向量。

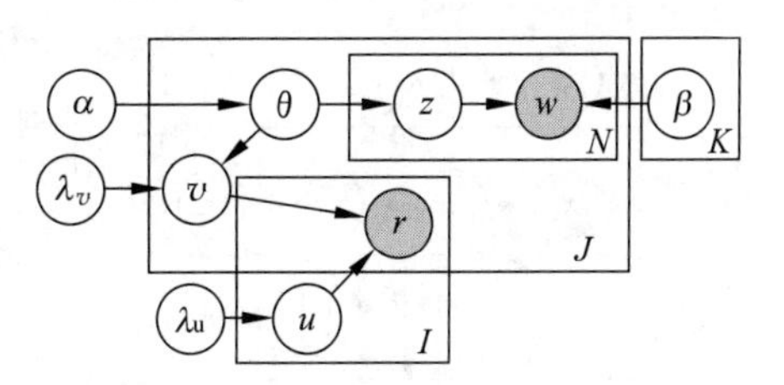

图 5-1　协作主题回归模型概率图

假设有 K 个主题 $\beta=\beta_{1:K}$，CTR 的通常过程可表述为

(1) 对每个用户 i，用户潜在向量可以表示为 $\boldsymbol{u}_i \sim N(0,\boldsymbol{\lambda}_u^{-1}\boldsymbol{I}_K)$；

(2) 对每个服务 j；

① 主题比例表示为 $\theta_j \sim Dirichlet(\alpha)$；

② 服务潜在补偿表示为 $\boldsymbol{\varepsilon}_j \sim N(0,\boldsymbol{\lambda}_v^{-1}\boldsymbol{I}_K)$，服务潜在向量表示为 $\boldsymbol{v}_j=\boldsymbol{\varepsilon}_j+\boldsymbol{\theta}_j$；

③ 对每个单词 w_{jn}；

a. 主题分布为 $z_{jn} \sim Mult(\theta)$；

b. 单词 $w_{jn} \sim Mult(\beta_{z\,jn})$；

(3) 对每个用户服务对(i,j)，得分表示为 $r_{i,j} \sim N(\boldsymbol{u}_i^{\mathrm{T}}\boldsymbol{v}_j,\boldsymbol{c}_{ij}^{-1})$。

参考文献[2,3]进一步提出 CTR 模型的变体，进一步将 LDA 与协同过滤整合在一起。

近年来，随着深度学习在服务推荐领域的应用，许多研究者开始探寻深度学习在基于文本的服务推荐与发现方法中的应用。Wang 等[4]提出了一种基于矩阵分解的分层贝叶斯模型——协同深度学习模型(CDL),该模型对内容信息进行深度表示学习,对评价矩阵进行协同过滤,通过将堆栈去噪自动编码器(Stacked Denoising Auto-Encoder,SDAE)和协同过滤结合在一起,进行更精准的推荐。

(1) 对 SDAE 网络的每一层 l,有

① 对权值矩阵 $\boldsymbol{W}_l$ 的每一列 n,有

$$\boldsymbol{W}_{l,*n} \sim N(0,\boldsymbol{\lambda}_w^{-1}\boldsymbol{I}_{K_l})$$

② 偏移向量 $\boldsymbol{b}_l \sim N(0,\boldsymbol{\lambda}_w^{-1}\boldsymbol{I}_{K_l})$

③ 对 $\boldsymbol{X}_l$ 中的每一行 j,有:$\boldsymbol{X}_{l,j*} \sim N(\sigma(\boldsymbol{X}_{l-1,j*}\boldsymbol{W}_l+\boldsymbol{b}_l),\boldsymbol{\lambda}_s^{-1}\boldsymbol{I}_{K_l})$

(2) 对每个服务 j:

① 空白输出 $\boldsymbol{X}_{c,j*} \sim N(\boldsymbol{X}_{L,j*},\boldsymbol{\lambda}_n^{-1}\boldsymbol{I}_j)$

② 服务潜在补偿表示为 $\boldsymbol{\varepsilon}_j \sim N(0,\boldsymbol{\lambda}_v^{-1}\boldsymbol{I}_K)$,服务潜在向量表示为 $\boldsymbol{v}_j=\boldsymbol{\varepsilon}_j+\boldsymbol{X}_{\frac{L}{2},j*}^{\mathrm{T}}$

(3) 对每个用户 i,用户潜在向量可以表示为 $\boldsymbol{u}_i \sim N(0,\boldsymbol{\lambda}_u^{-1}\boldsymbol{I}_K)$

(4) 对每个用户服务对 (i,j),得分表示为 $\boldsymbol{R}_{ij} \sim N(\boldsymbol{u}_i^{\mathrm{T}}\boldsymbol{v}_j,\boldsymbol{C}_{ij}^{-1})$

其中,$\boldsymbol{\lambda}_w$,$\boldsymbol{\lambda}_n$,$\boldsymbol{\lambda}_u$,$\boldsymbol{\lambda}_s$ 和 $\boldsymbol{\lambda}_v$ 是超参数;$\boldsymbol{C}_{ij}$ 是置信参数。图 5-2 展示了 CDL 模型的结构图,其中左图是 CDL 模型。虚线矩形内的部分表示 SDAE 结构。左图的右侧给出了 $L=2$ 的 SDAE 示例。右边是退化的 CDL 模型。虚线矩形内的部分表示 SDAE 的编码器,右侧展示了 $L=2$ 的 SDAE。注意,尽管 L 仍然是 2,但是 SDAE 的解码器消失了。为防止杂波,作者省略了图形模型中除 x_0 和 $x_{L/2}$ 之外的所有变量 x_l。

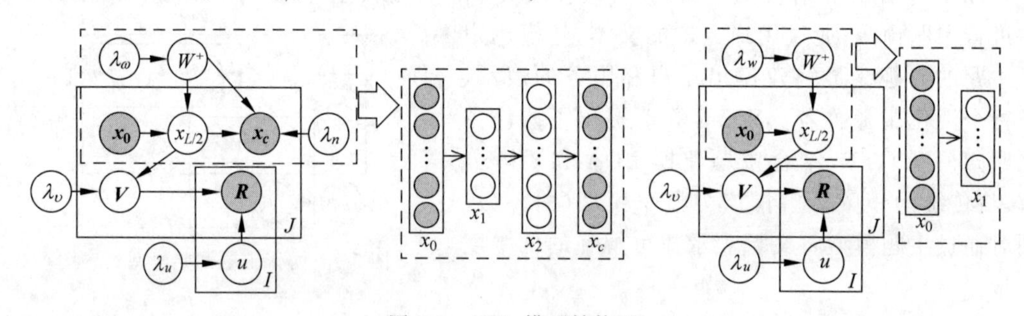

图 5-2 CDL 模型结构图

以上方法均使用词袋模型,忽略了单词顺序带来的上下文信息。为解决上述问题,Kim 等[5]首先提出 ConvMF 方法,如图 5-3 所示。该模型是较早探索卷积神经网络在基于评论的推荐问题上使用的工作。ConvMF 使用卷积神经网络深入挖掘文档信息,从而更好地建模服务信息。ConvMF 参考 PMF 模型,给出评分的条件分布:

$$p(R \mid U,V,\sigma^2)=\prod\prod N(R_{ij} \mid U_i,V_j,\sigma^2)$$

其中,$U \in R^{N\times k}$,$V \in R^{M\times k}$ 分别为用户和服务的潜在特征矩阵,共有 N 个用户和 M 个服务。同样,也可以给出潜在特征矩阵所服从的条件概率:

$$p(U \mid \sigma_U^2)=\prod_{i=1}^{n} N(U_i \mid 0,\sigma_U^2 I),\quad p(V \mid \sigma_V^2)=\prod_{j=1}^{M} N(V_j \mid 0,\sigma_V^2 I)$$

然而,与常规概率矩阵分解(Probabilistic Matrik Factorization,PMF)中服务潜在模型的概率模型不同,ConvMF 为了在此基础上融入服务的文本信息,对计算特征向量 $\boldsymbol{V}$ 的过

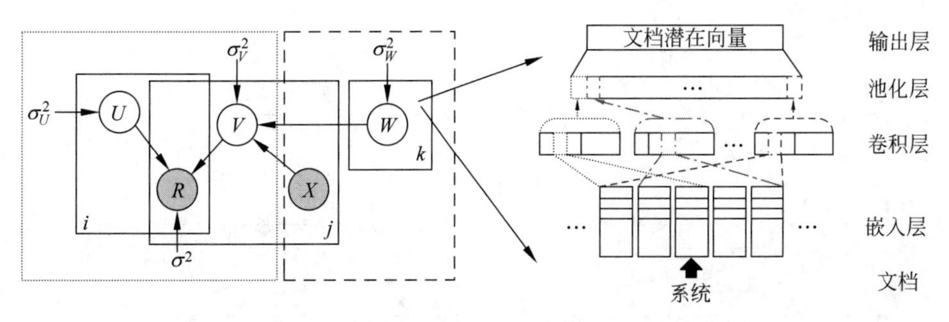

图 5-3 ConvMF 框架

程进行了一些改动。ConvMF 假设服务潜在模型由三个变量生成：

(1) CNN 中的内部权重 W 中的每个权重 w_k，满足条件概率 $p(W \mid \sigma_w^2)=\prod_k N(w_k \mid 0,\sigma_w^2)$。

(2) 服务 j 的文档 x_j。

(3) 以及服从均值 0 方差 σ_v^2 的高斯噪声。

因此，最终服务潜在模型通过以下等式获得 $v_j=\mathrm{CNN}(W,x_j)+$高斯噪声。可得到服务的隐向量条件分布 $p(V|W,X,\sigma_V^2)=\prod_{j=1}^{M} N(V_j|\mathrm{CNN}(W,X),\sigma_V^2 I)$。

这里使用的 CNN 框架由嵌入层、卷积层、池化层和输出层组成。嵌入层将原始文档转换成表示下一个卷积层的文档的密集数字矩阵；卷积层提取上下文特征；池化层从卷积层提取代表性的特征，并且还通过构建固定长度特征向量的池化操作来处理可变长度的文档；输出层将从上一层获得的高级特征转换为特定任务的输出。

相应的损失函数变化为

$$L(U,V)=\sum_{i=1}^{n}\sum_{j=1}^{M}(\boldsymbol{R}_{ij}-\boldsymbol{U}_i^{\mathrm{T}}\boldsymbol{V}_j)^2+\frac{\lambda_U}{2}\sum_{i=1}^{n}(\|\boldsymbol{U}_i\|_2^2+\frac{\lambda_V}{2}\sum_{j=1}^{M}\|V_j-\mathrm{CNN}(\boldsymbol{W},\boldsymbol{X})\|_2^2+\frac{\lambda_w}{2}\|\boldsymbol{W}\|_2^2$$

本方法利用替换服务的高斯分布均值将 PMF 与 CNN 桥接在一起，实现了将文本信息融合到特征表示中。这也是深度学习与概率图模型结合的一种较为直接的方式，用深度模型学到的特征作为先验替换某一分布的参数。之后的一些工作也是沿着本书的思路，在这个思路上进行了一系列的发展。利用服务的评论数据，将卷积神经网络(Convolutional Neural Network，CNN)与概率矩阵分解结合起来进行评分预测。

ConvMF 只使用了服务侧的文本信息，为了进一步提升用户和服务的表示学习效果，文献[6]提出 DeepCoNN(Deep Cooperative Neural Network)模型，引入用户和服务双侧评论文本信息，并完全使用深度学习模型去建模用户和服务的特征表示，实现端到端的训练。DeepCoNN 模型由两个并行神经网络组成，然后在最后一层耦合。其中一个网络专注于学习用户行为，利用用户写的评论；另一个网络则从关于服务评论中学习服务属性。在顶部引入了一个共享层将这两个网络连接在一起，结合 FM (Factorization Machine)做评分预测。其结构图如图 5-4 所示。

由结构图可知，DeepCoNN 模型由两个并行的卷积网络结构构成，依次通过查询层、卷

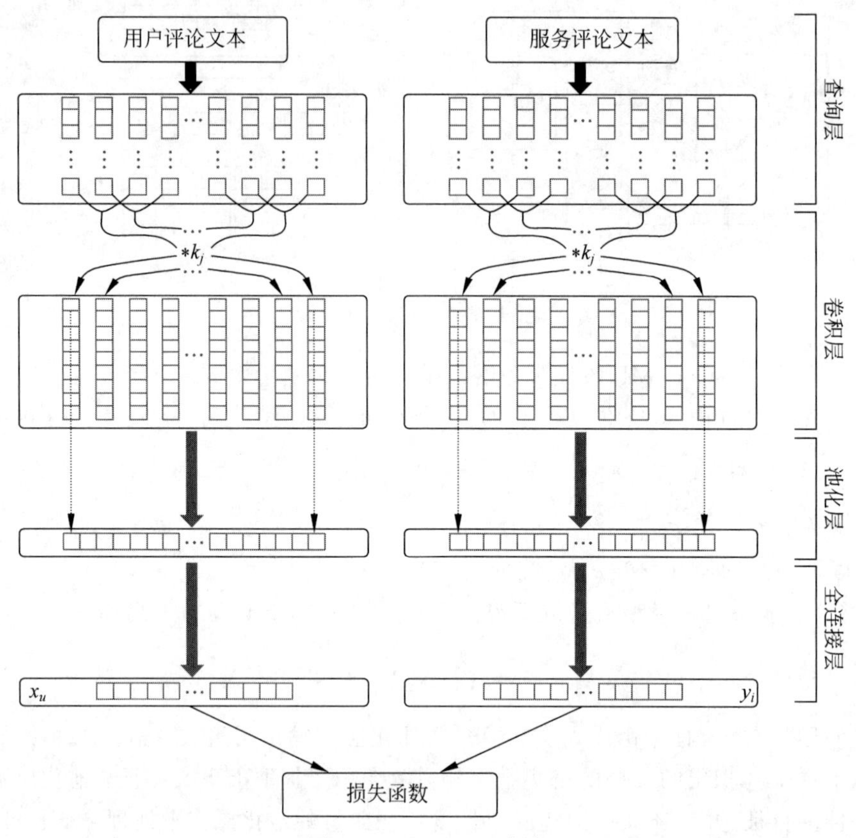

图 5-4 DeepCoNN 框架

积层、池化层和全连接层,最后将两个卷积网络的输出送入一个耦合层学习最终得分。在查询层中,用户和服务的评论文本通过查询训练好了的表转化为单词嵌入矩阵,从而将文本语义信息从自然语言变为机器可以识别的形式。将单词嵌入矩阵送入卷积层,深入挖掘上下文信息,之后进入池化层提取学到的特征,再送入全连接层中转换为特定的评分任务的表示向量。本书中,并没有直接采用点乘作为评分预测层的函数,而是选用了更为复杂的因子分解机 FM,这是为了让用户和服务的表示向量能够二阶交互从而具有更强的非线性能力,提升评分预测效果。以现在的眼光看,本书的结构较为单一,但可以算是第一种完全利用深度学习技术基于评论信息解决服务推荐问题的方法,是后面很多工作的基石。同时 DeepCoNN 的双塔结构也是后续很多基于评论文本的推荐方法所遵循的基本结构。

考虑到不同的词对建模用户和服务的重要性不同,参考文献[7]提出了 D-Attn(图 5-5),在 DeepCoNN 基础上引入了词级别的两种注意力机制——全局注意力和局部注意力。局部注意力模块利用 CNN 捕捉词语的上下文信息,获取当前词的重要性。而全局注意力模块同样使用 CNN 去捕捉全局特征,与局部注意力模块的区别是,卷积窗口大于 1,相比局部注意力模块窗口长度为 1 的卷积滤波器更能捕捉到全局特征。

参考文献[8]提出了 ANR,使用多个方面建模用户和服务,解决了之前研究中存在的由于仅使用单一方面建模用户偏好和服务特性而带来的不精确的问题。不同于利用类别信息等数据中已有的指标,ANR 并未规定具体的方面,而是使用抽象的方面去建模,称为隐式 aspect(图 5-6)。

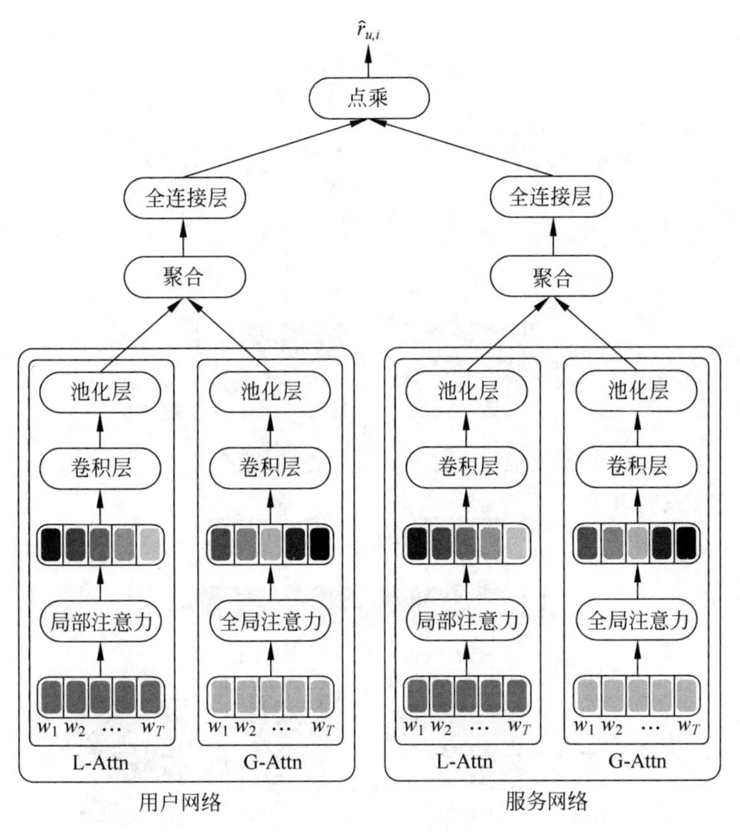

图 5-5 D-Attn 框架

除了上述将用户或服务的多条评论进行拼接组合得到一个较长的文档，然后对该文档进行提取特征作为用户和服务特征的方法之外，也有部分研究者认为，简单的拼合评论信息忽略了评论信息在建模不同用户和服务表示时的差异，进而提出单独建模每条评论，之后再将评论的特征聚合为用户特征的方法。这种方法能够捕获用户对某一特定服务的偏好信息。参考文献[9]考虑到每条评论的重要性具有差异性，有些评论包含大量的信息，而有些评论与建模特征无益，因而提出了一种评论级的注意力机制 NARRE 模型来刻画每条评论的权重(图 5-7)。作者首先对评论进行编码，使用卷积神经网络和最大池化层对每条评论依次建模，得到评论的特征，再使用注意力模块聚合所有的特征，得到用户 u 的表示。同理，得到服务 i 的表示。考虑到高质量用户持续贡献有用的评论，而低质量用户频繁提交无意义的评论，在进行注意力权重的计算时，选择评论所对应的用户或服务的表示进行交叉计算。参考文献[10]进一步考虑了使用矩阵分解得到用户和服务基于评分矩阵的特征，以此来修正基于评论文本得到的用户和服务的表示，提出了 TARMF 模型，具体框架如图 5-8 所示。

Liu 等[11]认为，相同的词或评论对于不同的用户和服务可能包含不同的信息，因此将用户和物品的 ID 信息融入 NRPA 模型的构建中。具体来说，作者将评论集中的每个词映射到一个词向量，然后通过 CNN 进行卷积运算，并将结果与用户的 ID 和服务的 ID 相乘计算不同词的注意力权重。得到与用户相关的词级注意力得分之后，对每个词加权计算求和作，得到评论的表示，然后在评论级用同样的方法进行处理，得到用户和服务的表示，最后将二者拼接，并使用因子分解机 FM 进行评分预测(图 5-9)。

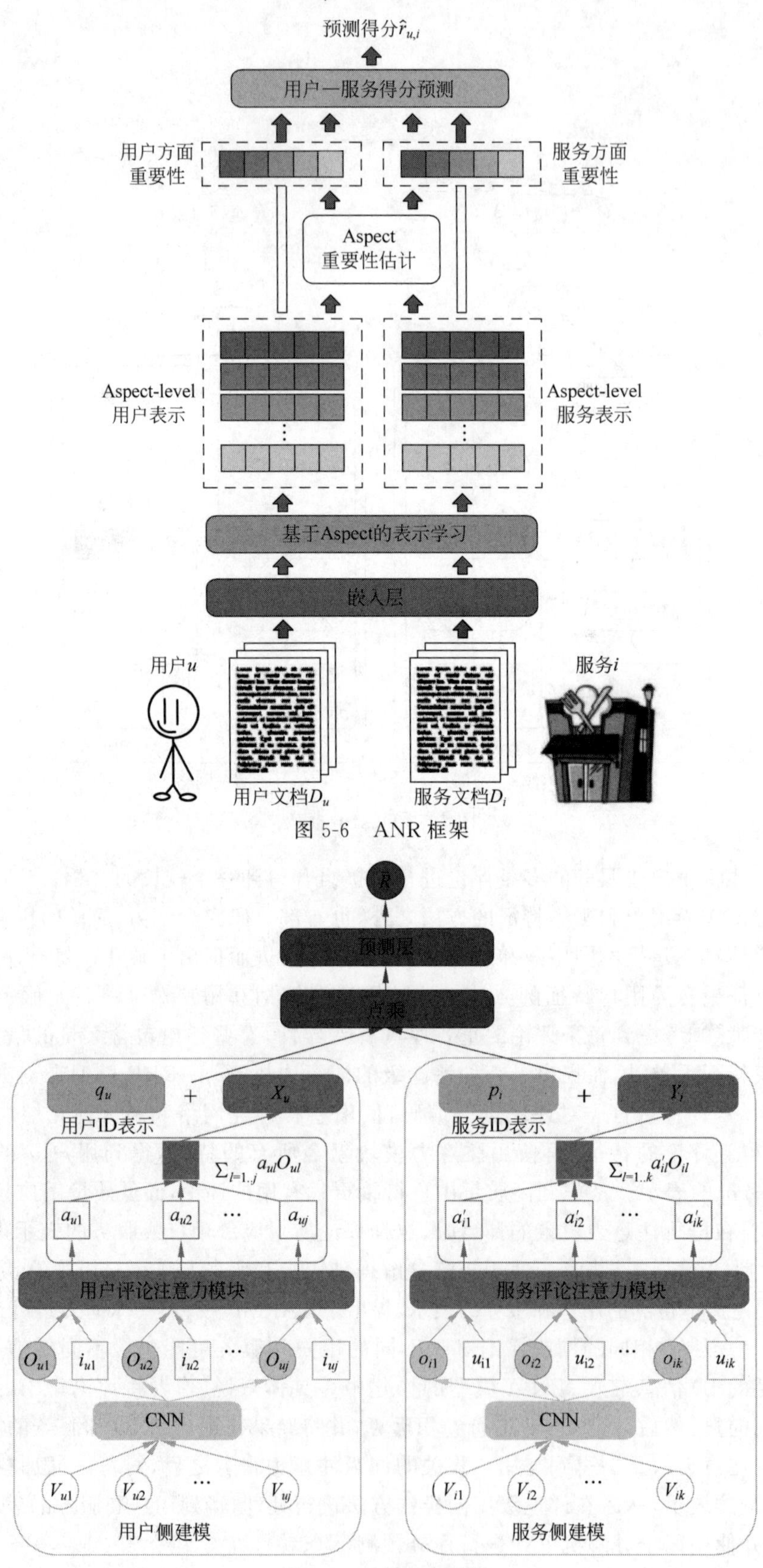

图 5-6　ANR 框架

图 5-7　NARRE 框架

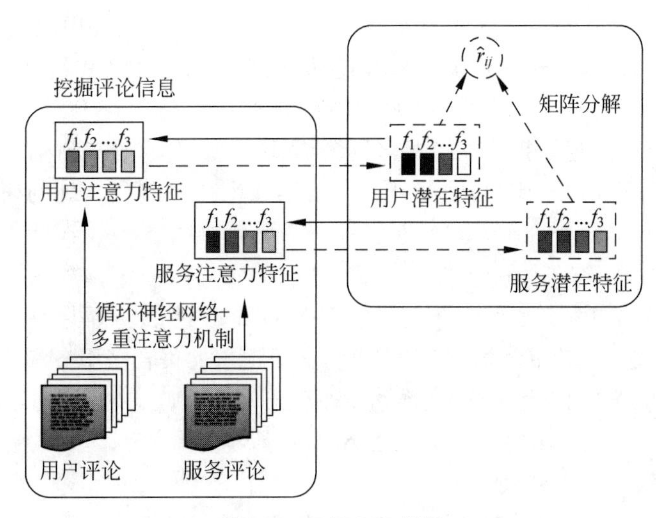

图 5-8 TARMF 框架

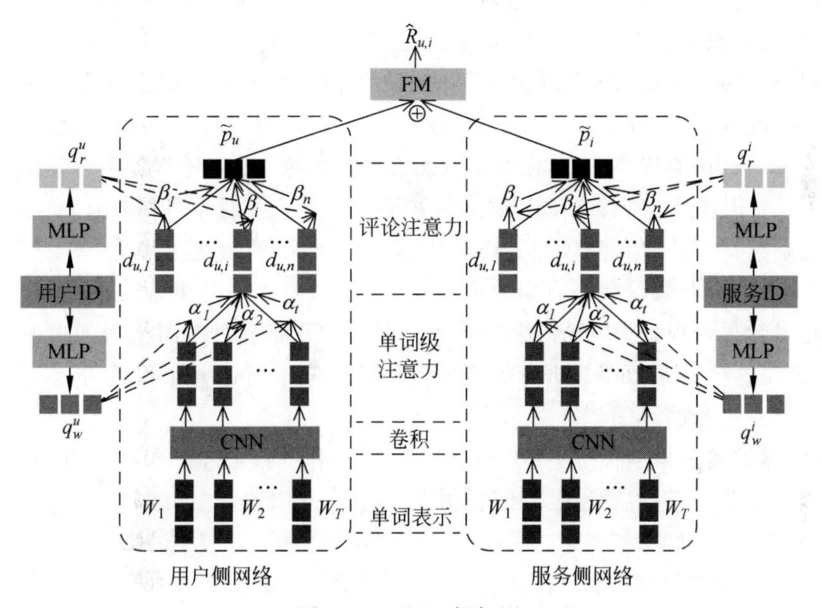

图 5-9 NRPA 框架图

5.2.2 基于迁移信息的服务推荐与发现

现实场景下存在种类丰富、数目繁多的服务领域,用户会在某些服务领域留下历史调用记录和服务使用反馈信息,但在另一些服务领域则是一个冷启动用户,并未留下任何记录。同时,一些服务也可能同时出现在两个或多个不同的服务领域中。如何充分利用其他服务领域的信息去提升当前服务领域的推荐与发现,是服务推荐领域的一个热点。具体的,大型推荐系统中囊括了大量类别和领域的产品。以图书和电影这两个紧密相关的领域为例,用户可能在图书领域内存在服务调用记录,但是在电影领域内不存在服务调用记录。如何利用用户在图书领域的历史调用记录指导他的电影领域的冷启动,是基于迁移信息的服务推荐与发现的核心问题之一。另外,IMDb 和豆瓣电影同为电影评分平台,某一电影先行于北美地区上映,在IMDb上拥有大量的用户评分。该电影后续决定在中国内地上映,在豆瓣没有该电影评分时,如何为目标用户群体推荐这部电影,也是基于迁移信息的服务推荐与发现要解决的问题。

本节首先介绍后文频繁提到的一些名词的含义。接下来,给出目前学界基于迁移信息的服务推荐与发现研究现状概述,并展开介绍其中几个比较有代表性的研究的模型设计和应用场景。

1. 服务领域

在基于迁移信息的服务推荐与发现相关问题的研究中,服务领域往往指代依托于某一服务平台的所有服务、用户和服务-用户之间的交互记录的集合。服务和用户的信息可能包括音频、视频、图片、文字描述、标签分类等多种形式。交互记录的表现形式包括用户对服务的评分、用户的反馈等。具体形式与服务平台本身的特性有关。

2. 目标、源、辅助服务领域

目标服务领域即希望提升服务推荐和发现效果的服务领域,源服务领域和辅助服务领域即用以辅助目标服务领域的服务领域。迁移信息从源服务领域(或辅助服务领域)迁移到目标服务领域,从而实现提升服务推荐与发现效果的目的。

通过利用源服务领域信息作为辅助信息,研究者提出了一系列解决方案来解决目标领域的数据稀疏性和冷启动问题。CMF提出通过连接多个评级矩阵和跨领域共享用户因素来实现跨领域的知识集成。CMF模型是评分预测、冷启动推荐等推荐系统相关研究中经常对比的一个经典基准方法,其基本思想是在做关系学习任务时,可以利用与待预测的关系相关的其他关系数据来改进预测性能。以电影评分预测为例,传统的做法是基于用户—电影评分矩阵做预测,现在假设我们有用户电影评分数据,此外还有电影流派数据,那么我们在做评分预测时效果会更好,为什么呢?因为不同用户可能会对不同流派的电影有不同的打分,即电影流派这一关系数据与电影评分预测这一关系学习任务相关联,我们就可以用电影的流派数据来改进预测性能。

CMF模型扩展了早期标准的MF模型,加入了用户和服务的属性关系矩阵,利用用户和服务的特征矩阵去重构属性关系矩阵,并将这项约束添加到损失函数中去。

$$\boldsymbol{X} \approx \boldsymbol{A}\boldsymbol{B}^{\mathrm{T}} + \boldsymbol{\mu} + \boldsymbol{b}_A + \boldsymbol{b}_B, \quad \boldsymbol{U} \approx \boldsymbol{A}\boldsymbol{C}^{\mathrm{T}} + \boldsymbol{\mu}_U, \quad \boldsymbol{I} \approx \boldsymbol{B}\boldsymbol{D}^{\mathrm{T}} + \boldsymbol{\mu}_i$$

其中,$\boldsymbol{U}$是用户属性矩阵,其中行代表用户,列代表属性;$\boldsymbol{I}$是服务特征矩阵,其中行代表服务,列代表属性;$\boldsymbol{\mu}_U$是用户属性的列均值,是一个向量;$\boldsymbol{\mu}_i$是服务属性的列均值,是一个向量;$\boldsymbol{C}$和$\boldsymbol{D}$是属性的特征矩阵。损失函数为

$$\min_{\boldsymbol{A},\boldsymbol{B},\boldsymbol{C},\boldsymbol{D}} \| \boldsymbol{I}_x (\boldsymbol{X} - \boldsymbol{A}\boldsymbol{B}^{\mathrm{T}}) \|^2 + \| \boldsymbol{U} - \boldsymbol{A}\boldsymbol{C}^{\mathrm{T}} \|^2 + \| \boldsymbol{I} - \boldsymbol{B}\boldsymbol{D}^{\mathrm{T}} \|^2$$

上述方法基于协同过滤的方法将不同领域作为一个整体考虑,存在着数据稀疏问题。数据稀疏是推荐系统中最有挑战的问题之一。近年来,随着深度学习技术的复兴,许多基于深度学习的知识转移模式被提出。EMCDR使用多层全连接神经网络来学习mapping函数,本方法的研究者将跨领域推荐分为非对称的方法和对称方法,并将EMCDR归属为对称方法。

(1) 非对称方法:利用辅助域中的数据来解决目标域的数据稀疏性。这种方法的关键在于从辅助域数据中识别出可以迁移到目标域的知识。

(2) 对称方法:假设辅助域和目标域都有数据稀疏的问题,并且它们可以互相应用对

方的数据知识，互为补充。

参考文献[13]主要讨论了怎么表示服务领域之间的映射函数和选择什么样的数据去学习服务领域之间的映射函数这两个问题。文献提出 EMCDR 模型，定义两个服务领域 S 和 T，两个领域之间存在相同的用户（或存在相同的服务）。为了提升服务领域 T 中冷启动用户（或服务）的服务推荐效果，可以通过将源服务领域 S 中的信息迁移到 T 中实现目标。具体操作如图 5-10 所示，首先通过潜在向量模型将源服务领域 S 和目标服务领域 T 的得分矩阵 $\boldsymbol{R}^s,\boldsymbol{R}^t$ 进行分解，得到服务和用户分别的潜在特征向量 $\boldsymbol{U}^s,\boldsymbol{U}^t,\boldsymbol{V}^s,\boldsymbol{V}^t$，之后将重叠部分的用户（或服务）在服务领域 S 中的潜在特征向量通过潜在空间映射模型映射到服务领域 T 的潜在特征向量空间中去，并且使得映射得到的向量与用户（或服务）在服务领域 T 中实际的潜在特征向量尽可能接近，从而训练得到映射函数。最后，通过服务领域之间的映射函数可得到服务领域 T 中冷启动用户（或服务）的嵌入表示，从而提升推荐效果。

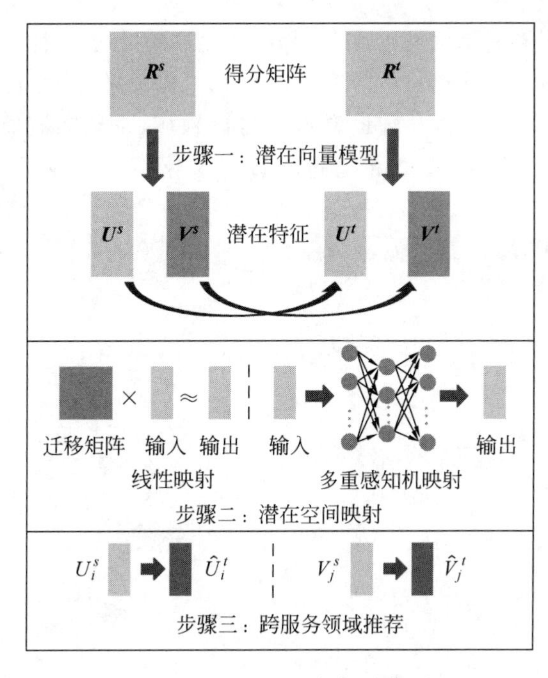

图 5-10　EMCDR 框架示意图

本方法是将深度学习方法应用到迁移学习解决推荐问题中的比较早的一个方法。站在目前的角度看，由于服务嵌入的学习和表示迁移映射是分开学习的，导致信息单向流动，先学习潜在因子 UV，再学习服务域间的转移函数，之后用其他域信息补充解决目标域冷启动问题。由于信息的单向流动，导致无法利用最终的推荐结果去进一步修正服务领域内的用户和服务表示，仍存在一定的局限性。

跨领域的潜在特征匹配模型 CDLFM 在 EMCDR 的基础上，利用用户领域来修改矩阵分解和映射过程，从而提升目标服务领域内冷启动用户服务推荐效果。

具体地，为了减轻数据稀疏性问题、提供准确的先验知识，文献提出了一种合并用户相似性的矩阵分解方法。分别度量基于评分的相似性、基于兴趣点的相似性和基于打分偏差的相似性，并将这三种相似性加权得到最终的相似性矩阵。同时，在进行矩阵分解获取用户、项目潜在向量表示时，引入向量相似性作为惩罚函数，构建新的损失函数：

$$\min_{U,V}\frac{1}{2}\sum_{u=1}^{n}\sum_{i=1}^{m}\boldsymbol{Y}_{ui}(\boldsymbol{R}_{ui}-\boldsymbol{U}_{u*}\boldsymbol{V}_{i*}^{\mathrm{T}})^{2}+\frac{\alpha}{2}\mathrm{tr}(\boldsymbol{U}\boldsymbol{U}^{\mathrm{T}})+\frac{\alpha}{2}\mathrm{tr}(\boldsymbol{V}\boldsymbol{V}^{\mathrm{T}})+$$
$$\frac{\beta}{2}\sum_{u=1}^{n}\sum_{v=u+1}^{m}S_{uv}\|\boldsymbol{U}_{u*}-\boldsymbol{U}_{v*}\|^{2}$$

进行数学推导，最终得到损失函数(具体推导请参考原论文)：

$$\min_{U,V}\frac{1}{2}\sum_{u=1}^{n}\sum_{i=1}^{m}\boldsymbol{Y}_{ui}(\boldsymbol{R}_{ui}-\boldsymbol{U}_{u*}\boldsymbol{V}_{i*}^{\mathrm{T}})^{2}+\frac{\alpha}{2}\mathrm{tr}(\boldsymbol{V}\boldsymbol{V}^{\mathrm{T}})+\frac{1}{2}\mathrm{tr}[\boldsymbol{U}^{\mathrm{T}}(\boldsymbol{\alpha I}+\boldsymbol{\beta L})\boldsymbol{U}]$$

此外，文献还提出了一种基于相似用户的跨领域潜在特征匹配方法，对每个冷启动用户，首先找到他的相似用户，利用相似用户的潜在向量学习跨领域迁移映射函数，然后将自己在辅助领域的表示向量迁移到目标领域，最终实现用户偏好跨域迁移，完成目标域的推荐。

参考文献[14]为了同时增强两个服务领域的推荐，提出了一种训练深度交叉融合网络(Cross Network，CoNet)(图 5-11)。CoNet 在 EMCDR 的基础上进行了一定的修改。EMCDR 的方法知识迁移只发生在辅助领域到目标领域，是单向流通的。而实际情况是领域之间的信息可以相互指导。CoNet 通过增设交叉网络同时实现两个服务领域的信息增强。

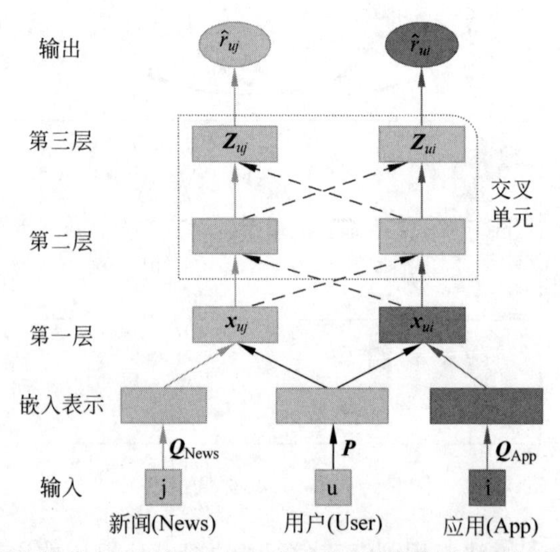

图 5-11 CoNet 框架。深度协作交叉网络(CoNet)架构(三个隐藏层和两个跨单元)。采用多层前馈神经网络作为基础网络(灰色或蓝色部分)，红色虚线表示交叉连接，使跨领域的双重知识转移成为可能。在虚线矩形框中展示了交叉单元

CoNet 的核心部分为交错连接单元：

$$\tilde{\boldsymbol{a}}_{\mathrm{App}}=\boldsymbol{W}_{\mathrm{App}}\boldsymbol{a}_{\mathrm{App}}+\boldsymbol{H}\boldsymbol{a}_{\mathrm{News}}$$
$$\tilde{\boldsymbol{a}}_{\mathrm{News}}=\boldsymbol{W}_{\mathrm{News}}\boldsymbol{a}_{\mathrm{News}}+\boldsymbol{H}\boldsymbol{a}_{\mathrm{App}}$$

式中，$\boldsymbol{W}_{\mathrm{App}}$，$\boldsymbol{W}_{\mathrm{News}}$ 是权重矩阵；$\boldsymbol{H}$ 控制从其他领域迁移过来的信息。在网络中又表示成

$$\boldsymbol{a}_{\mathrm{App}}^{l+1}=\boldsymbol{\sigma}(\boldsymbol{W}_{\mathrm{App}}^{l}\boldsymbol{a}_{\mathrm{App}}^{l}+\boldsymbol{H}^{l}\boldsymbol{a}_{\mathrm{News}}^{l})$$
$$\boldsymbol{a}_{\mathrm{News}}^{l+1}=\boldsymbol{\sigma}(\boldsymbol{W}_{\mathrm{News}}^{l}\boldsymbol{a}_{\mathrm{News}}^{l}+\boldsymbol{H}^{l}\boldsymbol{a}_{\mathrm{App}}^{l})$$

PPGN[15]利用用户项交互图来捕获用户偏好传播的过程。DARec[16]通过融合对抗学习进行评分预测。为了避免泄露用户隐私，NATR[17]只共享不同领域的项目表示向量。SSCDR[18]研究了现实场景中跨域重叠用户的分布，提出了一种半监督映射方法来对冷启动用户进行推荐。CDLFM[19]通过利用用户领域来修改矩阵分解和映射过程。

另一类跨领域推荐系统是利用基于集群的方法，也具有良好的性能。C3R[20]利用用户的多个社交媒体源来提高场馆推荐的效果。CDIE-C[21]通过跨领域共聚类增强了项目表示学习。然而，上述许多解决方案只考虑用户打分反馈，而忽略了其他形式的信息，如用户的评论。MVDNN[22]将用户和项目的辅助信息映射到一个潜在空间，在该空间中，用户和他们喜欢的项目之间的相似度最大化。为了结合评分和评论的优势，RB-JTF[23]通过从评论中导出的联合张量因子分解来转移用户的偏好。

受到基于评论的推荐方法的启发，Zhao 等[24]提出 CATN 模型，如图 5-12 所示。CATN 模型可以从用户和项目的评论文档中提取多方面的信息，并且通过注意力机制学习各方面之间的相关关系。此外，还利用相似用户的辅助评论信息去扩充用户各方面的表示。

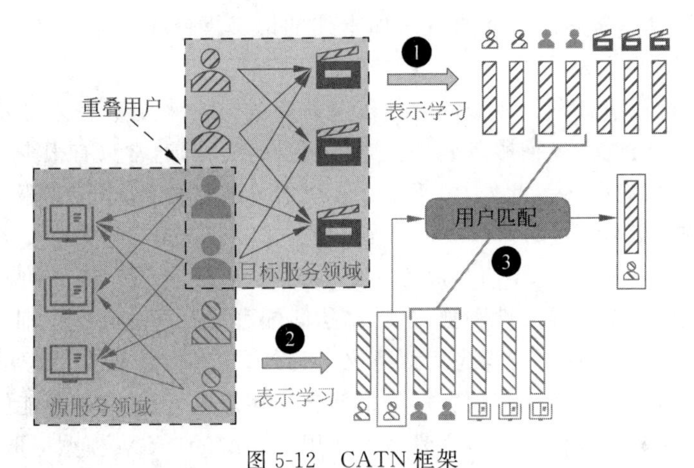

图 5-12 CATN 框架

5.2.3 基于信息获取的服务推荐与发现

服务是描述一个在网络上通过标准化 XML 协议传递的操作集合的接口，而 XML 协议可以将所有的信息封装到服务中。比如，一个用户可以通过发送一个 XML 消息激活服务，然后他只需要等待相应的 XML 响应即可。因为所有的信息都是被封装在 XML 协议中，所以服务不与任何一个操作系统或者程序语言绑定，并且服务的实现细节也被隐藏起来。服务平台独立属性允许和鼓励实现松散耦合的、面向组件的和跨技术的基于服务的应用程序。进一步，可以把服务描述成开放协议和标准的集合，这些标准用于在不同的程序或者系统中交换数据。用不同编程语言编写以及运行在不同的平台上的软件应用程序，可以通过计算机网络如互联网使用服务交换数据，某种程度上类似一台计算机上进程间的交流。可以使用一个标准的、正常的 XML 协议描述一个服务，我们称其为服务描述。服务描述文档阐明了与其他交互服务需要的所有细节，包括协议、传输消息格式和位置等信息。服务完成一个特定任务或任务集合。服务通过一个外接接口共享业务逻辑、数据等，展示出服务之间和用户之间交流业务的重要方式。它们可以单独使用或者与其他服务组合执行复杂的功能。因此,服务已经在研究领域和工业界广泛应用。

服务聚类算法是服务发现领域中主要的技术,可以大大减少服务发现的搜索空间,是提高发现性能的有效方法。这个想法是将相似的服务聚到一个类中,目前服务聚类可以分为基于功能的聚类、基于非功能的聚类和基于标准的聚类。

基于服务功能的服务聚类方法使用服务功能属性对服务进行聚类,服务功能属性包括服务名称、操作名称、输入输出等。计算服务之间的语义相似度是基于功能服务聚类的关键。目前有不少方法来提高计算服务的相似性。相似度方法比如余弦相似度、SEB 方法和本体方法可以归结为以下几类:①基于字符串的方法;②基于语料库的方法;③基于知识的方法;④混合方法。基于字符串的方法操作字符串序列和字符组成。这些方法近似字符串匹配或比较来计算两个文本字符串之间的相似性或不相似性。像一对一匹配和余弦相似度这种相似方法属于这种类别。基于语料库的相似性是一种语义相似性度量,其根据从大语料库获得的信息确定词语之间的相似性。SEB 方法如 NGD 可以被划分到此类别中。基于知识相似性是一种语义相似性度量方法,它可以确定单词与诸如 WordNet 这类知识之间的相似性,其中单词是使用抽取自诸如本体的语义网络上。混合方法是上述方法的组合。

聚类方法[25]使用诸如余弦相似性的基于字符串的方法来度量服务之间的相似性。余弦相似性通常只关注纯文本,而服务允许包含更复杂的结构,通常只有很少的文本描述。这就使得这种方法非常有问题。此外,由于不存在机器可解释语义,当计算服务的语义相似性时,该方法不能进行细粒度的计算。Liu 和 Wong[26]以及 Elgazzar 等[27]把基于字符串的相似性方法(比如结构匹配)和基于语料库方法结合起来,以度量服务特征的相似性并适当地聚类。然而,由于服务源的异质性和独立性,结构匹配可能不能准确地识别短语之间的语义相似性。这些方法仅在句法层面考虑短语语义。另外,这些方法没有考虑单词共同出现的上下文,并且尽管该方法使用来自因特网的最新知识和信息,但是它却不能解析细粒度的信息,从而导致聚类结果精度低。参考文献[28]使用 WordNet-VSM 模型提取出服务名称、操作和消息,并通过生成的向量计算服务特征的相似性。这些方法没有传统的聚类算法,而是使用基于内核余弦相似性测量的神经网络的无监督自组织映射模型进行聚类。然而,这种方法在聚类中存在一些问题,例如将输出节点链接到权重以及需要很多的计算。

Lee 和 Kim[29]提出了一种将应用程序描述语言文档集合中的参数名称聚集成有意义的概念的方法。这项研究使用启发式作为聚类的基础,因为如果参数频繁出现,参数倾向于表达相同的概念。因此,不使用任何传统的语义相似性测量方法,就可以使用关联规则来识别参数之间的关系。此外,为了增加聚类的准确率,他们使用复杂短语中存在的模式来提取短语之间的关系,并保存在本体中。Nayak 和 Lee[30]提出了一种具有附加语义和聚类的服务发现方法。他们利用 OWL-S 本体和 WordNet 词典来增强语义的描述。通过使用 WordNet 来识别同义词,以增强每个从服务文档中提取的短语语义。他们使用 Jaccard 系数计算服务之间的相似性。Wagner 等[31]在基于 Exact 和 Plug-in 关系功能图中给服务分类,使用了基于逻辑的过滤器计算服务之间的相似性。功能图中的连接组件被视为簇类。Xie 等[32]为了给服务聚类,从功能和过程这两个方面计算服务之间的相似性。加权域本体方法是根据输入/输出参数计算功能相似性,并且使用语义字典和来自因特网的现有本体来开发域本体。Chifu 等[33]受蚂蚁的行为启发，提出了一种服务聚类方法。他们定义了一系列的方法来评估服务之间的语义相似性，提出的度量方法考虑了概念和属性的本体层次。此外，参考文献[34]利用了图论和相应的服务发现算法，提出了一种服务聚类算法。所提出的算法是为语义服务设计的，因此，本体用于描述服务的输入和输出参数。然而，通过使用固定的本体和固定的知识库，这些方法不能捕获不同域的合理的相似性值。通过从领域专业知识处获得的帮助来开发本体是一个耗时的任务，需要相当多的人力。在本体学习方法中，通过检查服务描述文件来自动生成本体。此外，基于知识的方法缺乏最新的信息，并且存在高质量本体短缺的问题。

基于非功能的聚类方法在聚类过程中使用服务的 QoS 属性。参考文献[35]提出了基于 QoS 属性的服务聚类，该方法使用遗传算法提高服务发现的效率。此外，参考文献[36]提出了一种算法，这个算法根据服务的 QoS 属性使用聚类技术将大量的服务聚到多个类簇中。它能够减少计算时间并且产生近乎最优的服务选择过程。另外，Zhu 等[37]为服务的推荐系统提出了基于聚类的 QoS 预测解决方案。他们认为，需要实时的 QoS 属性值来确保预测的准确性。目前已有的聚类方法仍然存在着不足，没考虑服务文档类型的局限性，比如参考文献[38]提出的聚类方法，较少关注通过自然语言描述的 REST 风格生成的服务文档。

基于关键字的发现是进行服务发现的一种方法，通过关键子匹配技术进行服务检索，如 UDDI[39]。虽然它使用了定义不是很良好的语义服务并且由于自然语言的模糊性而受到限制，但是基于关键字的发现方法仍可以快速过滤和排序大量的可用目标和服务。

为了设计一个好的基于关键字的发现机制，有些问题必须要解决。比如，众所周知 WSMO[40]中的每一个组件都有非功能属性和功能属性，所以我们确定使用目标服务的什么属性才能让基于关键字的发现机制更好地运行。最基本和最直接的方法是将请求者提供的关键字和功能属性 dc：subject 元素中的关键字进行匹配，或者从自然语言描述文本中提取关键字，这个描述文本是由非功能性元素 dc：description 提供的关键字进行匹配。要考虑的是非功能属性描述不是必不可少的，所以如果服务提供者提供的服务没有任何非功能属性描述时，这种服务就不能用基于关键字发现方法。

此外，基于关键字的发现方法还可以用于找到关键字和概念之间的联系，这里的关键字是由用户提供，而概念来自用于形式化目标服务的本体。这就意味着可以将用户请求的关键字与本体的概念名称做匹配。

最后，还可以考虑在目标服务描述中使用的逻辑方案中用基于关键字的发现方法。在使用基于关键发现方法时，尽可能考虑使用谓词，因为通常服务提供者给服务命名时要考虑这些谓词实际上有什么语义。实际上，执行基于关键字的搜索时，要将用户指定的关键字和服务描述的谓词进行匹配。可以使用诸如词干、词性标记、短语识别、同义词检测等不同的技术很容易地对上述的纯基于关键字的匹配进行改进。

在文献[41]中，讨论了一套用于服务的基于集合的建模方法，并概述了其在一阶语言中的形式化。但是这个文献没有对用于定义服务和目标的语言施加任何限制。因此，通常需要为一阶语言提供一个完全成熟的理论证明器，以便检查该文档给出的证明义务。而且候选的服务建模语言（Web Service Model Language，WSML）变种被用于这个方法中，其主要是 WSML Core、WSMLDL 以及 WSML Full 单调部分。

如果对 WSML-DL 的表达式加上限制,即限于 OWL-DL 的语法变体,那么就可以有效利用包含推理了。可用的 DL 推理器,如 RACER,FACT++或 Pellet 为不同的 DL 语言提供支持。RACER 使用对名词进行不完全的推理,为 SHIQ 提供了有效的归纳推理。

Pellet 为没有名词的 OWL-DL 和没有相反属性的 OWL-DL 提供了健全、完美的推理,同时还为完整的 OWL-DL 提供健全但是不完美的推理。在文献[42]中,RACER 被用于 T-Box 中的分类,虽然很耗时但是离线时能够很好地完成分类。T-Box 分类完成后,实验结果表明可以在 20ms 内检查用户请求和 T-Box 的服务之间的包含关系。

另外,正如 SWF 项目所展示的,用更多的逻辑表达式给基于词集建模会影响计算复杂性,但是测试用例除了使用当前 DL 推理器的表达式,并没有使用额外的表达式。此外,在 SWF 项目下进行的实验表明,在原理上为基于集合的发现使用定理证明器意味着逐个检查可以获得的服务。在大量的服务都能完全被发现引擎获得的假设前提下,因为评估服务之间相关性要一个一个地进行,所以快速过滤这些无关服务对于服务发现是很有必要的。这些结果清楚地表明,使用 DL 推理器来索引服务或者预定义的目标能够缩小可用服务集的大小,获取相关性更强的服务,这种方法高效有用。

在 WSMO 发现机制中期望使用预定义的形式化的服务。如果限制这样的目标服务在 WSMLDL 的描述,我们就可以在网上对它们进行分类了。当发布一个服务时,可以检查其与分类的预定义目标的包含关系,并且可以生成一个 wgMediator 来将这个服务链接到满足条件(完全或部分地满足,取决于计算的包含关系)的预定义目标服务上。这样,使用服务发现方法先对这些预定义目标和已发布的服务进行匹配,能够降低目标服务与所有服务比较的次数。

5.2.4 基于服务关联的服务推荐与发现

目前有很多服务推荐通过比较服务之间的相似特性,从而为用户推荐功能上相似的服务。但是有时候用户并不知道自己需要什么具体的服务,因为用户并没有给出具体明确的需求,在这种情况下通过相似特性的方式就很难做出推荐。我们知道,基于组件的单个 Web 服务通常功能单一,不能满足多样的需求,因此多个单一的服务往往被组合在一起。利用数据挖掘技术,发掘单个 Web 服务之间所隐含的内在联系就可以发现用户的潜在需求,从而产生 Web 推荐。所以从服务组合的角度,通过分析所有服务组合的历史数据,我们可以给用户推荐其他原子服务来帮助用户完善自己的组合服务的功能或者提高组合服务的性能。关联规则推荐技术利用用户已经购买的商品来为用户推荐其他可以配合使用的商品这样的特点正好能够在服务组合中得到体现。

聂规划等在文献[43]提出了面向 Web 服务组合推荐的关联规则研究,将关联规则应用在 Web 服务组合推荐中。该方法对 Web 服务间的关联性进行了研究,通过引入关联规则挖掘技术进行服务组合推荐。虽然引入关联规则提高了 Web 服务组合的执行效率和服务质量并产生了推荐,但是该方法只能产生少部分强关联服务的推荐,对于少部分不常见但高关联能力的服务则由于使用率不高被忽略了。比如,通过关联规则技术可以发现旅游服务与天气服务具有极大的关联性,因而可以把天气的服务推荐给旅游服务的使用者,但是对于少部分低使用率的服务则无能为力。所以简单地把关联规则挖掘技术应用在 Web 服务推荐领域是不足的。针对这类不足本文对关联规则挖掘进行了改进,以使其适用更广范围的推荐。

关联规则挖掘最早由 Agrawal 等提出[44],其最初目的是从交易数据库中发现顾客购物的行为规则。目前关联规则挖掘也被广泛用于用户行为分析、追加销售、商品目录设计、仓储路线规划等方面。同时,关联规则挖掘技术也可以挖掘出 Web 基本服务间的关联关系,为 Web 服务组合的制定提供相关规则和依据。

在关联规则中涉及如下 4 个常用关键指标。

1. 支持度

$Support(A \rightarrow B)=P(AB)$。支持度揭示所有事务中 A 与 B 同时出现的概率。如果 A 与 B 同时出现的概率小,说明 A 与 B 的不是正相关的;如果 A 与 B 同时出现得非常频繁,则说明 A 与 B 总是正相关的。支持度是对关联规则重要性的衡量。支持度说明了这条规则在所有事务中有多大的代表性,显然支持度越大,关联规则越常见。有些关联规则可信度虽然很高,但支持度却很低,说明该关联规则出现的机会很小。

2. 置信度

$Confidence(A \rightarrow B)$:$Support(A \rightarrow B)/Support(A)=P(A|B)$。置信度揭示了 A 出现时,B 有多大概率出现。

3. 期望置信度

$Ex\text{-}Confidence(B)=P(B)$。期望置信度描述了在没有任何条件影响时,$B$ 在所有事务中出现的概率有多大。

4. 提升度

$Lift(A \rightarrow B)=Confidence(A \rightarrow B)/Ex\text{-}Confidence(B)=P(A|B)/P(B)$。它表示物品 A 的出现对 B 的影响是正相关的还是负相关。当提升度大于 1 则表示 A 的出现使得 B 出现的概率也变高,起正面作用;反之,则表示 A 的出现使得 B 的出现反而变少了。

本书主要考虑置信度这个指标,以保证推荐结果的准确性。

由于单个的基本服务无法满足复杂的需求,因此在实际运用中单个原子服务往往互相组合成复合的服务。复合服务内在的原子服务之间存在着一定的关联性。通过服务的这种关联概率,我们可以很快计算出关联概率上最高的服务作为被推荐的服务。可是在服务组合中存在如下情况:假设情境 1,若有一组服务包含 A、B、C、D、E、F、G、H,而该组服务对 H 的支持度很低,也就是说 H 是一个很少出现的原子服务。只有在 A、B、C、D、E、F、G 同时出现时 H 的出现概率很高,而 A、B、C、D、E、F、G 分开时推荐 H 的概率非常低,那么大量的常见热门关联规则将使得推荐结果中出现 H 的概率变得异常低。所以需要对这种长度大的关联规则进行增益修正。因此有如下启发:

启发 1:推荐过程中长度大的关联规则有更高的推荐力度。这个启发可以帮助我们找到用户现有服务组合中的主要成分,排除多余和干扰的服务。

举例:用户已有的服务为 A、B、C,考虑到 A 能够独立产生关联规则推荐,A、B 也能独立产生关联规则推荐。由于 A、B 的长度更大,所以根据启发 1 只对 A、B 的推荐结果做排序而不考虑 A 单独产生的推荐结果,避免了 A 服务对某些推荐结果的多次叠加效应,影响推荐准确度。

启发 2：复合服务内在的每个原子服务间的关联强度随着复合服务长度的增大而降低。因此，需要对支持度进行惩罚修正。

本书认为好的服务组合推荐应该既考虑高关联度的服务，同时也不能忽略服务间的匹配力度。由于用户自己的服务集合很多，未必能找到一组关联规则正好包含了所有用户的历史服务，所以本书将用户的服务重新排列组合，对存在关联规则的组合分别进行推荐，最后得到一个与用户已有服务互补的推荐服务列表。然后将推荐结果加权计算推荐度得到 Top N 个服务。

聚类分析是数据挖掘技术中的常见方法，它能够使看似没有任何规律的数据呈现出令人感兴趣的数据分布模式。聚类分析技术被广泛应用于金融、统计、科学等诸多不同领域。聚类分析的目的就是把多种不同类别下的数据集按照一定的属性自动分成若干簇。经过聚类后的数据特点是簇内的数据有较高的相似度，而簇与簇之间的数据则区别较大。聚类是一种无监督的机器学习方法。

最近，随着人工智能领域的快速发展，聚类分析方法作为数据挖掘技术的重要组成技术已经普遍应用在各个领域，并取得较好的成果。被聚类对象由于相互之间的相似性被聚类在一起，同时又与其他簇中不相似的对象区分开。一般来说，聚类完成后，簇内部的文档相似度与簇间文档的相似度比是用于衡量文本聚类算法聚类结果好坏的重要指标。

由于 Web 服务描述文档不具有语义描述的能力，不同的组织单位所开发的 Web 服务没有统一的规范，普通的服务方法提取出的信息具有很强的任意性，在文档的描述风格上和结构上取决于开发人员的喜好，找不到一种通用的方法，可以满足在任意不同 Web 中提取有用信息。国内外的研究人员对 Web 服务的聚类进行了大量的研究。目前针对服务聚类的研究主要分两个方面：一种是基于关键字的匹配，另一种则依据语义分析和搜索。本书通过挖掘 WSDL 文档的特征信息构建文本空间向量并使用谷歌语义距离计算 Web 服务之间的相似度，优化文本空间向量的构建规则，从而提高相似度计算的可靠性。

一般计算语义相似度时，需要从服务的语义层次上考察。理想的方法是基于服务语义本体的方法，这种方法大多使用 OWL. S 作为 Web 服务的描述语言。OWL. S 是一个以本体论为基础的 Web 服务描述语言，具有语义的描述能力，能较好地区分和计算 Web 服务之间的相似度。但由于目前各行业的领域本体库还不完善，现有的大多服务都不具有语义描述能力，因而无法发现更为广泛的结果。另外，即使形成比较完备的领域本体库，库中的概念实体也很难覆盖服务本体定义中的所有信息。现有的很多方法根据 WordNet、HowNet 等词库计算文本相似性，可以满足度量相似性的要求，因此，可以用词汇语义相似度作为度量相似度的手段之一。但是，WordNet 或 HowNet 等词库在特定专业和特定领域上的词汇并不完善。同时，对于快速发展的信息技术来说，这类词库的词汇更新速度相对较慢，一旦有新的词汇出现则无法做出有效的识别和计算。因此，基于语料库的相似度计算在特定领域上的准确度就略显不足。

谷歌距离是由计算机自然语言处理专家 Rudi L. Cilibrasi 和 Paul M. B. Vita nyi 提出的语义相似度计算方法。该方法的理论基础涉及信息论、压缩原理、柯尔莫哥洛夫复杂性、语义 Web、语义学等。其基本思想是把互联网作为一个大型的语料库。例如用谷歌（对其他的搜索引擎如百度同样适用）作为搜索引擎，然后把搜索返回的结果数作为相似度计算的依据。

5.2.5 基于 QoS 的服务推荐与发现

在网络中,存在大量提供相似功能的 Web 服务,然而这些服务在一些非功能性指标,包括成本(Cost)、可靠性(Reliability)、可用性(Availability)及响应时间(Response Time,RT)等方面依然存在不同,这些非功能特性称为服务质量(Quality of Services,QoS)。QoS 作为影响用户体验的重要指标,也成为服务推荐与发现领域的热点之一。

本节将先分别介绍 Web 服务领域和业务服务领域中 QoS 的服务推荐与发现综述,之后对其中一种模型展开进行介绍。

1. Web 服务领域

显然,QoS 不仅与服务提供商的基础设施投入有关,同时也与服务使用者的网络环境有关,服务组合开发者不可能获知所有服务对所有潜在用户的 QoS 值。基于 QoS 的服务推荐,旨在通过预测服务的 QoS,帮助开发者选择最优质的服务来构建服务组合,提高服务组合的用户体验。传统的研究中,通常将基于 QoS 的服务推荐建模为一个矩阵填充问题,即已知部分＜用户,服务＞对的 QoS 值,预测其他未知的＜用户,服务＞对的 QoS 值。协同过滤是 QoS 预测中最为成功的算法。Zheng 等在文献[44]中提出使用基于用户的协同过滤算法来进行 QoS 预测,通过使用可观测到的 QoS 数据,定义用户之间的相似度,然后进行协同预测,作者收集了来自全球 22 个国家的 100 个 Web 服务的关于来自全球 24 个国家的 150 个服务使用者的 QoS 数据,并在这个真实世界的数据集上验证了提出算法的有效性。参考文献[46]则是结合了基于用户的协同过滤与基于服务的协同过滤,提出一种混合协同过滤方法来更有效地预测服务质量。Cao 等则在文献[47]中提出基于标准差的混合协同过滤(Standard Deviation based Hybrid Collaborative Filtering,SD-HCF)来为服务组合开发者推荐服务,并提出基于逆向消费者频率的用户协同过滤(Inverse consumer Frequency based User Collaborative Filtering,IF-UCF)来为服务提供商推荐潜在的服务组合开发者。除基于记忆的协同过滤(Memory-based Collaborative Filtering)之外,基于模型的协同过滤(Model-based Collaborative Filtering)近年来更受到学界的关注。Yu 等在文献[48]中,认为 QoS 的数值主要受到有限多个因素影响,因而 QoS 矩阵存在低秩近似,进而提出一种使用迹范数正则的矩阵分解算法(Trace Norm Regularized Matrix Factorization)来预测 QoS。Wang 等在文献[49]中采用张量(Tensor)对多维 QoS 信息进行统一的建模,并采用张量分解来挖掘多维 QoS 信息内在的关系从而提升 QoS 预测准确性。此外,也有学者结合了基于记忆的协同过滤与基于模型的协同过滤,利用基于记忆的协同过滤更擅长发现局部的强关系、而基于模型的协同过滤更擅长发现全局的弱关系的特点,来整合它们的优势进行更准确的 QoS 预测[50]。此外,其他的一些可能会影响到 QoS 的因素也被纳入考虑。Zhang 等从 QoS 值与时间高度相关的观点出发,提出一种非负张量分解算法(Non-negative Tensor Factorization)来预测＜用户,服务,时间＞三元组中的缺失值,从而进行时间感知的 QoS 预测[51]。Wei 等在文献[52]中考虑了位于相似地理位置的用户更可能具有相似的网络环境的因素,从而引入两个基于位置的正则项(Location-based Regularization)来提升 QoS 预测精度。Hu 等则使用随机游走(Random Walk)算法来缓解 QoS 数据的稀疏性,并引入时间因素优化用户相似度的度量,提出了一种时间感知并且能够承受更稀疏数据的 QoS 预测方法[53,54]。基于服务质量的服务推荐可以帮助服务组合开发者在功能相似的服务中选择非功能特性最为合适的服务,但往往要求服务组合开发者对哪些服务可以满足其功能需求有较为充分的了解,同时也需要服务组合开发者充分预期到待开发的服务组合的目标用户。因此,基于服务质量的服务推荐更适合有较为丰富经验的开发者。

2. 业务服务领域

在服务选择过程中,对于抽象业务流程中的每个业务节点,都有数个功能相似但是 QoS 属性值不同的候选服务。基于 QoS 属性的服务选择问题,就是要解决在这样的场景下,如何根据局部或全局 QoS 约束和用户偏好,为每个抽象业务节点选择一个或多个具体服务。这个问题可以看作是服务选择与组合领域的一个基础性问题。

基于服务质量指标的服务选择方面,Web 服务领域的研究成果非常丰富,而当业务服务网络中服务个体从单一的 Web 服务拓展到多样化的基于网络的业务服务,相比于 Web 服务,业务服务具有以下特性。

1) 领域特殊性

对于不同领域的业务服务,难以用统一的、固定的 QoS 维度对服务质量进行描述,且领域的差别易导致用户对服务属性缺乏了解,从而无法用排序、比值、语言描述等形式描述自己的偏好。

2) 环境的复杂性

由于业务服务的交付环境可能包括线上、线下,并往往依赖于其他的服务个体或服务网络,因此相比于单纯 Web 环境的 Web 服务来说,服务质量更加难以保证,服务的宣称 QoS 与用户感知 QoS 可能存在较大差别,因此在考虑业务服务的质量时,服务消费者的反馈评价所构成的服务信誉更具有参考意义。

3) 评价数据的异构性与模糊性

Web 服务的 QoS 指标常用确定实数形式给出,而业务服务的信誉指标通常用多种形式进行描述,如评价的分布、标签、自然语言等,无法用固定实数进行描述。上述特征限制了前文所述一系列 Web 服务推荐方法的应用,因此,面向多领域、复杂环境下的业务服务网络,需针对业务服务属性与评价数据的具体特征,研究更加适用的推荐方法。

服务选择与组合方法方面,目前针对 Web 服务的选择与组合,国内外学者在模型建立、系统优化方面取得了重要的研究成果,相对来说,由于 Web 服务较为独立,交互较简单,没有复杂的委托代理关系,且一般均可满足环境上的可行性执行需求,故对于 Web 服务的选择问题往往更注重 QoS 属性指标,特别是时间特性维度。而在进行业务服务的选择时,由于环境的复杂性,很多属性变量无法给出确切的数据值;由于服务的多样性,存在着领域、粒度各不相同的服务个体或组合备选;由于服务的领域特性,存在多种时间、空间等可行性约束条件;由于服务交付的多渠道、多层次,服务个体的质量可能受到其他参与方的影响;由于用户对于个性化的要求与日俱增,因此在进行服务选择与推荐时需充分考虑用户的偏好与效用。这些因素导致 Web 服务选择的模型与方法无法满足用户在选择实际业务服务时的复杂需求。

3. 多维异构服务质量指标的归一化模型

1) 服务质量指标的多维异构特征

在服务网络中,由于环境的复杂,服务之间或服务提供者与消费者之间的交互存在多种不确定因素,因此服务的交付效果往往与服务提供者所宣称的 QoS 有差别,如"天猫"平台周年促销时,由于发货量巨大,服务商可能无法实现承诺的发货时限,同时其他因素如服务容量、地理位置等属性都会影响服务体验,服务的质量指标仅从服务商的简单定义来说是远远不够的。因此在考虑服务质量的真实表现时,采用信誉作为度量,即消费者反馈的评分、标签、评语等信息,这类信息相对于服务商单方面宣称内容来说更为可信。这些信誉指标通常按照多项质量指标的维度进行划分,而不同平台或不同质量维度之间的信誉指标的数据结构也有所不同,为了实现对信誉数据的聚合与分析,需要充分考虑其多维、异构的特征,兼容不同的描述方式,分别在相应维度进行数据汇聚。目前常用的服务质量指标的评价形式包括:①数字评分,即通过某一区间内的数字描述对于服务的满意程度,可针对服务整体,也可分质量指标评价;②标签评价,很多服务平台如大众点评、淘宝等,都提供了消费者指定或添加标签的方法,如评价某餐饮服务的氛围适合朋友聚餐、家庭聚会,或提供无线上网、免费停车等;③语言评价,即消费者直接用自然语言描述的感受和体验,大多数服务平台将这些自然语言评价直接陈列,少数平台将其处理后提取语义信息,或归纳为不同维度。这些反馈评价完善了服务的定义,也因为众多消费者的参与使得服务的质量属性更为真实可靠。

2) 服务质量指标归一化模型

目前在基于评价的信誉研究方面,学者们提出了多种模型。Zaki[55]提出了通过聚集反馈评分来衡量服务提供者信誉的分析方法,支持基于信任的服务选择与组合。Yan[56]提出了支持检测与过滤欺诈性不公评价的动态服务选择框架。信誉度量已成为服务选择与管理中一个关键因素,然而这些信誉信息大多为简单的评分反馈,缺失了标签、语言评价等信息,本书提出多维异构服务质量指标模型,将三种类型的服务质量指标进行统一建模(表 5-1),规范如下。

(1) 数字评分。

将服务 s_k 的第 i 项 QoS 指数 q_{ki} 的信誉反馈记为 $rate_{ki}$,某些 QoS 指标的评分越高意味着表现越佳,称其为正向指标,如有效性、可靠度、如实描述等,将其归一化:

$$q_{ki}=\begin{cases}\dfrac{rate_{ki}-\min\{rate_i\}}{\max\{rate_i\}-\min\{rate_i\}}, & \max\{rate_i\}-\min\{rate_i\}\neq 0\\ 1, & \max\{rate_i\}-\min\{rate_i\}=0\end{cases}$$

相应地,某些 QoS 指标项的数值越高意味着性能越差,如响应时间、发货周期等,称之为反向指标:

$$q_{ki}=\begin{cases}\dfrac{\max\{rate_i\}-rate_{ki}}{\max\{rate_i\}-\min\{rate_i\}}, & \max\{rate_i\}-\min\{rate_i\}\neq 0\\ 1, & \max\{rate_i\}-\min\{rate_i\}=0\end{cases}$$

对于某些窗口类指标,如预约送货时间等,其归一化为

$$q_{ki}=\mathrm{e}^{-\frac{(t-T)^2}{\sigma^2}},\quad t\in[T_{\min},T_{\max}]$$

其中,T 表示最期望的送货时间,实际送货时间 t 与期望时间差别越小,则此项指标评分越高;t 与期望时间差别越大,此项指标评分越低。

表 5-1 服务信誉评价的表达形式

评价形式	维度	取值范围	服务平台	被评价服务类别
数字评分	整体评分	[0,5]	www.amazon.com	各类服务
	描述相符 服务态度 发货速度	[0,5]	www.taobao.com	各类服务
	描述相符 沟通交流 发货时间 运费和包装费	{−1,0,1}	www.ebay.com	各类服务
	易用程度及技术含量	[0,5]	www.epinions.com	科技类商品
	总评分 印象 表演 画面 故事 导演 音乐	[0,10]	movie.mtime.com	电影类服务
	整体 设备设施 环境卫生 地理位置 餐饮服务 性价比	[0,5]	www.qunar.com	酒店类服务
标签评价	餐厅氛围 餐厅特色	{朋友聚餐,情侣约会,休闲小憩,家庭聚会,…} {无线上网,免费停车,有表演,可以刷卡,…}	www.dianping.com	餐厅类服务
	观影方式	{电影院,DVD,下载,在线观看,电视台}	movie.mtime.com	电影类服务
自然语言评价	无固定维度	{材质好,尺寸合适,款式新潮,…}	www.taobao.com	穿着类商品
	按指标维度评价,或在评语中自动提取维度	符合自然语序	www.amazon.cn www.dianping.com www.qunar.com	各类服务

将 q_{ki} 依据需要划分为 d_i 个区间,如当 $d_i=5$,意味着将其分为{非常高,高,一般,低,非常低}共 5 个级别,每个级别的上、下界分别以 $ub(q_{ij})$、$lb(q_{ij})$表示,则每个 q_{ki} 的取值将属于一个区间,并由规定的区间上下界决定。

(2) 标签评价。

定义服务的第 i 项 QoS 指标为 $q_i=\{tag_1,tag_2,\cdots,tag_{d_i}\}$,即可由 d_i 个标签来描述,标签信息来源于服务网络的信誉信息汇总,即穷举所有对此项 QoS 信息进行描述的标签,按一定顺序进行排列。对于服务 s_k 的第 i 项 QoS 指数 q_{ki},其标签评价可用多元组表示为

$(k,i,tag_j,EvlNo_j)$，即有 $EvlNo_j$ 个评价认定标签 tag_j 符合此服务的特征。在模糊逻辑下，tag_j 属于 q_{ki} 的隶属度为：

$$\mu_{q_{ki}}(tag_j)=\frac{EvlNo_j}{\sum_j EvlNo_j}$$

(3) 自然语言评价。

目前的自然语言分词与解析方法已较为成熟，如基于字符串匹配、基于理解、基于统计的分词等，也出现了诸如 ICTCLAS、HTTPCWS 等开源项目。在这些技术的支持下，计算机对于词性、词义等信息可以正确识别，一些服务网络开始自动地处理与提取自然语言评语。将语言评价清洗、提炼之后，可采取标签的方式进行表示，这时规范的统计框架与公式相同。因此后文主要以数字评分、标签评价两种形式的信誉信息作为主要内容。

以上是对单个服务个体三种形式的信誉信息的规范化表征。对于服务组合来说，多位学者已研究并定义了各个流程逻辑或组成类型的服务组合，特别是 Web 服务组合的 QoS 指标与组合中的服务个体的 QoS 指标的函数关系。本书的服务组合选择采用同样的聚集函数 $Q_i(s_1,s_2,\cdots,s_n)=f[q_i(s_1),q_i(s_2),\cdots,q_i(s_n)]$，不再赘述。

通过上述归一化，将服务 s_k 的 QoS 指标综合表示为

$$Y_k=[y_{ij}^k]_{m\times n}$$

其中，$n=\max_i\{d_i\}$。$\overline{y_i^k}\in R^{d_i}$，为 d_i 阶的向量，其阶数与该指标的属性相关，用行向量的形式表示 s_k 的第 i 项 QoS 指标信息，其定义如下：

$$y_{ij}^k\begin{cases}1, & \text{为数字评分，且 } q_{ki}\in[\min(q_{ij}),\max(q_{ij})]\\ \mu_{q_{ki}}(tag_j), & \text{伪标签评价}\\ 0, & \text{其他}\end{cases}$$

本节定义了基于信誉反馈信息的多维异构服务质量指标模型，兼容数字评分、标签评价等形式，为后续的用户评价聚合分析提供支持。

对于 Web 服务消费者来说，其对功能性需求的描述往往较为清晰，可用关键字检索、功能树查询、统一服务描述与发现框架等技术获得备选服务列表。然而多个服务商提供的具有相似功能的服务通常具有不同的非功能属性(QoS)，如执行时间、可信度、价格和安全性等，这些指标很大程度上影响着用户体验和评价，Xiong[57]、梁泉[58]、Nepal[59]、李祯[60]、刘晓光[61]等分别建立了相应的用户 QoS 偏好模型，如序关系向量模型、AHP 模型、自然语言模型等，这些模型的共同特点是需要用户直接参与指定不同的 QoS 指标对于自己的重要性程度。上述研究将服务推荐的关注范围从内容维度扩展到多维的质量维度，对于服务个体的特性分析也更加深入。服务网络中服务个体的种类已从单一的 Web 服务拓展到多样化的基于网络的业务服务，相比于 Web 服务，业务服务具有以下特性：①领域特殊性，对于不同领域的业务服务，难以用统一的、固定的 QoS 维度对服务质量进行描述，且领域的差别易导致用户对服务属性缺乏了解，从而无法用排序、比值、语言描述等形式描述自己的偏好；②环境的复杂性，由于业务服务的交付环境可能包括线上、线下，并往往依赖于其他的服务个体或服务网络，因此相比于单纯 Web 环境的 Web 服务来说，服务质量更加难以保证，服务的宣称 QoS 与用户感知 QoS 可能存在较大差别，因此在考虑业务服务的质量时，服务消

费者的反馈评价所构成的服务信誉更具有参考意义；③评价数据的异构性与模糊性，Web服务的QoS指标常用确定实数形式给出，而业务服务的信誉指标通常用多种形式进行描述，如评价的分布、标签、自然语言等，无法用固定实数进行描述。为描述用户个性化偏好需求、优化服务推荐效果，并面向业务服务的领域特殊性、环境复杂性、评价数据的异构性与模糊性等特征，本节提出了基于信誉的用户偏好分析与服务推荐模型（Quality of Service Preference-aware Recommendation Scheme，QPrefR），以基于内容的推荐为基本思想，其主要分析对象为服务的多维信誉评价指标，而非传统算法所关注的物品内容描述，从而提升了服务质量指标的可信度。模型以模糊多属性决策理论为基础，进行用户偏好的自动评估及服务推荐，并根据用户操作行为自动更新其偏好模型，无须用户直接参与指定偏好程度。QPrefR的步骤包括：服务信誉评价的聚合与用户偏好分析；服务效用预测及推荐。最后通过对实际服务质量数据的实验和分析验证了模型的有效性与实用性。

4．基于服务信誉的偏好分析模型

1）用户偏好与行为分析

用户偏好是用户在面对服务时的比较性决策和相关选择，反映了用户的心理感知、理性衡量的结果。在消费者行为理论中，将偏好定义为倾向性次序关系，是一种主观的、个性化的特征，是一种相对的概念。偏好是用户心理的非直观的情感和倾向，决定了用户处于一定情境下所采取的选择行为。用户的偏好建立在对事物认知的情况下，反映了用户的理性分析和判断，因此具有内在的一致性与次序性。在服务领域中，每个服务个体都可以由一系列质量指标（QoS）来描述，不同指标对用户具有不同的重要性，则此重要性即权重的集合即为服务消费者的偏好。偏好最直接的获取方式是由用户参与表达，在Web服务的QoS偏好分析中，常用以下几种形式表达偏好：①语言评价描述，用户将对QoS指标的重视程度通过一定格式的语言进行描述，形成评价集合，再对此集合采用自然语言处理、模糊逻辑、本体分析等手段进行处理；②序关系向量，即用户指明对不同QoS属性的关注程度的排序，得到各个属性指标的重要性相对顺序关系；③层次分析（Analytical Hierarchy Process，AHP）矩阵[61]，用户针对QoS属性给出两两比较的重要性比值，采用递阶结构进行权重的合成。但这些方法均需用户参与大量的交互并给定所需的准确信息，实际服务网络中，由于用户对服务质量的特性、阈值等缺乏了解，无法保证用户能够科学、完整地给定所需的排序、比值、语言描述等定义。针对这一问题，本书采用无须用户参与的模型对数据进行分析，并参考向量空间模型（VSM）进行表示，即一系列QoS指标及其权重的二元组$\{(q_1,c_1),\cdots,(q_i,c_i),\cdots,(q_m,c_m)\}$

2）问题描述与算法步骤

本节研究的主要问题是，如何根据用户已评价服务的信誉指标属性以及用户的历史评价信息，分析用户对于该类服务的QoS属性偏好，从而依据用户的偏好特性，预测用户对于未知服务个体的效用，进行服务推荐与匹配。

问题精确定义如下：S表示N个服务的集合，Q_k表示服务s_k的m个QoS指标集合，其元素为q_i^k，用于表征服务s_k的第i项QoS指标，其中，$k\in\{1,2,\cdots,N\}$，$i\in\{1,2,\cdots,m\}$。用U表示用户的集合，服务s_k对u_r的效用记为e_{kr}。令Ω为全部的二元组$\{k,r\}$，Λ为Ω中已知的二元组，则基于已有的用户评价信息$\{E_{kr}\mid\{k,r\}\in\Lambda\}$预测未知的效用度量$\{E_{kr}\mid\{k,r\}\in\Omega-\Lambda\}$。

5.2.6 基于网络分析的服务推荐与发现

本节根据 Web 服务各个参与方之间的关系以及可能的用户对服务的服务质量属性影响因素，构建了一个基于 Web 服务关系的异构信息网络模型，用于 Web 服务聚类。根据异构信息网络的定义，可以用一个四元组 G 来定义一个信息网络 $G=<V,E,W,\delta>$。其中，V 代表节点对象的集合；E 代表网络 G 中各个节点之间的关系集合；W 代表网络 G 中节点之间关系的权重；δ 是 E 和 W 之间的映射函数。

在 Web 服务架构中，一共有三个角色，包括 Web 服务提供商、Web 服务使用者和 UDDI 注册中心，参与了整个 Web 服务提供给用户服务的过程。因此，Web 服务信息网络模型中的节点也是基于这三个角色的。本书构建的 Web 服务异构信息网络模型，其中节点类型包括四类：Web 服务、Web 服务提供商、Web 服务用户以及 Web 服务地理信息，分别用 Ws、P、U 和 $Info$ 表示其类型节点的集合。

Ws 节点代表的是 Web 服务，通过 Web 服务的 WSDL 文件可以提取出很多有用的信息，例如服务类别、服务内容、接口数量、传输信息标准等。同时，Ws 节点是本网络模型中的目标节点，其他种类的节点都是与这个类型的节点相连接的，其他类型的节点也成为属性节点。P 节点代表的是 Web 服务提供商，服务提供商是 Web 服务的实际拥有人，并负责解决提供服务过程中可能遇到的问题。在 UDDI 注册中心，服务提供商需要提供一些关于其自身的基本信息，包括企业名称、地址和联系方式等。U 节点代表了 Web 服务用户，用户是 Web 服务最终使用者。用户通过调用的方式使用 Web 服务，因此对不同的 Web 服务具有个性化的 QoS 属性，例如响应时间和丢包率等。用户本身可以是个人也可以是企业，所以也具有一些关于自身的描述信息。$Info$ 节点选择的是 Web 服务的地理位置分类信息作为节点内容。考虑到 Web 服务是发布在网络上的，而地理位置在一定程度上会影响服务的 QoS。将地理位置考虑到构建的模型中，能够挖掘到潜在的地理位置与 Web 服务的关系。

在构建模型的过程中并没有将 UDDI 注册中心作为一个模型节点放入模型中，这是因为 UDDI 注册中心虽然与 Web 服务提供商和用户存在关联的关系，但是其本身只是一个发现和发布 Web 服务的平台，与 Web 服务本身的信息没有关联关系。而本书中的模型是用于针对 QoS 的 Web 服务聚类，UDDI 注册中心对 Web 服务的 QoS 属性并没有影响，所以不需要参与其中。

E 表示的是模型中的边，即节点与节点之间存在的关系。节点与节点之间对应的关系根据实际情况也可以分为一对多和多对多的关系。P 节点与 Ws 节点的关系属于一对多的关系。P 节点表示的是提供某个 Web 服务的公司或者域名。在现实中，一个 Web 服务提供商可以提供多个 Web 服务，但是一个 Web 服务只能拥有一个服务提供商。所以一个 P 节点可以对应多个 Ws 节点。同样，$Info$ 节点表示是 Web 服务地理位置所属类别。多个 Web 服务可能属于同一个地理位置分类，但是一个 Web 服务的信息中只能对应一个类别。因此一个 $Info$ 节点对应多个 Ws 节点。U 节点代表的是实际使用 Web 服务的用户对象，而 U 节点与 Ws 节点属于多对多的关系。一个用户可以使用多个 Web 服务，同样，一个 Web 服务也可以被多个用户同时使用。在本书构建的信息网络模型中，只考虑了其他节点与目标节点之间的关系，而没有考虑其他节点之间、目标节点之间的关系，这是在以后可以改进的地方。

对于本信息网络模型，存在了三种关系：Web 服务提供商与 Web 服务的关系、用户与 Web 服务的关系以及 Web 服务地理信息与 Web 服务的关系。因此，首先要对这些边的权重进行设定，然后根据这些边的权重以及网络连通性排序，计算出节点的权重。节点权重代表的意义是该节点在网络中被访问的期望。

对于 Web 服务提供商和 Web 服务来说，根据实际情况假设：一个提供商发布的 Web 服务占总体的 Web 服务数量越多，该提供商的 Web 服务对于用户来说更加可信，而 Web 服务商发布的单个 Web 服务应该与其发布的其他 Web 服务具有相同的 QoS 属性。如果第 i 个 Web 服务是由第 j 个服务提供商提供，则对应模型中该 Web 服务的节点 ws_i 与该服务提供商的节点 p_j 存在边 e_{ws_i,p_j}，且这个边的权值 $w_{ws_i,p_j}=1$。然后可以利用网络连通性排序方法计算该服务提供商节点的权重，计算公式如下：

$$w_{p_j}=\frac{c_{p_j}}{\sum_{i\in P}c_{p_i}}$$

其中，w_{p_j} 表示的是服务提供商的权重；c_{p_j} 表示第 j 个服务提供商发布的服务数量；P 表示网络中所有属于服务提供商节点的集合。

对于 Web 服务地理信息和 Web 服务来说，假设存在以下事实：具有同一个 Web 服务地理信息属性的 Web 服务占总体的 Web 服务数量越多，该属性的 Web 服务对于该用户来说更加可信。如果第 i 个服务拥有的是第 j 种地理属性，则在模型中该 Web 服务的节点 ws_i 与该种属性 $Info_j$ 存在边 $e_{ws_iInfo_j}$。且这个边的权值 $w_{ws_iInfo_j}=1$。然后可以用下述公式计算服务的地理属性的节点权重：

$$w_{Info_j}=\frac{c_{Info_j}}{\sum_{i\in Info}c_{Info_i}}$$

其中，w_{Info_j} 表示第 j 种地理属性节点的权重；c_{Info_j} 表示具有第 j 种地理属性的 Web 服务的数量；$Info$ 表示网络中所有属于地理信息属性节点的集合。

对于用户和 Web 服务来说，可以假设：一个用户使用过的 Web 服务的 Qos 越好，该用户与 Web 服务之间的关系越可靠。如果第 i 个 Web 服务被第 j 个用户使用过，并且有过关于服务质量的访问记录，则该 Web 服务与该属性存在边 $e_{ws_iu_j}$，且这个边的权值 $w_{ws_iu_j}$ 可以根据该用户对 Web 服务的服务治理按属性转换而成。与前面两种权重不同的是，这个权重不是固定值，而是根据记录转化的在一个区间范围内的值。接着用以下公式计算用户的节点权重：

$$w_{u_j}=\frac{\sum_{i\in K}w_{ws_iu_j}}{\sum_{j'\in U}\sum_{i'\in K'}w_{ws_{i'}u_{j'}}}$$

其中，w_{u_j} 表示第 j 个用户的节点的权重；K 表示第 j 个用户访问过的全部 Web 服务的集合；K'表示第 j'个用户访问过的所有 Web 服务的集合；U 表示网络中所有用户节点的集合。

Web 服务节点是模型中的目标节点，所有其他类型的节点都是与目标节点相连的。计算目标节点的权重的方式与其他种类节点的方式不一样，不是通过与节点相连的边计算节点权重，而是通过与目标节点相连的其他种类的节点的权重计算目标节点的权重。可以用以下公式计算 Web 服务节点的权重：

$$w'_{ws_i}=\frac{w_{ws_i}}{\sum\limits_{j\in w_s} w_{ws_j}}$$

其中，w_{ws_i} 表示第 i 个 Web 服务节点的原始权重；w_s 表示所有属于 Web 服务种类的节点集合。

NetClus 算法[62]的基本思想是随机对网络进行初始划分，基于构建的概率模型计算所有节点的先验概率，然后通过 EM 算法计算后验概率，根据后验概率对划分的网络中的节点进行调整，直到划分的网络节点不再变化或者满足迭代停止次数。但是 NetClus 算法并不能适应 Web 服务信息网络的需求。因为在 NetClus 算法中，对于某一个目标节点，每类属性节点只能有一个节点与之相连，并不能满足 Web 服务信息网络模型中一个服务被多个用户访问的关系。

根据 Web 服务的特点，MAO-NetClus(Multiple Attribute Object-NetClus)中算法能够适用于多个同一个种类节点与单个目标节点相连的情况。算法具体流程如下：

(1) 根据改进的算法构建背景概率，对目标节点进行初始的随机划分，生成相应的 K 个簇$\{C_{ws,k}\}_{k=1}^{K}$。根据生成的 K 个簇对剩余属性节点进行划分，并加入到这 K 个簇当中，生成最终的 K 个异构网络，即$\{C_k\}_{k=1}^{K}$。

(2) 根据划分的异构网络$\{C_k\}_{k=1}^{K}$ 以及改进的概率模型，计算所有目标节点在各个簇中的权重，bingo 通过标准化计算节点的先验概率，即$\{P(ws|C_k)\}_{k=1}^{K}$

(3) 根据先验概率以及 EM 算法计算目标节点在各个簇的后验概率$\{P(C_k|ws)\}_{k=1}^{K}$。

(4) 根据后验概率调整目标节点的簇的划分$\{C_{ws,k}\}_{k=1}^{K}$，并根据新划分的簇重新生成 K 个异构网络$\{C_k\}_{k=1}^{K}$。

重复上述步骤(2)～(4)直到满足迭代停止条件。

算法流程图如图 5-13 所示。

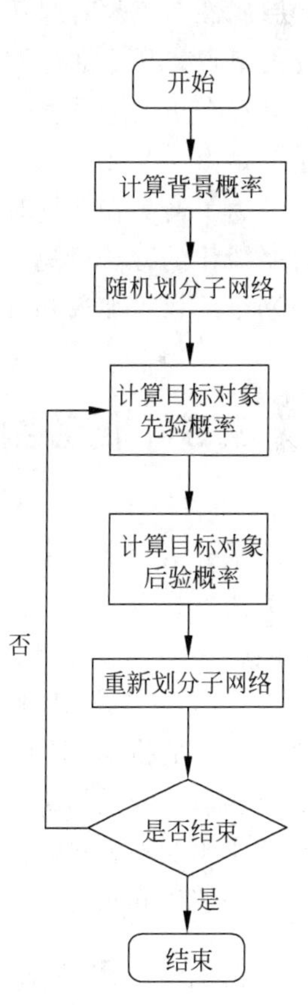

图 5-13 MAO-NetClus 算法流程图

算法的第一步是根据已有数据生成一个整体的异构 Web 服务信息网络，称之为背景模型。然后对其中的 ws 节点进行随机划分，划分到 K 个簇中，这里 K 的数量是需要设定的。根据每个簇中 ws 节点和其他节点在背景模型中的关系的重要程度，对其余节点进行划分。最终生成 K 个子异构 Web 服务信息网络。具体来说，生成 Web 服务的原始异构信息网络。在这里首先需要通过原始数据提取信息网络中各种类型的具体的节点。属性节点种类有四种，包括 Web 服务节点、用户节点、Web 服务提供商节点和地理信息节点。根据其节点种类分别存储到 ws、U、P 和 $Info$ 的集合中。然后再提取相应的关系。关系有三种，包括 Web 服务与服务提供商的关系、Web 服务与地理信息类别关系以及 Web 服务和用户关系。根据具体关系存储到 $E_{ws,p}$，$E_{ws,u}$ 和 $E_{ws,Info}$ 三种类型的边的集合中，并对这些边的权重进行赋值，分别为 $W_{ws,p}$，$W_{ws,u}$ 和 $W_{ws,Info}$。这样，由 W_s、U、P、$Info$ 节点，$E_{ws,p}$，$E_{ws,u}$ 和 $E_{ws,Info}$ 边和这些边的权重 $W_{ws,p}$，$W_{ws,u}$ 和 $W_{ws,Info}$ 就构成了原始的 Web 服务异构信息网络。

根据已经生成的原始信息网络以及基于上述模型计算其节点的背景权重，由 W_p、W_{Info} 和 W_{ws} 构成了算法中的背景权重。

设定聚类的簇的数量为 K，将信息网络中属于 Web 服务类型的节点随机划分到 K 个簇中，每个簇中至少拥有一个该类型节点。先设定聚类的簇的数量 K，需要根据实际参与聚类的 Web 服务的数量设定。在将 Web 服务类型节点随机划分到 K 个簇的过程中需要注意不能出现空的簇，否则在聚类过程中这个空的簇会一直是空的。而 K 值越大，计算所需的时间越久。最后得到 K 个 Web 服务类型节点簇 $\{C_{ws,k}\}_{k=1}^{K}$。

根据 K 个簇中 Web 服务节点以及原始的信息网络，将剩余的不同类型的节点划分到这 K 个簇中。根据划分的 K 个 $\{C_{ws,k}\}_{k=1}^{K}$ 簇以及原始信息网络中的边，计算其他类型节点属于各个簇的排名，并根据排名将节点划分到最高的那个簇中。

在对子信息网络进行随机初始划分构建之后，需要在每个子网络中根据模型计算所有属性节点的权重，该权重表示了属性节点在该子信息网络中被访问的概率。计算方法与模型中的方法一致。

在计算权重的过程中，如果属性节点所属的子信息网络中并非当前的子信息网络，可能导致属性节点没有与任何当前的子信息网络中的目标节点存在边的关系，即节点是一个孤立的节点。那么通过网络连通性排序计算得到属性节点的权重值将为零，而这会导致所有与其存在边的关系的目标节点，在当前的子信息网络的节点权重都为零，因为目标节点的权重值是由与其相连的属性节点的权重值相乘得到的。

为了避免在计算时，由于属性节点与子信息网络不存在关系而导致其权重为零，可以通过平滑化的方法避免其发生。平滑化方法即通过求节点的原始信息网络的背景权重与子信息网络的权重加权和，避免得到零权重。

5.3 服务组合推荐模型

服务组合推荐是一种通过集成和重用现有服务，而不是重复地造轮子以满足用户需求的方法。如今，成千上万的服务不断在网上发布。如何从大量的服务中选择合适的服务进行组合来加速服务组合的开发，一直是学术界和工业界研究的热点。

如图 5-14 所示，服务生态系统包含大量的服务和服务组合，以及它们之间的交互关系。随着时间的推移，服务在不断竞争和协作的过程中逐渐形成各种服务域。每个服务域累积具有相似功能的服务。在创建服务组合的场景中，用户需求和服务功能通常以描述语句的形式给出。然而，服务提供者和使用者提供的描述可能是不完整或不准确的，这使得仅通过这些描述语句很难了解他们的真实需求和实际功能。下面我们详细介绍两种描述的问题。

5.3.1 用户需求描述

用户通常用自然语言描述自己的需求，这是许多现有推荐方法的基础。然而，由于用户

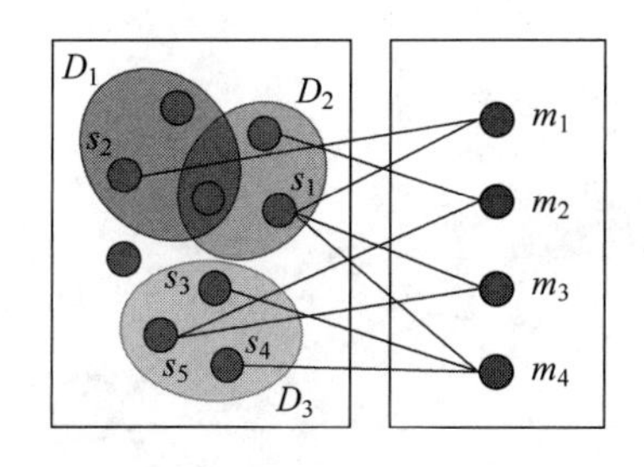

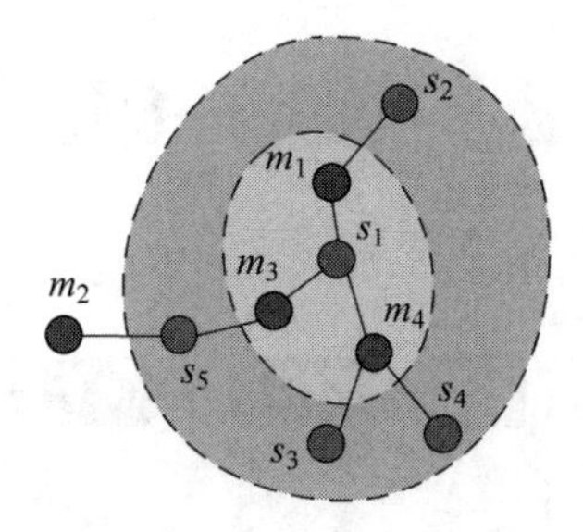

图5-14 左：该图显示了包含服务和服务组合的服务生态系统。左侧节点表示服务，右侧节点表示组合。它们之间的边代表了它们的历史互动记录。同一个圈中的服务具有相似的功能，并形成相应的服务域。右：以服务节点 s_1 为例，s_1 的高阶连通性如图所示

需求的复杂性，仅仅依靠这些描述可能不足以识别用户需求的所有方面。以ProgrammableWeb平台中的mashup vacationic为例。它从四个服务域调用服务：旅游、地图、照片和视频。不过，mashup的描述称"通过与城市、海滩、国家公园和文化遗址等目的地的互动地图，提供了世界各地旅游亮点的概述。"从这个描述中，只能明显地提取地图和旅游领域，而不能提取照片和视频的其他两个领域。本书将使用短语user needs来表示新用户查询(new mashup)和过去服务组合的描述。

5.3.2 服务描述

一旦服务提供商在Internet上发布服务，服务描述就变得固定。然而，在协作过程中，服务的功能特性可能会发生变化。同时，用户可能会以不同于服务提供商期望的方式使用服务。因此，仅仅考虑服务的描述可能并不准确。

现有的方法大多是通过学习用户需求(即查询)和服务的嵌入，然后度量它们之间的相似度，从而做出推荐决策。例如，MF[63]将用户的需求和服务投射到一个共享的潜在空间中，研究用户的匹配行为。近年来，随着深度学习的迅速发展，许多基于深度学习的方法被开发出来解决服务推荐问题。为了提高模型的非线性表示能力，NCF[64]探索了用于协同过滤的神经网络结构。郑等[6]提出DeepCoNN，利用句子中存在的反馈信息，通过耦合深度神经网络进一步挖掘内容信息。为了深化高阶邻域图结构的应用，参考文献[65]提出了LightGCN来挖掘更高层次的隐含信息，并取得了最先进的性能。然而，现有的方法很少考虑到服务提供者和用户提供的描述可能不完整或不准确的事实，这使得学习它们的正确表示变得困难。在这项工作中，我们提出了一种新的方法协作注意卷积网络(coACN)来彻底了解双边信息，以便更好地提供服务建议。

由于用户需求的目标是通过服务域中的服务来实现，因此我们决定协同地将服务域信息集成到用户需求的描述中。为了实现这一目标，我们学习域与用户需求的相似度，并分配合理的权重，将服务域嵌入添加到用户需求嵌入中。受注意力机制[66]的启发，我们设计了一个域级注意单元来学习用户需求和每个服务域之间的相似性。根据相似性，将相关服务领域信息合理地整合到用户需求的嵌入中，丰富和细化用户需求的描述。

为了解决服务另一端的问题，我们考虑使用过去的用户需求信息和服务之间过去的协作关系来计算服务嵌入。由于服务组合可以在一定程度上反映服务的最新功能和特性，因此服务组合描述(即对过去用户需求的描述)可以作为服务的补充。因此，我们构造了一个

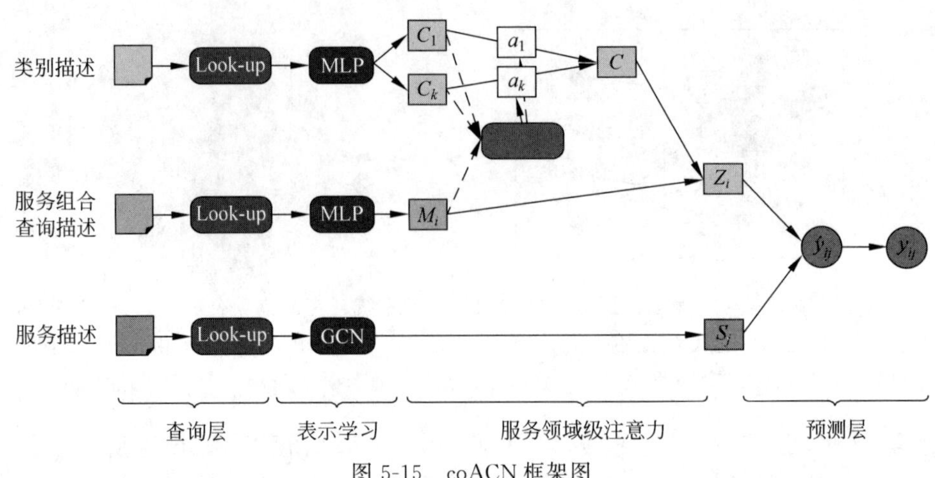

图 5-15　coACN 框架图

服务组合图,并使用图卷积网络来挖掘和聚合隐含信息。如图 5-15 所示,服务的一阶邻居是调用它的服务组合。组合的嵌入可以转移到服务,以补充服务的最新功能。同时,服务的二阶邻居是在同一组合中调用的其他服务。通过一个高阶图卷积网络,服务之间的协作关系可以集成到服务嵌入中。结合这两个组件,我们设计了一个用于合成创建的服务推荐框架,该框架修改了推荐问题两侧的描述。

这里,我们首先介绍创建服务组合的推荐问题的定义,以及算法中使用到的符号,便于后续的讨论。

定义 5-1　服务生态系统。服务生态系统是指由大量服务组合组成的复杂生态系统。它由四元组 $SE=\{M,D^m,S,D^s\}$ 构成,其中 M 表示 mashup,S 表示服务,服务组合和服务的总数分别为 I 和 J。服务组合 $m_i \in M$ 的描述用 $D_i^m=\{w_{i1}^m,w_{i2}^m,\cdots,w_{in}^m\}$ 表示,其中 w_{ik}^m 是第 k 个单词,描述语句由 n 个单词组成。类似的,$D_j^s=\{w_{j1}^s,w_{j2}^s,\cdots,w_{jn}^s\}$ 是包含 n 个单词的服务 $s_j \in S$ 的描述。值得注意的是,服务组合和服务的描述被统一为具有固定长度 n 的向量。在具体操作中,如果服务组合描述的长度大于 n,我们将描述语句截断成为长度 n 的语句。如果服务组合描述的长度小于 n,那么将使用 0 来补全向量。

定义 5-2　服务域。具有类似功能的服务形成服务域,比如在 ProgrammableWeb 数据集中,具有相同服务类别的服务形成服务域。服务域的描述通过拼接和集成属于该域的服务的描述来生成。假设服务生态系统中存在 K_s 个服务域,服务域 k 的描述表示为 $D_k^d=\{w_{k1}^d,w_{k2}^d,\cdots,w_{kn}^d\}$,其中 w_{kl}^d 是第 l 个单词。类似地,服务域的描述(即类别的描述)被处理成固定长度为 n_d 的向量。

定义 5-3　服务组合图。服务和组合之间的历史交互关系被构造成一个服务组合图。图的矩阵用 $\boldsymbol{Y} \in R^{I \times J}$ 表示,记录了服务和服务组合的交互网络。如果服务组合 m_i 调用了服务 s_j,$y_{ij}=1$;否则,$y_{ij}=0$。

问题:服务组合推荐。给定 5.2 节中描述的定义,给定一个新的服务组合请求 Q 的描述信息 $D^q=\{w_1^q,w_2^q,\cdots,w_n^q\}$,其中 w_i^q 是 D^q 中的第 i 个单词。目标是推荐服务来生成服务组合以满足请求 Q。推荐结果作为排名列表 RL 给出,其中排名较高的服务被请求 Q 采用的概率较高。

为了更好地感知用户需求和理解服务功能特性,我们设计了一种新的方法 coACN。我们首先对 coACN 进行概述,然后分别详细介绍其各个组成部分。

1. coACN 概述

coACN 的总体结构如图 5-15 所示。其结构由以下四个部分组成。

(1) 查找层:该层通过查找表将描述的输入标记向量转换为具有语义信息的嵌入。

(2) 服务域增强:建立域级关注单元,增强用户需求描述中的服务域信息。

(3) 结构化信息提取:构建一个图卷积网络,提取服务组合图中所携带的结构化信息,更好地理解服务的功能描述。

(4) 预测层:内部产品模型用于预测服务组合查询调用服务的可能性。

在这四个组件中,服务域增强和结构化信息提取两个组件是必不可少的,它们是用来感知用户需求和理解服务功能特性的。

2. 具体模块

1) 查询层(Look-up Layer)

为了利用描述的语义,我们采用了一种在许多自然语言处理(Natural Language Processing,NLP)应用程序中广泛使用的方法,它从一个查找表中查询每个单词的嵌入表示。由于将相同的过程应用于服务组合描述、服务描述和服务域描述,因此我们以服务组合描述为例。给定服务组合 m_i 的描述 $D_i^m=\{w_{i1}^m,w_{i2}^m,\cdots,w_{in}^m\}$,将每个单词投影到它的嵌入表示:$E_{m_i}=[e_{i1},e_{i2},\cdots,e_{in}]$,$e_{ik}\in\mathbb{R}^d$,其中 n 是描述的长度,d 是单词嵌入维度。

2) 服务领域增强(Service Domain Enhancement)

基于嵌入的服务推荐的关键目标是捕捉潜在空间中服务组合和服务之间的关系。由于用户需求的领域复杂性(服务组合查询),仅仅依赖服务组合的描述不足以识别用户需求的所有方面。因此,为了更好地感知用户需求,我们决定考虑服务域信息。首先使用多个完全连通的网络来增强模型的非线性能力,然后在服务组合查询中建立一个域级注意力单元来增强服务域信息。

(1) 全连接网络(Fully Connected Network,FC):全连接网络的目的是将查询层接收到的服务组合 m_i 的表示矩阵 $\boldsymbol{E}_{m_i}$ 转换成一维向量 $\boldsymbol{v}_{m_i}\in\mathbb{R}^L$,其中 $L=n\times d$。将 $\boldsymbol{v}_{m_i}$ 送入全连接网络:

$$\boldsymbol{V}_{m_i}=\sigma(\boldsymbol{W}_m\boldsymbol{v}_{m_i}+\boldsymbol{b}_m)$$

其中,$W_m\in\mathbb{R}^{dim\times L}$,$b_m\in\mathbb{R}^{dim}$,$\sigma$ 分别表示权值矩阵、偏移向量和激活函数。其中 dim 表示嵌入的维度。在本方法中,选择 ReLU 作为激活函数。

为了进一步增强服务组合嵌入中的服务域信息,首先将服务域嵌入转换为键嵌入(Key Embeddings)和值嵌入(Value Embeddings)。键嵌入用于度量服务组合和服务域之间的相似性,只嵌入用于生成最终的附加服务组合嵌入 s_m,后文将详细介绍 s_m 的计算过程。因此,我们分别得到了值和键的表示:

$$V_{value,k}=\sigma(W_{value}V_{C_k}+b_{value})$$

$$V_{key,k}=\sigma(W_{key}V_{C_k}+b_{key})$$

其中,$W_{value},W_{key}\in\mathbb{R}^{dim\times L_c}$ 和 $b_{value},b_{key}\in\mathbb{R}^{dim}$ 分别为全连接网络的表示权值矩阵和偏移向量,$L_c=n_c\times d$。本过程输出的结果是服务组合和服务领域的初步嵌入 V_{m_i},

$V_{value,k}$,$V_{key,k}$。

(2) 域级注意单元(Domain-level Attention Unit):为了对服务组合的服务领域隶属度进行编码以提升服务组合的表示,我们将服务域嵌入融合到一个另外服务组合嵌入 s_m 中。为了通过非均匀系数计算 s_m,采用以下公式:

$$s_m = \sum_{k=0}^{K_s} \alpha_{mk} V_{value,k}$$

我们应用注意力机制,即一种广泛应用于许多推荐方法的机制,以服务组合敏感的方式对各种服务域的重要性进行建模。具体地,域级注意单元为每个服务域嵌入 $V_{value,k}$ 学习特定权重 α_{mk}:

$$\alpha_{mk} = \frac{\exp(\boldsymbol{V}_{m_i}^{\mathrm{T}} \boldsymbol{V}_{key,k})}{\sum_{j=0}^{K} \exp(\boldsymbol{V}_{m_i}^{\mathrm{T}} \boldsymbol{V}_{key,j})}$$

域级注意单元的输入是服务组合嵌入和服务域嵌入,目的是使学习到的注意分数对服务组合的域隶属度敏感。

对我们先前计算的两个服务组合嵌入(通过全连接网络得到的服务组合嵌入 V_{m_i} 和额外服务组合嵌入 s_m),我们建模将它们融合到一个统一的嵌入中。事实证明,将从多模态数据中学习到的嵌入向量融合到组合来自可用推荐模型的信号中是有效的。通过融合实现的统一嵌入可以如下所示:

$$z_{m_i} = (1-\beta) s_m + \beta V_{m_i}$$

其中,β 是控制服务领域信息强度的超参数,用来平衡服务组合本身的信息和服务领域的附加信息。

3) 结构信息获取(Structured Information Extraction)

为了准确、全面地理解服务的功能特性,我们考虑了结构化信息。更具体地说,我们构造了一个由服务和服务组合组成的二部图,并构建了一个图卷积网络对其进行挖掘。通过图网络,可以将用户需求的内容从服务的一阶近邻组成中提取出来,帮助增强服务功能感知。同时,利用图卷积技术集成服务间的协作关系。

(1) 全连接网络(Fully Connected Network,FC):与服务域增强中的部分类似,可以采用全连接网络来获得服务描述的表示,如下所示:

$$V_{s_j} = \sigma(W_s V_{s_j} + b_s)$$

(2) 图卷积网络(Graph Convolution Network,GCN):我们的目标是利用过去用户需求的描述信息来补充服务嵌入并捕获服务之间的协作关系。因此我们设计了一个图卷积网络来挖掘服务组合图。受 LightGCN 的启发,利用轻型图卷积和层组合来实现我们的目标。

参考 5.2 节中给出的定义,服务组合图的矩阵表示为 $\boldsymbol{Y} \in \mathbb{R}^{I \times J}$,其中 I 和 J 分别表示 mashup 和服务的数量。因此,得到其邻接矩阵为

$$\boldsymbol{A} = \begin{pmatrix} 0 & \boldsymbol{Y} \\ \boldsymbol{Y}^{\mathrm{T}} & 0 \end{pmatrix}$$

其中,$\boldsymbol{A} \in \mathbb{R}^{(I+J)\times(I\times J)}$。图卷积的嵌入矩阵的第 0 层可以表示为 $X^{(0)} = \mathrm{concat}(V_{m_0}, \cdots, V_{m_I}, V_{s_0}, \cdots, V_{s_J}) \in \mathbb{R}^{(I+J)\times dim}$。$V_{s_j}$ 是服务 s_j 经过全连接网络之后得到的嵌入。轻型图

卷积的矩阵等价形式可以写成

$$\boldsymbol{X}^{(k+1)}=(\boldsymbol{D}^{-\frac{1}{2}}\boldsymbol{A}\boldsymbol{D}^{-\frac{1}{2}})\boldsymbol{X}^{(k)}$$

其中，$\boldsymbol{D}\in\mathbb{R}^{(I+J)\times(I+J)}$ 表示对角矩阵；D_{ii} 表示邻接矩阵 $\boldsymbol{A}$ 中第 i 行的非零元素个数。最后，得到嵌入矩阵表示为

$$\boldsymbol{X}=\sum_{l=0}^{L_s}a_l\boldsymbol{X}^{(l)}=\sum_{l=0}^{L_s}a_l\hat{\boldsymbol{A}}^l\boldsymbol{X}^{(0)}$$

其中，$\alpha_k\geqslant 0$ 指代第 k 层得到的嵌入表示在最终服务嵌入中所占的重要程度，在本书中为超参数；$\hat{\boldsymbol{A}}=\boldsymbol{D}^{-\frac{1}{2}}\boldsymbol{A}\boldsymbol{D}^{-\frac{1}{2}}$ 是不包含自连接的对称归一化矩阵。从得到的嵌入矩阵中抽取最后的 J 行组成矩阵 $\boldsymbol{O}\in\mathbb{R}^{J\times dim}$，这是服务嵌入矩阵。服务的嵌入 s_j 即为矩阵 $\boldsymbol{O}$ 的第 j 行，也即 O_j。

4）预测层(Prediction Layer)

经在上述层中执行操作之后，我们就可以预测是否可以在服务组合查询中调用服务了。我们使用 z_{m_i} 和 O_j 来估计服务组合 m_i 调用服务 s_i 的概率 y_{ij}。由于我们的工作主要集中在搭建服务组合框架上，因此决定应用一个简单但广泛使用的点乘模型：

$$\hat{\boldsymbol{y}}_{ij}^{\mathrm{T}}=\sigma(\boldsymbol{z}_{m_i}^{\mathrm{T}}\boldsymbol{O}_j)$$

其中，σ 是 sigmoid 函数。这里的预测函数可以被扩展为其他更复杂的结构，比如多层感知机等。

3. 优化策略

对于模型训练，我们使用过去创建的服务组合作为参数优化的真实训练集。我们采用了贝叶斯个性化排序(Bayesian Personalized Ranking，BPR)损失，这是一种 pairwise 损失，它倾向于调用服务的预测值高于未调用服务的预测值。设 B 是一个批次的三元组，包含服务组合、服务组合中包含的服务和不包含的服务。损失函数可定义如下：

$$L_{BPR}=-\frac{1}{|B|}\sum_{(i,j,j')\in B}\ln\sigma(\hat{y}_{ij}-\hat{y}_{ij'})+\lambda\|\Theta\|$$

其中，λ 是正则化系数的超参数。服务 s_j 包含在服务组合 m_i 中，服务 $s_{j'}$ 不包含在服务组合 m_i 中。我们采用 Adam 作为参数更新的优化器。

5.4 服务推荐模型

随着面向服务结构和云计算的发展与普及，无数的服务被开发者们发布到互联网上，这些服务能够给消费者们带来广泛的选择。然而，正是因为服务的数量巨大，仅靠人工的方法很难从海量的服务中选择个性化的高质量的服务。在这种情况下，服务推荐技术应运而生，它被视作一个用来解决目前所面临的信息过载的重要的工具。

许多的服务推荐方法都是基于协同过滤，它们也被广泛应用于学界和工业界里。一般来说，一个可学习的协同过滤模型能够将用户和服务个体转化为一个向量化的表示，然后基于它们的嵌入表示重建它们的历史交互行为。然而，由于个人的服务调用数据有时候十分稀疏以及冷启动问题的存在，协同过滤方法的精度有时并不十分理想。最近，得益于社交媒

体的繁荣，越来越多的面向服务的系统开始集成社交功能进入其自身的服务系统平台之上，例如 Yelp，Amazon，eBay 和 Epinions 等。传统的 Web 服务系统也开始面临着同样的情况，例如 ProgrammableWeb，平台上的用户开始能够和彼此建立社交联系，在这种类型的服务平台之上，用户倾向于去和他们的社交朋友分享自己的服务偏好。因此，一个用户的服务偏好不仅能够从他的服务调用历史中进行推断，同样能够从他的社交联系中受到影响。

然而，把社交信息集成进入服务推荐中并不是一件简单的任务，特别是当涉及高阶的社交影响时，因为用户的偏好可能不会只被他们自己的朋友影响，他们同样可能被他们朋友的社交联系所影响。根据社交联系的相关理论，我们使用“高阶社交联系”这一名词来描述这一在大多数服务推荐系统中都存在的普遍现象。它主要包含了两个层面，图 5-16 描述了一个服务系统平台上的简单例子来展现“高阶社交联系”的两种层面，并且表现了它们是如何对用户的服务偏好产生具体的影响。下面具体阐述一下这两种层面。

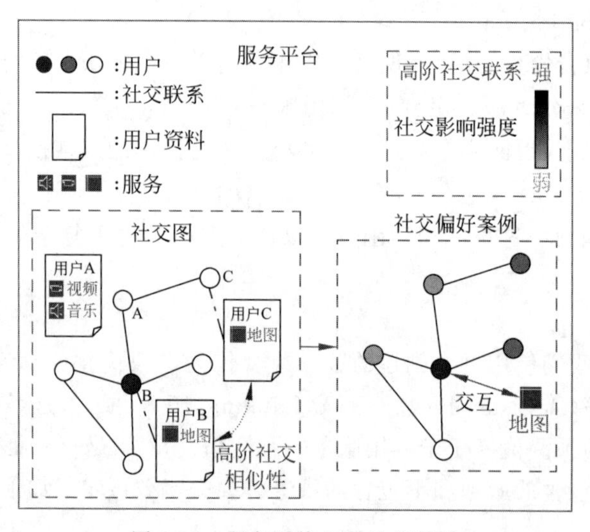

图 5-16　服务系统上的社交联系

（1）高阶社交相似性（通用偏好）。它描述了这样一种普遍的情况，即用户和用户的朋友的朋友倾向于拥有相似的通用偏好。例如，在图 5-16 的左边部分，用户 A 喜欢待在室内玩电子游戏和观看旅游相关的视频，这让他在某一服务平台上与两个旅行博主 B 和 C 成为社交朋友。这样来看，直觉上，B 和 C 可能会有很多共同的特征，这又进一步导致了他们会有相似的通用偏好。例如，用户 B 和 C 在旅行时都会频繁使用到地图服务。然而，这样的相似性在我们只考虑一阶社交联系时是很难被捕捉到的。因此，当我们学习一个用户的表示时，考虑用户和他的高阶邻居（例子中的 B 和 C）的相似性能够有效提升我们用户表示的准确性。

（2）高阶社交差异性（特定偏好）。它反映了用户针对某一特定服务的偏好会受到来自其社交联系中的每个用户差异化的影响。换种方式说，对于某项具体的需求，用户社交网络中每个不同的用户可能会贡献不一样的偏好影响。图 5-16 中的右边部分表现了这样一个例子，当选择一个地图服务时，一个用户可能会倾向于去听从他的社交网络中那些喜欢去旅行的人的意见；当使用一项外卖服务时，他可能会更多地听从他社交网络中喜欢美食的人的意见。这种现象就意味着当我们在建模一个用户关于某一项具体服务的偏好时，我们很有必要去差异化地对待其社交网络中的邻居，这能够很好地帮助我们提取出针对某一项具体服务的重要的偏好信号。

考虑上述两种层面的影响，我们相信用户的社交联系对于提升服务推荐的质量有着十分显著的作用。据我们所知，目前的服务领域的学术文献还没有对服务系统中的高阶社交关系进行过深入的研究。然而，在传统的机器学习领域有几篇文章已经对高阶社交联系进行了分析。例如，BPR，Social-Rec 和 SocialMF 都利用了用户的直接社交联系来提高推荐的精度，但是它们既没有考虑高阶社交相似性，也没有考虑高阶社交差异性，这可能会导致它们得到的用户表示有着一定的不完整性。先前的研究例如 Deepinf 显式地编码了用户高阶社交相似性，但是却把所有社交影响设为了相等或者简单地依赖某一个固定的式子，这使得它们对用户的高阶社交差异缺乏考虑。有一些方法例如 SAMN，只建模了针对直接朋友的社交差异性，但是却没有考虑到高阶邻居以及集成他们的特征。因此，大多数的社交推荐方法都还没有很好地同时处理高阶社交相似性和高阶社交差异性。

本节我们会介绍一个基于高阶社交图的神经注意力网络，使用了最近在图神经网络中和注意力机制的最新进展来通过用户的高阶社交联系同时建模通用偏好和特定偏好。应用图神经网络的想法，我们首先设计了一个社交嵌入表达传播层，通过将用户的直接社交联系的表示进行加和得到新的表示来更新用户原来的表示。然后，将多个社交嵌入表达传播层叠加在一起创造了一个社交嵌入表达传播模块，这样能够使得我们从用户的社交网络中挖掘高阶社交信息，并显式地将其注入到用户的通用偏好表示当中。在这之后，为了能够获得用户对某一个具体服务的特定偏好，一个邻居层面的注意力模块被提出来自适应地往用户社交网络中与目标服务更加契合的用户表示赋予更多的权重，然后整个社交网络中的用户表示加权求和来得到用户的特定偏好表示。最后，将用户的通用偏好和特定偏好一起与服务的嵌入表示做内积得到一个排序得分。在真实的游戏服务数据集上，这个方法在推荐精确度上显著超过了目前服务推荐的主流方法，证明了方法中社交嵌入表达传播模块和邻居层面的注意力模块的有效性。

这里，我们先解释一下一些基本的定义和数学符号。

定义 5-4　服务推荐。在一个服务系统中，我们使用 $U=\{u_1,u_2,\cdots,u_M\}$ 和 $S=\{s_1,s_2,\cdots,s_N\}$ 来相应地表示用户集和服务集。最近的研究大多集中在从隐式的数据如何优化服务的排序而不是计算显式的 QoS。大多数的方法都假定未被观察到的服务对于用户来说比已经被使用的服务缺少吸引力，因此大多数的方法都在于设计一个模型将被使用的服务与未被使用的服务区分开来。规范来说，我们使用 $R=[R_{u,s}]_{M\times N}\in 0,1$ 来表示用户 $u\in U$ 是否使用了服务 $s\in S$。

定义 5-5　社交图。用 $G=(U,E)$ 表示一个静态的社交图，在其中 $E\subseteq(U,U)$ 是图中边的集合，它们表示用户之间的社交关系。注意在这里社交图是一个无向图，我们设定用户之间只存在两两互为朋友和互无关系这两种情况。

定义 5-6　*r* 阶邻居和社交子图。对于任意一个用户，他的 r 阶邻居被定义为 $N_v^r=\{u: d(u,v)=r\}$，其中 $d(u,v)$ 是社交图中用户 u 和 v 之间的最短距离。值得强调的是，N_v^1 表示在服务平台上和用户 v 直接联系的社交朋友。用户 v 的社交子图被 $\boldsymbol{G}_v$ 所定义，它是由用户的邻居集合 $S_v^r=\{u:u\in N_v^s\cup v,0\leqslant s\leqslant r\}$ 得到的。与社交图类似，社交子图同样能够

被表示为 $\boldsymbol{G}_v=(S_v^r,\boldsymbol{A}_{G_v})$，其中 $\boldsymbol{A}_{G_v}$ 表示 $\boldsymbol{G}_v$ 的邻接矩阵。

接下来，基于社交关系的服务推荐问题能够被定义为：给定已观察到的历史交互数据 R 和社交图 R。我们的目标是去预测未被观察到的交互 R_{is} 的得分信息 $\hat{Y}_{u_i,s}$，这一信息可以被用来对目标服务进行排序。

在本书中，我们会用到的符号被总结在如表 5-2 所示。

表 5-2 符号定义

符　号	含　义
U	用户集合
S	服务集合
R	用户—服务交互矩阵
G	社交图
E	社交图的边集合
N_v^r	用户节点 v 的 r 阶邻居
S_v^r	在考虑至多 r 阶邻居的情况下用户节点 v 的邻居集合
G_v	用户节点 v 的社交子图
$e_u^{(0)}$	用户 u 的初始嵌入表示
$e_u^{(l)}$	用户 u 的在经过了 l 次表示传播后的嵌入表示
e_s	服务 s 的嵌入表示
$D(i)$	用户 i 的直接好友数量

接着我们描述如何建立某一个用户的社交子图。对于某一个特定的用户 u_v，能够表示出他的社交特征最好的方法就是去提取出他的社交子图 G_v。同时，对于不同的用户来说，社交子图的尺寸可能会彼此互不相同，因此，我们可以采用广度优先搜索(BFS)的方式，从用户 u_v 开始采样固定数量的邻居，这样能够保证对目标用户影响力最大的邻居能够被包括在用户的社交子图中。本书将采集得到的邻居连同用户本身表示为 $N(i)=(u_{i0},u_{i1},\cdots,u_{iL})$，其中 L 表示采集的邻居数量，而 u_{i0} 表示目标用户 u_i 本身。

在采样得到了目标用户的社交子图之后，我们介绍如何在考虑高阶社交相似性和高阶社交差异性的前提下，用户社交好友的偏好向目标用户进行传播，传播的模型结构框图如图 5-17 所示。

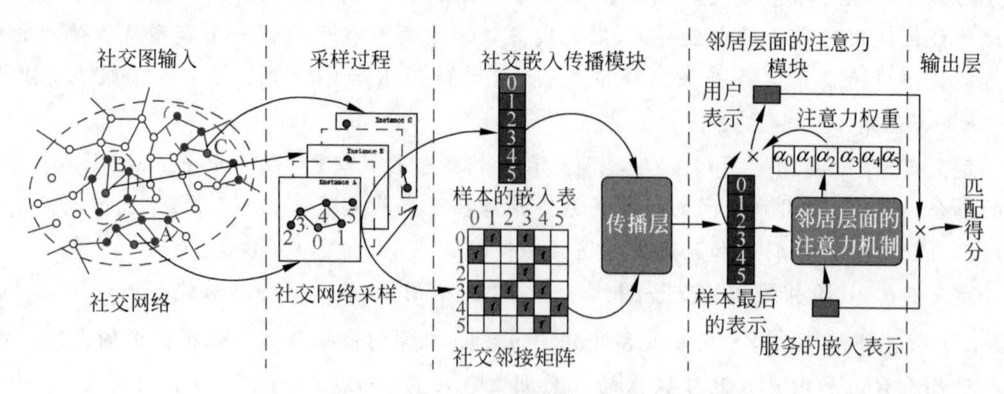

图 5-17 基于社交关系的服务推荐模型框架图

模型主要结构包含两个有序连接的内容，分别是一个社交嵌入传播模块和一个邻居层面上的注意力机制模块。模型的输入是从服务系统中得到的社交网络，通过上文提到的采样过程被划分为一个个社交子图并行地输入到模型中。我们首先为所有的用户学习一个可以更新的嵌入表示矩阵，然后通过多次的层叠一个特殊社交传播层来实现对高阶社交相似性建模的传播，通过多次层叠这一步骤，我们成功实现了高阶社交用户的信息往当前目标用户进行转移并构建用户的通用偏好表示。注意力模块会学习高阶社交差异性的信号，然后利用它们来构建用户的特定偏好。模块最后的输出是用户的偏好表示，包含了用户的通用偏好和特定偏好。

首先我们介绍社交传播层。跟随表示学习发展的最新技术，模型将用户 u_i 和服务 s_j 利用嵌入表示向量分别映射到低维的空间，分别表示为 $e_{u_i} \in \mathbb{R}^{d_0}$ 和 $e_s \in \mathbb{R}^{d_0}$，其中 d_0 是初始的嵌入维度。由此，我们可以把目标用户整个社交子图中的用户的嵌入表示以矩阵的形式来表示：$E=[\boldsymbol{e}_{u_{i0}}, \boldsymbol{e}_{u_{i1}}, \cdots, \boldsymbol{e}_{u_{iL}}]$，其中 $\boldsymbol{e}_{u_{ik}}$ 为用户 $u_{ik} \in N(i)$ 的嵌入表示。

根据社交连接理论，用户的通用偏好表示会受到其高阶社交邻居的影响，本模型通过建立一个多跳的传播模块来建模社交信息传播。

图 5-18 展示了一个二步跳跃的传播过程。

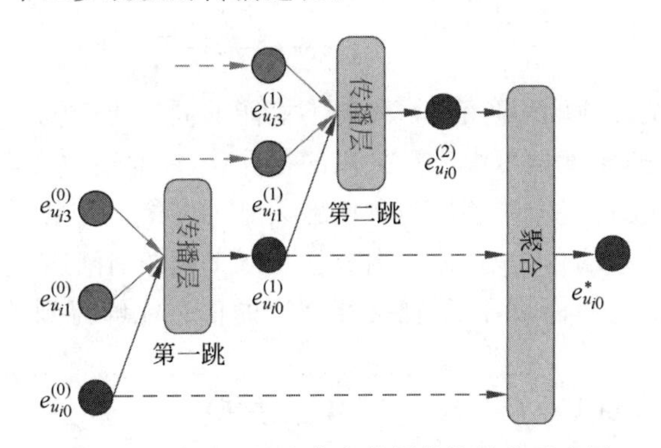

图 5-18 多跳的社交信息传播模块结构示意图

对于用户 u_i 和他的一个朋友 u_k，定义社交信息流从 u_k 到 u_i 为

$$m_{u_i \leftarrow u_k} = f(\boldsymbol{e}_{u_i}, \boldsymbol{e}_{u_k}, p_{ik})$$

其中，p_{ik} 代表传播的影响力系数。从直觉上看，如果 u_i 或者 u_k 本身有更多的好友，那么 p_{ik} 的值应该更小，因为它们对彼此的影响将会降低。在这里，模型将 $m_{u_i \leftarrow u_k}$ 具体定义如下：

$$m_{u_i \leftarrow u_k} = \frac{1}{\sqrt{|D(i)||D(k)|}}(W_{self}e_{u_k} + W_{inter}(e_{u_i} \odot e_{u_k}))$$

其中，$\frac{1}{\sqrt{|D(i)||D(k)|}}$就代表着上文提到的 p_{ik}，即传播的影响力系数，可以看到通过这种形式实现了 u_i 或者 u_k 本身有更多的好友，那么 p_{ik} 的值应该更小；$W_{self}, W_{inter} \in R^{d_0 \times d_1}$ 是当前传播过程中独立的参数矩阵；d_1 是下一次传播的转化维度；使用 $e_{u_i} \odot e_{u_k}$ 来表示用户 u_i 和 u_k 之间的交互，⊙代表元素层面的相乘操作，这个操作保证了和用户 u_i 有更多相似性的社交邻居 u_k 会向用户 u_i 传递更多的信息。

通过使用用户 u_i 的所有好友向其传递的社交信息流，我们能够对 u_i 的表示进行更新，

经过一轮的传播之后,用户 u_i 的嵌入表示如下:

$$e_{u_i}^{(1)} = \mathrm{ReLU}\left(m_{u_i \leftarrow u_i} + \sum_{u_k \in F'(i)} bm_{u_i \leftarrow u_k}\right)$$

其中,ReLU 是一个非线性的激活函数。为了保持 u_i 的原始信息,模型中加入了 $m_{u_i \leftarrow u_i}$ 这一项,它能够表示为

$$m_{u_i \leftarrow u_i} = W_{self} e_{u_i}$$

其中,$W_{self} \in R^{d_0 \times d_1}$ 和上一个公式里的 W_{self} 共享参数。

为了能够同时在社交子图里的所有用户同时进行上述的社交传播操作,我们将上述过程转化为矩阵计算的形式,表示如下:

$$\boldsymbol{E}^{(1)} = \mathrm{ReLU}((\boldsymbol{L} + \boldsymbol{I})\boldsymbol{E}\boldsymbol{W}_{self} + \boldsymbol{L}\boldsymbol{E} \odot \boldsymbol{E}\boldsymbol{W}_{inter})$$

其中,$\boldsymbol{E}^{(1)}$ 是初始的社交子图用户嵌入表示矩阵 $\boldsymbol{E}$ 经过一轮传播之后的嵌入表示结果;$\boldsymbol{L}$ 是社交子图的拉普拉斯矩阵,它能够被通过以下的方式进行计算:

$$\boldsymbol{L} = \boldsymbol{D}^{-\frac{1}{2}} \boldsymbol{R}(i) \boldsymbol{D}^{-\frac{1}{2}}$$

其中,$\boldsymbol{D}$ 是一个对角矩阵,每一个对角元素 $D_{ii} = D(i)$,即用户 i 的直接好友数量。这样,$\boldsymbol{L}$ 的对角元素 $L_{ii} = 0$,其非对角元素 $L_{ik} = \dfrac{1}{\sqrt{|D(i)||D(k)|}}$。

通过运用上述社交传播的矩阵表示,我们不仅能够同时更新同一个社交子图中的所有用户表示,而且能够加速深度学习中广泛采用的批计算,以此适应现实场景中海量数据的服务平台。更进一步,它使得我们能够较为方便地去叠加多个社交传播层来实现高阶社交好友的表示向目标用户转移的目的,具体的内容会在下文中详细阐述。

通过叠加多个社交传播模块,高阶社交相似度的信息能够得到挖掘。在第 l 步的传播中,传播矩阵表示可以为

$$\boldsymbol{E}^{(l)} = \mathrm{ReLU}((\boldsymbol{L} + \boldsymbol{I})\boldsymbol{E}^{(l-1)}\boldsymbol{W}_{self}^{(l)} + \boldsymbol{L}\boldsymbol{E}^{(l-1)} \odot \boldsymbol{E}^{(l-1)}\boldsymbol{W}_{inter}^{(l)})$$

其中,$\boldsymbol{E}^{(l)} \in \mathbb{R}^{(L+1) \times d_L}$ 是 $\boldsymbol{N}(i)$ 里的用户经过了 l 次社交传播之后得到的嵌入表示;$\boldsymbol{E}^{(l-1)}$ 是上一步得到的嵌入表示矩阵;$\boldsymbol{W}_{self}^{(l)}, \boldsymbol{W}_{inter}^{(l)} \in R^{d_{l-1} \times d_l}$ 是第 l 步的转换矩阵。在每一步的转换中都对转换矩阵设置了不同的权重,因此,用户的嵌入表示矩阵的维度在每一步都会得到变化。

在传播了 l 次之后,我们得到了 $\boldsymbol{N}(i)$ 里的每一个用户的 $l+1$ 个表示。根据上述的分析,上述的这些表示关注了不同的社交信息。因此,为了构建一个全面的用户嵌入表示,我们将这些表示进行拼接之后经过一个全连接层使它们的信息得到融合,具体表示如下:

$$\begin{aligned}\boldsymbol{E}^* &= \mathrm{Concat}(E, E^1, E^2, \cdots, E^L)\boldsymbol{W}_r \\ &= [e_{u_{i0}}^*, e_{u_{i1}}^*, e_{u_{i2}}^*, \cdots, e_{u_{iL}}^*]\end{aligned}$$

其中,$\boldsymbol{W}_r \in \mathbb{R}^{(d_0 + d_1 + \cdots + d_l) \times d_0}$ 是一个转化矩阵用来约束最后表示的维度;$e_{u_{ik}}^*$ 表示 $u_{ik} \in \boldsymbol{N}(i)$ 的最终嵌入表示,作为矩阵 $\boldsymbol{E}^*$ 对应表示。

上述过程对社交关系传播中的高阶社交相似性进行建模,接下来我们详细阐述如何利用注意力机制对高阶社交差异性进行刻画。

邻居层面的注意力机制主要目的是给用户采样出来的邻居赋予不同的有差异的权重,

这样能够在针对不同的服务时建模出社交的差异性。首先，用户的最终嵌入表示和特定服务的嵌入表示进行元素层面的相乘，用来表示用户对特定服务的“看法”：

$$o_i = e_i^* \odot q$$

其中，e_i^* 是用户 i 的最终嵌入表示。给定用户和他的采样邻居对特定服务的“看法”，模型利用一个连接操作结合用户和他的每一个采样邻居对特定服务的“看法”得到一个综合的“看法”作为该邻居对目标用户社交影响的权重。我们通过一个两层的神经网络来实现这一连接操作：

$$\alpha_{(j)}^* = \boldsymbol{h}^{\mathrm{T}} \mathrm{ReLU}(\boldsymbol{W}\mathrm{Concat}(o_0, o_j) + b)$$

其中，o_j 是采样数据集中第 j 个邻居对目标服务的“看法”(o_0 代表目标用户的看法)。值得注意的是，$\boldsymbol{W} \in \mathbb{R}^{2d_0 \times d_0}$ 和 $\boldsymbol{h}^{\mathrm{T}}$ 都是模型参数。

在这之后，我们利用一个 softmax 操作对这些权重进行归一化，这能够使得我们对于邻居的这些差异化权重能够有一个概率化的解释：

$$\alpha_{(j)} = \frac{\exp(\alpha_{(j)}^*)}{\sum\limits_{1 \leqslant i \leqslant L} \exp(\alpha_{(i)}^*)}$$

综合用户的高阶社交相似性和高阶社交差异性，能够得到最终的用户表示如下：

$$U_i = e_{u_{i0}}^* + \sum_{1 \leqslant j \leqslant L} \alpha_{(j)} e_{u_{ij}}^*$$

获得了用户的最终隐向量表示之后，我们可以在矩阵分解的基础上获得其对特定服务的打分：

$$\hat{\boldsymbol{Y}}_{ij} = \boldsymbol{U}_i^{\mathrm{T}} \boldsymbol{q}_j$$

基于这一打分，我们就能够向用户进行推荐。

通过上述这样一个完整的流程，模型可以从用户的社交网络信息中学习提取到更加有效的用户个人偏好特征，从而提升基于此构建的用户隐向量表示的质量，进而提升识面向用户的服务推荐的水平。

参考文献

[1] Wang C，Blei D M. Collaborative topic modeling for recommending scientific articles[C]//Proceedings of the 17th ACM SIGKDD International Conference on Knowledge Discovery and Data Mining，2011：448-456.

[2] Ling G，Lyu M R，King I. Ratings meet reviews，a combined approach to recommend[C]//Proceedings of the 8th ACM Conference on Recommender Systems，2014：105-112.

[3] McAuley J，Leskovec J. Hidden factors and hidden topics：understanding rating dimensions with review text[C]//Proceedings of the 7th ACM Conference on Recommender Systems，2013：165-172.

[4] Wang H，Wang N，Yeung D Y. Collaborative deep learning for recommender systems [C]//Proceedings of the 21th ACM SIGKDD International Conference on Knowledge Discovery and Data Mining，2015：1235-1244.

[5] Kim D，Park C，Oh J，et al. Convolutional matrix factorization for document context-aware recommendation[C]//Proceedings of the 10th ACM Conference on Recommender Systems，ACM，

2016：233-240.

[6] Zheng L，Noroozi V，Yu P S. Joint deep modeling of users and items using reviews for recommendation[C]//Proceedings of the tenth ACM International Conference on Web Search and Data Mining，2017：425-434.

[7] Seo S，Huang J，Yang H，et al. Interpretable convolutional neural networks with dual local and global attention for review rating prediction[C]//Proceedings of the Eleventh ACM Conference on Recommender Systems，2017：297-305.

[8] Chin J Y，Zhao K，Joty S，et al. ANR：Aspect-based neural recommender[C]//Proceedings of the 27th ACM International Conference on Information and Knowledge Management，2018：147-156.

[9] Chen C，Zhang M，Liu Y，et al. Neural attentional rating regression with review-level explanations [C]//Proceedings of the 2018 World Wide Web Conference，2018：1583-1592.

[10] Lu Y，Dong R，Smyth B. Coevolutionary recommendation model：Mutual learning between ratings and reviews[C]//Proceedings of the 2018 World Wide Web Conference，2018：773-782.

[11] Liu H，Wu F，Wang W，et al. NRPA：neural recommendation with personalized attention[C]// Proceedings of the 42nd International ACM SIGIR Conference on Research and Development in，Information Retrieval，2019：1233-1236.

[12] Ajit Paul Singh，Geoffrey J. Gordon. Relational learning via collective matrix factorization[J]. In KDD. 2008，650-658.

[13] Tong Man，Huawei Shen，Xiaolong Jin，et al. Cross-Domain Recommendation：An Embedding and Mapping Approach[J]. In IJCAI. 2017，2464-2470.

[14] Guangneng Hu，Yu Zhang，Qiang Yang. CoNet：Collaborative Cross Networks for Cross-Domain Recommendation[J]. In CIKM. 2018，667-676.

[15] Cheng Zhao，Chenliang Li，Cong Fu. Cross-Domain Recommendation via Preference Propagation Graph Net[J]. In CIKM. 2019，2165-2168.

[16] Feng Yuan，Lina Yao，Boualem Benatallah. DARec：Deep Domain Adaptation for Cross-Domain Recommendation via Transferring Rating Patterns[J]. In IJCAI. 2019，4227-4233.

[17] Chen Gao，Xiangning Chen，Fuli Feng，et al. Cross-domain Recommendation Without Sharing User-relevant Data[J]. In WWW. 2019，491-502.

[18] Seongku Kang，Junyoung Hwang，Dongha Lee，et al. Semi-Supervised Learning for Cross-Domain Recommendation to Cold-Start Users[J]. In CIKM. 2019，1563-1572.

[19] Xinghua Wang，Zhaohui Peng，Senzhang Wang，Philip S. Yu，Wenjing Fu，and Xiaoguang Hong. Cross-Domain Recommendation for Cold-Start Users via Neighborhood Based Feature Mapping[J]. In DASFAA，2018：158-165.

[20] Aleksandr Farseev，Ivan Samborskii，Andrey Filchenkov，and Tat-Seng Chua. 2017. Cross-Domain Recommendation via Clustering on Multi-Layer Graphs. In SIGIR. 195-204.

[21] Yaqing Wang，Chunyan Feng，Caili Guo，Yunfei Chu，and Jenq-Neng Hwang. Solving the Sparsity Problem in Recommendations via Cross-Domain Item Embedding Based on Co-Clustering[J]. In WSDM. ，2019：717-725.

[22] Ali Mamdouh Elkahky，Yang Song，and Xiaodong He. A Multi-View Deep Learning Approach for Cross Domain User Modeling in Recommendation Systems[J]. Worbl Wide Web，2015：278-288.

[23] Tianhang Song，Zhaohui Peng，Senzhang Wang，et al. Review-Based Cross-Domain Recommendation Through Joint Tensor Factorization. In DASFAA（Lecture Notes in Computer Science），2017 (10177)：525-540.

[24] Zhao C，Li C，Xiao R，et al. CATN：Cross-domain recommendation for cold-start users via aspect transfer network[C]//Proceedings of the 43rd International ACM SIGIR Conference on Research and Development in Information Retrieval，2020：229-238.

[25] Platzer C，Rosenberg F，Dustdar S. Web service clustering using multidimensional angles as

proximity measures[J]. ACM Transactions on Internet Technology (TOIT), 2009, 9(3): 1-26.

[26] Liu W, Wong W. Web service clustering using text mining techniques[J]. International Journal of Agent-Oriented Software Engineering, 2009, 3(1): 6-26.

[27] Elgazzar K, Hassan A E, Martin P. Clustering wsdl documents to bootstrap the discovery of Web services[C]//2010 IEEE international conference on web services. IEEE, 2010: 147-154.

[28] Chen L, Yang G, Zhang Y, et al. Web services clustering using SOM based on kernel cosine similarity measure[C]//The 2nd International Conference on Information Science and Engineering. 2010: 846-850.

[29] Lee Y J, Kim C S. A learning ontology method for restful semantic web services[C]//2011 International Conference on Web Services. 2011: 251-258.

[30] Nayak R, Lee B. Web service discovery with additional semantics and clustering[C]//IEEE/WIC/ACM International Conference on Web Intelligence (WI'07). IEEE, 2007: 555-558.

[31] Wagner F, Ishikawa F, Honiden S. QoS-aware automatic service composition by applying functional clustering[C]//2011 IEEE International Conference on Web Services. IEEE, 2011: 89-96.

[32] Xie L, Chen F, Kou J. Ontology-based semantic web services clustering[C]//2011 18th International Conference on Industrial Engineering and Engineering Management. 2011: 2075-2079.

[33] Chifu V R, Pop C B, Salomie I, et al. An ant-inspired approach for semantic web service clustering [C]//9th RoEduNet IEEE International Conference. 2010: 145-150.

[34] Ying L. Algorithm for semantic web services clustering and discovery[C]//2010 International Conference on Communications and Mobile Computing. IEEE, 2010, 1: 532-536.

[35] Zhou J, Li S. Semantic Web service discovery approach using service clustering[C]//2009 International Conference on Information Engineering and Computer Science. IEEE, 2009: 1-5.

[36] Xia Y, Chen P, Bao L, et al. A QoS-aware web service selection algorithm based on clustering[C]//2011 IEEE International Conference on Web Services. IEEE, 2011: 428-435.

[37] Zhu J, Kang Y, Zheng Z, et al. A clustering-based QoS prediction approach for Web service recommendation[C]//2012 IEEE 15th International Symposium on Object/Component/Service-oriented Real-time Distributed Computing Workshops. IEEE, 2012: 93-98.

[38] Cassar G, Barnaghi P M, Moessner K. Probabilistic Methods for Service Clustering[C]//SMRR. 2010.

[39] Bellwood T, Clément L, Ehnebuske D, et al. UDDI Version 3.0[J]. Published Specification, Oasis, 2002, 5: 16-18.

[40] Liang P. An approach to semantic re-composition of Web services for service-oriented architecture [C]//2010 2nd International Conference on Computer Engineering and Technology. IEEE, 2010, 2: 519-522.

[41] Keller U, Lara R, Polleres A, et al. Wsmo web service discovery[J]. WSML Working Draft D, 2004, 5.

[42] Dogac A, Kabak Y, Laleci G B. Enriching ebXML registries with OWL ontologies for efficient service discovery[C]//14th International Workshop Research Issues on Data Engineering: Web Services for e-Commerce and e-Government Applications, 2004. Proceedings. IEEE, 2004: 69-76.

[43] 聂规划，罗迹，陈冬林. 面向 Web 服务组合推荐的关联规则研究[D]. 2012.

[44] Agrawal R, Imieliński T, Swami A. Mining association rules between sets of items in large databases [C]//Proceedings of the 1993 ACM SIGMOD international conference on Management of data. 1993: 207-216.

[45] Zheng Z, Ma H, Lyu M R, et al. Qos-aware web service recommendation by collaborative filtering [J]. IEEE Transactions on Services Computing, 2011, 4(2): 140-152.

[46] Zheng Z, Ma H, Lyu M R, et al. Wsrec: Acollaborative filtering basedweb service recommender system[C]//IEEE International Conference on Web Services. Los Angeles, CA, USA: IEEE

Computer Society,2009：437-444.

[47] Cao J,Wu Z,Wang Y,et al. Hybrid collaborative filtering algorithm for bidirectional Web service recommendation[J]. Knowledge & Information Systems,2013,36(3)：607-627.

[48] Yu Q,Zheng Z,Wang H. Trace norm regularized matrix factorization for service recommendation [C]//IEEE International Conference on Web Services. Santa Clara,CA,USA：IEEE Computer Society,2013：34-41.

[49] Wang S,Ma Y,Cheng B,et al. Multi-dimensional qos prediction for service recommendations[J]. IEEE Transactions on Services Computing.

[50] Zheng Z,Ma H,Lyu M R,et al. Collaborative web service qos prediction via neighborhood integrated matrix factorization[J]. IEEE Transactions on Services Computing,2013,6(3)：289-299.

[51] Zhang W,Sun H,Liu X,et al. Temporal qos-aware web service recommendation via non-negative tensor factorization[C]//International Conference on World Wide Web. Seoul,Republic of Korea：ACM,2014：585-596.

[52] Wei L,Yin J,Deng S,et al. Collaborative Web service qos prediction with location-based regularization[C]//IEEE International Conference on Web Services. Honolulu,HI,USA：IEEE Computer Society,2012：464-471.

[53] Hu Y,Peng Q,Hu X. A time-aware and data sparsity tolerant approach for Web service recommendation[C]//IEEE International Conference on Web Services. Anchorage,AK,USA：IEEE Computer Society,2014：33-40.

[54] Hu Y,Peng Q,Hu X,et al. Time aware and data sparsity tolerant web service recommendation based on improved collaborative filtering[J]. IEEE Transactions on Services Computing,2015,8(5)：782-794.

[55] Malik Z.,Bouguettaya A. RATEWeb：Reputation Assessment for Trust Establishment Among Web Services[J]. VLDB JOURNAL,2009,18(4)：885-911.

[56] Yan Surong,Zheng Xiaolin,Chen Deren. Dynamic Service Selection with Reputation Management [J]. Proceedings of 2010 International Conference on Service Sciences,2010：9-16.

[57] Xiong Runqun,Luo Junzhou,Song Aibo,et al. QoS Preference-Aware Replica Selection Strategy Using MapReduce-Based PGA in Data Grids. Proceedings Of International Conference On Parallel Processing ICPP[J]. Taipei City,2011：394-403.

[58] 梁泉,王元卓. 基于按需服务的用户 QoS 偏好信息的处理策略. 信息与控制[J]. 2009,(06)：698-702.

[59] Nepal S.,Sherchan W.,Hunklinger J.,et al. A Fuzzy Trust Management Framework for Service Web[J]. IEEE International Conference on Web Services,2010：321-328.

[60] 李祯,杨放春,苏森. 基于模糊多属性决策理论的语义 Web 服务组合算法[J]. 软件学报,2009,(03)：583-596.

[61] 刘晓光,金烨. 网络服务自动化中基于非功能性条件约束的服务选择研究[J]. 计算机集成制造系统,2006,(02)：297-301.

[62] Bar-Yossef Z,Mashiach L T. Local approximation of pagerank and reverse pagerank[C]//Proceedings of the 17th ACM conference on Information and Knowledge Management. 2008：279-288.

[63] Y Koren. Factorization Meets the Neighborhood：a Multifaceted Collaborative Filtering Model. In Proceedings of the 14th ACM SIGKDD International Conference on Knowledge Discovery and Data Mining,2008,426-434.

[64] He X,Liao L,Zhang H,et al. Neural Collaborative Filtering[C]//International Conference on World Wide Web,2017：173-182.

[65] He X,Deng K,Wang X,et al. Lightgcn：Simplifying and powering graph convolution network for recommendation. In Proceedings of the 43rd International ACM SIGIR Conference on Research and Development in Information Retrieval,2020. 639-648.

[66] Vaswani A,Shazeer N,Parmar N,et al. Attention is all you need. arXiv preprint arXiv：1706.03762,2017.

第6章

服务互联网表示学习方法

6.1 研究背景与现状

6.1.1 背景与意义

服务平台中的海量服务在为用户提供多样化选择的同时，也使得服务互联网的内容与结构复杂化。随着服务系统的不断发展，其内容与结构也处于持续演化中[1]。服务互联网理解的主要任务，包括利用服务平台中的各类描述性信息以及用户使用记录进行表示学习[2]，准确地刻画服务系统的内容与结构，并表示为可支持计算机自动处理的形式。

随着 RESTful Web Service 的盛行，越来越多的服务提供商选择使用文本来描述服务，而不是传统的 WSDL、UDDI。这样的改变使得传统的基于规则的服务发现、服务推荐、服务组合方法难以顺利应用[3]。对于 RESTful Web Service，可以利用的服务描述信息包括服务的描述文本(Description)、标签(Tag)、类别(Categories)、提供商(Provider)等。现有方法中，往往是简单地应用 LDA 等主题模型对服务描述进行建模，然后再将获得的服务-主题向量作为服务的特征(Representations)[4]。然而，一方面，服务的主题向量并不能充分地代表服务的特性，如在 ProgrammableWeb 服务系统中，Google Maps 与 Google Earth 均属于"Mapping"类服务，对于主题模型，它们很容易被划分到同一主题，然而，Google Maps 更多地被用来搜索地点、路径等，充当电子地图的作用，Google Earth 则更多地用来展示地球上的信息，充当电子地球仪的作用。显然，在进行服务组合时，它们的用途显著不同，而此部分信息更大程度上需要从服务的组合记录中挖掘。另一方面，服务描述中包含很多噪声、背景词汇等[5]，而这些领域相关的背景词汇往往不在通用的英文停词(Stopwords)列表当中，因此简单地应用 LDA 难以自动地针对这些背景词汇进行处理，从而给服务描述建模带来不利的影响，进而限制推荐的准确性与多样性。

6.1.2 国内外研究现状

针对复杂服务系统进行表示学习与演化分析，是实现对当前及未来短时间内服务系统的准确理解的手段,始终是服务组合与推荐领域的一个研究热点,并推动着服务组合与推荐结果准确性的持续提升。

服务系统的表示学习,具体是指基于服务系统中的各类信息,学习并获取目标对象的低维稠密向量化表示的一类技术,是服务组合、推荐、可视化等下游具体任务的重要基础。在此方面,学术界在基于服务描述文本对服务功能特性进行向量化重构方面开展了很多工作。Li 等[6]使用隐狄利克雷分布(Latent Dirichlet Allocation,LDA)对 Web 服务的描述文档进行主题分析,从而实现对服务功能特性的表示学习。参考文献[7]选取了一种深度学习生成模型——变分自动编码机(Variational Auto-Encoder,VAE),提升了服务功能特性表示学习的质量。参考文献[8]提出使用作者-主题模型(Author-Topic Model,ATM),从服务请求信息与用户使用记录中挖掘服务功能补充信息,使服务功能特性的表示学习更能反映真实使用场景中的信息。参考文献[9]则基于 ATM 进一步提出了一种定制的概率主题模型,有效去除了服务描述文档和用户请求信息中与服务功能无关的信息,针对服务功能特性实现了更准确的表示学习。Shi 等[10]综合考虑了服务描述文档、类别标签和服务组合信息,使用了概率图生成模型与深度学习相结合的表示学习方式。

在服务系统理解方面,现有研究成果大多关注于服务系统的内容,包括服务的功能、负载等特性的当前状态和未来演化趋势,以理解与分析服务系统的结构为目标的研究则相对缺乏。服务系统的结构主要指海量服务之间形成的复杂关系网络。正确理解服务间关系特性的当前状态,并对其演化趋势进行合理预测,对于服务组合过程中准确地挑选适合的服务个体至关重要。此外,服务系统的内容与结构之间并不是一种单方面的确定性关系,而是一种相互影响、循环耦合的关系。因此,为了提升服务组合与推荐结果的准确性,不仅要加强对于服务系统结构方面的理解研究,而且要采取整体化的建模方法,以切合服务系统实际的分析方式,综合实现对服务系统内容与结构的准确理解。

6.2 服务功能主题模型

6.2.1 模型概述

为了生成服务特征,一个比较直接的方法是基于服务内容,应用传统的主题模型隐狄利克雷分布来获得主题分布,并使用主题分布向量来代表服务。然而,考虑到服务系统的以下特性,传统的 LDA 无法为服务构建足够有效的特征。

服务的描述信息是固定的,然而服务自身是处于不断演化中的。服务一旦发布,其描述信息基本上会维持不变。然而在发布之后,在长期的协作和演化中,服务自身的特性可能会发生演化。另一方面,服务组合开发者有时会以不同于服务提供商初始设想的方式使用服务。这些都会让服务的描述信息与服务的真实情况不一致。

服务的描述信息通常会包含很多服务系统特有的背景术语。例如,服务 Google Maps 的描述是“The Google Maps API allows for the embedding of Google Maps onto Web pages of outside developers, using a simple JavaScript interface or a Flash interface. It is designed to work on both mobile devices as well as traditional desktop browser applications...”比如“developers”“interface”及“applications”等背景术语不能提供关于服

务的功能特性的信息，还会给服务特征的质量带来负面影响。

然而，现有的研究中并没有专门针对服务系统的以上特点所设计的算法。本章提出了一种有针对性的定制的模型来解决以上问题，从而挖掘更加有效的服务特征。图 6-1 展示了本章提出的模型，即服务特征-隐狄利克雷分布（Service Representation-Latent Dirichlet Allocation，SR-LDA）的核心思路。如图所示，服务系统中包含各种服务，以及它们的服务组合，例如，服务组合 A 使用了两个服务，即服务 a 和服务 b，而且这些服务组合及服务各自被一些内容词条（Token）描述，即词语 1～7。

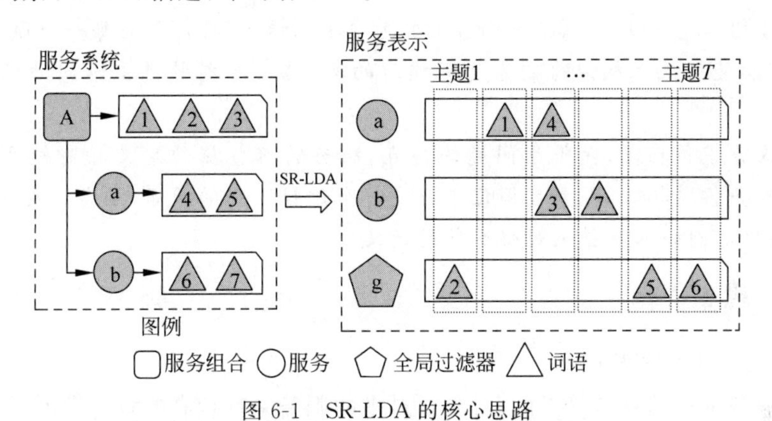

图 6-1　SR-LDA 的核心思路

服务一旦被发布，其描述信息一般都会维持不变，但服务本身可能在使用中逐渐演化，这样的演化信息包含在使用到这个服务的服务组合的描述信息中。也就是说，在 SR-LDA 中，将服务组合的描述信息也在服务的建模中引入，从而获得更加高质量、更加符合服务系统实际情况的服务特征。然而，一个服务组合通常会使用到多个服务，服务组合中的描述词语可能会与其中的任何一个服务相关。所以，SR-LDA 参考了作者-主题模型（Author-Topic Models）的思路，通过求解最大后验概率的方法来自动地将内容词条与相关的成员服务联系起来。通过整合服务组合的描述信息与服务的描述信息，可以解决第一个问题。

为了解决第二个问题，SR-LDA 引入了“全局过滤器”的概念。如果一个内容词条并非与一些特定的服务相关，而是在很多的服务的内容里相对均匀地出现，则这个内容词条很可能是一个背景术语，于是它会被分配为与全局过滤器相关。通过这种方法，模型可以自动地判断哪些词是背景术语，从而降低它们的不利影响。

通过整合上面介绍的方法，模型可以学习到更加有效的服务特征，从而提升基于此构建的服务系统知识地图的质量。

6.2.2　基本定义

首先，对符号进行定义，以方便本章的模型介绍及算法推导。

定义 6-1　服务

本章中，使用下标“j”来代表该符号与服务 s_j 相关，$j=1:J$。$SD_j=\{w_{j1},w_{j2},\cdots,w_{jn_j}\}$是包含 n_j 个内容词条（Token）的用来描述服务 s_j 的集合。

定义 6-2　服务组合

本章中，使用下标 i 来代表该符号与 mashup m_i 相关，$i=1:I$。$CS_i=\{cs_{i1},cs_{i2},\cdots,$

$cs_{ih_i}\}$是m_i的h_i个成员服务的集合，而$MD_i=\{w_{i1},w_{i2},\cdots,w_{in_i}\}$是用来描述 mashup m_i的包含n_i个内容词条的集合。

如上所示，本章提出的模型 SR-LDA 主要用到了服务和服务组合的内容信息，以及服务组合使用的服务的信息。注意服务与服务组合的内容包括但不限于文本描述、类别信息、标签以及 WSDL 文档等。

基于以上定义，这里对服务特征学习的问题进行形式化。

问题 6-1 服务特征挖掘(支持服务系统可视化)

给定服务的信息 SD，以及服务组合的信息 MD 和 CS，目标是为每一个服务 s_j 构建其特征 θ_j，使得功能特性上相似的服务具有相似的特征，而功能特性上不同的服务具有不同的特征。

注意与服务推荐相比，受限于问题的特点，服务特征挖掘的定义相对较主观、较模糊。这是因为与服务推荐相比，服务可视化本身是一个比较主观的问题，且学界关于该问题的研究相对较少，目前问题本身并未获得成熟的定义。

6.2.3 模型介绍

1. 生成过程及概率图模型

原始的服务描述信息是静态的，且包含过多的服务系统特有的背景术语，带来的后果是如果直接基于服务的原始描述来构建服务特征，那么获得的服务特征的质量会受到很大的局限。本章提出的模型中，整合了服务组合的描述信息来作为服务演化的信息来源，并引入“全局过滤器”来自动地判断及过滤背景术语。为了实现以上目标，本章针对服务的描述文本定制了其概率生成过程(图 6-2)。为求简明，本章使用下标“$J+1$”来代表全局过滤器。例如，符号 θ_{J+1} 用来代表全局过滤器的主题分布(即全局过滤器的特征)。

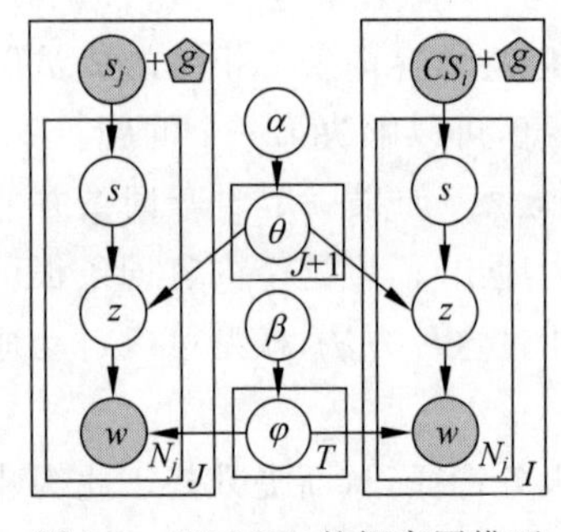

图 6-2 SR-LDA 的概率图模型

SR-LDA 的生成过程定义如下：假设共有 T 个主题，对于每个主题 $z=1:T$，基于狄利克雷分布，抽取主题-内容词条的分布 $\phi_z\sim\text{Dirichlet}(\beta)$。对于全局过滤器，基于狄利克雷分布，抽取其主题分布$\boldsymbol{\theta}_{J+1}\sim\text{Dirichlet}(\alpha)$。对于每个服务 s_j，$j=1:J$，基于狄利克雷分布，抽取其主题分布$\boldsymbol{\theta}_j\sim\text{Dirichlet}(\alpha)$。对于该服务的每个内容词条 $w_{jn}\in SD_j$，首先，基于均匀分布，抽取一个相关服务 $s_{jn}\sim\text{Uniform}(\{j,J+1\})$；然后，基于抽取到的服务 s_{jn} 的主题的多项式分布，抽取一个主题 $z_{jn}\sim\text{Mult}(\boldsymbol{\theta}_{s_{jn}})$；基于抽取到的主题 z_{jn} 的内容词条的多项式分布，抽取一个内容词条 $w_{jn}\sim\text{Mult}(\boldsymbol{\phi}_{z_{jn}})$。对于每个 mashup m_i，$i=1:I$，对于该服务组合的每个内容词条 $w_{in}\in MD_i$，首先，基于均匀分布，抽取一个相关服务 $s_{in}\sim\text{Uniform}(CS_i\cup\{J+1\})$；基于抽取到的服务 s_{in} 的主题的多项式分布，抽取一个主题 $z_{in}\sim\text{Mult}(\theta_{s_{in}})$；基于抽取到的主题 z_{in} 的内容词条的多项式分布，抽取一个内容词条 $w_{in}\sim\text{Mult}(\boldsymbol{\phi}_{z_{in}})$。

如上所述，SR-LDA 假设服务的描述中的内容词条只可能来自该服务自身或全局过滤器，而服务组合描述中的内容词条则可能来自任意一个成员服务及全局过滤器。基于这样的框架，描述服务组合的内容也可以帮助提升服务特征(即服务的主题分布 $\theta_{1:J}$)的建模效果。更进一步，所有服务和服务组合的内容词条都有可能与全局过滤器发生联系，于是那些不与特定服务相关、而是相对均匀地出现在大量描述当中的背景术语会被分配至全局过滤器，实现了针对背景术语的自动发现及过滤，从而进一步提升了服务特征的质量。通过这样针对性的设计，SR-LDA 可以构建更加有效的服务特征。

2. 模型求解

通过求解 SR-LDA 的最大后验估计，可以为服务构建有效的特征。如果假设共有 T 个主题，那么关注的变量包括：①服务-主题分布$\boldsymbol{\Theta}=\theta_{1:J+1}$；②主题-内容词条分布 $\Phi=\phi_{1:T}$。即模型求解的目标是最大化 $\boldsymbol{\Theta}$ 和 $\boldsymbol{\Phi}$ 的后验概率分布。本节中，为了简化模型求解的表达式，首先对部分符号进行合并，然后推导后验概率的表达式，最后介绍如何应用吉布斯采样(Gibbs Sampling)来快速地求解模型的最大后验解。

分析以上生成过程可以发现，服务与服务组合侧的内容词条的生成过程遵循类似的结构，因此本节对部分符号进行合并，以在之后的推导过程中简化公式。具体合并方式如下，定义

$$D=\{SD_1,\cdots,SD_J,MD_1,\cdots,MD_I\}$$

即 D 包含了来自服务和服务组合的所有描述文档的信息，且有 $|D|=I+J$。

类似的，定义

$$S=\{\{1,J+1\},\cdots,\{J,J+1\},\{CS_1\cup\{J+1\}\},\cdots,\{CS_I\cup\{J+1\}\}\}$$

即 S 包含了分别对应于 D 的所有成员服务的集合。本章使用下标“k”来表示该符号与合并后的变量有关，$k=1:(I+J)$。通过将服务组合部分和服务部分的变量合并，可以很大程度上使训练方法推导过程的公式变得更加简明。

基于上节中定义的生成过程，给定 $\boldsymbol{\Theta}$ 和 $\boldsymbol{\Phi}$ 的条件下，各个内容词条的生成是独立的，所以 D 的生成概率为

$$P(\boldsymbol{w}\mid\Theta,\Phi,S)=\prod_{w}P(w_{kn}\mid\Theta,\Phi,S_k)$$

其中，w_{kn} 是 D 中第 k 个服务/服务组合的第 n 个内容词条；$\boldsymbol{w}$ 是记录全部内容词条的向量；而 S_k 是 D 中第 k 个服务/服务组合对应的成员服务。

基于上节中的概率假设，内容词条 w_{kn} 的生成概率为

$$\begin{aligned}&P(w_{kn}\mid\boldsymbol{\Theta},\boldsymbol{\Phi},S_k)\\&=\sum_{j=1}^{J+1}\sum_{t=1}^{T}P(w_{kn},z_{kn}=s_{kn}=j\mid\boldsymbol{\Theta},\boldsymbol{\Phi},S_k\\&=\sum_{j=1}^{J+1}\sum_{t=1}^{T}P(w_{kn}\mid z_{kn}=t,\phi_t)P(z_{kn}=t\mid s_{kn}=j,\theta_j)P(s_{kn}=j\mid S_k)\\&=\frac{1}{|S_k|}\sum_{j\in S_k}\sum_{t=1}^{T}\phi_{w_{kn}t}\theta_{tj}\end{aligned}$$

其中，$\phi_{w_{kn}t}$ 是给定主题 t 后，抽样取得内容词条 w_{kn} 的概率；θ_{tj} 是给定服务 s_j 后，抽样取得主题 t 的概率；S_k 是添加了全局过滤器之后 D 中的第 k 个服务/服务组合的成员服务集合。根据均匀分布的假设，当 $s_j\in S_k$ 时，$P(s_{kn}=j|S_k)=\frac{1}{|S_k|}$；否则，$P(s_{kn}=j|S_k)=0$。

基于以上分析，抽样取得 w 的概率为

$$
\begin{aligned}
&P(\boldsymbol{w} \mid S,\alpha,\beta)\\
&=\iint P(\boldsymbol{w} \mid \boldsymbol{\Theta},\boldsymbol{\Phi},S)\,p(\boldsymbol{\Theta},\boldsymbol{\Phi} \mid \alpha,\beta)\,\mathrm{d}\boldsymbol{\Theta}\mathrm{d}\boldsymbol{\Phi}\\
&=\iint\Big(\prod_{w_{kn}\in \boldsymbol{w}} \frac{1}{\mid S_k \mid}\sum_{j\in S_k}\sum_{t=1}^{T}\phi_{w_{kn}t}\theta_{tj}\Big)\,p(\boldsymbol{\Theta} \mid \alpha)\,p(\boldsymbol{\Theta} \mid \beta)\,\mathrm{d}\boldsymbol{\Theta}\mathrm{d}\boldsymbol{\Phi}
\end{aligned}
$$

其中，$p(\boldsymbol{\Theta} \mid \alpha)$和 $p(\boldsymbol{\Theta} \mid \beta)$分别是 $\boldsymbol{\Theta}$ 和 $\boldsymbol{\Phi}$ 的狄利克雷先验概率。

与文献[11,12]类似，本章的推断过程基于求解最大后验概率

$$
p(\boldsymbol{\Theta},\boldsymbol{\Phi} \mid D,S,\alpha,\beta)=\sum_{z,s}p(\boldsymbol{\Theta},\boldsymbol{\Phi} \mid \boldsymbol{z},\boldsymbol{s},D,S,\alpha,\beta)
$$

其中，$\boldsymbol{z}=\{z_{kn}\}$是 $\boldsymbol{w}$ 中各个元素对应的抽样取得的主题；$\boldsymbol{s}=\{s_{kn}\}$则是 $\boldsymbol{w}$ 对应的抽样取得的成员服务。

$\boldsymbol{\Theta}$ 和 $\boldsymbol{\Phi}$ 的近似的最大后验解可以通过多种算法来获得，如变分推断（Variational Inference）、期望传播（Expectation Propagation）及马尔可夫链-蒙特卡罗方法（Markov Chain Monte Carlo，MCMC）等。本章使用基于马尔可夫链-蒙特卡罗的一种方法，吉布斯采样来进行求解。即首先通过采样获得 $P(\boldsymbol{z},\mathrm{s}\mid D,S,\alpha,\beta)$的估计，然后利用狄利克雷分布与多项式分布共轭的性质直接获得 $\boldsymbol{\Theta}$ 和 $\boldsymbol{\Phi}$ 的期望[13]。

为了获得 $P(\boldsymbol{z},\boldsymbol{s}\mid D,S,\alpha,\beta)$的估计，吉布斯采样的公式为

$$
\begin{aligned}
&P(s_{kn}=j,z_{kn}=t \mid w_{kn}=w,z^{\neg kn},s^{\neg kn},D^{\neg kn},S,\alpha,\beta)\\
&\propto \frac{g_{jt}^{\neg kn}+\alpha}{\sum_{t'}g_{jt}^{\neg kn}+T\alpha}\times\frac{c_{tw}^{\neg kn}+\beta}{\sum_{w'}c_{tw}^{\neg kn}+\beta}
\end{aligned}
\tag{6-1}
$$

其中，g_{jt} 是内容词条同时分配至主题 t 和服务 s_j 的次数，即 $g_{jt}=\sum I(z_{kn}=t,s_{kn}=j)$；$c_{tw}$ 是内容词条 w 被分配到主题 t 的次数，即 $c_{tw}=\sum I(w_{kn}=w,z_{kn}=t)$，其中 $I(\cdot)$是示性函数。上标“¬”表示统计时不计入当前正在采样的样本。

首先从随机初始化的服务分配 $\boldsymbol{s}$ 以及主题分配 $\boldsymbol{z}$ 开始，应用式(6-1)进行采样。在进行足够充分轮次的采样之后，马尔可夫链逐渐收敛至真实的后验分布，然后进行若干轮次的采样并记录采样结果，求平均，即可计算真实后验分布的期望。给定 $\boldsymbol{z},\boldsymbol{s},D,\alpha$ 以及 β，根据上节中定义的生成过程，可以发现 $\boldsymbol{\Theta}$ 和 $\boldsymbol{\Phi}$ 遵循一个简单的狄利克雷分布，即

$$
\begin{aligned}
\boldsymbol{\phi}_t \mid \boldsymbol{z},D,\beta &\sim \mathrm{Dirichlet}(c_t.+\boldsymbol{\beta})\\
\theta_j \mid \boldsymbol{z},\boldsymbol{s},\boldsymbol{\alpha} &\sim \mathrm{Dirichlet}(g_j.+\boldsymbol{\alpha})
\end{aligned}
$$

其中，$c_t.$ 是由 c_{tw}，$w=1,2,\cdots,W$ 构成的向量；$g_j.$ 是由 g_{jt}，$t=1,2,\cdots,W$ 构成的向量。

给定 $\boldsymbol{z}$ 和 $\boldsymbol{s}$ 后，利用狄利克雷分布与多项式分布共轭的性质，可以获得 $\boldsymbol{\Theta}$ 和 $\boldsymbol{\Phi}$ 的期望：

$$
E[\phi_{tw} \mid \boldsymbol{z},D,\beta]=\frac{c_{tw}+\beta}{\sum_{w'}c_{tw'}+W\beta}
\tag{6-2}
$$

$$
E[\theta_{jt} \mid \boldsymbol{z},\boldsymbol{s},\alpha]=\frac{g_{jt}+\alpha}{\sum_{t'}g_{jt'}+T\alpha}
\tag{6-3}
$$

本节用到的符号在表 6-1 中进行了总结，假设首先进行 N_{burn} 轮的吉布斯采样使模型收敛，然后进行 N_{acc} 轮的吉布斯采样并记录采样结果，参数学习的过程在算法 1 中进行了总结。

表 6-1 SR-LDA 的参数学习中用到的符号

符号	描 述	类 型
i	服务组合相关变量的下标	标量
j	服务相关变量的下标	标量
k	合并后相关变量的下标	标量
MD_i	服务组合的内容 i	列表
SD_j	服务的内容 j	列表
$D=\{D_k\}$	D_k 是合并后的内容列表中的第 k 个描述文档	列表
$\boldsymbol{w}=\{w_{kn}\}$	w_{kn} 是 D_k 的第 n 个内容词条	$\lvert\boldsymbol{w}\rvert$维向量
W	不同的内容 Token 的数量	标量
CS_i	mashup m_i 的成员服务	列表
$S=\{S_k\}$	S_k 包含对应于 D_k 的成员服务(包含全局过滤器)	集合
T	主题的个数	标量
$\boldsymbol{\Phi}=\phi_{1:T}$	主题-内容词条的分布,其中 ϕ_{tw} 是给定主题 t 后出现内容词条 w 的概率	$T\times W$ 维矩阵
$\boldsymbol{\Theta}=\theta_{1:J+1}$	服务-主题分布,θ_{J+1} 是全局过滤器的主题分布,其中 θ_{jt} 是给定 s_j 后出现主题 t 的概率	$(J+1)\times T$ 维矩阵
α	服务-主题分布的狄利克雷先验	标量
β	主题-内容词条的狄利克雷先验	标量
$\boldsymbol{z}=\{z_{kn}\}$	z_{kn} 是对应 w_{kn} 的主题分配	$\lvert\boldsymbol{w}\rvert$维向量
$\boldsymbol{s}=\{s_{kn}\}$	s_{kn} 是对应 w_{kn} 的服务分配	$\lvert\boldsymbol{w}\rvert$维向量
g_{it}	内容词条同时分配至主题 t 和服务 s_j 的次数	标量
c_{tw}	内容词条 w 被分配至主题 t 的次数	标量
N_{burn}	让模型收敛的吉布斯采样轮数	标量
N_{acc}	模型收敛后进行吉布斯采样并记录结果的轮数	标量

算法 6-1 SR-LDA 的参数学习

输入: $\alpha,\beta,D,S,T,N_{burn}$ 和 N_{acc}

输出: 最优的 $\boldsymbol{\Theta}$ 和 $\boldsymbol{\Phi}$

过程:

01 随机初始化 $\boldsymbol{z}$ 和 $\boldsymbol{s}$

02 计算 $g_{it},\sum_{t'} g_{it'},c_{tw}$ 及 $\sum_{t'} c_{tw'}$

03 循环 iter $=1:N_{burn}+N_{acc}$

04 　　循环对每个内容词条 w_{kn}

05 　　　　根据式(6-1),采样 z_{kn} 和 s_{kn}

06 　　　　更新 $g_{it},\sum_{t'} g_{it'},c_{tw}$ 和 $\sum_{t'} c_{tw'}$

07 　　结束

08 　　如果 iter$\geqslant 1:N_{burn}+N_{acc}$

09 　　　　记录采样结果 z_{kn} 和 s_{kn}

10 　　结束

11 结束

续表

12	计算记录的 z 和 s 的平均值
13	根据式(6-2)计算 $\boldsymbol{\Phi}$ 的期望
14	根据式(6-3)计算 $\boldsymbol{\Theta}$ 的期望

3. 时间复杂度

根据式(6-1),吉布斯采样中的每一步都需要使用到 g_{it} 和 c_{tw}。然而,每一次采样过程中,z 和 s 都只会有一个元素发生变化,因此,可以对 g_{it},$\sum_{t'} g_{it'}$,c_{tw} 和 $\sum_{t'} c_{tw'}$ 进行缓存,从而在常数时间中高效地进行更新。所以可以非常高效地实现算法。

因为需要对每一个内容词条随机分配主题及服务,算法 1 中第 1 行的时间复杂度为 $O(|\boldsymbol{w}|)$,其中 $|\boldsymbol{w}|$ 是全部内容词条的数量。算法 1 中的第 2 行,即构建缓存的步骤,其时间复杂度为 $O(|\boldsymbol{w}|+J \cdot T+T \cdot W)$,因为需要对所有内容词条随机生成的主题和服务分配结果进行遍历,并统计相关结果。如果假设平均每个服务组合包含 h 个服务,那么对每个内容词条,需要在所有可能的主题分配和服务分配上遍历,因此每个吉布斯采样的循环的时间复杂度为 $O(|\boldsymbol{w}|T\bar{h})$,于是从第 3 行到 11 行的时间复杂度为 $O(N_{burn}+N_{acc}|\boldsymbol{w}|T\bar{h})$。第 12 行到第 14 行计算 $\boldsymbol{\Theta}$ 和 $\boldsymbol{\Phi}$ 的期望,其时间复杂度为 $O(N_{acc}|\boldsymbol{w}|+|\boldsymbol{w}|T+J \cdot T)$。

考虑到 $|\boldsymbol{w}|$ 是内容词条的总数目,因此 $|w|$ 会远大于 J 及 W,算法 1 的主要的时间复杂度来自吉布斯采样,所以 SR-LDA 的总的时间复杂度为 $O((N_{burn}+N_{acc})|\boldsymbol{w}|T\bar{h})$,其中 $|\boldsymbol{w}|$ 大致与 $I+J$ 成正比。

6.2.4 实验分析

本节首先介绍实验用的数据集的情况,然后介绍评估指标以及基准方法,最后介绍定量与定性实验的结果。

ProgrammableWeb.com 是最大的 Web 服务及服务组合的在线数据库[14],很多学术研究都使用了来自该网站的数据集。本节使用的数据爬取自 ProgrammableWeb.com 上 2005 年 6 月到 2016 年 8 月的数据。使用到的服务内容涉及服务的文本描述、标签、类别信息。经过去停词、词根化处理之后,最终获得了 9555 个不同的内容词条。表 6-2 介绍了实验用数据集的详细信息。

表 6-2 实验用 ProgrammableWeb 数据集的统计信息

项目	数量
全部服务的数量	13931
被服务组合使用过的服务的数量	1241
全部服务组合的数量	6295
全部内容词条的数量	9555
平均每个服务组合使用的服务个数	2.06
平均每个服务组合或服务的内容 token 数	34.82

1. 定量评估指标

SR-LDA 的目标是更加有效地学习服务特征,从而帮助生成服务知识地图。然而,服务特征的质量很难直接定量评估。直觉上，特征可以：发现同领域中服务的相似性；发现不同领域中服务的差别。基于以上内容，本节使用一种间接的方法来评估服务特征的质量。

定量评估的方式如下：首先，基于学习到的服务特征，使用K均值算法[15]来获得聚类结果，然后计算聚类结果的戴维森-堡丁指数(DaviesBouldin Index，DBI)[16]来评估聚类结果的优劣，从而间接地评估服务特征的质量。

DBI的定义如下：

$$\mathrm{DBI}=\frac{1}{K}\sum_{i=1}^{K}\max_{j\neq 1}\left(\frac{\mathrm{avg}(C_i)+\mathrm{avg}(C_j)}{d_{cen}(\mu_i,\mu_j)}\right)$$

其中，

$$\mathrm{avg}\ (C)=\frac{2}{|\ C\ |\ (|\ C\ |-1)}\sum_{1\leqslant i<j\leqslant|C|}\mathrm{dist}(x_i,x_j)$$

是聚类团簇 C 内部的平均距离；K 是聚类团簇的个数；$d_{cen}(\mu_i,\mu_j)$ 是两个团簇的中心之间的距离，即 μ_i 和 μ_j 之间的距离。

显然，DBI越小，代表特征越有效，即团簇内的样本更加接近，而团簇之间的区别更加显著，与上文所述的直觉吻合。

2. 基准方法及超参数设置

用于比较的基准算法包括：

(1) LDA。该基准方法以服务的内容为基础，使用LDA模型来提取服务的主题。与该方法进行对比可以体现传统的主题模型在该问题下的效果。

(2) DSR-LDA(Degenerated SR-LDA)。该方法是SR-LDA的退化版本，与SR-LDA相比丢弃了全局过滤器。与该方法对比可以体现背景术语在构建有效的服务特征过程中带来的不利影响。

对于本章提出的SR-LDA及各个基准方法，均根据经验公式来设置超参数，即 $\alpha=50/T$ 和 $\beta=0.01$。关于主题数T，本章测试了主题数为40、80、120、160时的情况。对于各个主题数，均使用全部数据集以不同的初始化运行吉布斯采样5次，丢弃前8000轮的结果，然后再记录2000轮的结果并求其平均值作为最终结果。汇报中的DBI结果为这5次结果的平均值。定性实验及服务知识地图生成中，根据对结果的观察将主题数 T 设为了120。

3. 定量比较

图6-3展示了不同主题数 T 下，SR-LDA及各个基准算法的DBI结果。可以发现，在全部的主题数 T 及聚类类数 K 下，LDA的指标均是最差的，而SR-LDA的效果都是最好的。比较LDA和DSR-LDA的结果，可以发现引入服务组合的描述来进行服务特征的构建可以提高服务特征的质量，而比较本章提出的SR-LDA与各个基准方法的结果，可以发现更多有趣的结论。

首先，SR-LDA与DSR-LDA之间的差别要大于DSR-LDA与LDA之间的差别，说明背景术语对构建高质量服务特征的不利影响要更加显著。

然后，可以发现，SR-LDA与两个基准方法的DBI指标曲线展现了不同的趋势，当主题数T变大时尤其如此。例如，当设置T为120时，SR-LDA的最佳聚类类数为100，而LDA及DSR-LDA的最佳聚类类数为80。如果将T设置为更大的160，那么这个现象更加明显。这说明，如果不过滤背景术语，LDA和DSR-LDA无法保证从数据中学习到的所有的主题

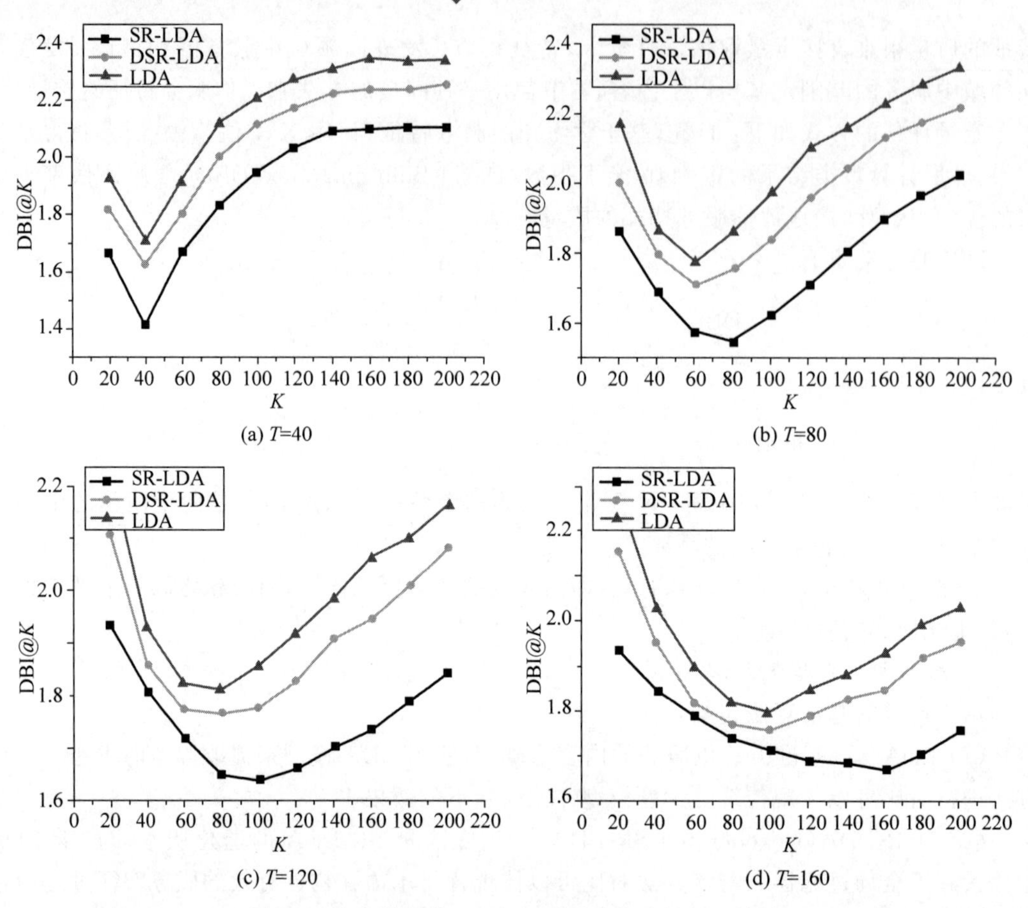

(a) T=40　(b) T=80　(c) T=120　(d) T=160

图 6-3　本章提出的 SR-LDA 及基准方法的 DBI 结果

对于区分服务的功能都是有效的。

作为结论,SR-LDA 可以在一系列主题数 T 和聚类类数 K 下给出更好的 DBI,佐证了 SR-LDA 学习到的特征比基准方法更加有效的结论。

4. 定性比较

实验中也进行了针对 SR-LDA 和基准方法效果的定性分析。表 6-3～表 6-5 展示了三个主题下最相关的内容词条及最相关的服务。

表 6-3　案例主题 1 下主要的内容词条与服务

算法及主题 t	内容词条 w	$P(w\|t)$	服务 s	$P(s\|t)$
SR-LDA 主题 43	Web	13.89%	#global filter#	75.35%
	website	10.38%	Nation Builder	0.10%
	Tool	7.74%	Amazon S3	0.08%
	Enable	6.06%	Fitbit	0.06%
	Help	5.54%	Google Analytics Managment	0.06%
	interface	4.20%	Bing	0.05%
	software	3.31%	PayPal	0.03%
	design	3.06%	Google Drive	0.03%

续表

算法及主题 t	内容词条 w	$P(w\|t)$	服务 s	$P(s\|t)$
DSR-LDA 主题 23	Web	9.99%	Google Maps	0.55%
	base	6.13%	Flickr	0.52%
	interact	5.89%	OpenLayers	0.30%
	javascript	4.95%	Twitter	0.25%
	design	4.40%	Google Maps Flash	0.20%
	feature	3.06%	AnyChart	0.18%
	build	3.01%	Yahoo Maps	0.17%
	framework	2.77%	Yahoo YUI	0.16%
LDA 主题 8	Web	37.73%	StrikeIronLite Web Services	0.19%
	Site	34.31%	Fonts. com	0.16%
	Let	4.00%	Alexa Top Sites	0.16%
	portal	3.49%	Daum Search	0.15%
	Free	2.31%	Bitrix Platform	0.15%
	font	1.92%	Daum Cafe	0.15%
	incorporate	1.23%	Alexa Site Thumbnail	0.15%
	Internet	1.17%	Daum Calendar	0.14%

表 6-4 案例主题 2 下主要的内容词条与服务

算法及主题 t	内容词条 w	$P(w\|t)$	服务 s	$P(s\|t)$
SR-LDA 主题 96	Data	10.29%	#global fifilter#	90.04%
	RESTful	6.13%	PriceGrabber	0.01%
	JSON	4.31%	UniGraph	0.00%
	format	4.12%	iCasework UsefulFeedback	0.00%
	online	3.42%	eRail. in Indian Railways	0.00%
	return	3.19%	BigCommerce	0.00%
	response	2.67%	FlightAware	0.00%
	XML	2.44%	Group Commerce	0.00%
DSR-LDA 主题 29	format	18.80%	Google Maps	0.14%
	response	14.81%	Yandex Bar	0.10%
	RESTful	14.47%	Yandex Webmaster	0.08%
	Call	14.13%	Bank of Russia Daily Info	0.07%
	JSON	13.94%	Mail. Ru	0.07%
	XML	11.15%	Yandex Money	0.07%
	Let	4.12%	Yandex Metrica	0.07%
	Russian	1.73%	Rubets	0.06%
LDA 主题 66	Web	11.63%o	WebRTC	0.21%
	browser	8.34%	OpenLayers	0.20%
	Javascritpt	5.06%	AdobeWave	0.19%
	base	3.18%	AnyChart	0.17%
	design	3.05%	Trigger Forge	0.16%
	plugin	2.99%	Mozilla Media Recorder	0.15%
	framework	2.67%	Web Storage	0.14%
	extension	2.51%	Crossrider	0.13%

表 6-5 案例主题 3 下主要的内容词条与服务

算法及主题 t	内容词条 w	$P(w\|t)$	服务 s	$P(s\|t)$
SR-LDA 主题 110	weather	21.67%	Google Maps	2.71%
	forecast	4.90%	Weather Underground	0.79%
	science	4.30%	NOAA National Weather Service	0.70%
	condition	3.09%	WeatherBug	0.68%
	astronomy	3.08%	Microsoft Bing Maps	0.37%
	NASA	2.26%	OpenWeatherMap	0.37%
	earth	2.06%	Weather Channel	0.35%
	observe	1.97%	World Weather Online	0.35%
DSR-LDA 主题 61	weather	14.13%	Google Maps	3.99%
	energy	4.90%	Weather Underground	0.69%
	Data	4.47%	WeatherBug	0.61%
	environment	4.37%	NOAA National Weather Service	0.58%
	forecast	3.20%	Clean PowerSolarAnywhere	0.37%
	provide	2.77%	AMEE	0.37%
	condition	2.44%	OpenWeatherMap	0.35%
	location	1.82%	World Weather Online	0.34%
LDA 主题 45	weather	10.61%	NWCC Air and Water Database	0.37%
	Data	9.13%	LISIRD	0.32%
	science	3.73%	NCEP Forecast	0.30%
	forecast	2.83%	EMP Climate	0.29%
	condition	2.60%	CORDC COAMPS Winds Model	0.27%
	environment	2.16%	Clean Power SolarAnywhere	0.26%
	astronomy	2.06%	Asterank Minor Planet Center	0.25%
	NASA	1.74%	Terrapin Hurricane Tracking	0.24%

如表 6-3 及表 6-4 所示，对于 SR-LDA，主题 43 是一个一般性的背景术语相关的主题，而主题 96 是一个技术类的背景术语相关的主题。SR-LDA 可以正确地将这些背景术语与全局过滤器关联起来，并过滤这些背景术语，从而降低这些内容词条对服务特征建模带来的负面影响。DSR-LDA 的主题 23、LDA 的主题 8 是与 SR-LDA 的主题 43 最相似的主题，而 DSR-LDA 的主题 29、LDA 的主题 66 是与 SR-LDA 的主题 96 最相似的主题。可以看出，由于没有全局过滤，无法过滤这些背景术语，服务特征的质量就难以保证。表 6-5 则是一个天气相关的主题。一方面，由于天气信息几乎一定与位置信息同时使用，因此在实践中，如 Google Maps 等地图类的服务也与该主题相关。SRLDA 及 DSR-LDA 这两个引入服务组合描述信息的方法均可以从数据中发现这一现象。由于地图类的服务更加中心化，而天气类服务的使用情况相对比较均衡，因此给定主题后，Google Maps 出现的概率甚至比很多特定的天气类的服务出现的概率更高。而只考虑服务描述信息的方法 LDA 并不能发现这一现象。另一方面，由于 DSR-LDA 与 LDA 无法自动过滤背景术语，诸如“data”“provide”等内容词条出现在它们的主题中，而如 Clean Power SolarAnywhere、AMEE 等一些环境友好能源(Environmentally-Friendly Energy)相关的服务也出现在它们的主题中。若核对 SR-LDA 的各个主题，会发现这些服务会出现在一个单独的主题(第 67 个主题)中，即 DSR-

LDA、LDA 会将天气(Weather)与环境(Environment)两个主题混淆在一起,而 SR-LDA 则可以准确地区分这两个主题。这表明,如果不过滤掉背景术语,功能相关的服务主题的质量也会受到影响。

基于以上结果,可以得出 SR-LDA 学习到的主题比 DSR-LDA、LDA 更加有效的结论,这对服务知识地图的生成会有很大的帮助。

5. 案例分析

由于 SR-LDA 可以自动地将服务组合描述中的词语与成员服务关联起来,本节针对 3 个案例进行分析,来定性地研究相关成员服务推断的质量。表 6-6 列出了相关结果。

表 6-6 示例服务组合的描述及成员服务推断的结果

服务组合		ShopTalk						
描述		A Shopify shop owner adds the ShopTalk application to their shop, then can call into their shop from any phone via Cloudvox. After identifying using a PIN, shopkeeper can hear total orders. Runs on Heroku.						
词语		application	shop	call	phone	PIN	order	run
成员服务	Cloudvox	4.88%	3.70%	74.01%	95.65%	77.27%	6.09%	19.62%
	Shopify	3.89%	96.24%	3.67%	4.26%	22.33%	91.73%	17.01%
	#global filer#	91.23%	0.06%	22.33%	0.09%	0.40%	2.18%	63.37%
服务组合		WEpiskeptis						
描述		Episkeptis helps users identify the best restaurants, bars, clubs and cafes in their city, with the help of their Facebook friends. Users are able to rate, recommend and share their favorites. Site is in Greek.						
词语		help	restaurant	bar	friend	recmmend	share	site
成员服务	Facebook	2.61%	13.87%	4.94%	95.83%	91.08%	88.90%	17.54%
	Google Maps	0.12%	86.04%	94.84%	4.17%	8.83%	1.27%	2.27%
	#global fifiler#	97.26%	0.09%	0.22%	0.00%	0.09%	9.83%	80.19%
服务组合		Music Enthusiast						
描述		Search for your favorite artist. Be able to visually see locations of their upcoming concerts and events. Check out their hottest videos on YouTube.						
词语		artist	able	visual	location	upcome	concert	video
成员服务	Eventful	34.27%	4.57%	17.72%	16.85%	92.32%	89.09%	0.37%
	Google Maps	1.18%	0.78%	53.56%	70.40%	1.37%	2.30%	1.18%
	YouTube	64.55%	0.40%	28.68%	0.37%	6.25%	8.58%	98.41%
	#global fifiler#	0.00%	94.25%	0.03%	12.38%	0.06%	0.03%	0.03%

案例 1 ShopTalk。ShopTalk 是一个帮助用户使用任何手机跟踪订单的服务组合。它使用了两个成员服务,即提供在线电话功能的服务 Cloudvox 及提供订单信息的服务 Shopify。对于类似"application""shop""phone"及"order"之类的词语,模型可以很确定地

给出这些词语与哪一个成员服务(或全局过滤器)相关。而对于类似"call"这样的词语,由于它可能是"call through the phone"中的"call",代指打电话,也可能是"call the API"中的"call",代指调用API,所以模型并不能100%地确定这个词语与哪个服务相关,但依然可以给出74.01%的概率认为与Cloudvox相关,在该案例中,这是正确的选择。

案例2 Episkeptis。Episkeptis是一个提供快餐店、酒吧、咖啡厅等的搜索和分享功能的服务组合,它使用了两个成员服务,包括提供社交功能的Facebook,以及提供搜索和地图功能的谷歌地图。有趣的是,尽管在谷歌地图的描述中并没有类似"restaurant"和"bar"这样的词语,模型依然可以很大的置信度给出这些词语与服务谷歌地图有关的结论。事实上,模型是从其他使用到谷歌地图的服务组合中学习到这一特性的,说明使用mashup的描述来辅助服务特征的建模是非常有效的。在Facebook这一侧也有类似的结论,即"recommend"这一词汇并没有出现在Facebook的描述中,但模型依然非常确信这个词与Facebook有关。

案例3 Music Enthusiast。Music Enthusiast是一个为音乐迷设计的服务组合,它使用了三个成员服务,包括提供即将到来的音乐会信息的Eventful,进行地理位置可视化的Google Maps,以及提供歌手的热门视频的YouTube,这个案例相对于案例1和案例2而言要更难一些。对于如"able""upcome"及"video"等没有争议的词语,SR-LDA模型可以非常确定地将它们与对应的成员服务或全局过滤器关联起来。然而,类似"artist"和"location"等词语则可能与多个服务有相关关系。例如,Eventful的描述为"the world's largest collection of events, taking place in local markets throughout the world, from concerts and sports to singles events and political rallies",因此词语"artist"可能与Eventful有关;而YouTube可以提供知名歌手的视频,所以"artist"也可能与YouTbue有关。最终,SR-LDA以34.27%的概率将这个词语与Eventful关联,而以64.55%概率将其与YouTube关联,反映了上面所述的歧义性。

作为结论,SR-LDA可以有效地将服务组合描述中的词语与对应的成员服务或全局过滤器关联起来,这个特性可以显著地让服务的描述信息变得更加丰富,从而帮助构建更加有效的服务特征。

考虑到服务系统的特性,使用通用的主题模型很难获得有效的服务特征。为了克服其中的难点,本章提出一个针对服务系统的特性定制的主题模型,引入服务组合的描述信息来补充服务的静态的描述,从而可以跟踪服务的演化过程;引入全局过滤器来自动发现并过滤背景术语,从而可以显著地提升特征建模质量。定量实验与定性分析均说明了本章提出方法的有效性。

6.3 服务共现主题模型

6.3.1 模型概述

近年来,基于隐层狄利克雷分布的主题模型在服务推荐算法中得到了广泛的应用。这些工作利用服务和服务组合的文本描述,建立每个服务或服务组合的单词向量描述文档,应用概率主题模型,分析得到服务或服务组合文档的主题分布,以及基于单词分布的主题分布。在推荐时,针对用户提出的自然语言形式需求,通过余弦相似度等度量方式,推荐匹配的服务列表。如上一章所述,本节考虑的服务或服务组合的文本描述信息是针对服务或服务组合的功能特性。因此,为了方便与本节提出的"服务共现主题"进行对比,本节将传统的基于服务或服务组合单词描述的主题定义为"服务功能主题"。

服务功能主题形式化定义如下。

定义 6-3(服务功能主题) 基于服务或服务组合功能描述的单词向量描述文档,应用主题模型,可以得到基于单词描述的主题集合,即服务功能主题(Service Functional Topic)。服务功能主题的形式化定义如下:

$$Z_C = \{Z_{Ck} \mid Z_{Ck} = \{p_{k1}, p_{k2}, \cdots, p_{kN_V}\}, k = 1, 2, \cdots, K_C\} \tag{6-4}$$

其中,Z_C 表示所有服务功能主题的集合;$Z_{Ck}(k=1,2,\cdots,K_C)$表示第 k 个服务功能主题;K_C 为当前服务或服务组合文档的主题数量,事先根据经验或实验确定。

对于每一个服务功能主题,使用基于文本单词的分布来描述,即"主题-单词"概率分布,以一个 N_V 维的向量来表示,N_V 为当前服务系统中文本字典中的单词总数。

"主题-单词"分布描述了每个主题下各个单词出现的概率,如 p_{ki} 描述的是主题 k 下字典中第 i 个单词出现的概率大小。即:若某个服务或服务组合的描述文档属于主题 k,抽样该文档的一个描述单词,那么字典中第 i 个单词有 p_{ki} 的概率被抽中,作为该服务或服务组合的描述单词。

举例来说,一个与地理位置信息相关的服务功能主题,其基于文本单词的分布可能如表 6-7 所示。

表 6-7　服务功能主题分布示例

单　　词	p_{ki}	单　　词	p_{ki}
Map	34.00%	Navigating	14.00%
Site	25.00%	…	…
Location	15.00%		

近年来,主题模型在服务推荐算法中得到了广泛的应用。大部分研究工作是基于服务和服务组合的文本功能描述上,建模得到如定义 6-3 所述的服务功能主题。服务功能主题是使用基于文本单词的概率分布进行描述的。然而服务功能主题的建模结果并不能直观地解释当前服务系统中服务的组合模式信息,开发者也无法对当前服务系统中的所有开发者创建服务组合的行为偏好有一个直观、全面的了解。为了克服上述困难,本节提出了"服务共现主题"(Service Co-occurrence Topic)的概念,设计算法进行参数估计并对求取其相关特性。服务共现主题基于服务系统中的服务组合历史信息,应用主题模型建模求取得到。本节拟求取的服务共现主题定义如下:

定义 6-4(服务共现主题) 与服务功能主题不同,每个服务共现主题使用一个基于服务的概率分布来描述。服务系统中的服务共现主题集合形式化表示如下:

$$Z = \{Z_k \mid Z_k = \{ps_{k1}, ps_{k2}, \cdots, ps_{kNs}\}, k = 1, 2, \cdots, K\} \tag{6-5}$$

其中,Z 表示所有服务共现主题的集合;$Z_k(k=1,2,\cdots,K)$表示第 k 个服务共现主题;K 为当前服务系统中服务共现主题的数量。与服务功能主题类似,可以事先根据经验或实验确定服务共现主题的数量。对于每一个服务共现主题,使用基于服务的分布来描述,即"主题-服务"概率分布,以一个 N_S 维的向量来表示,N_S 为当前服务系统中的服务总数。

"主题-服务"概率分布描述了每个服务共现主题下各个服务出现的概率,如 ps_{ki} 描述的是共现主题 k 下当前服务系统中第 i 个服务出现的概率。ps_{ki} 的直观含义是,若想要创建一个属于主题 k 的服务组合模式,则有 ps_{ki} 的概率选用服务系统中的第 i 个服务。服务共现主题描述了服务系统中不同服务之间的组合模式,揭示了服务组合开发者在构建新的服务组合时的行为偏好,具有很直观的意义和实用价值。

举例来说,假设一个服务共现主题描述了基于视频信息的推荐服务组合模式,且其基于服务的分布描述如表 6-8 所示。该服务共现主题阐述了服务组合开发者以 YouTube 为核心,通过与其他先关信息和广告工具相结合,实现基于视频的周边推荐服务的组合模式。

表 6-8　服务共现主题分布示例

服　　务	ps_{ki}	服　　务	ps_{ki}
YouTube	0.727	WebThumb	0.013
Amazon Product Advertising	0.203	Mobypicture	0.007
Yahoo Query Language	0.017	…	…

服务系统随着时间而不断地动态演化,伴随着服务开发者、服务使用者和服务系统管理者的行为参与,大量的服务和服务组合被创建、修改、使用或是逐渐失效。时间信息是理解服务系统中服务组合模式的趋势的关键,是研究服务推荐算法和服务演化问题需要考虑的重要信息[17]。近年来,一些主题模型在建模时同时考虑时间信息,但得到的仍然是服务功能主题而非共现主题。服务共现主题体现了系统中隐含的服务组合模式,且随着时间的变化,不同服务组合模式的热门程度也发生着变化,反映了开发者创建服务组合趋势的变化。结合服务系统蕴含的时间和内容信息,可以求取服务共现主题的相关特性,对共现主题做出进一步的补充解释和说明。本节拟求取的服务共现主题的以下相关特性:

定义 6-5(服务共现主题特性)　服务共现主题的主要特性包含主题重要性、主题代表服务、主题代表描述单词和主题时间特性等。

(1) 主题重要性(Topic Importance):不同的服务共现主题反映了服务系统中的不同服务组合模式,也具有不同的重要性。最重要的服务共现主题则体现了当前服务系统中,服务开发者在创建新的服务组合时比较热门的趋势和方向。

(2) 主题代表服务(Topic Representative Services):服务共现主题是使用基于服务的概率分布来描述的,在一个服务共现主题中,不同的服务拥有不同的影响力(重要性)。主题代表服务是一个服务共现主题中影响力较高、重要性较大的那些服务,体现了该主题所描述的服务组合模式的主要功能。通过主题代表服务及其重要性数值,可以使服务开发者和使用者直观地了解当前服务共现主题所描述的服务组合模式。

(3) 主题代表描述单词(Topic Representative Description Words):即描述当前服务共现主题所体现的服务组合模式最合适的单词。基于文本的描述将会帮助服务开发者和使用者进一步理解服务共现主题的具体含义。

(4) 主题时间特性(Topic Temporal Strength):随着时间的推移,服务系统是动态演化的,系统中不同服务组合模式的热度也是不断变化的。服务共现主题的时间特性是一个随时间的分布,描述了特定的服务组合模式在不同时间的不同流行程度,一定程度上反映了服务系统演化的趋势。

一些研究工作尝试利用主题模型直接对组合历史进行建模,但这样的做法存在文本稀疏性的问题[18]。在服务系统中,为了满足用户的复杂需求,同时还需要考虑精简性和实用性,每个服务组合通常仅仅会调用某几个服务实现相关的功能。为了克服上述困难,本章基于服务系统的服务组合历史,设计了服务共现文档的构建方法。并在此基础上,应用主题模型,对每个服务的共现服务进行建模,挖掘服务系统中的服务共现主题。同时,结合服务系统中的其他信息,本章还设计了服务共现主题相关特性的求取方法。最后,基于实际数据集ProgrammableWeb.com的相关实验验证了本章提出算法的有效性。

6.3.2 模型介绍

图6-4为本章提出的服务共现主题挖掘与分析算法的总体框架图。如图所示,整体算法由三个主要步骤构成:服务共现文档(Service Co-occurrence Document)构建、服务共现主题挖掘和服务共现主题特性(Characteristics of Service Co-occurrence Topics)挖掘。这三部分内容是递进的关系,阐述了利用服务系统的相关信息,挖掘服务共现主题及相关特性的步骤和方法。

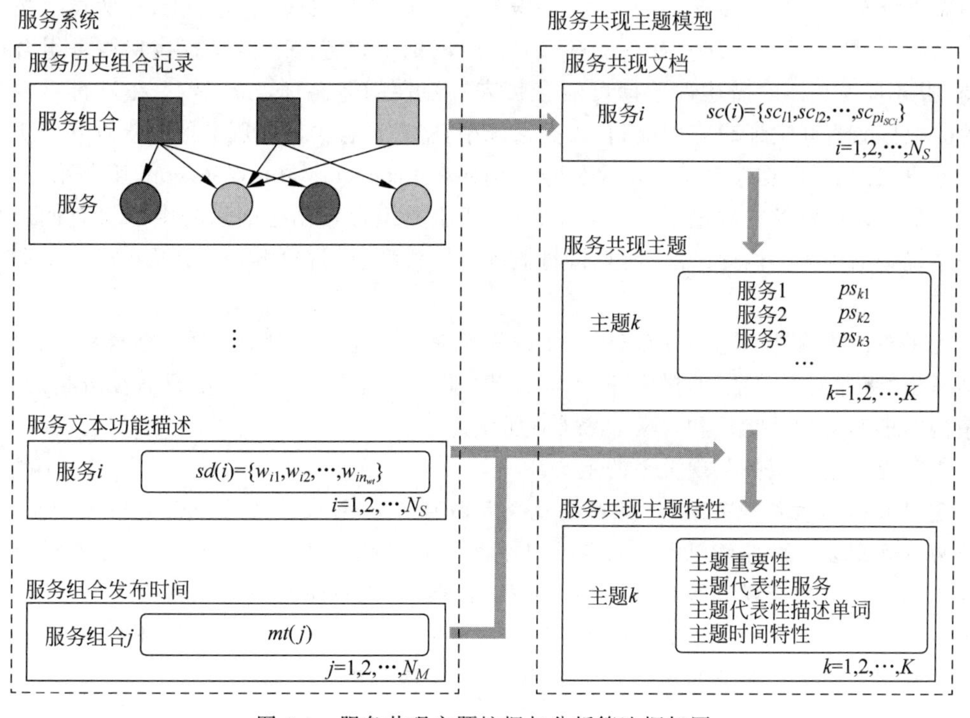

图6-4　服务共现主题挖掘与分析算法框架图

本章利用概率主题模型对“服务组合-服务”历史调用记录展开分析与建模,提出“服务共现文档”的概念,以解决传统研究中遇到的文档稀疏性问题。基于服务共现文档,应用概率主题模型,算法对每个服务的共现服务的生成过程进行建模,求解服务共现主题。最后,结合服务系统中服务文本功能描述和服务组合发布时间等信息,本节设计算法,对上一节提出的服务共现主题的四个特性进行求解。基于ProgrammableWeb.com的实际数据集,本章通过相关实验验证了提出的服务共现主题挖掘算法的有效性。

下面将对三个部分的实现细节做出详细阐述和说明。

1. 服务共现文档构建

服务系统中的服务历史组合记录("服务组合-服务"历史调用记录)是非常有价值的信息,直接体现了服务组合开发者参与服务系统生态行为,真实地反映了用户需求的变化,以及服务系统中服务组合模式的创建趋势。现有的混合服务推荐算法大多将服务历史组合记录与服务系统中的其他信息一起建模,以此提高服务推荐的准确度。现有研究缺少对服务历史组合记录本身的建模和分析工作,多是利用关联规则挖掘或网络分析算法,分析服务组合与服务以及不同服务之间的关联特性。这样虽然可以得到服务之间的关联规则,但是缺少对这些组合和规则的直观解释,并且不利于服务开发者或服务系统管理者从宏观层面理解当前服务系统中服务组合的模式和发展趋势。

近年来,概率主题模型在服务计算领域得到了广泛应用,不少研究者也将其应用在对服务组合历史记录的研究中。通过概率主题模型建模,可以得到基于文本描述单词的主题概率分布,直观地揭示文档中的主题分布趋势,以及不同主题下单词热度等信息,这些信息可以用来辅助服务推荐的相关工作,以提高服务推荐的准确度。Zhang 等[19]直接将基于隐层狄利克雷分布(LDA)的主题模型应用在"服务组合-服务"历史调用记录上,以尝试挖掘用户的隐含需求,即服务组合开发者在创建服务组合时的需求趋势。但是直接将服务组合视为文档,服务视为文档的描述性单词可能会带来稀疏性问题。Huang 等[20]在进行服务系统相关的数据分析和实证研究中提到,服务系统中,服务组合中调用服务的频次存在严重不平衡的现象,且实际数据大多满足幂律分布。例如在 ProgrammableWeb. com 服务系统中,服务组合平均调用服务的数量不超过 4,甚至一些服务组合在创建的过程中并没有调用当前服务系统中的服务。因此,并不能直接将概率主题模型应用在"服务组合-服务"历史调用记录上。

为了解决稀疏性问题,并应用概率主题模型对服务组合历史记录展开建模和细致分析,本节提出"服务共现关系"的概念,并据此构建"服务共现文档",作为本章后续分析的基础。本节内容涉及的相关参数和含义如表 6-9 所示。

本节首先给出服务共现关系的定义。

定义 6-6(服务共现关系) 服务共现关系描述了两个服务被同一服务组合调用,通过功能协作实现复杂功能的现象。服务共现系数衡量了服务共现关系的强弱,系数的大小表明了在创建服务组合模式时服务共现对的热门程度。服务系统中的任意两个服务 $s_i, s_j \in S(i,j=1,2,\cdots,N_S)$,定义它们之间的服务共现系数为 $c(i,j)$,也称为服务 s_i 与 s_j 间存在服务共现对。所有的服务共现系数组成 $N_S \times N_S$ 维共现系数矩阵 $\boldsymbol{C}$。

表 6-9 服务共现文档构建相关参数和含义

参　数	含　义
$c(i,j)$	服务 i 与服务 j 之间的共现关系
$\boldsymbol{C}$	服务共现系数矩阵
$c_{i,j}$	服务 i 与服务 j 被服务组合同时调用的次数
ms_i	服务 i 一共被服务组合调用的次数

续表

参　　数	含　　义
scp_i	包含服务 i 的服务共现对总数
$ascp_i$	其他服务通过服务 i 产生的平均服务共现对数
N_{csi}	与服务 i 有共现关系的其他服务总数
$sc(i)$	服务 i 的服务共现文档
d_{other}	服务共现文档分中其他共现关系构成的部分
d_{self}	服务共现文档分中自共现关系构成的部分

对于单个服务 $s_i \in S, i=1,2,\cdots,N_S$ 而言，服务共现关系分由两个部分构成：他共现关系(Co-occurrence with Others)和自共现关系(Self-co-occurrence)。

定义 6-7(他共现关系)　他共现关系 $c(i,j) i \neq j$，即服务 i 与服务系统中其他服务之间的共现关系，是共现系数矩阵 $\boldsymbol{C}$ 中除去主对角线的部分。

服务他共现关系 $c(i,j)$ 是对在创建服务组合的过程中，服务 i 和服务 j 构成服务共现对，即被服务组合同时调用的可能性的大小衡量。因此，他共现关系可以定义为

$$c(i,j)=c_{i,j} \tag{6-6}$$

其中，$c_{i,j}$ 表示在当前服务系统中，服务 i 和服务 j 同时被一个服务组合调用的总次数。$c(i,j)>c(i,j')$，则表示在创建服务组合的过程中，若使用了服务 i，那么服务 j 被同时调用的可能性要高于服务 j。$c(i,j)=0$ 表示服务 i 和服务 j 之间没有他共现关系，即两者没有被服务开发者在创建服务组合的过程中同时调用。$c(i,j)\neq 0$ 表示服务 i 和服务 j 之间存在共现关系，即服务 i 和服务 j 存在服务共现对(同时被一个服务组合调用)，以解决复杂的功能需求。

定义 6-8(自共现关系)　自共现关系 $c(i,j)$，即服务 i 与自身的共现关系的衡量，是共现系数矩阵 $\boldsymbol{C}$ 中主对角线部分。

自共现关系 $c(i,j)$ 是对当前服务 i 在创建服务组合时的热度衡量，也可以理解为是对当前服务 i 与其他服务之间产生他共现关系的热度衡量。自共现关系数值越大，表明服务 i 在创建服务组合时更热门，或更容易与服务系统中的其他服务被服务组合共同调用，从而产生他共现关系。特别地，从不同的角度，本节给出了四种自共现关系的衡量方式，分别如下所述：

(1) 零自共现关系(Zero Self-co-occurrence，ZS)。

在 ZS 中，不考虑服务的自共现关系，$c(i,j)=0$。即在考虑单个服务 i 的共现关系时，仅考虑服务 i 与其他服务之间的组合记录，并基于此构建服务共现文档。

(2) 基于服务组合调用记录(Self-co-occurrence based on Mashup Usage Records，SMUR)。

根据服务组合历史记录，若一个服务被很多服务组合调用时，表示在创建服务组合时，该服务的热度更高，以及围绕它创建的服务组合模式将会更加热门。因此，它应当具有更高的自共现关系数值。在 SMUR 中，定义服务的自共现系数如下：

$$c(i,j)=ms_i \tag{6-7}$$

其中，ms_i 表示在当前服务系统中，服务 i 一共被服务组合调用的次数。

(3) 基于服务共现对数(Self-co-occurrence based on Service Co-occurrence Pair Number，SSCPN)。

类似地，根据服务共现对的出现记录，若一个服务在很多的服务共现对中出现，说明该

服务在创建服务组合时更加热门。因此，在 SSCPN 中，用一个服务与其他的服务产生“共现对”的总数量来衡量该服务的自共现关系。在 SSCPN 中，定义服务的自共现系数如下：

$$c(i,i)=scp_i=\sum_{j,j\neq 1} c_{i,j} \tag{6-8}$$

其中，scp_i 表示当前服务系统中通过服务组合的形式产生的包含服务 i 的服务共现对总数。举例来说，服务组合 m_1 调用了服务 1、服务 2 和服务 4，这时则基于服务 1 出现了两个服务共现对，即“服务 1-服务 2”和“服务 1-服务 4”；另外一个服务组合 m_2 仅调用了服务 1 和服务 2，则只产生了一个服务共现对“服务 1-服务 2”。上述例子中一共出现了基于服务 1 的 3 个服务共现对。

(4) 基于平均服务共现对数(Self-co-occurrence based on Average Service Cooccurrence Pair Number，SASCPN)。

基于 SSCPN，在 SASCPN 中，用一个服务与其他服务平均产生“服务共现对”的数量来衡量这个服务的自共现关系。类似地，在 SASCPN 中，定义服务的自共现系数如下：

$$c(i,i)=ascp_i=<\frac{1}{N_{csi}}\sum_{j,j\neq 1} c_{i,j}> \tag{6-9}$$

其中，$ascp_i$ 表示当前服务系统中，其他服务通过服务 i 产生的平均服务共现对数；$<\ >$表示对结果四舍五入取整；N_{csi} 表示与服务 i 有共现关系的其他服务的总数。用 SSCPN 中的例子来说明，此时服务 1 与其他服务产生的平均服务共现对数为 $3/2=1.5$，则服务 1 基于 SASCPN 的自共现系数为 2。

当使用不同衡量方式计算自共现关系时，可以得到不同的共现系数矩阵。为方便起见，分别记由零自共现关系(ZS)、基于服务组合调用记录的自共现关系(SMUR)、基于服务共现对数的自共现关系(SSCPN)和基于平均服务共现对数(SASCPN)的自共现关系得到的共现系数矩阵为 $\boldsymbol{C}_{ZS}$、$\boldsymbol{C}_{SMUR}$、$\boldsymbol{C}_{SSCPN}$ 和 C_{SASCPN}。基于共现关系的定义，四种方法从不同的角度考虑了自共现系数的衡量方式，本章将在实验部分做出详细分析。

总的来说，服务共现系数矩阵 $\boldsymbol{C}$ 拥有如下特性：

• 基于主对角线对称，即 $c(i,j)=c(j,i)$；

• 基于不同自共现衡量方法得到的共现系数矩阵仅主对角线不同。

构建服务共现文档最核心的思想是，用服务来描述服务。本章为服务系统中的所有服务建立一个“服务字典”，将服务定义为基于服务单词(Service Word Token)组合的文档。根据服务共现关系的定义，可以构建服务共现文档，对每个服务的共现关系作出描述。针对任意一个服务 i，本节使用与其具有共现关系的其他服务作为单词来描述 i。本节对服务共现文档定义如下：

定义 6-9(服务共现文档) 对于任意服务 $s_i\in S(i=1,2,\cdots,N_S)$，抽取服务共现系数矩阵 $\boldsymbol{C}$ 的第 i 行 $c(i)$，基于此定义 s_i 的服务共现文档：

$$sc(i)=\{\#(s_j)=c(i,j)\mid j\in S\} \tag{6-10}$$

式中，$\#(s_j)$表示在 s_i 的服务共现文档中，服务 s_j 作为描述性单词出现的次数；$\#(s_j)$等于服务 i 与服务 j 的共现系数 $c(i,j)$。服务系统中所有服务的服务共现文档集合为 $SC=\{sc(i)\mid i=1,2,\cdots,N_S\}$。

从另一种角度看，可以将 s_i 的服务共现文档表示为

$$sc(i)=d_{other} \cup d_{self}=\{\#(s_j)=c(i,j) \mid j \in S, i \neq j\} \cup \{\#(s_j)=c(i,i)\} \tag{6-11}$$

即将 s_i 的服务共现文档分成由他共现关系构成的部分 d_{other} 和自共现关系构成的部分 d_{self}。

举例来说,假设一个服务系统中有 4 个服务和 3 个服务组合,且"服务组合-服务"历史调用矩阵如表 6-10 所示。

表 6-10 服务组合历史示例

	服务 1	服务 2	服务 3	服务 4
服务组合 1	1	1	1	0
服务组合 2	0	0	1	1
服务组合 3	1	1	0	1

根据不同的服务自共现关系衡量方法,可以得到 C_{ZS}、C_{SMUR}、C_{SSCPN} 和 C_{SASCPN},如表 6-11 所示。

表 6-11 服务共现系数矩阵示例

$\boldsymbol{C}_{ZS}$	s_1	s_2	s_3	s_4
s_1	0	2	1	1
s_2	2	0	1	1
s_3	1	1	0	1
s_4	1	1	1	0

(a)

$\boldsymbol{C}_{SMUR}$	s_1	s_2	s_3	s_4
s_1	2	2	1	1
s_2	2	2	1	1
s_3	1	1	2	1
s_4	1	1	1	2

(b)

$\boldsymbol{C}_{SSCPN}$	s_1	s_2	s_3	s_4
s_1	4	2	1	1
s_2	2	4	1	1
s_3	1	1	3	1
s_4	1	1	1	3

(c)

$\boldsymbol{C}_{SASCPN}$	s_1	s_2	s_3	s_4
s_1	1	2	1	1
s_2	2	1	1	1
s_3	1	1	1	1
s_4	1	1	1	1

(d)

2. 模型细节及求解过程

基于构建的服务共现文档,受到隐层狄利克雷分布主题模型的启发,本节对每个服务文档中共现服务的生成过程进行建模,挖掘服务共现主题。表 6-12 总结了在服务共现主题模型(Service Co-occurrence LDA, SeCo-LDA)中涉及的参数及相关说明。

表 6-12 服务共现主题模型相关参数

参　数	含　义
N_S	服务的个数/服务共现文档的个数
K	服务共现主题总数
Θ	"服务-主题"分布
θ_i	服务 i 的基于主题的分布
Φ	"主题-服务"分布
ϕ_z	主题 z 的基于服务的分布
α,β	服务贡献模型超参数

根据上一节的内容，可以得到共 N_S 个服务共现文档，与服务系统中的服务总数相同。基于定义 6-4，假设当前服务系统中服务共现主题(Service Co-occurrence Topics)的总数为 K，并满足多项分布(Multinomial Distribution)。定义 $z=1,2,\cdots,K$ 为主题变量，并用一个 $N_S \times K$ 维度的矩阵$\boldsymbol{\Theta}$ 来表示每个服务共现文档的主题分布。特别地，本章将服务共现文档 d 的基于服务共现主题的分布表示为 $P(z|d)$。矩阵$\boldsymbol{\Theta}$ 的每一行为一个 K 维的向量，第 i 行表示 s_i 的服务共现文档的主题分布，即 $\theta_{iz}=P(z|i)$，并且 $\sum_{z=1}^{K}\theta_{iz}=1$。其中，$\theta_{iz}$ 表示主题 z 在 s_i 的共现文档中的流行度。

类似地，本章用一个 $K \times N_S$ 维度的矩阵 $\boldsymbol{\Phi}$ 来表示每个服务共现主题基于"服务单词"(Service Word Token)的分布。本节将服务共现主题 z 基于服务单词的分布表示为 $P(s|z)$。矩阵 $\boldsymbol{\Phi}$ 的每一行为一个 N_S 维的向量，第 z 行表示服务共现主题 z 的服务单词分布，即 $\phi_{zs}=P(s|z)$，并且 $\sum_{s=1}^{N_S}\phi_{zs}=1$。$\phi_{zs}$ 表示服务 s 在主题 z 下的流行度，或重要程度。

服务共现主题模型的概率图模型如图 6-5 所示。

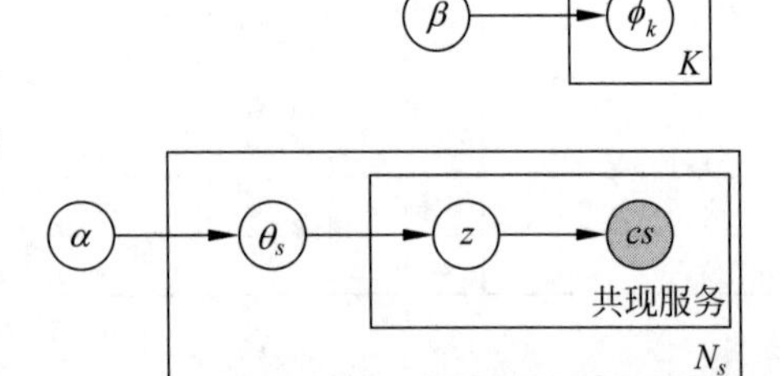

图 6-5 服务共现主题模型概率图示意

对于每个服务共现文档，文档中的共现服务(服务作为描述单词，即 Service Word Token)的生成过程概述如下：

(1) For 每个服务共现主题 z，则 $\phi_z \sim Dirichlet(\beta)$；

(2) For 服务系统中的任一服务 s_i，则

① $\theta_i \sim Dirichlet(\alpha)$；

② For 服务共现文档 d_i 中的每个共现服务 cs_{in}，则

a. $z_{in} \sim Multinomial(\theta_i)$；

b. $cs_{in} \sim Multinomial(\phi_{zin})$。

如上述生成过程，服务 s_i 基于主题的分布 θ_i 和主题 z 基于服务的分布 ϕ_z 均满足狄利克雷分布。在服务共现模型中，采用均值先验，引入超参数 α 和 β，作为两个狄利克雷分布的超参数，狄利克雷参数向量每个分量的值都一样。上述生成过程中，$\phi_z \sim Dirichlet(\beta)$ 表示根据参数为 β 的狄利克雷分布进行随机采样得到的结果，$z_{in} \sim Multinomial(\theta_i)$ 则表示根据参数为 θ_i 的多项式分布进行随机采样而得到的结果。根据服务共现主题概率生成模型，可以得到服务共现文档 SC 和服务共现主题 Z 的联合概率分布：

$$P(\boldsymbol{CS},\boldsymbol{Z} \mid \boldsymbol{\Theta},\boldsymbol{\Phi}) = \prod_{i=1}^{N_S}\prod_{z=1}^{K}\prod_{s=1}^{N_S}\theta_{iz}^{n_{iz}}\phi_{zs}^{n_{zs}} \tag{6-12}$$

引入狄利克雷分布的超参数 α 和 β，$\boldsymbol{CS}$ 和 $\boldsymbol{Z}$ 的联合概率分布可以表示如下：

$$\begin{aligned} & P(\boldsymbol{CS},\boldsymbol{Z} \mid \alpha,\beta) \\ = & \int P(\boldsymbol{CS},\boldsymbol{Z},\theta,\phi \mid \alpha,\beta)\mathrm{d}\theta\mathrm{d}\phi \\ = & \int P(\boldsymbol{CS},\boldsymbol{Z},\theta,\phi)P(\theta \mid \alpha)P(\phi \mid \beta) \end{aligned} \tag{6-13}$$

根据生成过程，基于服务共现文档，服务共现主题模型建立了“服务共现文档-服务共现主题-服务描述性单词”的模型结构，或简称为“服务-主题-服务”模型结构。通过引入隐变量服务共现主题，建立了服务与服务之间的关联。对于隐变量的求解，本节使用吉布斯采样算法对服务共现主题模型中的隐含变量进行参数估计。采样的初始化操作通过随机分配主题标签 Z 实现，结果收敛或达到设定的迭代次数后采样终止。利用狄利克雷分布与多项式分布具有共轭先验的特性，对于每个服务共现文档隐含的服务共现主题，可以基于联合概率分布得到采样公式。特别地，对于第 i 个服务共现文档中的第 t 个共现服务 s 的主题标签，采样公式如下：

$$
\begin{aligned}
& p(z_{it}=z \mid cs_{it}=s, Z^{\neg(i,t)}, D^{\neg(i,t)}) \propto p(z_{it}=z, cs_{it}=s \mid Z^{\neg(i,t)}, D^{\neg(i,t)}, \alpha, \beta) \\
&= \iint p(z_{it}=z, cs_{it}=s_i, \theta_i, \phi_z \mid Z^{\neg(i,t)}, D^{\neg(i,t)}, \alpha, \beta) \mathrm{d}\theta_i \mathrm{d}\phi_z \\
&= \iint p(z_{it}=z, \theta_i, \mid Z^{\neg(i,t)}, D^{\neg(i,t)}, \alpha, \beta) \cdot p(cs_{it}=s, \phi_z \mid Z^{\neg(i,t)}, D^{\neg(i,t)}, \alpha, \beta) \mathrm{d}\theta_i \mathrm{d}\phi_z \\
&= \iint \theta_{iz} p(\theta_i \mid Z^{\neg(i,t)}, D^{\neg(i,t)}, \alpha) \cdot \phi_{zs} p(\phi_z \mid Z^{\neg(i,t)}, D^{\neg(i,t)}, \beta) \mathrm{d}\theta_i \mathrm{d}\phi_z \\
&= \int \theta_{iz} p(\theta_i \mid Z^{\neg(i,t)}, D^{\neg(i,t)}, \alpha) \mathrm{d}\theta_i \cdot \int \phi_{zs} p(\phi_z \mid Z^{\neg(i,t)}, D^{\neg(i,t)}, \beta) \mathrm{d}\phi_z \\
&= \frac{\alpha_z + n_{iz}^{\neg it}}{\sum_z (\alpha_z + n_{iz}^{\neg it})} \cdot \frac{\beta_s + n_{zs}^{\neg it}}{\sum_s (\beta_s + n_{zs}^{\neg it})}
\end{aligned} \tag{6-14}
$$

经过一定的迭代次数后，采样结果会逐渐收敛于真实的后验分布。隐变量“服务-主题”分布 θ_{iz} 和“主题-服务”分布 ϕ_{zs} 的后验期望可以表示为

$$\theta_{iz} = \frac{n_{iz} + \alpha_z}{\sum_z (n_{iz} + \alpha_z)} \tag{6-15}$$

$$\phi_{zs} = \frac{n_{zs} + \beta_s}{\sum_s (n_{zs} + \beta_s)} \tag{6-16}$$

进一步，主题的后验分布体现了不同的服务共现主题在当前服务系统中的热度，即不同服务组合模式的热度。可以通过下式估计：

$$P(z \mid D) = \frac{n_z}{\sum_z n_z} \tag{6-17}$$

其中，n_z 表示在抽样共现服务时，被标记为主题 z 的总次数。

服务共现主题与定义 6-3 指出的服务功能主题主要有以下几个方面的区别：

(1) 服务共现主题是基于服务共现文档构建的，是对服务共现文档中出现的共现服务生成过程进行建模，而服务功能主题则是基于服务文本功能描述文档构建的，是对文档中出现的单词生成过程进行的建模；

(2) 服务共现主题构建了“服务-主题-服务”的生成过程，而服务功能主题则构建了“服务-主题-单词”的生成过程；

(3) 服务共现主题是用关于服务的分布来描述的，而服务功能主题是用关于单词的分布来描述的；

（4）共现服务的生成过程，其实是服务组合开发者调用现有服务创建服务组合的过程。因此，服务共现主题揭示了服务系统中隐含的服务组合模式，而服务功能主题仅仅揭示了主题到文本单词的关联。

在模型中，吉布斯采样的迭代次数记为 N_G。综上所述，通过吉布斯采样求取模型隐变量的过程总结如表 6-13 所述。

表 6-13 吉布斯采样参数估计步骤

算法 6-2 吉布斯采样
输入：
01. 超参数 α and β
02. 服务共现文档集合 SC
03. 吉布斯采样迭代次数 N_G
04. 服务共现主题总数 K
输出：
01. 参数估计结果 θ and ϕ
02. 主题后验分布 $P(z\|D)$
步骤：
00. 初始化 $n_{iz}=0, n_{zs}=0$；
01. For each $sc(i)$ in SC
02. For each co-occurring service sc_{it} in $sc(i)$
03. 根据均值多项分布 Multinomial$(1/T)$ 采样获得 $z_{it}=k$；
04. $n_{ik}+=1, n_{kt}+=1$；
05. End
06. End
07. For $iter=1:N_G$
08. For each $sc(i)$ in SC
09. For each co-occurring service sc_{it} in $sc(i)$
10. 根据式(3-11)对 z_{it} 重新抽样；
11. End
12. End
13. 更新 $n_{iz}=0, n_{zs}=0$ 的值；
14. End
15. 根据式(3-12)得到 θ；
16. 根据式(3-13)得到 ϕ。

3. 服务共现主题特性挖掘

基于服务组合历史记录，在通过服务共现主题模型挖掘到隐含的主题后，结合服务系统其他维度的信息，本章设计算法求取定义 6-5 提出的共现主题的四个方面特性（主题重要性、主题代表性服务、主题代表性描述单词和主题时间特性）。服务共现主题的相关特性可以帮助服务开发者和服务系统管理者更好地理解服务系统中隐含的服务组合模式。传统模型通常难以求取服务功能主题类似的特性。

本节中涉及的参数和具体含义如表 6-14 所示。

表 6-14 服务共现主题特性挖掘相关参数

参 数	含 义
$E(n_{zw})$	服务共现主题中单词 w 的出现期望
n_{sw}	单词 w 在服务 s 的文本描述中出现的次数
TCO_s	服务 s 被调用的时间
$t_j^{(s)}$	服务 s 被服务组合第 j 次调用的时间戳
co_s	服务 s 一共被服务组合调用的次数

1) 主题重要性(Topic Importance)

根据公式,本节定义 $P(z)(z=1,2,\cdots,K)$ 为服务共现主题的主题重要性。$P(z)$ 表示不同主题在创建服务组合时被选用的概率大小。一个服务共现主题的重要性越高,那么服务组合开发者在创建新的服务组合时,创建与该主题相关的服务组合模式的可能性就越大。服务系统中最重要的几个服务共现主题,能够体现当前系统中开发者创建服务组合模式的规律和趋势。

2) 主题代表服务(Topic Representative Services)

当服务组合开发者想要创建符合某个服务共现主题的服务组合时,他往往会更偏向于选择当前服务共现主题下较为热门的那些服务。对于服务共现主题 z,将其"主题-服务"分布 ϕ_z 按降序排列,即得到主题 z 下服务的重要性(热度)排序。在主题 z 下,一个服务的热度越高,那么它就越有可能在开发者创建该主题的服务组合时被调用。一个服务共现主题中重要度最高的一些服务称为主题代表服务,通常能够体现该主题的主要功能特性。

另一种得到主题代表性服务的方法是直接根据服务组合历史记录,基于服务被调用的次数,对服务共现主题中的服务进行排序。然而这种方法通常是不准确的,因为在某些领域或主题下,服务开发者可能会偏向于创建更多的服务组合,数量上存在明显的差异。而基于"主题-服务"分布的方法则不存在这个问题,它综合地对一个服务共现主题的功能进行描述,因此通常可以得到更有意义的结果。

3) 主题代表描述单词(Topic Representative Words)

服务共建主题模型的参数估计结果中,针对每个隐含的服务共现主题,仅提供了基于"服务单词"分布的描述。然而,在有些情况下,如果能用代表性的文本单词来描述一个主题,是非常实用的。一个服务共现主题的代表服务和代表描述单词互相补充,能够帮助服务开发者和服务系统管理者更简单和直观地理解该服务共现主题的功能特点。当服务提供商发布服务时,他们会提供服务的功能性文本描述信息。基于"主题-服务分布",并结合服务的文本描述信息,可以通过下式计算一个服务共现主题中每个文本单词出现的期望:

$$
\begin{aligned}
E(n_{zw}) &= \sum_s n_{sw} P(service_s \mid z) \\
&= \sum_s n_{sw} \phi_{zs}
\end{aligned}
\tag{6-18}
$$

其中,n_{sw} 表示单词 w 在服务 s_s 的文本描述中出现的次数。

基于式(6-18),将一个服务共现主题下的所有文本单词的出现期望按照降序排列,就得到了该主题的代表描述单词集合。本章将在实验部分给出具体的案例，论证主题代表描述单词在识别服务共现主题功能时的作用。特别是当两个服务共现主题的代表服务比较相似的情况下，主题代表描述单词能够帮助服务开发者更细粒度地去辨别它们之间的差异。

4）主题时间特性(Topic Temporal Strength)

时间特性描述了一个服务共现主题的演化生命周期，使用基于时间的分布来表示。在某一时刻，一个服务共现主题的时间特性数值越高，表示该时间段开发者创建的服务组合与当前主题相关的概率更高。

直观地，一个服务共现主题的生命周期通常包含三个不同的阶段：成长期(Beginning Period)、爆发期(Boom Period)和衰退期(Fading Period)，形状上与正态分布曲线类似。在成长期，属于该主题的服务被逐渐发布，服务组合开发者也开始组合这些服务来创建新的服务组合。在爆发期，该服务主题下的代表性服务(Topic Representative Services)大量涌现，并且出现大量使用它们创建的服务组合。而在衰退期，服务开发者对于当前主题所描述的服务组合模式的兴趣逐渐减弱，相关的服务组合也逐渐减少。不同的服务共现主题通常拥有不同形式的生命周期。一些服务共现主题会保持持续热门的状态，而一些服务共现主题的爆发期可能很短，快速地进入衰退期。此外，一些服务共现主题也有可能拥有多个爆发期，体现了围绕其出现在不同时段的代表服务的服务组合创建趋势。

本章通过研究服务共现主题的时间特性来分析单个主题的生命周期，以帮助服务组合开发者和服务系统管理者更直观地理解服务组合模式的热度随着时间的演化情况。对于主题 z，本章使用基于时间的服务重要性分布来描述主题的时间特性。服务组合被创建的时间戳信息精确地记录了相关服务被调用的时间，体现了服务开发者在该时刻对相关隐含服务组合模式的创建。求解服务共现主题时间特性的核心思路是，对于主题 z，如果服务 i 在时刻 t_0 被调用，那么该服务就对主题 z 在 t_0 时刻的时间特性产生影响，影响的大小与主题 z 下服务 i 的重要性(ϕ_{zi})成正比。在这里，算法使用的是服务组合被发布的时间戳信息，而不是服务本身被发布的时间戳。因为只有当一个服务被调用时，它才真正对系统中隐含的服务组合模式的形成产生了影响，这是符合常识的。

本节将服务 s 被调用的时间表示为 $TCO_s=\{t_j^{(s)} \mid j=1:co_s, t_1^{(s)} \leqslant \cdots \leqslant t_{co_s}^{(s)}\}$。其中，$t_j^{(s)}$ 表示 s 被服务组合第 j 次调用(时间先后为序)的时间戳信息，co_s 是服务 s 在当前服务系统的发展过程中一共被调用的次数。对于服务共现主题 z，到 t_0 时刻的服务时间特性的累积概率分布函数(Cumulative Distribution Function, CDF)可以表示如下：

$$
\begin{aligned}
&\Pr(time \leqslant to \mid z) \\
&= \sum_{s} \sum_{j, t_j^{(s)} \leqslant t_0} \frac{P(s \mid z)}{\sum_{s} co_s \cdot P(s \mid z)} \\
&= \sum_{s} \sum_{j, t_j^{(s)} \leqslant t_0} \frac{\phi_{zs}}{\sum_{s} co_s \cdot \phi_{zs}}
\end{aligned}
\tag{6-19}
$$

在典型的服务系统中，发布服务和服务组合的时间单位为“天”，是离散变量。主题 z 的概率质量函数(Probability Mass Function, PMF)可以表示为

$$
\Pr(time \leqslant to \mid z) = \sum_{s} \sum_{j, t_j^{(s)} = t_0} \frac{\phi_{zs}}{\sum_{s} co_s \cdot \phi_{zs}} \tag{6-20}
$$

基于上述信息，可以计算每个服务共现主题的时间特性期望（Expectation Time of Topic），如下所示：

$$TE_z = E_z[time(s)] = \sum_s \sum_j t_j^{(s)} \cdot \frac{\phi_{zs}}{\sum_s co_s \cdot \phi_{zs}} \tag{6-21}$$

时间期望描述了一个服务共现主题的主要爆发期发生的大致时间。基于服务共现主题的时间期望，我们可以在两个主题之间大致区分哪一个是较旧的主题（较旧的服务组合模式），哪一个是新产生的主题（较新的服务组合模式）。

4. 时间复杂度

服务系统中的服务和服务组合近年来呈快速增长的趋势。为了验证该方法在大规模服务系统中的适用性，本节对提出的服务共现主题模型进行时间复杂度的分析。本章提出的服务共现主题模型共包含三个部分：服务共现文档构建、服务共现主题挖掘和服务共现主题特征挖掘。其中，服务共现主题特征的挖掘目的是让服务开发者和服务系统管理者更直观了解服务系统中服务组合创建的趋势，对算法的时间复杂性并没有严格的要求。因此，我们仅考虑服务共现文档构建和服务共现主题挖掘的时间复杂度。

构建服务共现文档的复杂度不高于 $O(N_{maxs}^2 \cdot N_M)$，其中 N_{maxs} 表示一个服务组合调用服务的最大数量。在服务共现主题挖掘中对概率主题模型中的参数进行估计时复杂度是 $O(N_G \cdot K \cdot N_W)$。其中，N_G 是设置的吉布斯采样的迭代次数，K 是服务共现主题总数，N_W 代表服务共现文档集 SC 的总服务单词（Service Word Token）数。因此，服务共现主题模型的算法复杂度不高于 $O(N_{maxs}^2 \cdot N_M + N_G \cdot K \cdot N_W)$。

在下一节实验分析部分，本章也展示了算法复杂度分析的相关实验结果，以验证模型的有效性和实用性。

6.3.3 实验分析

对于一般的服务系统，均可以应用本章提出的服务共现主题模型，挖掘得到隐含的服务共现主题及相关特性。服务共现主题反映了服务系统中隐含的服务组合模式的相关信息。

实验部分首先介绍本节中使用的 ProgrammableWeb.com 数据集的基本信息。然后，本章将介绍实验参数设置，并以零自共现（ZS）为案例，展示服务共现主题及其相关特性的挖掘结果。对于不同的自共现衡量方法，本章分别定性和定量地对基于不同服务共现文档建模得到的主题分布进行对比。最后，展示了算法复杂度分析的相关实验结果。

1. 数据集

本节爬取了 ProgrammableWeb.com 网站自成立（2005 年 9 月）以来到 2015 年 12 月关于服务和服务组合的相关信息，构建 ProgrammableWeb.com 数据集，作为本节实验的基础数据集。本节爬取的服务和服务组合的相关信息，包括名称、标签、功能描述和组合历史等。其中，对于服务和服务组合的文本功能描述，通过词根处理、分词、无关词过滤、错误更正等自然语言处理技术，最终得到有效服务和服务组合的文本单词描述文档，具体过程不再赘述。

ProgrammableWeb.com 数据集的基本信息如表 6-15 所述。

表 6-15 ProgrammabelWeb.com 数据集基本信息

指标	数值
Web 服务数量	12711
存在共现关系的 Web 服务数量	975
服务组合数量	6239
至少调用 1 个服务的服务组合数量	2513
字典词汇总数	21328

2. 参数设置

参考传统主题模型参数设置的经验公式，在服务共现主题模型中，本章设定超参数 $\alpha=50/K$，$\beta=0.01$。参数估计时，吉布斯采样迭代次数设定为 $N_G=1000$。

在进行服务共现主题相关知识的挖掘时，主题数量 K 是预先设定的数值。主题的数量与模型的建模效果间存在紧密的联系。利用主题模型建模的目标是使得整个文档的似然函数值最大。本节引入困惑度(Perplexity)来衡量不同主题数目 K 下主题模型的建模效果，并据此说明主题数目的参数选择方法。

困惑度指标是传统语言建模中常用的评价指标。困惑度的数值与测试数据集的似然函数值呈反向变化，数学意义上表示文档中每个单词似然函数几何均值的倒数。当困惑度较低时，表示当前测试数据集的建模效果较好。对于一个包含 M 个文档的文档集，困惑度计算公式如下：

$$perplexity(D)=\exp\left\{-\frac{\sum_{d=1}^{M}\log p(w_d)}{\sum_{d=1}^{M}N_d}\right\} \tag{6-22}$$

其中，w_d 表示文档 d 的单词向量。在服务共现主题模型中，$p(w_d)$可以通过下式计算：

$$p(w_d)=\prod_{n}\sum_{z}p(w_{dn}\mid topic=z)\cdot p(topic=z\mid d) \tag{6-23}$$

本节以基于零自共现得到的服务共现文档为例，阐述主题数量 K 的选择过程。在其他参数不变的情况下，服务共现文档集的困惑度随主题数量 K 的变化如图 6-6 所示。

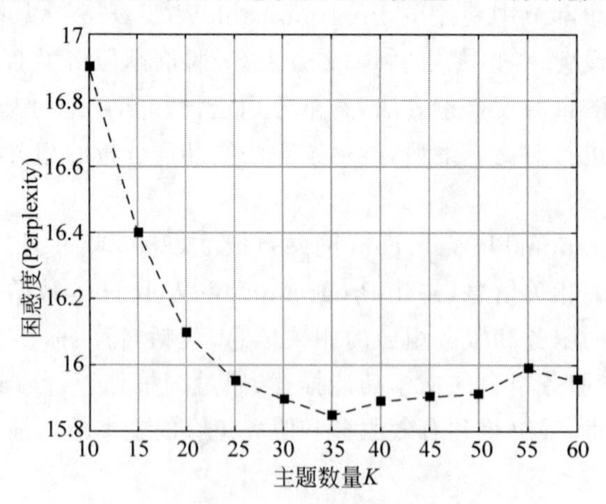

图 6-6 困惑度随主题数量 K 的变化

从图 6-6 可以看出，当服务共现主题的数量设定为 $K=35$ 时，困惑度取得最小值。因此，本节在基于 ZS 的服务共现主题模型参数估计时，设定主题的数量 $K=35$。类似地，可以通过同样的实验，确定基于 SMUR、SSCPN、SASCPN 的服务共现主题模型的主题数量分别设定为 45、50 和 40。

综上所述，在服务共现主题挖掘与分析的实验部分，相关参数的设定如表 6-16 所示。

表 6-16 服务共现主题模型实验参数设置

参　　数	数　　值
超参数 α	$50/K$
超参数 β	0.01
吉布斯采样迭代次数 N_G	1000
基于 ZS 的服务主题数量 K	35
基于 SMUR 的服务主题数量 K	45
基于 SSCPN 的服务主题数量 K	50
基于 SASCPN 的服务主题数量 K	40

3. 服务共现主题分析

基于实际数据集 ProgrammableWeb.com，应用服务共现主题模型，可以挖掘到服务系统中隐含的服务共现主题，以及如定义 6-5 所述的主题特性(主题重要性、困惑度主题代表服务、主题描述单词和主题时间特性)。服务共现主题揭示了服务系统中隐含的服务组合模式。服务共现主题的相关特性则有助于服务开发者和使用者进一步了解系统中服务组合模式的相关信息。

本节分别从服务共现主题的特性角度对实验结果进行展示。不失一般性，本节选用基于零自共现系数(ZS)衡量方法构建的服务共现文档展开分析。

1) 主题重要性与主题代表服务

根据式(6-17)，具有更高 $P(z|D)$ 值的服务共现主题，在服务系统中具有更高的热度。在服务开发者创建新的服务组合时，则更有可能创建这些热门服务共现主题所描述的服务组合模式。主题在系统中的重要性或热度越高，说明该服务系统中会有更多的服务共现对，属于这个主题所描述的服务组合模式。

ProgrammableWeb 服务系统中，最重要的 5 个服务共现主题分别为主题 5(4.07%)、主题 6(3.93%)、主题 35(3.77%)、主题 19(3.63%)和主题 4(3.56%)。每个服务共现主题的前 5 个代表服务及其对应的重要度如表 6-17 所示。通过主题的代表性服务，可以大致了解当前服务组合模式的功能范围。根据实验结果，可以得出结论：在 ProgrammableWeb.com 服务系统中，与地理位置感知、在线多媒体社区和社交网络相关的服务组合模式是最受服务开发者欢迎的。

在某些服务共现主题中，前几个主题代表服务可能占据主体地位，主导了当前服务共现主题所体现的服务组合模式。本节将这类服务共现主题称为“核心服务驱动的”(core-service-oriented)服务共现主题。如主题 6 的代表服务 YouTube 和 Amazon Product Advertising 占据了超过 93%的影响力，即这两个代表性服务的 ϕ_{zs} 值相加超过 0.93。主题 6 体现了以 YouTube 为中心的基于视频的产品推荐服务模式。在主题 6 中，服务 YouTube

表 6-17 主题 5,6,35,19,4 代表服务及服务组合示例

	主题 5	主题 6	主题 35	主题 19	主题 4
重要性	4.07%	3.93%	3.77%	3.63%	3.56%
主题代表服务	GeoNames 0.15413	YouTube 0.72705	Last.fm 0.28517	Google Geocoding 0.13145	Google Maps 0.79285
	Panoramio 0.09794	Amazon Product Advertising 0.20321	Amazon Product Advertising 0.09795	Google Earth 0.08644	Wikipedia 0.10187
	Eventful 0.09152	Yahoo Query Language 0.01666	MusicBrainz 0.01666	Google App Engine 0.08374	Vimeo 0.03488
	Microsoft Bing Maps 0.08991	WebThumb 0.01333	Spotify Echo Nest 0.05201	Panoramio 0.08194	Google Ajax Feeds 0.01653
	Yahoo Local Search 0.01653	Mobypicture 0.00667	LyricWiki 0.05115	Google Visualization 0.06213	Zazzle 0.01102
服务组合示例	Distances Calculator	Find Best Three	youbeQ-Maps with Life	Musikki	TravelOxi.com

提供核心的视频资源，服务 Amazon Product Advertising 则允许开发者通过接口查询亚马逊中相关产品的特性。通过对两者的调用，可以实现基于视频的产品内容推荐。主题 6 相关的一个服务组合示例为 Find Best Three。Find Best Three 基于视频评论信息，并根据用户的偏好，可以向用户推荐最合适的三条商品购买建议。类似地，在主题 4 中，代表性服务 Google Maps 和 Wikipedia 在所有服务中占据了该主题接近 90%的重要程度。主题 4 描述了以 Google Maps 为核心的、基于位置感知的知识和资源分享相关服务组合模式。服务 Google Maps 为服务开发者提供了丰富的定位和地理位置信息查询接口。通过 Wikipedia 服务，服务开发者可以方便地查询 MediaWiki 数据库中的相关数据。主题 4 相关的一个服务组合示例为 TravelOxi.com。服务组合 TravelOxi.com 为用户提供了全球超过 400 000 个旅游景点的信息查询功能。使用 TravelOxi.com，用户可以基于地图直观地看到这些旅游景点的具体地理位置，并方便地获取这些经典相关的历史信息、照片和视频资料等。

在其他一些服务共现主题中，不存在某个或某几个代表服务占据主体地位的情况，比如主题 5、35 和 19。主题 5 描述了围绕地图地理位置信息的周边功能扩展相关的服务组合模式。在主题 5 中，代表性服务 Geonames 提供了一个公开的地理位置信息数据库，以供服务开发者在创建新的服务组合时使用。服务 Panoramio、Eventful 和 Yahoo Local Search 则从不同的维度支持对地理位置信息的扩充。同时，在主题 5 中，服务 Microsoft Bing Maps 开放了查询路线和交通信息的相关接口。主题 5 相关的一个服务组合示例为 Distances Calculator。Distances Calculator 是一个在线路线查询工具。在确定起始和结束城市后，用户可以通过 Distances Calculator 查询两个城市间的交通路线，并方便地了解到包含起始和结束城市在内的沿途景点信息(包括图片、新闻和天气信息等)。主题 35 反映了音乐信息搜索和推荐相关的服务组合模式。在主题 35 的前 5 个代表服务中，Last.fm 提供了最大的在线音乐目录库；Amazon Product Advertising 允许开发者调用亚马逊产品的相关信息开发

推荐服务；MusicBrainz 提供一个海量音乐数据库的接口；Spotify Echo Nest 提供了对歌手、歌曲和专辑的分析功能接口，允许开发者调用这些接口，进一步完善音乐相关的分析和推荐功能开发；LyricWiki 则提供了歌词查询的接口。通过这些代表服务的互相协作，实现了主题 35 所描述的相关服务组合的功能。主题 35 相关的一个服务组合示例为 Musikki。Musikki 是一款在线音乐搜索工具，用户通过输入简单的关键字，便可以通过 Musikki 平台查询到相关的歌手、歌词、歌曲和专辑等信息。此外，由表 6-15 可以看出，主题 19 是一个谷歌服务的集群，体现了谷歌提供的相关应用之间的组合模式。主题 19 相关的一个服务组合示例为 youbeQ-Maps with Life。youbeQ-Maps with Life 是一款基于地理位置信息的社交平台，借助 Google Map 的相关接口，允许用户以浏览地图的方式认识陌生人，并与他们分享地理位置相关的文本、图片和视频等多媒体信息。

2）主题代表描述性单词

基于式(6-18)，可以按照单词出现期望从高到低的顺序，提取每个服务共现主题的主题描述单词集合。在实验时，本章使用 Porter Stemming Algorithm 词干提取法，以去除在服务系统应用场景下没有意义的相关单词。

一些服务共现主题可能描述了相似功能的服务组合模式，但也存在一些细微的差异。有的时候，仅仅通过主题代表服务难以直观地分辨这些主题在功能上的细粒度差别。以主题 29 和主题 33 为例，其相关信息如表 6-18 所示。根据主题代表性服务，可以辨别主题 29 和 33 均描述了网络社交的相关服务组合模式，但无法直观地辨别它们之间的差异。而结合提取到的主题代表描述单词，可以发现主题 29 更多地关注人们在商业社交圈的日常生活(LinkedIn)，分享多媒体资源(Last. fm，“text”“webpage”“movie”)及旅行地点(“triporia”“hotel”“expedia”)等信息。在主题 29 描述的服务共现组合模式中，信息通常以短文本的形式记录，以方便传播和分享(Tumblr，“easy”“simple”)。相比之下，主题 33 则强调使用较长的博客文章的形式(Blogger，Instapaper，“list”“category”)来记录信息(“content”)和讨论相关的问题(Yahoo Weather，“property”“trend”)。

表 6-18 主题 29 和主题 33 的主题描述性单词

	主 题 29	主 题 33
主题代表性服务	LinkedIn，Last. fm，Tumblr	Yahoo Weather，Blogger，Instapaper
部分主题代表性描述单词	easy available simple text webpage triporia hotel search location expedia movie	market data property chart search rate content list trend sale network fresh category

综上所述，通过综合观察主题代表服务和主题代表描述单词，服务开发者或使用者可以更具体地了解服务共现主题所描述的服务组合模式，并分辨相近的服务共现主题在功能上的细粒度差异。

3）主题时间特性

在本节使用的 ProgrammableWeb. com 数据集中，服务组合的发布时间贯穿整个服务系统的发展过程，并以天(day)为单位。根据式(6-20)，可以计算每个服务共现主题的时间特性，即计算基于服务重要性的时间分布 $P(t|z)$。服务共现主题的时间特性取值越高，代表当前时间段内，符合该主题所述组合模式的服务共现对出现的概率越高。本节以主题 8

和主题15的时间特性为例展开分析，实验结果如图6-7所示。蓝色代表主题8的相关信息，红色代表主题15的相关信息。图6-7中，每个方块描述了该主题中的一个代表服务被服务组合调用的相关信息。方块的 x 坐标表示该代表服务被服务组合调用的时间，y 坐标表示该代表服务在当前主题下的重要度。正如式(6-19)所定义，每个代表性服务会在其被服务组合调用时，对当前的服务共现主题的时间特性产生影响，影响的大小与该代表性服务在当前主题的重要性和影响力成正比。图6-7中垂直于 x 轴的直线分别代表主题8和主题15的时间期望。图中的虚线则为对时间特性趋势的拟合曲线，反映了共现主题的热度随时间的变化趋势。

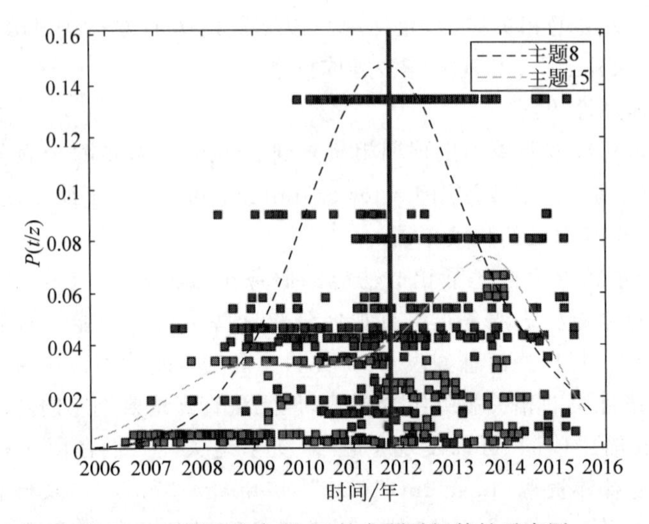

图6-7 主题8和主题15的主题时间特性示意图

主题8的主要代表性服务包括Instagram、Netflix、Reddit和Vimeo等，描述了多媒体信息分享和社交相关的服务组合模式。主题15的代表性服务包括BTC-e、Coinbase、BitStamp和Mt Gox，描述了与比特币交易相关的服务组合模式。两个主题的期望时间比较接近，主题15相比主题8要更新一些。根据图6-7中对主题时间特性趋势的拟合曲线，可以发现，主题8从2009年左右变得开始流行，并且拥有一个爆发期(boom period)。而服务15拥有两个爆发期，分别在2009年附近和2014年附近。事实上，随着大型社交平台如Facebook的发展，ProgrammableWeb. com中大多数社交相关的热门服务和服务组合在2010年左右变得非常热门。另一方面，比特币白皮书于2008年被中本聪发布，并随着系统的稳定运行，引起了越来越多研究人员和开发人员的兴趣。比较热门的比特币交易平台最早于2012年左右出现。在2014年左右，ProgrammableWeb. com上的服务开发者开始调用一些热门的比特币相关服务来开发比特币相关的服务组合。截至2014年，大约有1250万的流通比特币，价值约70亿美元。

此外，通过图6-7还可以发现，每个服务共现主题中，影响力较大的代表性服务，在服务开发者创建该主题相关的服务组合模式时，有更大的可能性被选用。在图中的直观体现就是，纵坐标越值大(在当前服务组合模式中影响力越大)的方块出现的频次往往越高。

上述实验以主题8和主题15为例，说明服务共现主题时间特性所揭示的相关信息与先验知识较为吻合。在实际应用中，服务共现主题的时间特性有助于服务开发者和使用者直观理解对应服务组合模式随时间额度演化情况。同时，服务的时间特性还将有助于从主题层面分析服务系统的演化情况。

4. 自共现衡量方法比较

本章建立服务共现文档的出发点是为了避免稀疏性问题，并使用这些文档挖掘服务系统中隐含的服务组合模式。一个特定服务的共现文档是对与其相关的服务共现模式的描述。本节对四种自共现衡量方法（ZS、SMUR、SSCPN、SASCPN）展开分析和比较。

直观上定性分析，ZS 在建立服务共现文档时，不考虑服务的自共现系数。在剩下的考虑自共现系数的三种方法中，SMUR 侧重服务组合侧的信息，而 SSCPN 和 SASCPN 则从服务共现对的角度考虑问题。在 SSCPN 中，因为使用服务 i 的服务共现对总数来设定自共现系数，这会导致当服务 i 非常热门，即被调用的次数非常多时，其自共现系数会非常高。此时，在 s_i 的服务共现文档中，其本身作为服务描述单词（Service Word Token）出现次数也会很多，影响服务共现文档的质量。比较 SMUR 和 SASCPN 可以发现，当且仅当 $ms_i = ascp_i$，即服务系统中的每个服务组合都调用了所有的服务时，两者对自共现系数的衡量结果是相同的。在实际的服务系统中，$ascp_i$ 通常是小于 ms_i 的。由定义 6-9，在 s_i 的服务共现文档中，$c(i,i)$ 描述了当前共现文档中，s_i 与其他服务构成的服务共现对需要借助 $c(i,i)$ 个单词来辅助实现。同时，服务共现文档也是为了挖掘服务间隐含的组合模式。鉴于此，SMUR 的定义与之相符，从定性上分析是更合适的自共现系数衡量方式。

此外，本节还使用基于平均最小 JS 散度（Average Minimal Jensen-Shannon Divergence）作为评价指标，对基于四种自共现衡量方法得到文档的建模结果（“主题-服务”分布）进行定量评价。JS 散度通常用来衡量分布之间的差异性。完全一样的分布的 JS 散度为 0。当这两个分布之间的差异逐渐变大时，JS 散度指标也会逐渐增大。对于两个分布 P 和 Q，JS 散度指标定义为这两个分布与分布 R 的 KL 距离的平均值。其中，$R=1/2(P+Q)$ 是这两个分布的平均值。即 P 与 Q 的 JS 散度定义如下：

$$D_{JS}(P,Q)=\frac{1}{2}D_{KL}(P\parallel R)+\frac{1}{2}D_{KL}(Q\parallel R) \tag{6-24}$$

其中，$D_{KL}(\cdot)$表示 KL 距离。

对于基于共现文档得到的“主题-服务”分布 Φ。对于服务共现主题 z，本节首先根据式(6-24)计算 z 与其余所有共现主题间的 JS 散度，取最小值作为主题 z 的最小 JS 散度，即

$$\min D_{JS}(z)=\min_i D_{JS}(z,i)\quad i=1:K,i\neq z \tag{6-25}$$

一个服务共现主题的最小 JS 散度衡量了它与剩余共现主题中“最像”的主题之间的差异程度。基于最小 JS 散度的定义，本节使用平均最小 JS 散度（Average Minimal Jensen-Shannon Divergence，AMJSD）指标来衡量基于不同的服务共现文档得到的“主题-服务”分布的质量：

$$\text{AMJSD}=\frac{1}{K}\sum_{z=1}^{k}\min D_{JS}(z) \tag{6-26}$$

“主题-服务”分布的平均最小 JS 散度衡量了不同主题之间的平均差异性。在大多数情况下，平均最小 JS 散度越大，表明得到的主题间的差异越大，即建模的效果越好。且随着主题数目的增多，主体间的差异会逐渐减小，即平均最小 JS 散度会有逐渐减小的趋势。

图 6-8 给出了基于四种不同的自共现衡量方法，平均最小 JS 散度随着主题数 K 变化的情况。当 K 一定时，图 6-8 显示基于 SSCPN 的服务共现文档得到的服务分布的 JS 散度

最大,即主题间的差异性更大。但根据之前的分析,这很有可能是在 SSCPN 中某些热门服务的共现文档中自共现系数过大导致。例如,热门服务 s_i 的共现文档中,会出现大量的 s_i 作为服务单词出现,由此使得热门服务 s_i 的共现文档将主要由该服务本身 s_i 作为服务单词构成,因此建模得到的主题间的差异性较大。对于其余三种衡量方法,SMUR 和 SASCPN 的结果类似,挖掘出的主题的质量略高于 ZS。随着服务共现主题数 K 的增加,这三种衡量方法的平均最小 JS 散度逐渐减小,即主题间的差异性越来越小。因此,根据定性分析的结果,SMUR 和 SASCPN 两者是较优的自共现系数衡量方式。

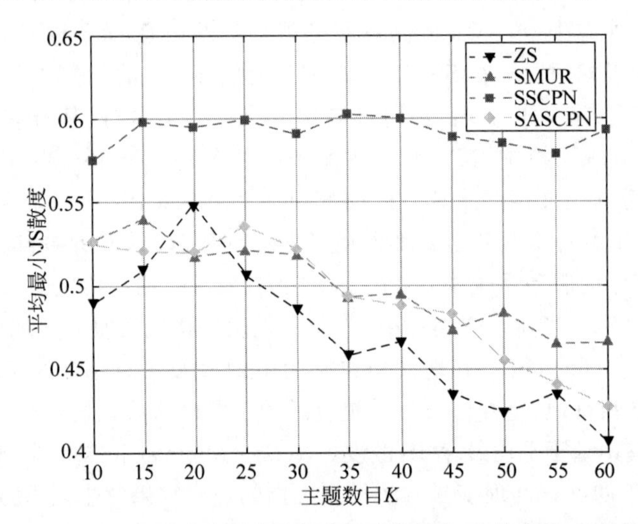

图 6-8 基于不同自共现衡量方法的平均最小 JS 散度随 K 变化

综上所述,本节分别从直观分析和平均最小 JS 散度的角度,定性和定量地对四种服务自共现衡量方法进行比较。

参考文献

[1] 彭焕峰,黄纬,范大娟,等. Web 服务演化综述[J]. 科学技术与工程,2015,15(030): 63-70.

[2] Bengio Y,Courville A,Vincent P. Representation Learning: A Review and New Perspectives[J]. IEEE Transactions on Pattern Analysis and Machine Intelligence,2013,35(8): 1798-1828.

[3] 黄科满. 服务生态系统演化机制的理论与应用研究[D]. 北京: 清华大学,2014.

[4] Bai B, Fan Y, Huang K, et al. Service recommendation for mashup creation based on time-aware collaborative domain regression[C]//IEEE International Conference on Web Services. New York,NY: IEEE Computer Society,2015: 209-216.

[5] Bai B,Fan Y,Tan W,et al. Sr-lda: Mining effective representations for generating service ecosystem knowledge maps[C]//IEEE International Conference on Services Computing. Honolulu, HI: IEEE Computer Society,2017: 124-131.

[6] Li C, Zhang R, Huai J, et al. A Probabilistic Approach for Web Service Discovery[C]//IEEE International Conference on Services Computing,2013: 49-56.

[7] Lizarralde I,Mateos C,Zunino A,et al. Discovering Web Services in Social Web Service Repositories Using Deep Variational Autoencoders[J]. Information Processing and Management,2020,57(4): 102231.

[8] Zhong Y,Fan Y,Tan W,et al. Web Service Recommendation with Reconstructed Profile from Mashup Descriptions[J]. IEEE Transactions on Automation Science and Engineering,2016,15(2): 468-478.

[9] Zhang J,Fan Y S,Zhang J,et al. Learning to Build Accurate Service Representations and Visualization [J]. IEEE Transactions on Services Computing,2020.

[10] Shi M, Tang Y, Zhu X, et al. Topic-Aware Web Service Representation Learning [J]. ACM Transactions on the Web (TWEB),2020,14(2): 1-23.

[11] Rosen-Zvi M,Chemudugunta C,Griffiths T,et al. Learning author-topic models from text corpora [J]. ACM Transactions on Information Systems,2010,28(1): 4.

[12] Steyvers M,Smyth P,Rosen-Zvi M,et al. Probabilistic author-topic models for information discovery [C]//ACM SIGKDD International Conference on Knowledge Discovery and Data Mining. Seattle, Washington: ACM,2004: 306-315.

[13] Porteous I,Newman D,Ihler A,et al. Fast collapsed gibbs sampling for latent dirichlet allocation [C]//ACM SIGKDD International Conference on Knowledge Discovery and Data Mining. Las Vegas, Nevada: ACM,2008: 569-577.

[14] Liu X, Fulia I. Incorporating user, topic, and service related latent factors into web service recommendation[C]//IEEE International Conference on Web Services. New York, NY: IEEE Computer Society,2015: 185-192.

[15] Hartigan J A,Wong M A. Algorithm as 136: A k-means clustering algorithm[J]. Applied Statistics, 1979,28(1): 100-108.

[16] Davies D L,Bouldin D W. A cluster separation measure[J]. IEEE Transactions on Pattern Analysis and Machine Intelligence,1979,PAMI-1(2): 224-227.

[17] Wang Y, Wang Y. A survey of change management in service-based environments [J]. Service Oriented Computing and Applications,2013,7(4): 259-273.

[18] Hong L,Davison B D. Empirical study of topic modeling in twitter[C]//SIGKDD Workshop on Social Media Analytics,2010: 80-88.

[19] Zhang Y, Lei T, Wang Y. A service recommendation algorithm based on modeling of implicit demands[C]//IEEE International Conference on Web Services,2016: 17-24.

[20] Huang K,Fan Y,Tan W. An empirical study of programmable web: A network analysis on a service-mashup system[C]//IEEE International Conference on Web Services,2012: 552-559.

第7章

跨领域海量服务使用频次趋势预测方法

7.1 研究背景与现状

7.1.1 背景与意义

随着科学技术的进步和社会需求的变化，全球产业结构相继出现软化的现象。放眼世界各大经济体的经济结构变化，第三产业占国内生产总值(Gross Domestic Product，GDP)的比重不断攀升，信息、技术、知识等服务逐渐成为最重要的生产要素，经济模式从“制造经济”向“服务经济”转型已是大势所趋。2010 年，我国服务业的 GDP 占比只有 42.6%，而在短短十年间，2020 年的服务业 GDP 占比已达到 54.5%，超过总产值的一半。而在发达国家中，服务业的 GDP 占比一般更高，大多已超 60%。例如，日本和德国的服务业 GDP 占比约为 70%，英国、美国的服务业 GDP 占比约为 80%。可见，“服务经济”正成为全球经济发展的主要模式。

近年来，世界各国都在大力布局以服务业现代化为重点的发展战略，一方面推动传统服务业向专业化和价值链高端延伸，一方面推动农业、制造业向服务化转型。传统服务业方面，在人工智能、区块链、第五代移动通信技术等新型信息技术的赋能下，传统服务业得到升级，智慧旅游业、现代物流业及金融保险业快速发展。在制造业方面，2013 年，德国率先提出“工业 4.0”的概念，将建立高度灵活的个性化、数字化产品与服务作为目标。美国设计工业互联网，通过平台、网络和数据的开放引入第三方创新者打造全新的服务和商业模式。我国的《中国智能制造 2025》也指出“中国制造要向高端化、智能化、绿色化、服务化发展”。目前，我国即将迈入全面建设社会主义现代化国家的新征程，在十九届五中全会《中共中央关于制定国民经济和社会发展第十四个五年规划和二〇三五年远景目标的建议》中将大力发展现代服务业作为我国发展的一项重要工作。可见，在未来的五年甚至更长远的将来，对于现代服务业的研究将是推动国民经济与社会发展的重要课题。

在技术上，随着面向服务的框架(Service Oriented Architecture，SOA)被企业所采用，面向服务的计算(Service-Oriented Computing,SOC)成为一种主流的计算方式[1,2]。在服务系统不断发展的过程中,越来越多的服务被发布到互联网中,形成了"万物皆服务"的趋势[3,4]。同时,在这种背景下,区块链(Block Chain)[5,6]、联邦学习(Federated Learning)[7,8]、云计算(Cloud Computing)[9,10]等技术再次为服务计算赋能,使有价值的数据、算法及算力互联互通,将面向服务的计算拓展至面向海量服务的大计算场景。

在现代服务业快速发展的经济背景和面向海量服务的大计算的技术背景的驱动和支撑下,服务使用频次的预测问题成为眼下的研究热点。服务使用频次的预测有助于提高服务(业)管理的现代化水平。例如,对于服务供应者而言,如果能精准预测其供应的服务未来的使用频次,则可以帮助他们在不降低服务质量的情况下,减少服务的运营成本,提高效益;对于服务系统管理者而言,如果能精准预测其供应的服务未来的使用频次,则可以帮助他们更好地理解服务系统的演化趋势,更有效地进行顶层设计。

在本章中,服务的使用频次被抽象地定义为服务在规定的单位时间内完成其功能的次数。针对不同对象或从不同的角度出发,服务的使用频次具有具体的含义。对于网络服务而言(Web Service),若以秒为单位衡量服务的使用频次,则其指的是服务器的使用频次,即工作任务量或计算量;而若以天为单位衡量服务的使用频次,则这一概念又可以具体化为软件的日活跃用户数量(Daily Active User,DAU)。对于交通服务而言,服务的使用频次具体指客运站点(汽车站、火车站、飞机场等)的旅客流量。对于旅游服务而言,服务的使用频次具体指景点、餐厅、酒店的游客流量。

虽然服务使用频次的精准预测有利于提高服务管理的水平,但在关联关系复杂的服务系统中,服务使用频次的预测并不容易。首先,从时间的角度看,服务使用频次的历史观测值是预测服务使用频次最直接、最根本的信息,但是服务使用频次的时间特性复杂,存在难以捕捉的非线性、周期性及长短期依赖关系等问题。同时,通常服务的使用频次预测是一个多步预测的问题,其工程价值随预测的步数增加。其次,从空间的角度看,服务节点之间的异构关系蕴含着丰富的信息,有利于服务使用频次的预测。然而,服务节点之间的关系不规则、动态演化等特点导致了利用服务空间结构的难度。最后,系统中能完整描述服务异构空间关系的信息的不足也限制了服务使用频次时空预测精度的进一步提升。本章后续主要针对以上内容,展开对面向时空建模的服务使用频次预测方法研究。

7.1.2 国内外研究现状

1. 服务使用频次预测方法

在服务业发展初期,由于信息化程度较低,服务系统中参与服务计算的服务个体数量较少,较多的研究针对服务个体展开。Tsui 等[11]研究了对机场旅客流量的预测方法;Ediger 等[12]研究了电力服务使用量的预测方法;Dong 等[13]研究了对公路服务的使用量的预测方法。

随着服务业的不断繁荣发展,过去面向单个服务的计算正发展为面向海量服务的大计算。在服务使用频次的预测问题上,研究的重心也逐渐从对单个服务感兴趣转变为对系统中多个服务感兴趣。Pitfield 等[14]研究了多个机场服务节点之间的服务使用频次预测问题。He 与 Hou 等[15,16]研究了多个物流服务的使用频次预测方法。Lin 等[17]研究了金融服务的使用频次预测方法。这些研究一定程度上考虑了服务之间的共性特征,通过对服务使用频次序列统一建模的方式，初步实现了对多个服务使用频次的预测。然而，这些研究没有充分使用服务之间的空间结构信息。

服务系统中的服务在长期的协作与竞争中形成复杂的空间结构，这样的空间信息蕴含了不同服务使用模式之间的关联关系，空间距离近的服务往往具有更相似的使用频次特征，而空间距离较远的服务之间往往不太可能具有相似的使用频次特征。在交通服务领域，服务节点之间的空间关系可以通过实际物理含义度量，Li 等[18]利用带阈值的高斯核构建了基于物理距离的服务空间依赖关系，并使用谱图卷积进行特征挖掘，直接利用了服务的空间结构信息，显著提升了预测的精度。Xu 等[19]通过专家知识，定义了交通服务节点物理距离、功能距离、交通距离等多维度的空间依赖关系特征，并通过谱图卷积直接挖掘了服务节点之间多模态的距离关系。这项研究工作考虑了服务节点之间多模异构的网络结构，与本书的研究目标十分相近，然而，该方法需要基于大量专家知识来构建服务之间的空间依赖关系；而本书考虑在更普遍的场景下，当缺乏专家知识时，如何自动地给出多模态的边特征，并利用其进行时空预测。

2. 时间序列预测

从技术的角度看，服务使用频次的预测是一种时间序列预测的问题。时间序列预测问题一直以来都是学术界和工业界感兴趣的经典问题，本节就时间序列预测的经典模型进行文献综述。

20 世纪 70 年代，Box 等[20]提出了一种差分整合移动平均自回归模型（AutoRegressive Integrated Moving Average，ARIMA），该模型通过把时间序列做若干阶差分变成平稳时间序列，并拟合多个自回归项和滑动平均项参数，可以有效地对单个时间训练进行趋势预测。在服务计算领域中，时至今日，差分整合移动平均自回归模型仍被广泛地应用于实际工程之中[21,22]。不过差分整合移动平均自回归模型理论上是对自回归项的线性加权组合，虽然在一些简单的工程场景中可以达到一定的预测精度，但面对模式复杂、具有较多非线性特征的时间序列时，该方法的预测表现不佳。针对单个的时间序列预测，支持向量回归模型（Support Vector Regression，SVR）则具有较好的非线性建模能力[23]。通过设置不同的核函数（Kernel Function），支持向量回归模型可以将低维度的时间序列观测值投影至高维向量空间中，从而捕捉时间序列的非线性特征。在实际工程中，大量学者已经对包括径向基、高斯核、多项式核等支持向量回归模型核函数的选择与使用做了丰富的研究[24,25]。不过上述模型主要针对单个时间序列进行建模，在面向海量服务的大计算中，计算效率较低，且浪费了大量其他时间序列潜在的挖掘价值。

为了对多变量的时间序列进行预测，Lütkepohl 等[26]对差分整合移动平均自回归模型进行扩展，提出了向量自回归模型（Vector Auto Regression）建立多变量时间序列之间的关联关系。在工程应用中，Liu 等通过向量自回归模型有效地预测了美国各州的供电服务系统中的电力需求[27]。Taieb 等[28]对支持向量回归模型进行改进，有效地利用了时间序列之间的变量关系，提高预测的精度。然而，这类模型仅限于建模关系简单，且变量较少的多变量时间序列任务。

近年来，随着神经网络技术的兴起，越来越多的学者将其引入时间序列预测的问题之中。神经网络模型通过设置大量参数共享的神经元，可以从海量的时间序列数据中，学习共性的变化模式。这种参数共享的学习模式不仅能更充分地利用已知的数据，提高预测精度，同时也增强了模型的泛化性能，适用于面向海量服务的大计算问题。在现有的研究中，大量学者将循环神经网络和卷积神经网络作为时间序列预测的基本改进对象。其中，循环神经网络的基本思想是通过对序列不断迭代，进而抽取序列的特征，这种方式本身就是为序列的建模任务量身定做的。然而，在实际应用中，经典的循环神经网络并不能有效地处理梯度随时间的变化，容易发生梯度弥散(Gradient Vanishing)或梯度爆炸(Gradient Exploding)的现象，导致模型参数无法收敛。为了克服这一难点，Sutskever 和 Cho 等[29,30]将长短期记忆单元(Long Short Term Memory，LSTM)和门控循环单元(Gated Recurrent Unit，GRU)作为循环神经网络的基本循环单元，并在文本建模任务上有效地解决了梯度弥散的问题。而这两个特殊的循环神经网络结构后续也被证实在时间序列问题上具有良好的表现，被广泛用作时间序列预测问题的基准方法[18,31]。卷积神经网络模型是对样本局部特征进行抽取的有效技术，在序列建模的任务上，卷积神经网络并不利于学习序列长期依赖关系的特征。针对这一问题，Yu 等[32]提出了膨胀卷积(Dilated Convolution)，以一种特殊的方式扩大了卷积核的感受野。在语音合成任务上，著名模型波动神经网络就使用这种卷积核有效地建模了声音序列[33]。这一模型也被广泛地用作时间序列预测任务的经典对比方法[31]。

上述基于神经网络的方法都是通过参数共享的方式，充分地学习海量数据之间的共性特征，并没有显性地利用时间序列之间的拓扑关系。然而时间序列之间的拓扑结构往往蕴含着十分有价值的信息，可以帮助提升预测的精度。例如，在预测某城市各个路段的车流量时，如果知道两条路段地理位置相连的结构信息，则可以有效地提高这两个路段的预测精度。在现有研究中，部分模型通过将神经网络与经典时空预测模型结合的方式来将时间序列的拓扑信息融入神经网络之中。在面向较少时间序列变量的任务中，Lai 等[34]通过固定时间序列顺序的方式，使用普通卷积核，抽取若干个序列的特征，进而进行序列的预测。然而，这种方法要求每次将待预测的全部时间序列同时输入至网络，造成难以估计的空间复杂度。同时，这种抽取的时间序列拓扑结构信息过于死板，训练好的模型无法应用于未见过的时间序列节点。近年来，图卷积网络(Graph Convolutional Network)的快速发展有效解决了海量、结构不规则的节点拓扑特征抽取问题。Li 等[18]通过将可以捕捉空间结构信息的弥散卷积(Diffusion Convolution)算子和门控循环单元结合，设计了弥散卷积循环神经网络(Diffusion Convolutional Recurrent Neural Network，DCRNN)，可以有效地利用时间序列的拓扑结构信息提高预测的精度。Wu 等[31]在波动神经网络的基础上，使用图卷积算子提取时间序列的空间结构特征，有效提高了预测的精度。

7.1.3　符号定义与问题重述

根据上文介绍的研究背景与现状，本章聚焦服务使用频次的预测问题的不同角度。本节首先给出后续小节将重复使用的三个符号定义。

定义 7-1　服务使用频次观测序列。给定一个服务，其使用频观测序列定义为其过去 P 个单位时间的被使用次数观测值。本章使用 x_i 表示服务 i 的使用频次观测序列。x_i 可以被拆分为$[x_i^1, x_i^2, \cdots, x_i^P]$，其中 $x_i^t(t \in [1,P])$表示服务 i 在第 t 个单位时间被使用的次数。本章关注服务系统中的全部服务，因此考虑服务系统一共存在 N 个服务，则整个服务系统的服务使用频次观测序列可以表示为 $\boldsymbol{X}=\{x_1;x_2;\cdots;x_N\}$。

定义 7-2　服务使用趋势预测值。给定一个服务，其使用趋势定义为其未来 Q 个单位时间可能的被使用次数。本章使用 $\hat{y}_i$ 表示服务 i 的使用趋势预测序列。类似地，$\hat{y}_i$ 可以被拆分为$[\hat{y}_i^{P+1},\hat{y}_i^{P+2},\cdots,\hat{y}_i^{P+Q}]$，其中 $\hat{y}_i^t(t\in[P+1,P+Q])$表示服务 i 在第 t 个单位时间被使用次数的预测值。本章关注服务系统中的全部服务，因此考虑服务系统一共存在 N 个服务，则整个服务系统的服务使用预测序列可以表示为 $\hat{Y}=\{\hat{y}_1;\hat{y}_2;\cdots;\hat{y}_N\}$。

定义 7-3 服务空间依赖网络。本章使用图$\mathcal{G}=(\mathcal{V},E,W)$表示服务空间依赖网络。其中，$\mathcal{V}$表示服务系统中服务节点的集合，考虑服务系统中存在 N 个服务，则$|\mathcal{V}|=N$；E 表示服务系统中服务的连边的集合。本章考虑服务之间带权的空间依赖关系，因此使用与边集合 E 一一对应的 $\boldsymbol{W}$ 描述边的权重。具体来说，w_{ij} 表示服务 i 与服务 j 之间的空间依赖关系强度。

特别地，7.3 节将考虑演化的服务空间依赖网络，故用$\mathcal{G}^t=(\mathcal{V},E,W^t)$对上述定义进行更详细的描述；7.4 节将考虑多模异构的服务空间依赖网络，故用$\mathcal{G}^m=(\mathcal{V},E,W^m)$对上述定义进行更详细的描述。更加具体的定义将在对应章节中给出。基于上述定义，本章的研究问题可以形式化地描述为：

问题 7-1 服务使用频次预测。考虑一个由 N 个服务组成的服务系统，给定 N 个服务过去 P 个单位时间的服务使用频次观测值 $\boldsymbol{X}$ 及服务空间依赖网络$\mathcal{G}$，本章需利用上述信息构建神经网络模型，预测这些服务未来一段时间(Q 个单位时间)的使用频次趋势 $\hat{Y}$。同时，在服务空间依赖网络$\mathcal{G}$的标签不足时，本章需要利用上述信息，推断服务之间的带权拓扑结构。

上述问题可以由图 7-1 形象地描述。

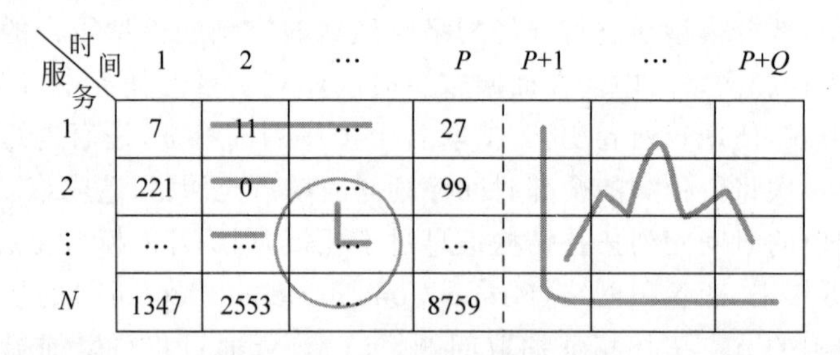

图 7-1 服务使用频次预测示意图

7.2 基于多步分段自回归循环神经网络的服务使用频次预测方法

7.2.1 研究动机与问题定义

1. 研究动机

随着服务系统的日益繁荣，对服务使用频次的精准预测正成为服务系统管理的重大挑战和重要机遇。毋庸置疑，服务使用频次的历史观测值是精准预测其未来使用趋势的最直接、最根本的信息。以一个提供出行订票的服务为例，通过对其历史使用频次模式的分析，可以容易地推断出每当节假日来临时，该服务就会出现使用频次的高峰，在当今产业数字化、数字产业化的发展趋势下，具有重要的研究价值。本章以网络服务的使用频次为代表，举例阐述从时间角度构建服务使用频次预测模型的关键点。不失一般性，这些问题也适用于其他服务系统，如旅游服务系统、知识服务系统、物流服务系统等。

考虑服务使用频次的历史观测值作为唯一的建模数据来源，服务使用频次的预测问题可以被抽象为一个时间序列预测的问题。不过，区别于其他时间序列预测问题，服务使用频次预测方法的设计需要特别考虑以下几个服务的基本特点。

(1) 服务及组合数量多。自服务系统形成至今，越来越多的服务和服务组合被创建并发布。以著名的服务生态系统为例，图 7-2 展示了自 2005 年以来，ProgrammableWeb 服务系统中服务数量和服务组合数量的增长情况。从图中可以看出，在 ProgrammableWeb 服务系统中，服务的发布数量在 2008 年开始激增，几乎呈线性增长趋势。服务系统的这一现象要求服务使用频次的预测模型具有较好的泛化能力，可以从海量的服务数据中，学习到通用的使用频次模式。

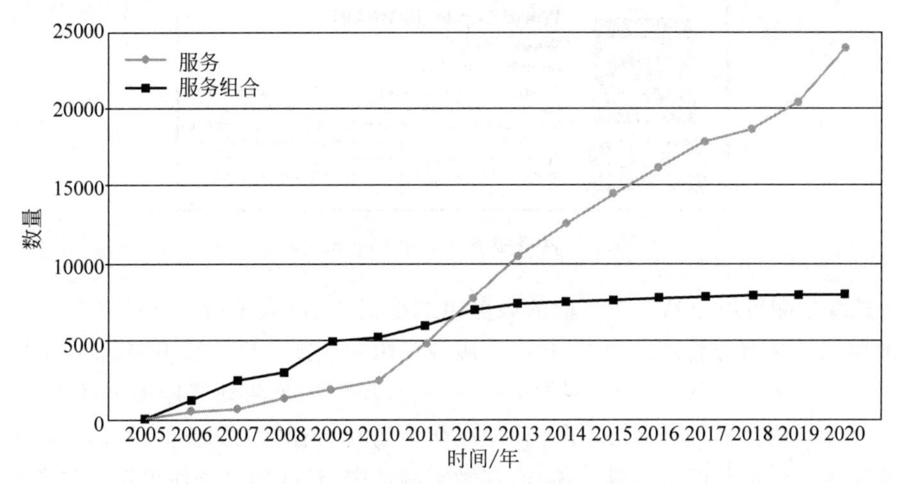

图 7-2　ProgrammableWeb 服务系统中，服务和服务组合的累计发布数量统计

(2) 服务同质化程度高。在服务市场中，受盈利驱动和消费者偏好导向，同一行业的服务同质化(Homogenization)程度越来越高。以 ProgrammableWeb 服务系统为例，文献通过聚类分析发现几十个功能相似的音乐供应服务，如图 7-3 所示。本章提出一个基本假设，即同类型的服务可能在同一段时间内具有相似的使用频次模式。例如，当一个著名歌手发布新作品时，如果观测到服务 Last. fm 上出现较高的服务使用频次值，则服务 Spotify Echo Nest 也有较大概率出现较高服务使用频次值。因此，服务的同质化特征要求服务使

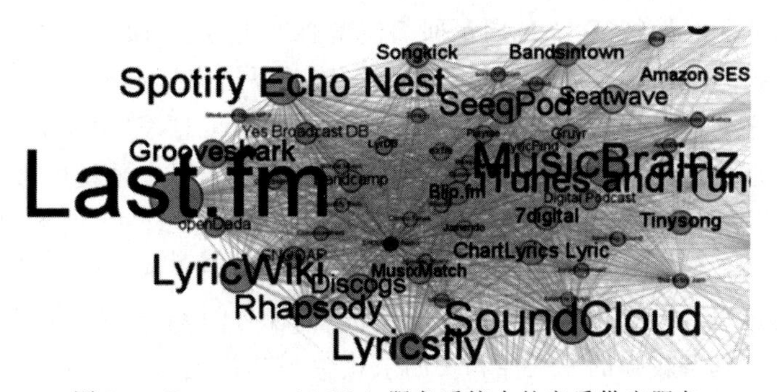

图 7-3　ProgrammableWeb 服务系统中的音乐供应服务

用频次的预测模型具备一定的针对性，对于模式相近的服务使用频次序列有专门的预测方式。

(3) 服务使用规律复杂。考虑服务的综合性，服务使用频次模式极大程度地受到天气、地理、文化等因素的影响，从而呈现出复杂的非线性、周期性及长时间依赖关系。以ProgrammableWeb服务系统中发布的一个真实服务——World Cup in JSON API为例（图7-4），该服务的使用频次显然与文化事件“世界杯”存在很强的关联关系，因此呈现出大致以四年为一个周期的使用高峰，而在其他时间则呈现看似无规律的非线性规律。与此同时，该服务的使用频次特点又和另一个服务Clear Read的使用模式截然不同。因此，为了预测规律复杂的服务使用频次，则要求模型具备较好的非线性、时间长期依赖关系建模的能力。

图 7-4　网络服务 World Cup in JSON

(4) 长线预测价值更高。在当前的服务组织模式下，以人工为主导的服务调节机制仍是主流的模式。从服务管理的角度，短线的服务使用频次预测价值较小，只能调节同功能的服务负载的上下限。例如，对于某网约车服务平台而言，当预测到某地将出现用车高峰时，可以临时调派车辆。然而，长线的服务使用频次预测则具有更大的价值，可以让服务供应商具有调整服务的供应策略的弹性。例如，在敏捷制造中，长线的服务使用频次精准预测可以为产品的开发周期争取时间。

考虑上述的服务特征，现有的时间序列预测方法并不能很好地适应服务使用频次预测的问题。经典的时间序列预测模型——差分整合移动平均自回归模型只能逐个地对服务的使用频次序列进行建模，这样的方式显然无法应对服务数量飞速增长的服务系统。同时，差分整合移动平均自回归模型逐个建模的方式忽略了其他服务使用频次序列的信息，浪费了数据中潜在的挖掘价值。此外，差分整合移动平均自回归模型的预测结果本质上是对过去若干个时间点的观测值的加权组合，无法对服务使用频次模式的非线性特征进行建模。为了捕捉时间序列的非线性特征，支持向量回归模型通过使用不同的核函数，将低维度的服务使用频次观测值投影到高维空间。但与差分整合移动平均自回归模型类似，支持向量回归模型需要对时间序列逐一建模，不能充分利用其他序列的信息，且由于其训练速度较慢，虽然可以一定程度地捕捉序列的非线性特征，但依旧不适用于服务系统中服务快速增加的情况。近年来，随着循环神经网络(Recurrent Neural Network，RNN)的兴起，特别是长短期记忆单元和门控循环单元的广泛应用，越来越多的工程师采用深度学习的方式来对时间序列进行预测。通过引入大量神经元参数和门控机制，现有的基于长短期记忆单元和门控循环单元的模型已经具备较强的非线性和长期依赖关系建模能力。然而，这些深度学习模型一般从大规模的时间序列中学习一种泛化的模型，丧失了时间序列建模的针对性。因此，服务系统中服务使用频次预测的问题还需进一步解决。

2. 问题定义

基于7.1.3节介绍的服务系统框架和服务网络模型，结合上述研究动机与研究难点，本节对后文将涉及的主要符号进行补充定义，并给出本章所研究问题的形式化描述。

对于服务使用频次观测序列(定义7-1)而言，本章考虑观测的服务使用频次序列的长度P较长，超过365个单位时间点。同时，本章考虑系统中服务数量巨大的情况，因此，服务系统中服务的数量N超万个。本章还考虑服务系统中服务热度不一的真实情况，因此，不同服务的使用频次观测序列的均值差异较大。

对于服务使用频次趋势预测值(定义7-2)而言，由于本章关注服务使用频次的长线预测精度，因此考虑预测的长度Q的值较大，例如为62个单位时间点。

根据上述研究动机，本章将侧重从时间维度出发，对服务使用频次进行预测。该问题形式化的定义如下：

问题7-2　基于时间观测值的服务使用频次预测。考虑一个由N个服务组成的服务系统，给定N个服务过去P天的服务使用频次观测值X，本章的目标为精准地预测这些服务未来较长一段时间(Q天)的使用趋势$\hat{Y}$。

7.2.2　模型介绍

1. 模型概述

根据7.2.1节的分析，考虑服务的上述特点，预测模型需具备较高的泛化能力，能够充分利用海量服务数据，学习共性的使用模式；具备一定的针对性，能对不同类型的服务使用频次做出响应；还需具备建模复杂的时间序列非线性、非周期性、长期时间依赖关系等特征的能力。为了适应服务使用频次的特点，充分地利用服务使用频次的观测信息，本章设计了多步分段自回归循环神经网络对服务使用频次未来一段时间的使用趋势进行预测。模型的结构如图7-5所示，虚线框内的$\boldsymbol{x}^1\ \boldsymbol{x}^2\cdots\boldsymbol{x}^p$表示服务使用频次的观测值，作为模型的输入。这些观测值一方面作为基于长短期记忆单元(LSTM)的循环神经网络的输入，建模复杂的

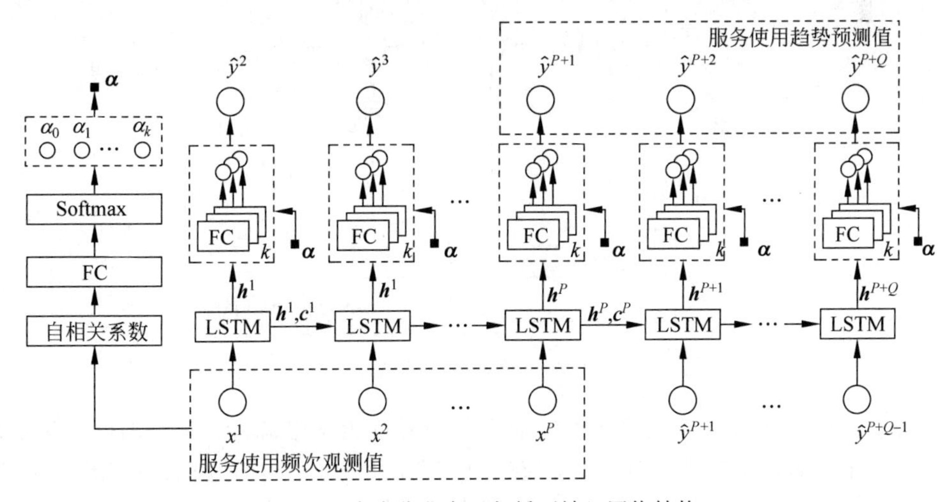

图7-5　多步分段自回归循环神经网络结构

非线性、长时间依赖关系等特征，另一方面作为图 7-5 左侧分段回归机制的输入，加强预测的针对性。在分段回归机制中，模型不断学习最优的服务使用模式分类方法及各类对应的回归方式，即图中的全连接(Fully Connected,FC)层。最后通过加权组合的方式，生成服务使用频次的预测值。

2. 循环神经网络

为了使模型具有从海量服务数据中学习共性特征的能力，本章所设计的多步分段自回归循环神经网络采用循环神经网络作为基础结构。由于梯度可随序列传递的特性，循环神经网络已被广泛用于各类序列建模场景，如语言识别、文本生成等。然而，经典的循环神经网络在实际使用的过程中存在梯度弥散和梯度爆炸的现象，不利于对序列复杂非线性、长期依赖关系等特性的建模。而近年来，随着门控技术的发明，这一问题得到很好的解决。门控技术的典型代表为长短期记忆单元和门控循环单元，其中长短期记忆单元是本章所设计的多步分段自回归循环神经网络的基本组成元素，由于建模服务使用频次序列的复杂规律，门控循环单元将作为下一章介绍的服务使用频次预测方法的基本结构。本节对这两个特殊的循环单元做简要的介绍。

长短期记忆单元是一种通过遗忘门、输入门、输出门和一个记忆单元建模序列时间依赖关系的循环神经网络单元，其结构如图 7-6 所示。长短期记忆单元的输入为序列在当前时刻的观测值 x_t 和前一时刻长短期记忆单元输出的隐含状态 h_{t-1} 和记忆细胞状态 c_{t-1}，长短期记忆单元的输出为含有序列时间依赖关系的隐含状态 h_t 和记忆细胞状态 c_t。长短期记忆单元的内部逻辑可以通过下列公式表述：

$$i_t=\sigma(W_i[x_t,h_{t-1}]+b_i)$$

$$\tilde{c}_t=\sigma(W_c[x_t,h_{t-1}]+b_c)$$

$$c_t=f_t\odot c_{t-1}+i_t\odot\tilde{c}_t$$

$$o_t=\sigma(W_o[x_t,h_{t-1}]+b_o)$$

$$h_t=o_t\odot\tanh(c_t)$$

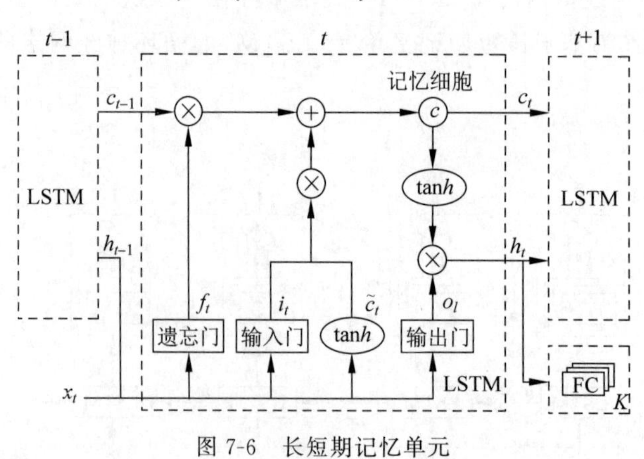

图 7-6 长短期记忆单元

其中，f_t、i_t 和 o_t 表示长短期记忆单元的输入分别通过遗忘门、输入门、输出门之后的临时状态；$\tilde{c}_t$ 表示长短期记忆细胞的临时状态；x_t 表示服务在当前时刻的使用频次观测值；h_t 和 b_t 分别表示长短期记忆细胞输出的隐含状态和记忆细胞状态；W_f、W_i、W_o、W_c、b_f、

b_i、b_o、b_c 表示可学习的模型参数；$\sigma(\cdot)$和 $\tanh(\cdot)$分别表示 Sigmoid 非线性激活函数和双曲正切非线性激活函数。区别于传统的循环神经网络中，梯度通过乘积的方式进行累积，在长短期记忆单元中，门控机制通过求和的方式对梯度进行累积。这样的模式有效地解决了梯度弥散现象的发生，同时极大程度地减轻了梯度爆炸带来的训练风险。特别地，在本章设计的多步分段自回归循环神经网络中，当前时刻长短期记忆单元的隐含状态 h_t 不仅作为下一时刻长短期记忆单元的输入，也被视作携带有效时间信息的特征作为分段回归机制的输入。

3. 分段回归机制

基于长短期记忆单元提取的有效时间特征，研究人员通常使用一个全连接层将高维的特征向量回归成下一时刻的预测值[35]。然而，考虑到服务使用模式种类多的特点，本章提出一个基本假设，即不同类型的服务使用模式应使用不同的回归方式进行预测。自然地，一个改进的方向就是针对不同的使用模式训练不同的全连接层进行回归。于是，本章提出了一种分段回归的机制(Piecewise Regressive Mechanism)来识别隐性的服务使用模式和训练对应的回归方法。图 7-7 形象地展示了分段回归的过程。

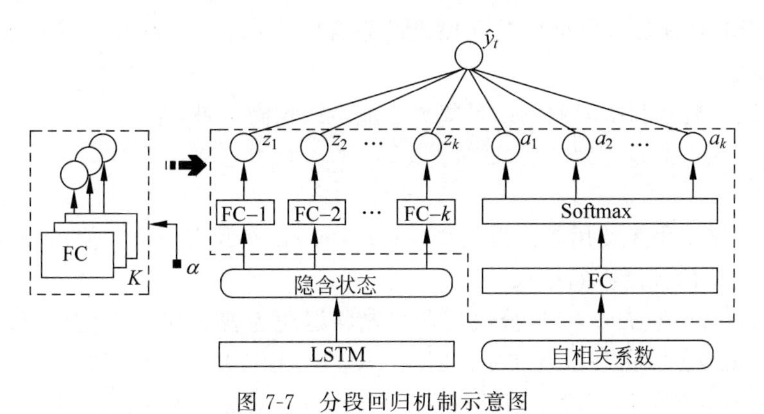

图 7-7 分段回归机制示意图

在图 7-7 的右侧，一段已知的服务使用频次观测值将通过下式转化为自相关系数向量 $\boldsymbol{\rho}$：

$$\boldsymbol{\rho}_\tau=\frac{E[(x^{0:t-\tau}-\mu)(x^{\tau:t+\tau}-\mu)]}{\sigma^2}$$

其中，μ 表示服务使用频次观测序列的均值；σ^2 表示服务使用频次观测序列的方差；$\tau\in[1,T]$表示滞后因子；$\boldsymbol{\rho}=\{\rho_1,\rho_2,\cdots,\rho_T\}$表示服务使用频次观测序列的 T 个自相关系数特征，作为服务使用频次序列聚类的依据。接着，训练一个全连接层，并通过 Softmax 函数把一个服务使用频次序列映射为 K 类可能的概率，即

$$\alpha_s=\frac{\mathrm{e}^{\boldsymbol{w}_s^{\mathrm{T}}\cdot\boldsymbol{\rho}+\boldsymbol{b}_s}}{\sum_{k=1}^{K}\mathrm{e}^{\boldsymbol{w}_k^{\mathrm{T}}\cdot\boldsymbol{\rho}+\boldsymbol{b}_k}}$$

其中，$\boldsymbol{w}_s$、b_s 表示可学习的全连接层参数，用于服务使用频次序列的聚类；K 表示预定义的聚类数。在训练的过程中，本章希望分段回归机制中的并行全连接层可以习得差异化的模型参数，针对性地对不同类型的序列进行回归预测。然而，在实际应用中，分段回归机制中

的全连接层参数也有一定概率朝同一个梯度下降方向收敛。因此,为了更好地发挥分段回归机制的作用,本章设计了一种基于阈值平滑的技术。具体而言,该技术把 Softmax 函数计算出的概率向量 $\boldsymbol{\alpha}$ 中较小的概率变得更加小,从而区分不同类别对应的自相关系数的权重,使解变得稀疏。该方法形式化的表述如下:

$$\alpha_i = \begin{cases} \alpha_i, & \alpha_i \leqslant \dfrac{1}{K} \\ 0.01, & \text{其他} \end{cases}$$

$$\alpha_i = \frac{\alpha_i}{\sum_k \alpha_k}$$

其中,K 表示预定义的聚类数,在阈值平滑技术中,取$\frac{1}{K}$作为经验的阈值取值。

在图 7-7 的左侧,长短期记忆单元当前时刻的隐(向量)状态将作为多个并行的全连接层的输入,每个全连接层对应生成一类模式下的预测值中间结果,即

$$z_k = \boldsymbol{w}_k^{\mathrm{T}} \cdot \boldsymbol{h} + \boldsymbol{b}_k$$

其中,$\boldsymbol{h}$ 表示当前时刻长短期记忆单元输出的隐含状态;$\boldsymbol{w}_k$、$\boldsymbol{b}_k$ 表示 K 个并行全连接层可训练的模型参数。

最后,将这些概率和中间预测结果集成生成最终预测结果,即

$$\hat{y} = \sum_{k=1}^{K} \alpha_k \cdot z_k \tag{7-1}$$

其中,K 为预定义了服务使用频次聚类个数;α_k 和 z_k 表示某一服务使用频次模式属于第 k 类的概率和对应的预测中间结果。

观察式(7-1),当取 $K=1$ 时,分段回归机制将退化为普通的全连接长短期记忆神经网络(Fully Connected Long Short Term Memory, FC-LSTM)。而当取 $K>1$ 时,模型将不断地学习如何对服务使用频次序列进行有效划分,以及对应的高质量的回归方式。因此,分段回归机制在保留建模的泛化能力的同时,也增强了服务使用频次趋势预测的针对性。

7.2.3 参数学习

1. 损失函数设计

为充分发挥分段回归机制和多步超前预测训练策略的功能,本章设计了一种灵巧的损失函数来训练多步分段自回归循环神经网络,即

$$\mathcal{L} = \frac{1}{n} \sum_{i \in \Omega} \left| \log \frac{y_i + 1}{\hat{y}_i + 1} \right| + \lambda \frac{\boldsymbol{w}_p \cdot \boldsymbol{w}_q}{\| \boldsymbol{w}_p \|_2 \cdot \| \boldsymbol{w}_q \|_2} + \sum_k \gamma_k \| \boldsymbol{w}_k \|_1 \tag{7-2}$$

损失函数的第一项为衡量预测精度的误差项。在服务使用频次的预测问题中,由于服务的热度差异大,服务使用频次的数量级往往也有较大的差别,这样显著的数量级差异对指标的选取有着严苛的要求。如果像常见的时间序列预测问题一样,使用的绝对误差指标,如绝对平均误差(Mean Absolute Error, MAE)、均方根误差(Root Mean Square Error, RMSE)等,则容易使模型参数偏向数量级较大的服务使用频次进行拟合,而忽略相对冷门的服务。为了消除数量级带来的不良影响,式(7-2)的第一项中对真实值和预测值取对数作差,这又恰好变成了相对误差的衡量。特别地,考虑服务的使用频次可能为零,为保证计算

的正确性，对真实值和预测值都作加一处理。

损失函数的第二、三项为控制模型参数的正则项。考虑 K 个并行的全连接层被训练出一样的参数的极限情况，分段回归机制将退化成一般的全连接长短期记忆循环神经网络。为了避免这种“吃力不讨好”的现象发生，损失函数的第二项对并行全连接层的参数进行余弦相似度(Cosine Similarity)衡量，对发生参数接近的情况进行轻微的惩罚，惩罚的强度 λ 作为可调节的超参数。损失函数的第三项为对并行全连接层设计的 l_1 范数正则，来提升不同类型服务使用频次对不同位置的长短期记忆单元隐状态的关注度。这部分所产生的稀疏解有利于提高模型的可解释性。

2. 多步自回归训练策略

在使用循环神经网络进行服务使用频次预测时，工程上常常使用一步回归或多步回归的策略训练神经网络参数。然而，本章提出一个基本假设：$t+1$ 时刻的服务使用频次值与 t 时刻的服务使用频次值强相关。通过分析认为，一步回归和多步回归都不是训练神经网络的最优手段。

特别是使用自回归的方式进行多步预测时，模型很容易出现过度依赖较近时刻信息的现象。这是因为通常较近时刻的信息与未来信息的相关度更高，模型容易过拟合于这些信息，从而忽视了较远的其他有价值的信息。为了提高模型捕捉服务使用频次长期依赖关系的能力，本章设计了一种多步超前预测的模型训练策略。该过程的示意图如图 7-8 所示。

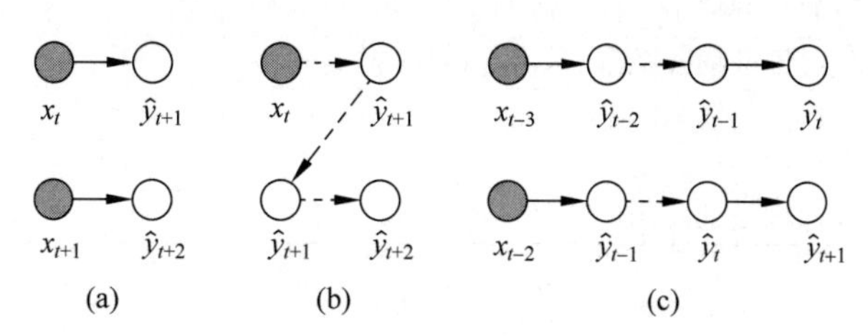

图 7-8　多步超前预测机制

图 7-8(a)、(c)所示的是模型训练阶段的情况，而图(b)所示的是模型预测阶段的情况。传统的自回归方式通常采用图(a)中所示的一步预测的方案，即每次使用 t 及之前时刻的观测值预测 $t+1$ 时刻的结果，并以此训练模型参数。相比之下，在图(c)中，本章所设计的多步超前训练策略则利用 t 及之前时刻的观测值生成未来多步的预测结果，并用未来多步的预测结果训练模型参数。通过这样的方式，模型对时间上长期依赖关系的捕捉能力将被提升。然而，由于较近时刻本身还是具有更加丰富的信息，所以在训练好模型参数后，真正使用模型进行预测时，还是使用 t 时刻的观测值作为基点开始预测。

7.2.4 模型验证

1. 实验设置

1）数据集

本章选用真实的维基百科知识服务数据集 Wikistat，对多步分段自回归循环神经网络的预测能力进行验证。Wikistat 数据集由维基百科项目维护，自 2013 年 9 月起，以小时为频率，记录了成千上万个维基词条的页面访问量(Page View，PV)。首先，Wikistat 数据集中，词条的数量与日俱增，与基于面向服务的架构的服务系统中日益增加的服务相似。其次，Wikistat 数据集中存在信息的重叠，与网络服务中的服务同质化特点类似。以介绍深度学习技术的词条 Recurrent Neural Network 为例，其中的内容就和词条 Long Short Term Memory 存在一定的知识重叠。可见，对于同质知识服务而言，其服务使用模型存在较强相关关系，当一个服务出现使用高峰时，其同质服务也有较大概率出现使用高峰。最后，维基百科中词条的访问量也和网络服务一样，极大程度地受到天气、地理及文化等因素的影响。例如，维基词条 World Cup 的使用频次就与之前提到的网络服务 World Cup in JSON 的调用模式类似，具有大致四年为周期的访问高峰，而且非世界杯举办的日子里，可能呈现较复杂的非线性特征。

基于以上原因，本章认为 Wikistat 可以被视作有效的实验数据集。在实验中，本节随机从中文和英文的维基项目中选取了共 29839 个词条，并将它们按时间分成训练验证集和测试集。具体而言，这些序列从 2015 年 7 月 1 日到 2017 年 6 月 30 日(共 731 天)的数据被用于训练模型参数，而从 2017 年 7 月 1 日至 2017 年 8 月 31 日(共 62 天)的数据将用于测试模型训练的效果。数据集的具体统计信息如表 7-1 所示。

表 7-1　Wikistat 数据集的统计信息

项　　目	数　　量
以十为单位的维基词条个数	6331
以百为单位的维基词条个数	10567
以千为单位的维基词条个数	8996
以千以上为单位的维基词条个数	3945
训练集中全部词条的观测值数量	2.1×10^7
测试集中全部词条的观测值数量	1.8×10^6

2）基准方法

本章选取以下四种代表性的方法作为多步分段自回归循环神经网络的比较基准。

基准方法 1：ARIMA[20]。差分整合移动平均自回归模型(Autoregressive Integrated Moving Average，ARIMA)是工业界最经典的时间序列预测方法。根据自回归系数多项式、滑动平均系数多项式和白噪声生成预测结果，即

$$\left(1-\sum_{i=1}^{p}\varphi_i L^i\right)(1-L)^d X_t=\left(1+\sum_{i=1}^{q}\theta_i L^i\right)\varepsilon_t$$

其中，φ_i 为 p 个自回归项的参数；θ_i 为 q 个滑动平均项的参数；d 表示使该序列成为平稳序列所做的差分阶数。针对本章涉及的海量服务使用频次序列，差分整合移动平均自回归模型需要逐一地确定模型参数。在实验中，使用迪基-福勒检验(Dickey-Fuller Test)和贝叶斯信息准则(Bayesian Information Criterion，BIC)确定模型的超参数。实验使用开源的 statsmodel python 库实现。

基准方法 2：SVR[23]。支持向量回归模型(Support Vector Regression，SVR)具有较强的非线性特征捕捉能力，通过设置不同的核函数，支持向量回归模型预测金融时序预测等复杂任务中具有良好的表现。本章使用开源的 sklearn python 库实现。

基准方法 3：FC-LSTM[35]。全连接长短期记忆神经网络(Fully Connected Long Short Term Memory Neural Network，FC-LSTM)使用长短期记忆单元作为循环网络的基本单

元,具有很好的建模序列非线性、长短期依赖关系的能力。该方法是基于深度学习建模时间序列的经典方法。

基准方法 4：**WaveNet**[33]。波动神经网络[68]是利用膨胀卷积建模序列长期依赖关系的方法。该方法最初为语音合成任务所设计,后因其具有较好的时序建模性能,被用作经典的时间序列预测对比方法。

3）评价指标

为了有效地评估模型的表现能力,本章采用了两个评价指标,分别为对称平均绝对百分比误差(Symmetric Mean Absolute Percentage Error,SMAPE)和动态时间规整(Dynamic Time Warping,DTW)。

对称平均绝对百分比误差的定义如下：

$$SMAPE = \frac{2}{n} \sum_{i \in \Omega} \frac{|\hat{y}_i - y_i|}{\hat{y}_i + y_i}$$

其中,Ω 表示待预测样本点的集合；n 表示待预测样本点的个数；y_i 与 $\hat{y}_i$ 分别表示第 i 个样本点的真实观测值和预测值。显然,越低的对称平均绝对百分比误差表示越高的预测精度。

动态时间规整是一种衡量两段时间序列形状相似性的评价方法,已广泛用于声音识别等问题。动态时间规整算法先将两个时间序列进行最佳位置匹配,进而计算匹配后的距离。通过算法 7-1 可以计算出两个时间序列在动态时间规整后的误差。

算法 7-1 动态时间规整方法

输入：时间序列,距离度量方式

初始化：时间序列长度 Q,动态时间规整矩阵 $\boldsymbol{M}$

输出：动态时间规整后的误差 e

```
1: M[0,0]=0
2: for i=1 to Q do
3:     for j=1 to Q do
4:         e=d(s[i],t[j])
5:         M[i,j]=e+minimum(M[i-1,j],M[i,j-1],M[i-1,j-1])
6:     end for
7: end for
```

图 7-9 展示了使用对称平均绝对百分比误差和动态时间规整评价预测精度时的情况。图 7-9(a)展示了一段时间序列的真实值与预测值,图(b)、(c)分别展示了在对称平均绝对百分比误差和动态时间规整下的衡量方法。其中,在对称平均绝对百分比误差下,序列的真实值和预测值将进行一一对比,得出点对点的相对误差。但对于动态时间规整而言,序列的真实值和预测值需先进行最佳匹配,找到预测序列对应真实序列逐点最近的对应关系,进而衡量分配后的点对点距离,因此得出序列的形状相似性度量。

2. 实验结果分析

1）总体预测误差比较

本章的实验首先对比了多步分段自回归循环神经网络和基准方法在维基百科数据集上的对称平均绝对百分比误差(SMAPE)和动态时间规整误差(DTW)。展示了 10 次随机初始化模型下,不同模型在 SMAPE 和 DTW 两个指标下的均值和标准差。

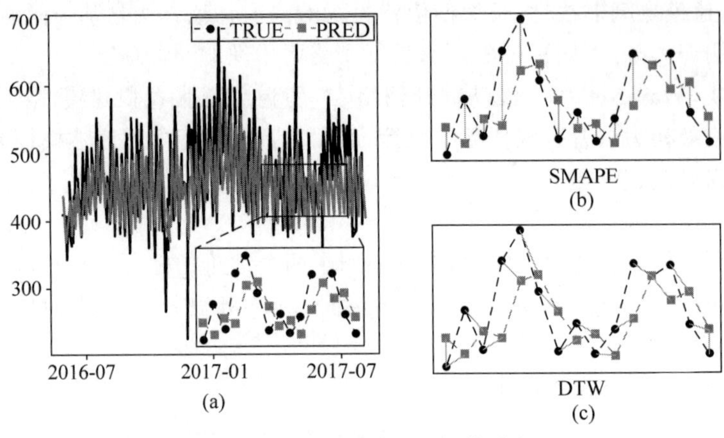

图 7-9 SMAPE 和 DTW 的对比

通过分析图 7-10 中不同模型在 SMAPE 和 DTW 下的指标可以总结出以下几个一致的结论：①差分整合移动平均自回归模型的预测误差在全部模型中最高，可能是因为差分整合移动平均自回归模型是一种线性的时间序列预测模型，且一般仅依赖较近的几个观测值对序列进行预测，所以误差较高。②支持向量回归模型相较差分整合移动平均自回归模型而言，取得了较低的误差，这是因为在核函数的作用下，支持向量回归模型能捕捉到序列的一些非线性的特征。由于差分整合移动平均自回归模型和支持向量回归模型都是对序列逐一建模的方法，且支持向量回归模型的收敛条件固定，所以这两个方法的标准差为零。③三个基于循环神经网络的方法，即全连接长短期记忆神经网络、波动神经网络、多步分段循环网络，它们的预测误差显著低于差分整合移动平均自回归模型和支持向量回归模型的预测误差，这是因为长短期记忆单元有很好的捕捉序列非线性特征和时间依赖关系建模能力，可以更好地学习序列的特征，进而实现较为准确的预测。④多步分段循环网络利用分段回归机制和多步自回归训练策略，在全部方法中取得了最低的预测误差，初步证明了分段回归机制和多步自回归训练策略的有效性。由于神经网络参数的随机性，以上基于神经网络的方法都有一定的误差波动，但总体而言，这些标准差还是在可以接受的范围内。对比几个方法在对称平均绝对百分比误差和动态时间规整误差下的表现，可以发现基于神经网络的模型显著地比其他两个模型有更低的预测误差，说明基于神经网络的模型预测的结果序列，在形状上与真实的观测序列更为相似。

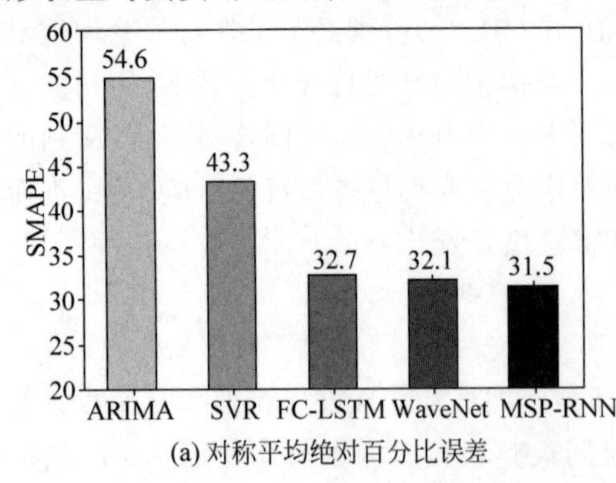

(a) 对称平均绝对百分比误差

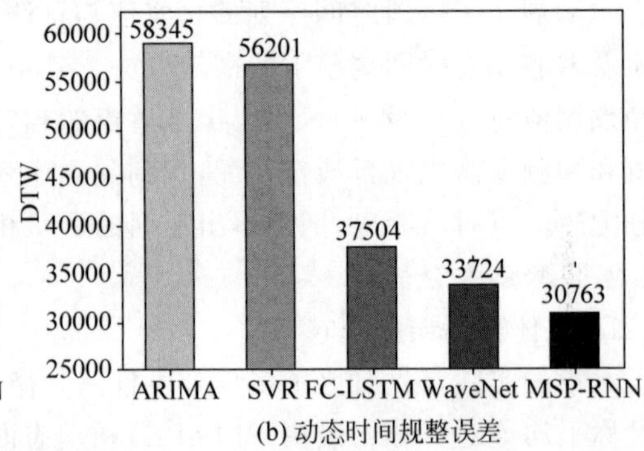

(b) 动态时间规整误差

图 7-10 MSP-RNN 和基准方法在维基百科数据集上的预测误差比较

2）长线预测性能比较

除了总体的误差外，不同模型随预测长度变化而呈现的预测精度变化也非常值得关注。本章通过消融实验，分析了分段回归机制和多步超前训练策略对模型预测精度的影响。图7-11展示了MSP-RNN及其退化模型（PRNN和FC-LSTM）在预测长度逐渐增加的情况下的对称平均绝对百分比误差变化情况。从图中可以看出，在预测长度较短时，MSP-RNN和PRNN的预测误差显著低于FC-LSTM，这说明了分段回归机制在提升模型预测精度作用上的显著效果。随着预测长度的增加，三个模型的预测精度都逐渐下降，这是因为预测长度增加时，预测任务本身也变得更加复杂，模型需更充分地利用观测值才能达到更高的预测精度。而比较图中所示的三个模型，可以发现PRNN和FC-LSTM的预测误差的差值相对固定，而MSP-RNN的误差比PRNN增加得慢，这体现了多步超前训练策略赋予了循环神经网络更强的长期时间依赖关系建模能力。

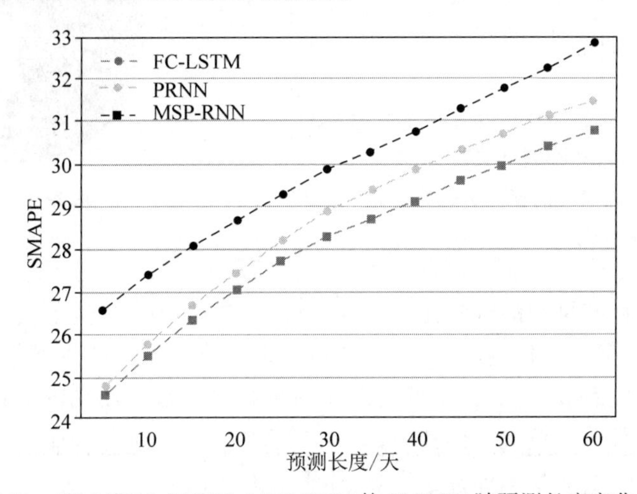

图7-11　FC-LSTM、PRNN、MSP-RNN的SMAPE随预测长度变化情况

3）重要模型参数——预定义聚类数对模型的影响讨论

对于多步分段自回归循环神经网络而言，预定义的聚类数K是影响分段回归机制性能的重要超参数之一。为了探究K的不同取值对模型预测精度的影响，本节对1～10之间的每个K取值做了10次重复随机实验，并在图7-12中记录了不同K取值下对应的预测平均误差和标准差。

观察图7-12中展示的不同预定义的聚类数K取值下，多步分段自回归循环神经网络在SMAPE指标下的表现，可以总结以下几个结论：①当$K=1$时，多步分段自回归循环神经网络的平均误差最大，为32.7。这是因为当$K=1$时，分段回归机制失效，模型退化为普通的全连接长短期记忆神经网络（FC-LSTM），体现了分段回归机制的有效性。②当$K\in[2,5]$时，多步分段自回归循环神经网络的误差显著下降，并在$K=5$时取得最低的平均误差和标准差，说明随着预定义的聚类数K的增加，模型逐渐能发现合适的服务使用频次趋势划分。其中，观察到当$K=2$，3时，模型的标准差较大，这是因为过小的预定义聚类数不利于模型划分服务使用频次的规律。③当$K>5$时，误差不再有明显的下降，说明基于自相关系数和全连接分类器的分段回归机制能力出现瓶颈，不能更进一步地确定服务使用频次之间的差别。

从误差的平均值和标准差的角度看，$K=5$ 是最能发挥分段回归机制能力的超参数，因此，本节进一步分析了该取值下模型的具体表现。在一个典型的预测结果中，当 $K=5$ 时，实验数据集中的服务被分段回归机制划分为图 7-13 所示的分布情况。其中，第 1 类占有近 52.7%的序列，第 3、4、5 类占有 10%以上的序列。可以看出，序列可以被区分为不同的类别，并不像之前所担心的，全部序列被分为一类。

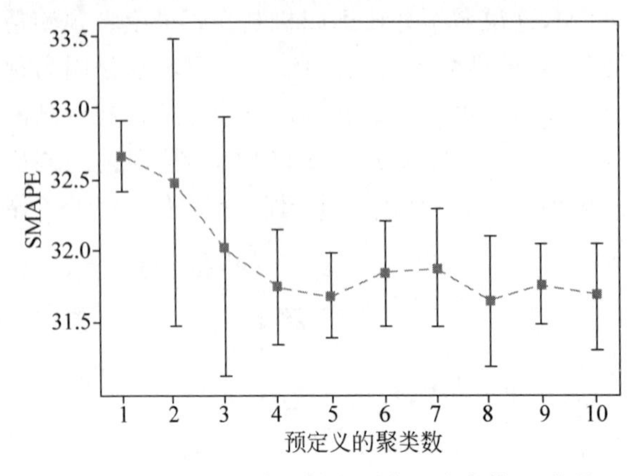

图 7-12 MSP-RNN 在不同的预定义聚类数 K 的设置下预测性能变化

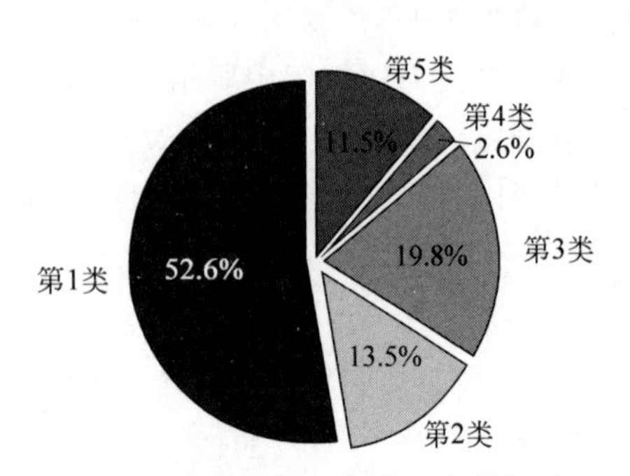

图 7-13 服务样本各类占比饼状图

为了证明分段回归机制的有效性，本节可视化了全连接层的参数。从图 7-14(a)中可以看出，在训练好的分段回归机制中，不同的自相关系数成为聚类的主要依据。例如，第 2 类注重较长期的自相关系数，第 3 类注重较近期的自相关系数。而在图 7-14(a)中可以看出，并行的全连接层参数差异较大。但其中，编号 17、36、100 号隐含特征几乎受各全连接层的青睐。而编号 39、41 受 2 号全连接层青睐，体现了差异性。

4）重要模型参数——预定义超前预测步长对模型的影响讨论

预定义超前预测步长也是影响模型预测精度的重要超参数之一，不同步长 S 的取值会作用在超前预测策略上，进而影响模型长期依赖关系建模的能力。本节探究了随步长 S 增长的多步分段自回归循环神经网络的预测误差变化情况。图 7-15 展示了不同步长 S 取值下，10 次重复随机实验的平均误差和标准差。从图中可以看出，随着预定义的超前预测的步长 S 不断增加，模型的平均预测误差首先不断下降，体现了多步自回归训练策略的有效性。但当预定义的超前预测的步长超过 3 时，预测精度出现反弹，这一现象说明多步自回归方法在取预定义超前步长较短时有明显的效果，而随着步长进一步增加，可能出现效果反弹的现象。本章的实验只对较短步数的超前预测步长超参数进行讨论，在后续的工作中，对较远距离的超前预测步长超参数的分析值得展开更深入的研究。

5）实例分析

为了更直观地了解多步分段循环网络及基准模型的预测性能表现，本节在观察了大量预测结果实例后，挑选了几个最具代表性的实例进行可视化展示和分析讨论。

实例 7-1 Romania。该实例来源于图 7-13 中的第 1 类服务，是该类服务使用频次序列的典型代表。观察图 7-16 的下半部分可以得出，这类序列的典型特征是序列的自相关系数随着滞后因子的增加快速衰减，但在滞后因子较小时具有相关性很强的特点。在本章的实

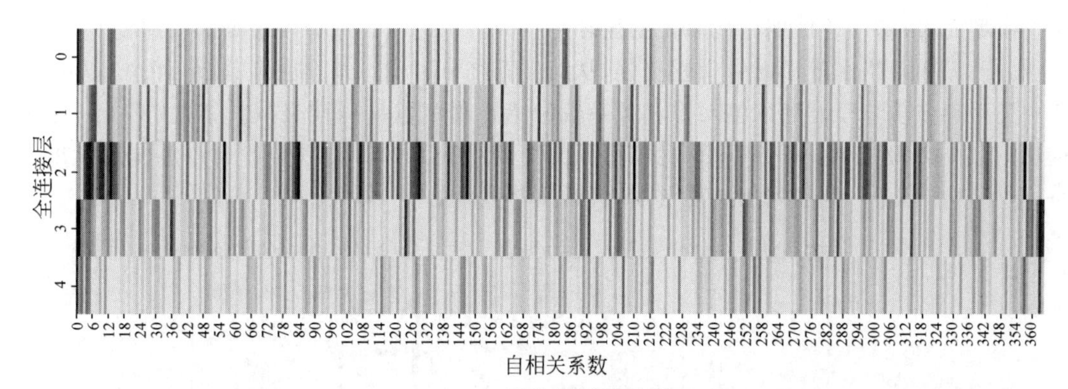

(a) 聚类全连接层参数

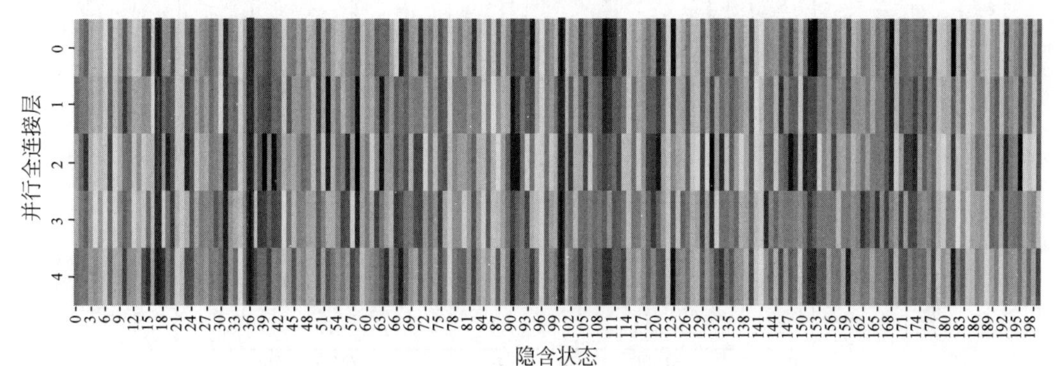

(b) 并行全连接层参数

图 7-14 分段回归机制中的全连接层参数可视化

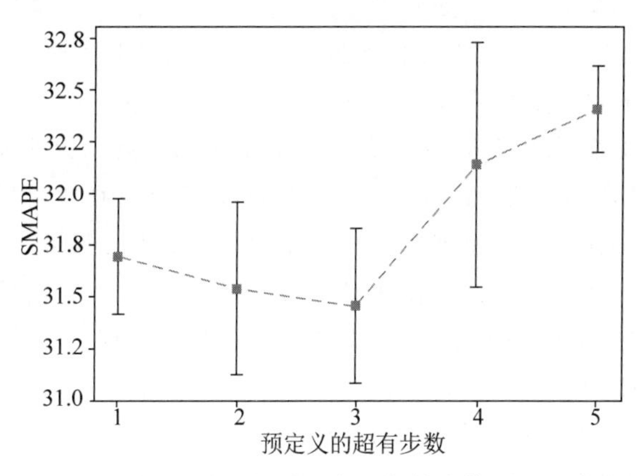

图 7-15 MSP-RNN 在不同的预定义超前步数 S 设置下的性能

验中，多步分段循环网络以 87%的概率将其划分到第 1 类中。图 7-16 的上半部分展示了维基百科知识服务 Romania 自 2017 年 1 月至 2017 年 6 月的使用频次历史观测值，以及差分整合移动平均自回归模型、支持向量回归模型、全连接长短期记忆神经网络、多步分段循环网络等模型生成的自 2017 年 7 月至 2017 年 8 月的使用频次预测值。从实验的结果上看，差分整合移动平均自回归模型、支持向量回归模型、全连接长短期记忆神经网络及多步分段循环网络的对称平均绝对百分比误差分别为 10.96%、7.93%、6.54%、6.34%。可见，对于这些模型而言，基于长短期记忆单元的循环神经网络都能较高地建模序列的时间特性，但是多步分段循环网络在建模时针对性更强，从结果看细节更佳。结合图7-14(a)可以看出对于这一类序列多步分段循环网络对自相关系数的感知程度也呈周期衰减。不失一般性，在大量观测第3类的其他服务数据后，也能得到类似的结果。尽管这一类序列占总体的比重很小，但可以看出这一类序列的特征鲜明，且预测精度较好。

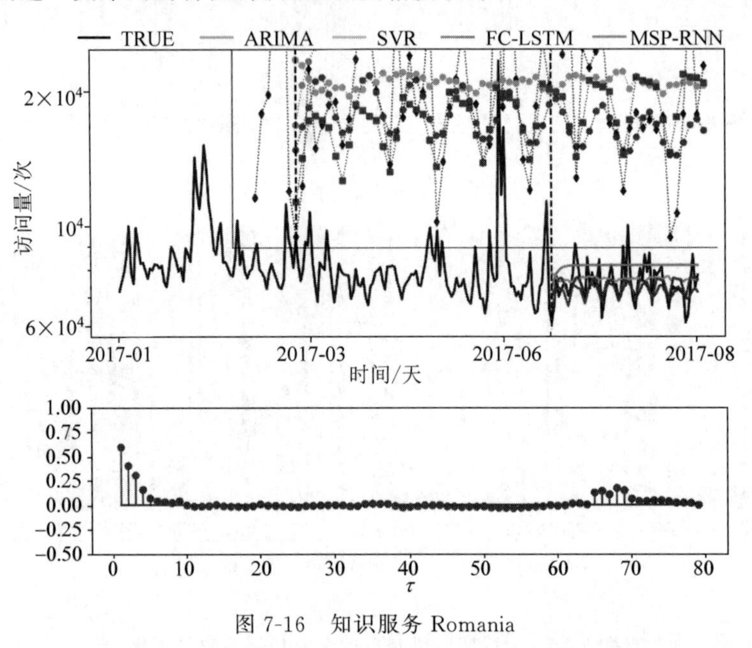

图7-16 知识服务Romania

实例7-2 NCIS（TV series）。该实例来源于图7-13中的第2类服务，是该类服务使用频次序列的典型代表。观察图7-17的下半部分可以得出，这类序列的典型特征是序列的自相关系数随着滞后因子的增加呈明显的周期衰减特点。在本章的实验中，多步分段循环网络以91%的概率将其划分到第2类中。图7-17的上半部分展示了维基百科知识服务NCIS(TV series)自2017年1月至2017年6月的使用频次历史观测值，以及差分整合移动平均自回归模型、支持向量回归模型、全连接长短期记忆神经网络、多步分段循环网络等模型生成的自2017年7月至2017年8月的使用频次预测值。从实验的结果上看，差分整合移动平均自回归模型、支持向量回归模型、全连接长短期记忆神经网络及多步分段循环网络的对称平均绝对百分比误差分别为27.66%、10.83%、9.24%、8.17%。可见对于这个实例，支持向量回归模型、全连接长短期记忆神经网络及多步分段循环网络都能大致地识别其周期变化的趋势，但多步分段循环网络的预测误差是所有方法中最低的。结合图7-14(a)，可以看出对于这一类序列多步分段循环网络，对自相关系数的感知程度也呈周期衰减。不失一般性，在大量观测第3类的其他服务数据后，也能得到类似的结果。尽管这一类序列占总体的比重很小，但可以看出这一类序列的特征鲜明，且预测精度较好。

实例7-3 Caesium carbonate。该实例来源于图7-13中的第3类服务，是该类服务使用频次序列的典型代表。观察图7-18的下半部分可以得出，这类序列的典型特征是序列的自相关系数随着滞后因子的增加呈明显的周期振荡衰减特点。在本章的实验中，多步分段循环网络以85%的概率将其划分到第3类中。图7-18的上半部分展示了维基百科知识服务

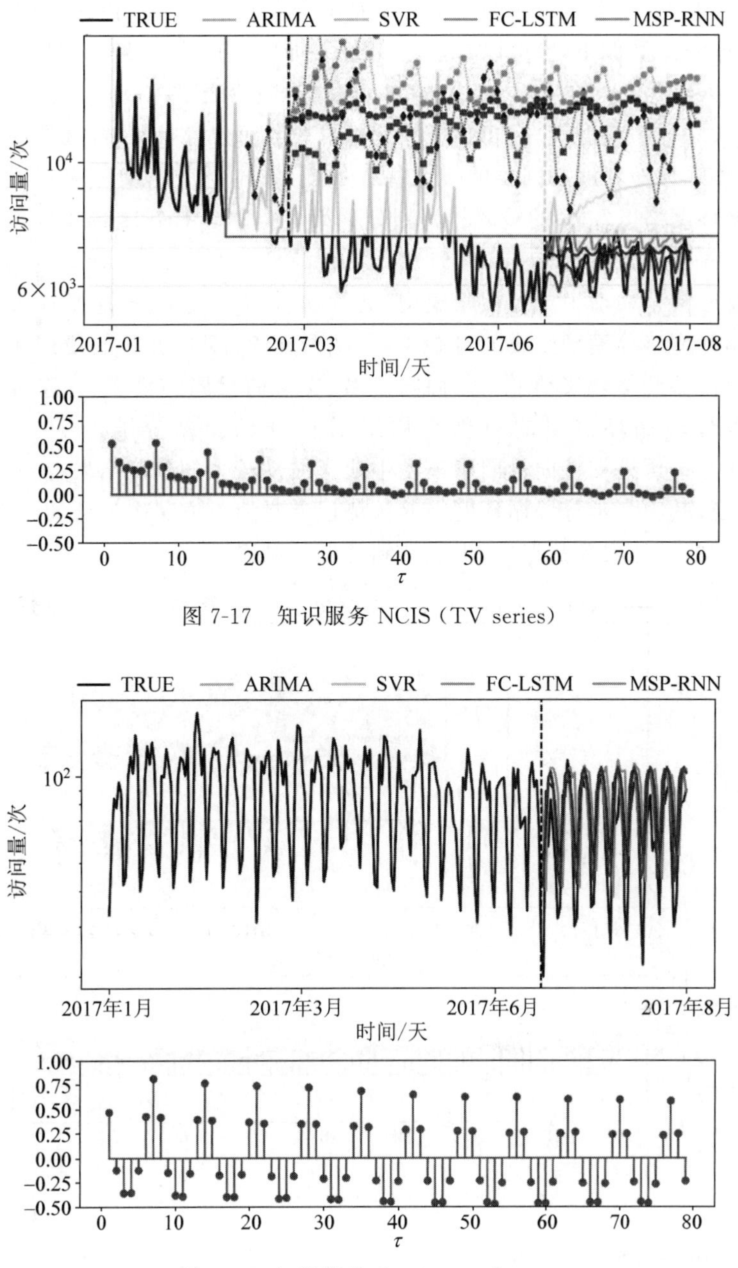

图 7-17　知识服务 NCIS (TV series)

图 7-18　知识服务 Caesium carbonate

Caesium carbonate 自 2017 年 1 月至 2017 年 6 月的使用频次历史观测值，以及差分整合移动平均自回归模型、支持向量回归模型、全连接长短期记忆神经网络、多步分段循环网络等模型生成的自 2017 年 7 月至 2017 年 8 月的使用频次预测值。从验的结果上看，差分整合移动平均自回归模型、支持向量回归模型、全连接长短期记忆神经网络及多步分段循环网络的对称平均绝对百分比误差分别为 37.01%、6.30%、31.83%、24.97%。可见，几乎所有方法都能识别这一服务的变化趋势，但多步分段循环网络的预测误差是所有方法中最低的。结合图 7-14(a)，可以看出对于这一类序列多步分段循环网络对自相关系数的感知程度也呈期衰减。不失一般性，在大量观测第3类的其他服务数据后，也能得到类似的结果。尽管这一类序列占总体的比重很小，但可以看出这一类序列的特征鲜明，且预测精度较好。

实例 7-4　76mm air defense gun M1938。该实例来源于图 7-14 中的第 4 类服务，是该类服务使用频次序列的典型代表。观察图 7-19 的下半部分可以得出，这类序列的典型特征是序列的自相关系数随着滞后因子的增加基本不变，基本属于白噪声序列。在本章的实验中，多步分段循环网络以 88%的概率将其划分到第 5 类中。图 7-19 的上半部分展示了维基百科知识服务 76mm air defense gun M1938 自 2017 年 1 月至 2017 年 6 月的使用频次历史观测值，以及差分整合移动平均自回归模型、支持向量回归模型、全连接长短期记忆神经网络、多步分段循环网络等模型生成的自 2017 年 7 月至 2017 年 8 月的使用频次预测值。从实验的结果上看，差分整合移动平均自回归模型、支持向量回归模型、全连接长短期记忆神经网络及多步分段循环网络的对称平均绝对百分比误差分别为 19.44%、29.30%、21.98%、19.36%。可见支持向量回归模型生成了波动较大的预测结果，而其他方法生成的预测趋势较平稳，其中多步分段循环网络的预测误差是所有方法中最低的。不失一般性，在大量观测第 4 类的其他服务数据后，也能得到类似的结果。

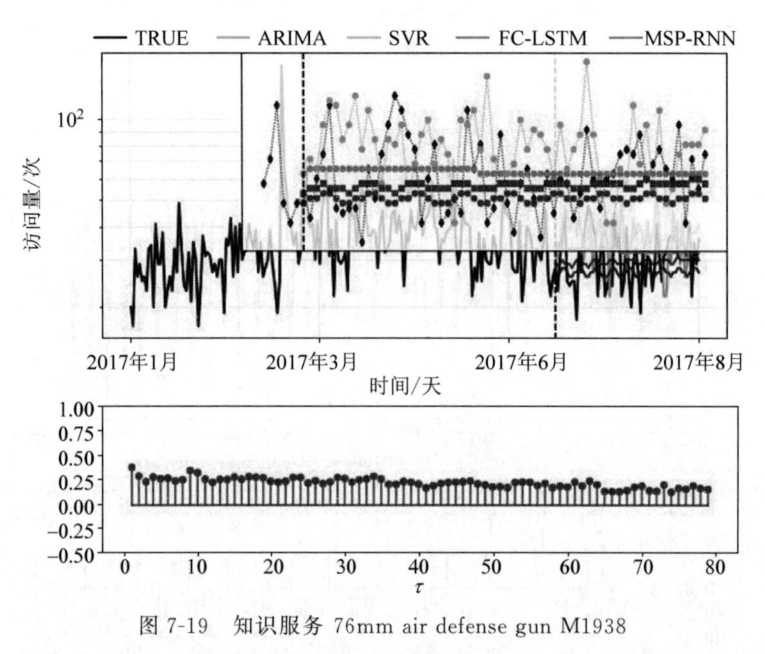

图 7-19　知识服务 76mm air defense gun M1938

实例 7-5　Facebook。该实例来源于图 7-13 中的第 5 类服务，是该类服务使用频次序列的典型代表。观察图 7-20 的下半部分可以得出，这类序列的典型特征是序列的自相关系数随着滞后因子的增加慢速减少，基本属于短期依赖关系较强的序列。在本章的实验中，多步分段循环网络以 90%的概率将其划分到第 5 类中。图 7-20 的上半部分展示了维基百科知识服务 Facebook 自 2017 年 1 月至 2017 年 6 月的使用频次历史观测值，以及差分整合移动平均自回归模型、支持向量回归模型、全连接长短期记忆神经网络、多步分段循环网络等模型生成的自 2017 年 7 月至 2017 年 8 月的使用频次预测值。从实验的结果上看，差分整合移动平均自回归模型、支持向量回归模型、全连接长短期记忆神经网络及多步分段循环网络的对称平均绝对百分比误差分别为 17.41%、13.48%、11.46%、10.98%。可见，针对该服务的使用频次序列，各模型的预测趋势都较正确。其中，与全连接长短期记忆神经网络相比，在增加分段回归机制和多步自回归策略后，多步分段循环网络在预测的趋势上能给出更多细节，预测精度更好。不失一般性，在大量观测第 5 类的其他服务数据后，也能得到类似的结果。

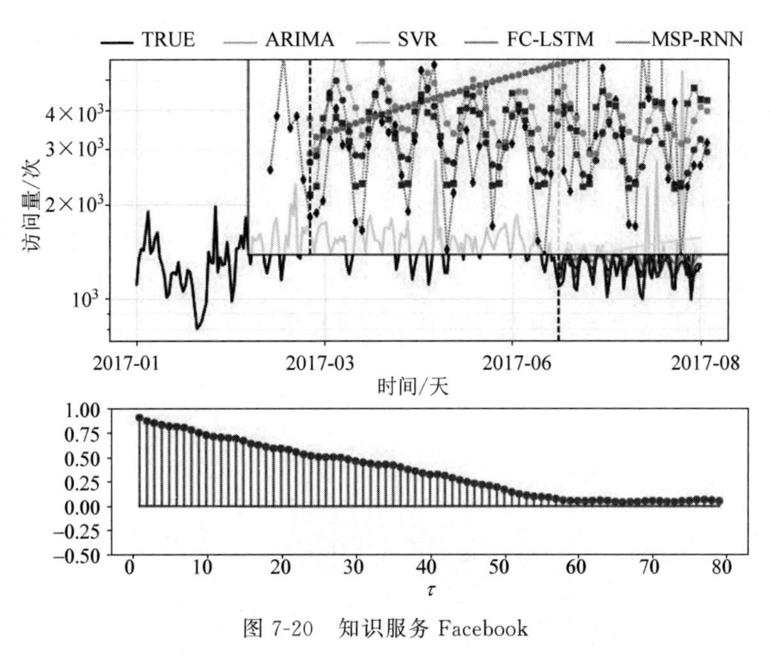

图 7-20　知识服务 Facebook

7.3　基于演化图神经网络的服务使用频次预测方法

7.3.1　研究动机与问题定义

1. 研究动机

在服务系统长期演化的进程中，海量服务形成了错综复杂的服务互联网，携带着丰富的结构信息。在服务使用频次的趋势预测问题上，这些结构特征具有巨大的价值，是进一步提升服务使用频次趋势预测精度的重要信息之一。考虑到服务协作或者竞争等关系，一个服务使用频次的变化往往会影响与之相关的服务的使用频次变化。在图 7-21 所示的知识服务系统中，为了获得某一问题的答案，服务消费者需要对现有的知识服务进行组合。由于知识服务 1、5、7 共同构成了某问题的答案，因此，知识服务 1 的使用频次与知识服务 5、7 的使用频次有密切的联系。类似地，在另一个问题的作用下，知识服务 1 的使用频次又和知识服务 5、6 的使用频次有关。可见，对服务空间结构的研究，是提升服务使用频次预测精度的一个重要突破口。

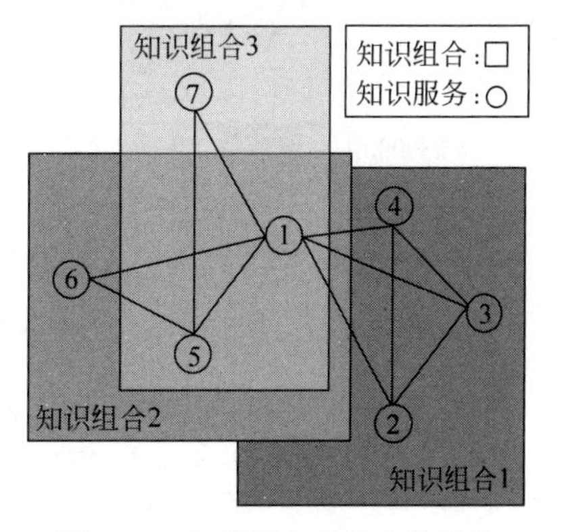

图 7-21　知识服务系统中的服务空间依赖关系

在本章中，如果两个或多个服务(如图 7-21 中的知识服务 1、5、7)共同组成了一个服务组合，则认为这些服务之间存在直接协作关系(或一阶协作关系)。类似地，如果两个或多个服务(如图 7-1 中的知识服务 4、6、7)虽然没有共同组合成一个服务组合，但通过其邻居(如图 7-21 中的知识服务 1)可以连通，则认为这些服务之间存在间接协作关系(或高阶协作关系)。本章重点研究融合上述协作关系提升服务使用频次预测精度的方法，研究的难点包括：

(1) 服务节点之间空间结构是不规则的。当使用服务的协作关系定义服务网络时，由于服务的热门程度不一致，不同服务的直接协作邻居的数量存在较大差异。这种情况下，训练尺寸固定的普通卷积核模板来抽取节点之间空间特征的做法变得不可行。以图 7-22(a)所示的真实维基百科知识服务网络为例，103 个服务之间就存在多种关联关系结构。其中，知识服务 Batman 具有 6 个一阶邻居，而知识服务 Ride Along 2 没有邻居。当考虑服务的高阶协作关系时，抽取不规则结构的空间特征将变得更加复杂。

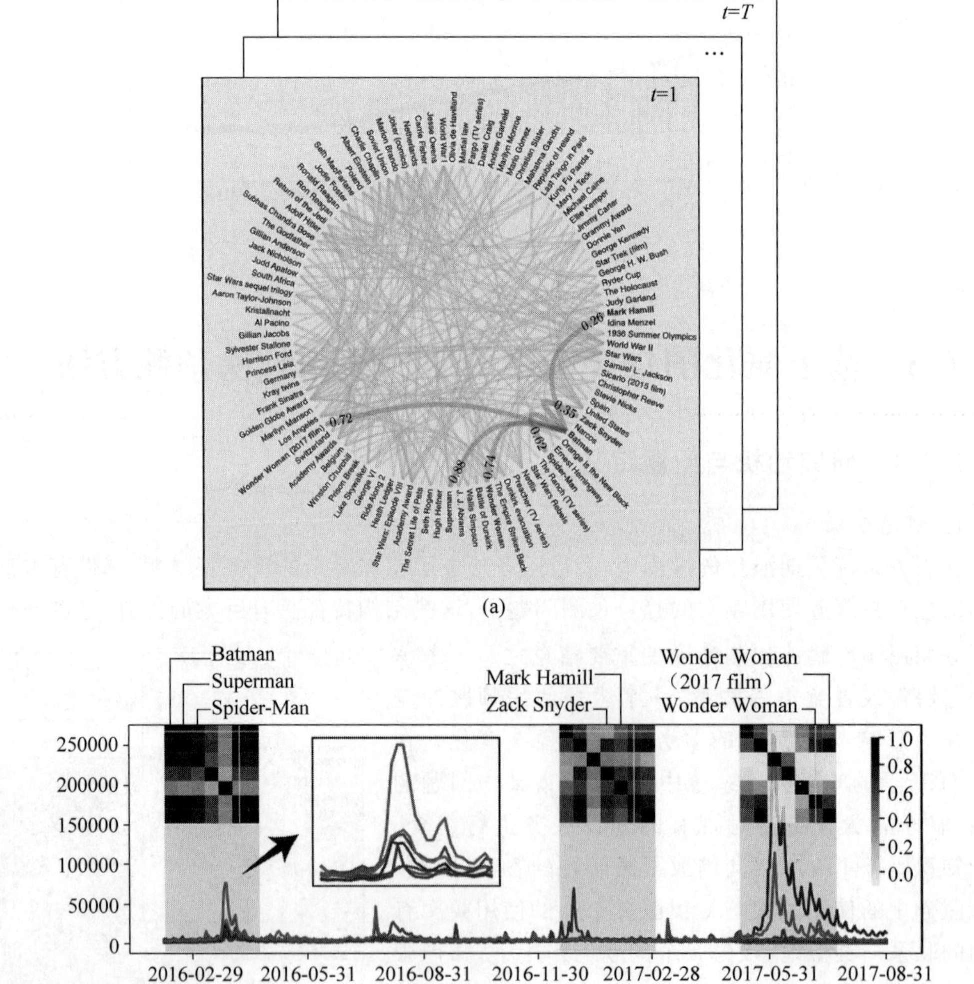

图 7-22 服务空间关系演化特性

(2) 服务节点之间的关系没有明确的度量方法。服务节点之间的空间依赖关系并不仅是离散的关系,而是需要进一步量化的连续值。由于协作次数、内容互补等原因,图 7-22(a)中,知识服务 Batman 与其邻居的空间依赖程度不同。若使用离散的标量来表述服务之间的协作关系,则无法充分表示服务之间的空间依赖关系。然而,在不引入额外信息的情况下,仅通过服务使用频次的历史观测值难以衡量两个服务之间的距离度量。

(3) 服务节点之间的空间依赖关系快速演化。直至今日,服务系统仍在快速发展,从而导致了服务空间依赖关系的快速演化。例如在图 7-22 中,2016 年 3 月,知识服务 Batman 与 Wonder Woman 曾具有很强的空间依赖关系,而随着这两个服务协作关系的减弱,在 2017 年 5 月时,这两个服务已没有明显的空间依赖关系。而当服务的空间依赖关系发生变化时,若仍以过时的服务空间依赖关系驱动模型,容易误导模型,得出错误的结论,从而降低服务使用频次预测的精度。

为了正确且充分地利用服务之间的空间依赖关系,上述两点特征需要被特殊考虑。然而,现在的时空预测方法并不能很好地解决上述问题。显然,经典的差分整合移动平均自回归模型(ARIMA)和支持向量回归模型(SVR)这类对序列逐一建模的模型完全无法利用服务使用频次之间的空间依赖关系。虽然也有学者对差分整合移动平均自回归模型和支持向量回归模型进行扩展,但考虑到服务系统中庞大的服务体量和错综复杂的关联关系,向量自回归模型(Vector Auto Regression,VAR)和多输出的支持向量回归模型也不能很好地胜任服务系统中大规模服务使用频次预测的任务。基于神经网络的模型,虽然利用了大量的服务使用频次作为训练数据,然而一般只能发现一些泛化的特征。包括上一章所提出的多步分段自回归循环神经网络,也仅能一定程度地强化建模的针对性,仍然不能直接地对服务的空间依赖关系进行挖掘。虽然也有一些神经网络模型,如 LSTNet,使用卷积核对服务的空间关系进行特征抽取,然而,基于规则的卷积算子,这类模型也无法适用于具有非欧几里得(Non-Euclidean)特性的服务空间依赖网络。近年来,由于图卷积算子的发明,直接挖掘时间序列的空间依赖关系提升时间序列预测的精度成为可能。例如,在预测车流量的任务中,弥散卷积循环神经网络就利用谱图卷积算子对非规则的路网进行建模,分析节点之间的依赖关系,并利用该关系提升预测的精度。然而在服务系统中,考虑服务依赖关系快速演化的特点,现在仍没有模型能很好地解决这一系列问题。

2. 问题定义

基于 5.1.3 节介绍的服务系统框架和服务网络模型,结合上述研究动机与研究难点,本节对后文将涉及的主要符号进行补充定义,并给出本章所研究问题的形式化描述。

对于服务使用频次观测序列(定义 5-1)而言,本章考虑观测的服务使用频次序列的长度 P 较长,超过 365 个单位时间点。同时,本章考虑系统中服务数量巨大的情况,因此,服务系统中服务的数量 N 超千个。本章还考虑服务系统中服务热度不一的真实情况,因此,不同服务的使用频次观测序列的均值差异较大。

对于服务使用频次趋势预测值(定义 5-2)而言,本章关注服务使用频次的长线预测精度,因此考虑预测的长度 Q 的值较大,例如为 62 个单位时间点。

对于服务空间依赖网络(定义 5-3)而言,本章考虑服务空间依赖关系的演化特性,因此使用$\mathcal{G}^t=(\mathcal{V},E,W^t)$对服务空间依赖网络进行描述。具体而言,本章考虑不同时刻下,服务之间边的权重为 W^t,其中,w_{ij}^t 表示服务 i 与服务 j 之间,在 t 时刻的空间依赖关系强度。

本章考虑服务之间无向的空间依赖关系，因此 W^t 是对称的。另外，在计算机中，服务空间依赖网络$\mathcal{G}$还可以使用拉普拉斯矩阵 $\boldsymbol{L}$ 进行描述，其定义为 $\boldsymbol{L}=\boldsymbol{D}-\boldsymbol{W}$，其中 $\boldsymbol{D}$ 表示服务节点的度矩阵，可由加权邻接矩阵 $\boldsymbol{W}$ 按行或列求和得到。

根据上述研究动机，本章将融合服务空间依赖网络的信息，从时空融合的角度出发，对服务使用频次进行预测。该问题形式化的定义如下：

问题 7-3 融合空间结构的服务使用频次预测

考虑一个由 N 个服务组成的服务系统，给定 N 个服务过去 P 个单位时间的服务使用频次观测值 $\boldsymbol{X}$，本章的目标为感知不同时刻的服务空间依赖网络$\mathcal{G}^t$，并精准地预测这些服务未来较长一段时间(Q 个单位时间)的使用趋势 $\hat{Y}$。

7.3.2 模型介绍

1. 模型概述

通过上述分析可知，服务空间拓扑结构蕴含着丰富的信息，有利于进一步提升服务使用频次预测精度。而对非规则的、快速演化的服务空间依赖关系的正确应用是模型设计的重点。本章提出了一种演化的图卷积循环神经网络模型(Evolutionary Graph Convolutional Recurrent Neural Network，E-GCRNN)，对服务的空间依赖关系进行充分挖掘和时空融合，从而对提升了服务使用频次预测的精度。具体而言，演化的图卷积循环神经网络模型首先引入先进的谱图卷积算子学习不同关联强度的服务空间依赖关系互相作用力。在计算服务使用频次之间的相互作用关系的同时，演化的图卷积循环神经网络模型使用一种空间依赖关系演化感知的机制，不断更新服务使用频次之间的依赖关系。最后，通过融合图卷积算子和门控循环单元(GRU)的结构，实现服务使用频次观测值和服务空间依赖关系的时空融合，生成服务使用频次的预测值。通过量身定制的损失函数和复杂度可控的局部小批次训练方法，通过迭代训练，演化的图卷积循环神经网络模型最终可以实现对服务使用频次趋势的精准预测。图 7-23 展示了演化的图卷积循环神经网络模型预测服务使用频次趋势的示意图。

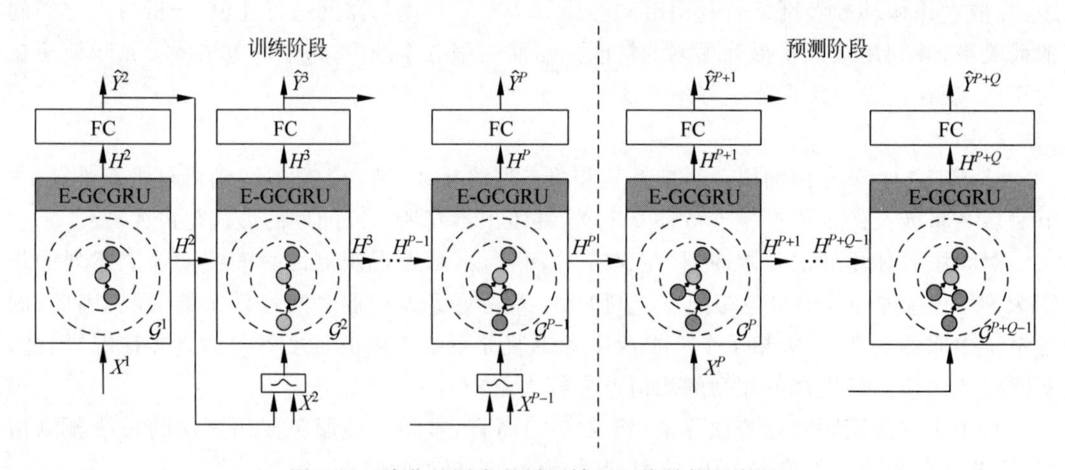

图 7-23 演化的图卷积循环神经网络结构示意图

2. 服务使用频次空间依赖关系建模

在数据规则的场景下，卷积神经网络可以通过训练尺寸固定的卷积核模板对数据的局部进行特征抽取。图 7-24(a)展示了面对规则数据,普通卷积进行特征抽取的过程。然而,对于服务拓扑网络而言,由于服务的热门程度不同,其邻居的数量也存在较大差异。以图 7-24(b)为例,两个绿色的服务分别具有 3 个和 4 个一阶邻居。因此,尺寸固定的卷积核无法有效地适用于服务拓扑网络。不过,近年来,谱图卷积(Spectral-based Graph Convolution)的发展有效地解决了这一问题。给定一张图,谱图卷积是一种利用图所对应的拉普拉斯矩阵的特征值(即图的谱)进行空间特征抽取的方法。该方法区别于传统的卷积核,可以直接作用于非欧几里得的图数据上,满足服务依赖网络的特性。演化的图卷积循环神经网络使用谱图卷积作为服务空间依赖关系建模的基础。

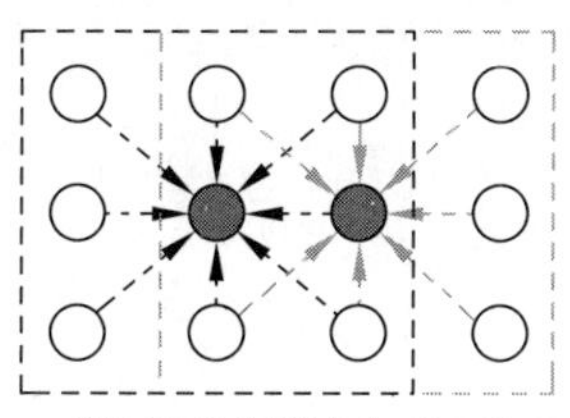

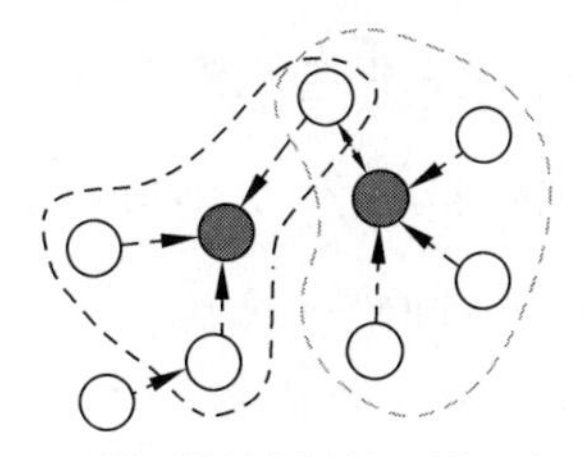

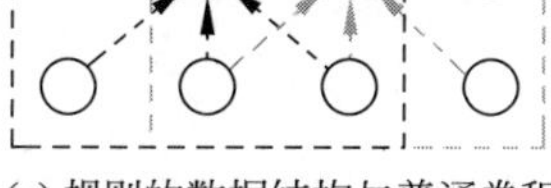

(a) 规则的数据结构与普通卷积　　(b) 不规则的数据结构与谱图卷积

图 7-24　普通卷积与谱图卷积

在工程应用中,谱图卷积通常不直接作用于一般的拉普拉斯矩阵,而作用于拉普拉斯矩阵的两种变形。拉普拉斯矩阵的一种变形定义为对称规范化的拉普拉斯矩阵(Symmetric Normalized Laplacian Matrix),其形式化的表述为

$$L^{\text{sym}} = D^{-\frac{1}{2}} L D^{-\frac{1}{2}}$$

为了定义图上的卷积算子,首先对规范化的拉普拉斯矩阵 $\boldsymbol{L}$ 进行特征值分解,即

$$\boldsymbol{L} = \boldsymbol{U\Lambda U}^{\mathrm{T}}$$

其中,$\boldsymbol{U}=\{u_0, u_1, \cdots, u_l\}$表示特征向量集合,$\boldsymbol{\Lambda} = \operatorname{diag}(\{\lambda_0, \lambda_1, \cdots, \lambda_l\})$表示特征值。此处给出一个后续公式推导所涉及的引理.

类似经典的傅里叶变换选择正余弦函数($\mathrm{e}^{2\pi i \in t}$)作为基,若选择特征向量作为基,则可定义图傅里叶变换及其逆变换

$$\hat{\boldsymbol{x}} = \boldsymbol{U}^{\mathrm{T}} \boldsymbol{x}$$

$$\boldsymbol{x} = \boldsymbol{U} \hat{\boldsymbol{x}}$$

从而,可以定义谱图卷积为

$$\begin{aligned} f_{\theta \star \mathcal{G}} \boldsymbol{X} &= f_\theta(L) \boldsymbol{X} \\ &= \boldsymbol{U} f_\theta(\boldsymbol{\Lambda}) \boldsymbol{U}^{\mathrm{T}} \boldsymbol{X} \end{aligned} \tag{7-3}$$

通过式(7-3)可以训练 $\boldsymbol{n}$ 维的 θ 全面建模特征向量。然而,对于大规模的图而言,在神经网络中循环计算特征值分析显然是不可取的。同时,高维度的特征向量往往是高频的噪声,对于建模而言携带的价值有限。

在本章中,演化的图卷积循环神经网络使用切比雪夫图卷积算子(Chebyshev Graph Convolution),对服务使用频次的空间依赖关系进行聚合。具体来说,切比雪夫图卷积算子和$(\boldsymbol{U\Lambda U}^{\mathrm{T}})^k = \boldsymbol{U\Lambda}^k \boldsymbol{U}^{\mathrm{T}}$ 的性质,改进的门控循环单元——演化的图卷积门控循环单元(Evolutionary Graph Convolutional Gated Recurrent Unit,E-GCGRU)之中,即

$$
\begin{aligned}
\boldsymbol{h}_s &= f_{\theta\star\mathcal{G}}\boldsymbol{Z}^t \\
&\approx \sum_{k=0}^{K-1}\theta_k \boldsymbol{U}\boldsymbol{T}_k(\tilde{\Lambda})\boldsymbol{U}^{\mathrm{T}}\boldsymbol{Z} \\
&\approx \sum_{k=0}^{K-1}\theta_k T_k(\widetilde{\boldsymbol{L}})\boldsymbol{Z}
\end{aligned} \tag{7-4}
$$

其中，h_s 表示谱图卷积抽取的空间隐含状态(Spatial Hidden States)；$\boldsymbol{Z}$ 表示将被图卷积算子聚集的输入状态，有 $\boldsymbol{Z}=[\boldsymbol{X},\boldsymbol{H}]$；$\mathcal{G}$表示服务空间依赖网络；$K$ 表示预定义的图卷积深度，是演化的图卷积循环神经网络的重要超参数之一；$\boldsymbol{U}$ 表示图所对应的拉普拉斯矩阵的特征向量的集合；θ_k 表示图卷积深度为k 的可学习模型参数；$\widetilde{L}$ 表示变换后的拉普拉斯矩阵，$\widetilde{L}=\frac{2L}{\lambda_{\max}}-I_n$。通过切比雪夫多项式 $T_k(\widetilde{L})=2T_{k-1}(\widetilde{L})-T_{k-2}(\widetilde{L})$，$T_0=I_n$，$T_1=\widetilde{L}$，可迭代地计算服务的空间隐含状态。

3. 服务空间依赖关系的量化与演化感知

网络服务的空间依赖关系具有连续性和动态演化性等两大特点。在服务系统的生命周期中，受服务供应商运营策略的调整、用户偏好的转移或突发事件的影响，服务节点之间依赖关系容易发生量变与质变。例如，当服务组合的供应商加大对某一产品的广告力度时，其组成服务之间的关联关系则会有显著的增强，发生量变；或当某一服务涉嫌违规并被处罚停止运营，则所有与之相邻的服务使用频次都将不再与之有关，造成图结构的质变。因此，服务空间依赖关系演化的特点是模型设计中必须考虑的问题。

在服务系统中，网络服务之间的协作关系容易获取，但蕴含的信息有限。以ProgrammableWeb服务系统为例，根据之前的定义，即认为存在协作记录的服务之间存在依赖关系，没有协作记录的服务之间不存在依赖关系，则可以利用网络爬虫技术构建服务的空间依赖网络。但是，对于上一节介绍的空间信息聚集方法——图卷积而言，若使用离散的状态(0 或 1)表示服务的空间依赖关系，则无法充分发挥图卷积的特征抽取能力。观察式(7-4)，图卷积需要根据给定的图所提供的信息，学习不同依赖程度下节点之间互相作用的关系。如果仅用二元离散状态来描述图中节点的关系，则节点之间的不同关联关系无法被区别对待。

为了量化和动态地感知服务空间依赖关系的程度，本章采用皮尔森相关系数(Pearson coefficients)对服务使用频次之间的相关关系进行计算，即

$$
w_{ij}^t=\begin{cases}\dfrac{E\left[(\boldsymbol{x}_i^{t-\tau:t}-\mu_i^{t-\tau:t})(\boldsymbol{x}_i^{t-\tau:t}-\mu_i^{t-\tau:t})\right]}{\sigma_i^{t-\tau:t}\sigma_j^{t-\tau:t}}, & \{i,j\}\in\varepsilon \\ 0, & \text{其他}\end{cases}
$$

其中，w_{ij}^t 表示t 时刻下，服务 i 和服务 j 之间的空间依赖强度；$x_i^{t-\tau:t}$ 表示服务i 在 $t-\tau$ 时刻到t 之间的使用频次观测序列；$\mu_i^{t-\tau:t}$ 表示服务 i 在 $t-\tau$ 时刻到 t 之间的使用频次观测序列的平均值；$\sigma_i^{t-\tau:t}$ 表示服务 i 在 $t-\tau$ 时刻到 t 之间的使用频次观测序列的标准差；τ 是控制序列长度的超参数，将影响互相关系数计算的结果。考虑服务空间依赖关系感知的频繁性，为了降低计算的时间复杂度，本章设计了矩阵化的服务空间依赖关系更新算法(算法 7-2)，在神经网络模型中快速计算当前时刻的服务空间依赖关系。

算法 7-2　矩阵化的服务空间依赖关系动态感知算法

输入：服务使用频次观测序列 X；稀疏的邻接矩阵 $\mathbf{A}$；当前时刻 t

初始化：固定的参考区间 τ

输出：加权的邻接矩阵 $\mathbf{W}^t$

1：$row, col \leftarrow A.indices()$

2：$P \leftarrow X[row, t-\tau : t]$

3：$Q \leftarrow X[col, t-\tau : t]$

4：$\mu_P, \mu_Q \leftarrow mean(P), mean(Q)$

5：$\sigma_P, \sigma_Q \leftarrow std(P), std(Q)$

6：$\mathbf{W}^t \leftarrow \dfrac{\mathrm{mean}[\mathrm{diag}((P-\mu_P)(Q-\mu_Q))]}{\sigma_P \sigma_Q}$

7：$\mathbf{W}^t \leftarrow$ 构建稀疏矩阵$(row, col, \mathbf{W}^t)$

8：return $\mathbf{W}^t$

4. 服务使用频次时空融合建模

基于前两节介绍的服务空间特征聚集方法和服务空间依赖关系演化感知方法，本节改进了门控循环单元(GRU)，即

$$r^t = \sigma(f_{\theta \star \mathcal{G}_t}[X^t, H^{t-1}] + b_r)$$

$$u^t = \sigma(f_{\theta \star \mathcal{G}_t}[X^t, H^{t-1}] + b_u)$$

$$C^t = \tanh\ (f_{\theta \star \mathcal{G}_t}[X^t, (r^t \odot H^{t-1})] + b_c)$$

$$H^t = u^t \odot H^{t-1} + (1-u^t) \odot C^t,$$

其中，r^t 和 u^t 是演化的图卷积门控循环单元的重置门和更新门在 t 时刻输出的临时状态；C^t 是演化的图卷积门控循环单元在 t 时刻的内部临时状态；X^t 表示 t 时刻的若干个服务使用频次观测值；H^{t-1} 表示 $t-1$ 时刻演化的图卷积门控循环单元的输出临时状态；$\mathcal{G}^t$ 表示由服务空间依赖关系演化感知机制计算出的 t 时刻的服务空间依赖关系；f_r、f_u、f_c、b_r、b_u、b_c 表示可学习的模型参数；$\sigma(\cdot)$和 $\tanh(\cdot)$分别表示 Sigmoid 函数和双曲正切非线性激活函数；$\odot$表示按位点乘计算；H^t 表示当前时刻模型的输出临时状态，将作为携带有效时间信息的特征，作为下一个神经网络模块的输入。

值得注意的是，与普通的门控循环单元相比，弥散卷积循环神经网络使用弥散卷积替换了门控循环单元中的乘法算子，赋予了门控循环单元抽取节点之间空间关系的能力。更进一步，本章提出的演化的图卷积门控循环单元将演化感知机制引入门控循环单元，使门控循环单元在保留对时间的依赖关系建模的前提下，融入了对空间更加敏感的建模能力。换句话说，在演化的图卷积门控循环单元的作用下，当预测某服务的使用频次趋势时，不仅其自身的历史观测值会被利用，其邻居节点的历史观测值也会被利用。

7.3.3　参数学习

1. 损失函数设计

为了搜索最优的模型参数，本节设计了一个由两部分组成的损失函数，即

$$L = \frac{1}{n}\sum_{i,t}\left|\log \frac{y_i^{t+1}}{\hat{y}_i^{t+1}}\right| + \sum_k \gamma_k \parallel \theta_k \parallel_2 \tag{7-5}$$

其中,n 表示一个小批次所包括的服务的数量;y_i^t 和 $\hat{y}_i^t$ 分别表示服务 i 在第 t 时刻的真实使用频次值和由演化的图卷积循环神经网络估计的预测使用频次值;k 表示图卷积核的深度;θ_k 表示深度为 k 的图卷积核的参数;γ_k 表示针对深度为 k 的图卷积核的参数的惩罚系数。

损失函数式(7-5)的第一项的设计思路与损失函数类似,用于衡量真实值和预测值之间的相对误差情况,同时也有利于消除较大的服务使用频次数量级差异给模型带来的不良影响。损失函数的第二项对图卷积核的参数使用 l_2 范数正则,可以有效地防止模型的过拟合。

2. *局部采样方法*

在实验环境中,研究人员通常使用节点较少的数据集验证模型的有效性,因此,在计算机实现时,直接将整个图结构作为模型的空间输入[18]。而在真实的面向海量服务的大计算场景中,服务的数量往往十分巨大,受限于显存的大小,将整个服务网络作为演化的图卷积循环神经网络的空间输入的做法并不可行。同时,由于服务空间依赖网络的小世界特性,即大部分服务在无限步跳转后可以彼此连通,将服务网络划分为若干个独立的子网络的做法依旧面临同样的问题。从技术的角度,循环神经网络在延时间迭代的过程中会不断地产生新的梯度,进一步加剧了图计算对显存的占用程度。为了使面向海量服务的图计算变得可行,本章提出了一种局部采样方案。

虽然服务空间依赖网络具有小世界特性,造成高阶协同关系十分复杂,但观察式(7-4),在谱图卷积的近似估计表达式中,对于感兴趣的服务中心节点而言,实际只有 K 步可达的邻居节点能被图卷积的感受野所覆盖,而 K 步之外的服务节点将无法把信息传递给中心的服务节点。依据这一事实,在聚集服务的空间特征时,没有必要将全部的邻居作为模型的输入,而仅需输入 K 步可达的邻居即可。结合图 7-25,本节设计的局部采样方案主要包括以下两个阶段:

(1) 第一阶段。该阶段作用于模型的训练和预测过程。该阶段首先在全部待预测的服务节点中,随机挑选 n_{bs} 个服务作为中心节点(如服务 1 和服务 5);接着,对其深度为 K 的

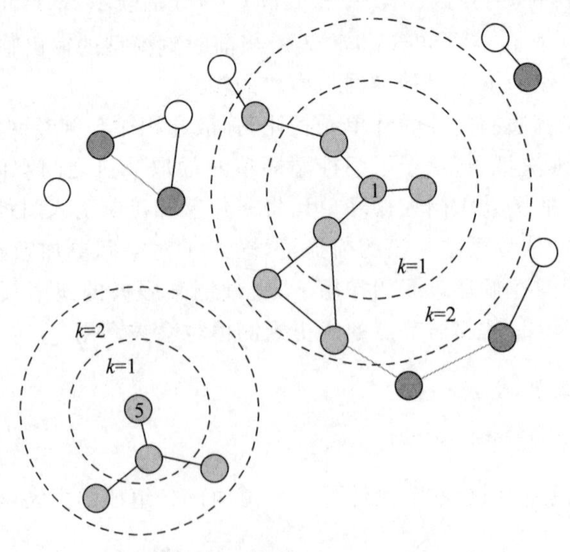

图 7-25 局部采样方法示意图

邻居进行采样；最后，将中心节点及采样到的邻居（如图中的绿色节点和边）整理为一张子图 $\widetilde{\mathcal{G}}$ 作为模型的输入。根据之前的分析，对于预定义图卷积深度为 K 的模型而言，第一阶段采样后的子图和完整的服务拓扑图对模型提供的信息完全一样。

（2）第二阶段。该阶段仅作用于模型的训练过程。在局部采样方案下，模型的训练和预测都是分批次进行的。而由于服务的小世界特性，当采样到热门的服务中心节点时，计算资源的使用率较高，而若采样到的服务中心节点是冷门的或是孤立的，则在该批次下，计算资源将出现巨大的浪费。为了充分利用计算资源，局部采样方案根据计算硬件的情况预定义了最大批大小 N。若第一阶段采集的子图中的节点数小于 N，则第二阶段继续在全图中任意采样 $N-|\widetilde{\mathcal{G}}|$ 个节点，并补齐所涉及的边（如图中的紫色节点和边）。

通过这样两阶段的采样方法，演化的图卷积循环神经网络可以得到局部化的服务空间依赖网络输入。同时，该方法有几点好处：①理论上该方法采样得到的子图提供的信息与整图提供的信息完全一致；②通过控制感知野的方法，极大降低了计算的复杂度；③该方法的第二阶段采样提供了图结构的多样性，有利于数据增广。算法 7-3 总结了上述过程的计算机实现。

算法 7-3　局部采样方法

输入：服务协作网络 $\mathcal{G}$
初始化：层数 M；最大中心节点数量 Nm；预定义的批大小 n_{bs}^{m}
输出：局部化的服务协作子图 $\mathcal{G}$。
1：维护一个服务-协作邻居的字典 $\mathcal{D}$，其中中心服务为词典的键，其 K 步可达的邻居为词典的值
2：根据词典值的大小，将服务划分为多个层级 $H=\{h_m\}$
3：**while** $H\neq\varnothing$ **do**
4：　　$m\leftarrow randint(M)$。
5：　　**if** $h_m\neq\varnothing$ **then**
6：　　　　$\mathcal{N}\leftarrow$ 随机采样 n_m 个节点
7：　　　　$\mathcal{N}\leftarrow\bigcup\{\mathcal{D}(n),n\in\mathcal{N}\}$
8：　　　　**if** $|\widetilde{\mathcal{G}}|<n_{bs}^{m}$ **then**
9：　　　　　$\mathcal{N}\leftarrow$ 采样 $n_{bs}^{m}-|\mathcal{G}|$ 个节点
10：　　　　**end if**
11：　　　　$\widetilde{\mathcal{G}}\leftarrow$ 构建子图 $(\mathcal{G},\mathcal{N})$
12：　　　　**return** $\widetilde{\mathcal{G}}$
13：　　**else**
14：　　　　将 h_m 从 H 中删除
15：　　**end if**
16：**end while**

7.3.4　模型验证

1．实验设置

1）数据集

本章使用维基百科知识服务数据集验证演化的图卷积循环神经网络的有效性。与上一

章类似,数据集中的知识服务指的是维基百科的词条,服务的使用频次指的是维基百科词条的访问量,本章以天为基本时间单位整理维基百科知识服务的使用频次。在构建服务拓扑结构方面,本章通过网络爬虫,爬取了维基百科词条之间的超链接关系作为服务协作关系的离散标签。可见,存在超链接的两个知识服务之间存在较强相关关系,即当一个知识服务被使用时,其超链接指向的知识服务也有较大概率被使用。不失一般性地,本章选取了英文和德文维基百科项目作为实验的两个数据集,具体的统计特征见表 7-2。

表 7-2 维基百科知识服务数据集基本统计信息

数据集	服务数量	连边数量	观测值样本数量
英文维基百科	4118	11198	3265574
德文维基百科	4321	8173	3426553

2) 基准方法

本章选取了 6 个具有代表性的时间序列预测方法,作为演化的图卷积循环神经网络的对比。

(1) 基准方法 1: ARIMA[20]。差分整合移动平均自回归模型(ARIMA)是工业界最常见的时间序列预测方法。在实验中,差分整合移动平均自回归模型需要对每一个序列单独建模,训练参数。

(2) 基准方法 2: VAR[26]。向量自回归模型(Vector AutoRegression)是差分整合移动平均自回归模型的高维扩展,可以建模序列之间的简单依赖关系。向量自回归模型的表达式为

$$\boldsymbol{y}_t = \boldsymbol{c} + \boldsymbol{A}_1 \boldsymbol{y}_{t-1} + \boldsymbol{A}_2 \boldsymbol{y}_{t-2} + \cdots + \boldsymbol{A}_p \boldsymbol{y}_{t-p} + \boldsymbol{e}_t$$

其中,$\boldsymbol{c}$ 是常数向量; $\boldsymbol{A}_i$ 是 p 个自回归项的参数矩阵; $\boldsymbol{e}_t$ 是误差向量。由该式可见,向量自回归模型也只是对已知观测值的线性加权组合。

(3) 基准方法 3: SVR[23]。支持向量回归模型(SVR)具有较强的非线性特征捕捉能力,通过设置不同的核函数,支持向量回归模型预测金融时序任务中具有良好的表现。本章使用开源的 sklearn python 库实现。

(4) 基准方法 4: FC-LSTM[35]。全连接长短期记忆神经网络使用长短期记忆单元作为循环网络的基本单元,具有很好的建模序列非线性、长短期依赖关系的能力。该方法是基于深度学习建模时间序列的经典方法。

(5) 基准方法 6: DCRNN[18]。弥散卷积循环神经网络是使用弥散卷积抽取时间序列之间空间依赖关系,并将这种空间建模能力和门控循环单元结合的方法。该方法是目前时空建模最先进的方法之一。

3) 评价指标

本章采用两个指标评价演化的图卷积循环神经网络和基准方法的预测效果,分别为对称平均绝对百分比误差(Symmetric Mean Absolute Percentage Error, SMAPE)和对数均方根误差(Root Mean Squared Logarithmic Error, RMSLE)。

对称平均绝对百分比误差的计算公式为

$$SMAPE = \frac{2}{n} \sum_{i \in \Omega} \frac{|\hat{y}_i - y_i|}{\hat{y}_i + y_i}$$

其中,Ω 表示待预测样本点的集合; n 表示待预测样本点的个数; y_i 与 $\hat{y}_i$ 分别表示第 i 个样

本点的真实观测值和预测值。显然,越低的对称平均绝对百分比误差表示越高的预测精度。

对数均方根误差的计算公式为

$$RMSLE=\sqrt{\frac{1}{\Omega}\sum_{i\in\Omega}[\log(y_i+1)-\log(\hat{y}_i+1)]}$$

其中,Ω 表示待预测样本点的集合;n 表示待预测样本点的个数;y_i 与 $\hat{y}_i$ 分别表示第 i 个样本点的真实观测值和预测值。显然,越低的对数均方根误差表示越高的预测精度。

4) 实验环境与超参数设置

本章的实验在 Ubuntu 操作系统中进行,CPU 型号为 Intel(R) Xeon(R) CPU E5-2680 v4 @ 2.40GHz,GPU 为 4 块 NVIDIA GTX 1080 Ti。全部方法的超参数都在其经验取值区间内,通过网格搜索的方式,取其在验证集表现最佳的值进行汇报。具体来说,对于基于神经网络的模型,本章设置批大小为 128,循环神经网络中基本单元的隐含状态大小为 128;使用 Adam 优化器对模型参数进行优化,并设置初始学习率为 0.001。特别地,对演化的图卷积循环神经网络而言,实验尝试了控制模型感知力的超参数 $\tau\in[30,60,90]$的设置,最后选择 $\tau=60$ 来量化序列之间的互相关系数;实验尝试了损失函数中的 ℓ_2 范数惩罚系数 $\lambda\in[0.1,0.01,0.001]$的超参数设置,最后选择 $\lambda=0.01$ 限制模型过拟合的风险。关于预定图卷积深度 K 在不同取值下模型的预测效果,本章后续将展示实验结果,并详细讨论。

2. 实验分析

1) 总体预测误差比较

预测的误差是衡量模型性能最直接的指标,本节首先对比了演化的图卷积循环神经网络和基准方法,在英文和德文维基百科知识服务数据集上的对数均方根误差(RMSLE)和对称平均绝对百分比误差(SMAPE)两个误差指标上的预测性能表现。为了消除神经网络模型参数初始化带来的随机性,本章对基于神经网络的模型进行了 10 次参数随机初始化的重复实验,并将预测误差的平均值和标准差汇总在表 7-3 中。

表 7-3 演化的图卷积循环神经网络和基准方法在英文维基百科和德文维基百科数据集上,关于对称平均绝对百分比误差(SMAPE)和对数均方根误差(RMSLE)两个评价指标的预测误差

模 型	英文维基百科数据集		德文维基百科数据集	
	SMAPE	RMSLE	SMAPE	RMSLE
ARIMA	60.3986±0.0000	1.0147±0.0000	69.8497±0.0000	1.1893±0.0000
VAR	64.5642±0.0000	1.2483±0.0000	69.4245±0.0000	1.1160±0.0000
SVR	41.2042±0.0000	0.7334±0.0000	41.9852±0.0000	0.7163±0.0000
FC-GRU	32.6536±0.5627	0.5477±0.0229	35.8586±0.7791	0.6078±0.0092
DCRNN	30.4030±0.8642	0.5298±0.0028	35.6445±0.8306	0.6030±0.0063
GCRNN	30.3667±0.9487	0.5288±0.0049	35.5654±1.19861	0.6048±0.0079
E-GCRNN	29.9606±0.4559	0.5225±0.0041	34.7936±0.2047	0.5978±0.0023

观察演化的图卷积循环神经网络和基准方法在两个数据集上的预测误差,可以得到以下结论:

(1) 最经典的差分整合移动平均自回归模型(ARIMA)在全部对比方法中预测误差最大。这是因为维基百科知识服务的使用频次规律复杂,存在较多的非线性和长期依赖特征,而对于通过对有限步自回归项线性加权组合的差分整合移动平均自回归模型而言,建模这样的非线性和长期依赖特征是困难的。因此,其预测误差在所有模型中最大。

(2) 作为差分整合移动平均自回归模型的向量化拓展,向量自回归模型(VAR)在英文维基百科数据集上的误差反而比差分整合移动平均自回归模型的误差大很多,而在德文维基百科数据集上的误差比差分整合移动平均自回归模型的误差稍微小一些。这是因为向量自回归模型对时间序列关联关系的建模能力不足。这一现象也反映了,虽然服务节点之间存在着具有丰富价值的信息,然而,如果不能正确地使用,则有可能给模型的预测带来负面的影响。

(3) 与线性的差分整合移动平均自回归模型和向量自回归模型相比,支持向量回归模型(SVR)在两个数据集上都取得了预测误差显著地降低,体现了支持向量回归模型非线性建模能力的有效性。然而,支持向量回归模型需要对服务频次序列逐一训练模型参数,不仅耗费时间,也不能充分挖掘服务频次序列之中的通用模式。

(4) 基于神经网络的模型显著地小于前三个基准方法的预测误差。这样性能的提升,首先归功于循环神经网络的基本框架,通过充分挖掘海量服务使用频次数据,在保证模型泛化性能的基础上,提升了模型的预测能力。同时,基本循环神经网络单元——门控循环单元(GRU),也在序列非线性和长期依赖关系建模方面呈现较好的表现。

(5) 与未能挖掘服务节点之间显性空间依赖关系的神经网络模型相比,弥散卷积循环神经网络(DCRNN)的预测误差较普通的循环神经网络取得进一步的显著下降。这一现象体现了谱图卷积对服务节点之间的空间特征进行聚集的有效性。

(6) 作为基于谱图卷积的循环神经网络的进一步拓展,本章提出的演化的图卷积循环神经网络(E-GCRNN)在全部对比方法中,取得最低的预测误差。其中,GCRNN 是没有使用演化感知机制的序列到序列(Sequence-to-Sequence)的循环神经网络结构。与基于编码器-解码器(Encoder-Decoder)结构的弥散卷积循环神经网络相比,二者的预测误差十分相近。然而,就模型的规模而言,GCRNN 的模型参数数量仅是弥散卷积循环神经网络的 1/2。在使用了演化感知机制后,演化的图卷积循环神经网络的预测误差在两个数据集、两个指标上都取得了显著的下降。与最先进的弥散卷积循环神经网络相比,在英文维基百科数据集上,SMAPE 和 RMSLE 分别下降了 1.46%和 1.38%;在德文维基百科数据集上,SMAPE 和 RMSLE 分别下降了 1.98%和 0.86%。

2) 长线预测性能分析

在服务系统中,对较长远的服务使用频次的精准预测更具有工程价值。因此,长线预测性能是服务使用频次预测的一个重要性能。本节对演化的图卷积循环神经网络的长线预测性能做出分析。

图 7-26 展示了在英文和德文维基百科数据集下,演化的图卷积循环神经网络和基准方法的对数均方根误差(RMSLE)随预测长度的变化情况。从图中可以看出以下几个一致的现象:

(1) 演化的图卷积循环神经网络和其他三个基于循环神经网络的模型的预测误差都随预测长度的增加而变大。这是因为在进行长线预测时,模型基于上一时刻的预测值,作为下一时刻的循环单元输入,迭代地进行自回归预测的过程中,误差出现累积,因此随着预测长度的增加,预测的误差越来越大。

(2) 当预测长度较短时,基于谱图卷积的模型(DCRNN、GCRNN 及 E-GCRNN)的预测误差显著低于普通循环神经网络(FC-GRU)的误差。这是因为谱图卷积可以有效地对服

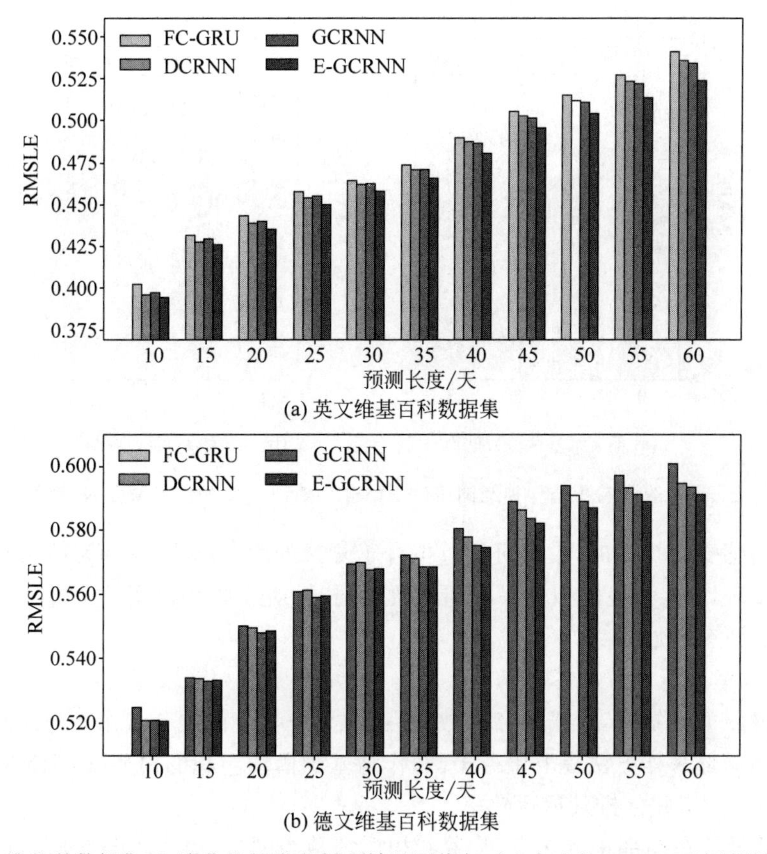

图 7-26 在维基科数据集下，演化的图卷积循环神经网络与对比方法的 RMSLE 随预测长度的变化

务节点的空间特征进行抽取，在融合了服务的空间特征后，基于谱图卷积的模型的预测性能相较普通循环神经网络的预测性能大幅提升。

(3) 基于序列到序列结构的 GCRNN 和基于编码器-解码器结构的 DCRNN 的预测性能不相上下。

(4) 在使用演化的图卷积算子后，本章提出的演化的图卷积循环神经网络随着预测长度的增加，预测误差的增加比未使用使用演化的图卷积算子的模型(DCRNN、GCRNN)少。可见，演化的图卷积算子对模型的长线预测性能带来了正面的提升。从而，演化的图卷积循环神经网络在长线预测性能上较其他模型更好。

3) 重要模型超参数讨论——预定义的图卷积深度

预定义的图卷积深度 K 是演化的图卷积循环神经网络的一个重要超参数，其大小决定了图卷积算子的感受野大小。本节对不同的图卷积深度 K 展开实验。图 7-27 展示了 10 次重复随机实验下，演化的图卷积循环神经网络在不同预定义图卷积深度 K 下的预测误差。

观察该图可以得出以下结论：

(1) 当设置图卷积深度 $K=1$ 时，在两个数据集上，模型的训练误差和测试误差都相较没有使用图卷积的模型($K=0$)出现明显的降低。这一现象说明了图卷积算子可以通过有效的抽取服务之间的空间特征，帮助门控循环单元更好地建模服务的时间依赖特征。

(2) 当设置图卷积深度 $K>1$ 时，模型的训练误差持续下降，但测试误差出现反弹。这

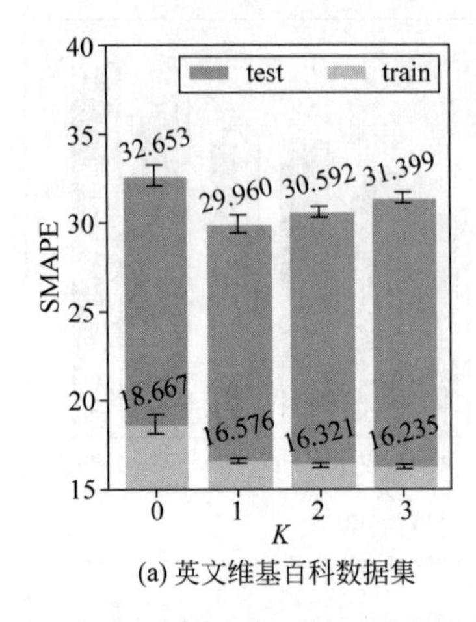

(a) 英文维基百科数据集

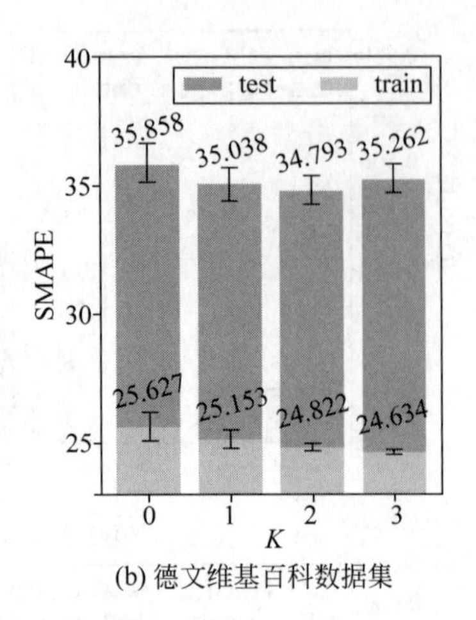

(b) 德文维基百科数据集

图 7-27 演化的图卷积循环神经网络的 RMSLE 随预定义图卷积深度 K 的变化情况

一现象说明当感受野扩大时，模型可能过拟合于复杂的服务结构，从而影响模型的性能。通过这个实验发现，$K=1$ 是模型较好的超参数。同时，对于防止模型发生过拟合的研究是一个具有价值的研究课题。

4）训练效率分析

在真实的服务系统中，由于服务的数量巨大，无法将全部的节点作为神经网络模型的输入。本节使用局部采样方法提取服务子图，作为基于谱图卷积的模型（DCRNN、GCRNN 及 E-GCRNN）的输入，并分析其运行效率。

表 7-4 整理了在局部采方法下，弥散卷积循环神经网络、演化的图卷积循环神经网络及其退化模型的平均训练效率和模型参数个数。就训练效率而言，当批大小（batch-size）取 512 和 1024 时，DCRNN 和 GCRNN 的训练时间基本一致；而在引入对服务空间演化特性的感知计算后，演化的图卷积循环神经网络的训练效率稍有下降。其中，随着批大小的增加，演化的图卷积循环神经网络的训练效率有明显的下降。这是因为在对服务空间依赖关系进行感知计算时，随着批大小的增加，时间空间复杂度都随之增加。不过，总体而言，演化的图卷积循环神经网络在提高预测精度的同时，附带的计算复杂度成本可以接受。就模型的参数个数而言，基于编码器-解码器的弥散卷积循环神经网络需要 201345 个神经元，而基于序列到序列的演化的图卷积循环神经网络及其退化模型仅需要 100737 个神经元，几乎是弥散卷积循环神经网络的神经元个数的$\frac{1}{2}$。因此，在本章的模型基本结构选型上，考虑使用基于序列到序列的循环神经网络作为基本结构。

表 7-4 不同模型的训练效率与参数个数

模　　型	时间/s		参数个数
	$n_{bs}=512$	$n_{bs}=1024$	
DCRNN	1.663	1.691	201345
GCRNN	1.658	1.694	100737
E-GCRNN	1.859	2.113	

5）实例分析

为了更直观地对比演化的图卷积循环神经网络与其他基准方法在服务使用频次预测任务上的性能，本章在充分观察实验结果之后，挑选了三个具有代表性的实例进行分析。

实例 7-6 Olivia Munn。本实例是从维基百科知识服务数据集中，邻居节点较少的服务样本中挑选出的代表性实例。图 7-28(a)展示了维基百科知识服务 Olivia Munn 及其邻居 X-Men：Apocalypse 和 Psylocke 自 2016 年 12 月 1 日至 2017 年 6 月 30 日的服务使用频次历史观测值，图 7-28(b)展示了基于这几个服务的历史观测值和空间依赖关系时，FC-GRU、DCRNN 及 E-GCRNN 三个模型生成的 2017 年 7 月 1 日至 2017 年 8 月 31 日的未来使用趋势预测值。在服务功能上，维基百科知识服务 Olivia Munn 介绍了美国著名女演员 Olivia Munn 的背景资料。其中，Olivia Munn 曾在 2016 年的流行电影 *X-Men：Apocalypse* 中饰演 Psylocke 这一角色。基于这一信息，从图 7-28(a)中可以看出，维基百科知识服务 X-Men：Apocalypse 与 Psylocke 的服务使用频次相关性极高，而二者又在一定程度上影响了维基百科知识服务 Olivia Munn 的使用频次。从实验的结果上看，FC-GRU、DCRNN 及 E-GCRNN 三个模型的对称平均绝对百分比误差分别为 32.1%、26.9%及 25.5%。其中，基于谱图卷积，分析了节点之间空间依赖关系的模型 DCRNN 和 E-GCRNN 的预测误差显著比 FC-GRU 的预测误差小，而由于这几个序列的空间依赖关系变化程度不明显，E-GCRNN 的预测误差仅稍稍低于 DCRNN 的预测误差。不失一般性，在维基百科知识服务数据集中，大部分具有少量邻居的服务在这些模型上可以得出同样的结论。

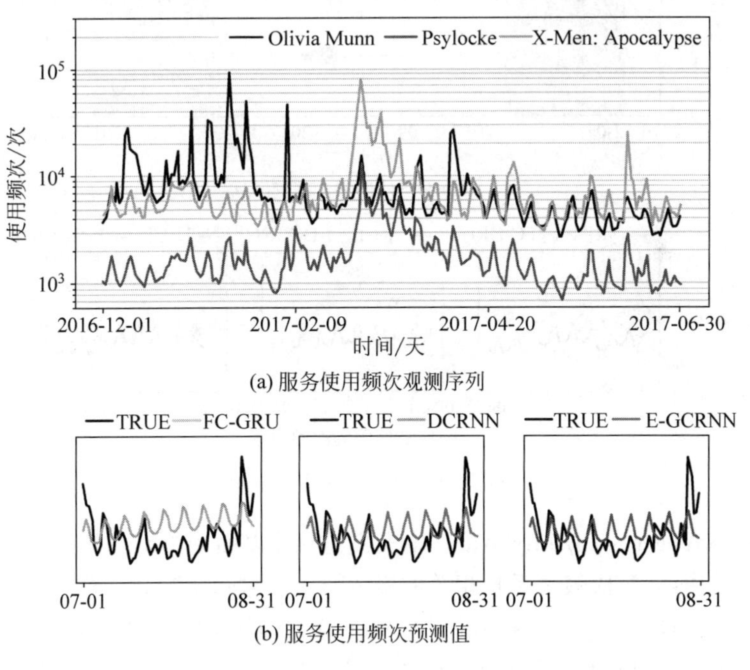

图 7-28 知识服务 Olivia Munn

实例 7-7 The OA。本实例是从维基百科知识服务数据集中，具有较少邻居节点，但它们的空间依赖关系明显演化的服务样本中挑选出的代表性实例。图 7-29(a)展示了维基百科知识服务 The OA 及其邻居 Brit Marling 和 Netflix 自 2016 年 12 月 1 日至 2017 年 6 月

30 日的服务使用频次历史观测值，图 7-29(b)展示了基于这几个服务的历史观测值和空间依赖关系时，FC-GRU、DCRNN 及 E-GCRNN 三个模型生成的 2017 年 7 月 1 日至 2017 年 8 月 31 日的未来使用趋势预测值。在服务功能上，维基百科知识服务 The OA 介绍了美国科幻超自然电视剧 *The OA* 的信息。其中，*The OA* 于 2016 年 12 月被著名网络视频公司 Netflix 发布，Brit Marling 是这一电视剧的主要编剧之一。基于这一信息，从图 7-29(a)可以看出，维基百科知识服务 The OA 与 Brit Marling 的服务使用频次相关性极高。而由于 The OA 只是 Netflix 发布的视频服务的冰山一角，因此服务 Netflix 与服务 *The OA* 的使用频次原本并不高，但由于 2017 年 3 月，Netflix 宣布续订 *The OA* 第二季，二者的相关关系有所增强。从实验的结果上看，FC-GRU、DCRNN 及 E-GCRNN 三个模型的对称平均绝对百分比误差分别为 56.5%、96.5%及 15.7%。其中，FC-GRU 预测出了增长的趋势，导致很大的预测误差；在 FC-GRU 的基础上，DCRNN 基于过时的空间依赖关系预测出更强的增长趋势，预测误差更大；而 E-GCRNN 由于可以感知服务空间依赖关系演化的特点，预测精度显著提升。不失一般性，在维基百科知识服务数据集中，大部分空间依赖关系演化剧烈的服务上，这些模型表现出相似的预测结果。

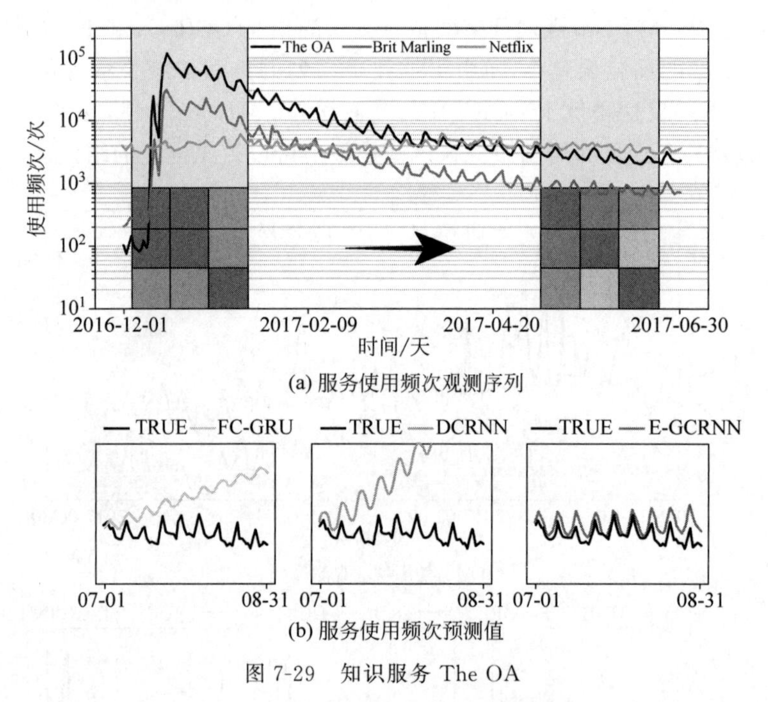

(a) 服务使用频次观测序列

(b) 服务使用频次预测值

图 7-29 知识服务 The OA

实例 7-8 Avengers: Infinity War。本实例是从维基百科知识服务数据集中，具有较多邻居节点、但它们的空间依赖关系较相关的服务样本中挑选出的代表性实例。图 7-30(a)展示了维基百科知识服务 Avengers: Infinity War 及其邻居 Chris Hemsworth、Zoe Saldana、Thanos 和 Marvel Cinematic Universe 自 2016 年 12 月 1 日至 2017 年 6 月 30 日的服务使用频次历史观测值。图 7-30(b)展示了基于这几个服务的历史观测值和空间依赖关系时，FC-GRU、DCRNN 及 E-GCRNN 三个模型生成的 2017 年 7 月 1 日至 2017 年 8 月 31 日的未来使用趋势预测值。在服务功能上，维基百科知识服务 Avengers: Infinity War 介绍了美国科幻电影 *Avengers: Infinity War* 的信息。其中，Chris Hemsworth 和 Chris

Hemsworth 是电影中的著名演员，Thanos 是电影中的经典角色，Marvel Cinematic Universe 是电影的背景知识。基于这一信息，从图 7-30(a)可以看出，维基百科知识服务 Avengers：Infinity War 及其邻居服务的使用频次相关性极高。从实验的结果上看，FC-GRU、DCRNN 及 E-GCRNN 三个模型的对称平均绝对百分比误差分别为 34.2%、84.7% 及 52.5%。其中，FC-GRU 仅基于服务 Avengers：Infinity War 的历史观测值进行预测，预测性质细节不明显；DCRNN 基于过时的空间依赖关系，其预测结果容易受其他服务影像，预测误差较大；而 E-GCRNN 由于可以感知服务空间依赖关系演化的特点，预测趋势正确，但精度不如 FC-GRU。但值得注意的是，由于在 SMAPE 下 E-GCRNN 这类偏低预测结果会受到更大的惩罚，所以实际上，E-GCRNN 的效果不错。不失一般性，在维基百科知识服务数据集中，大部分结构演化剧烈的服务上，这些模型可以得出同样的结论。

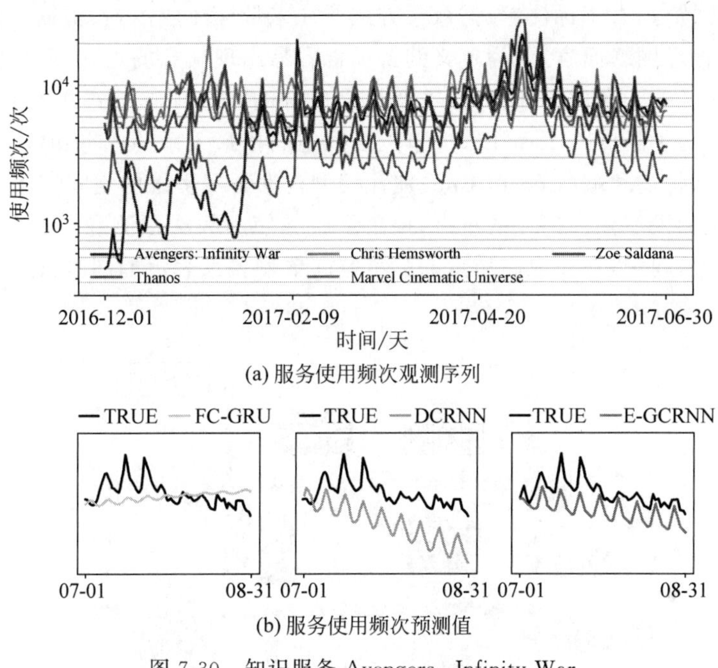

(a) 服务使用频次观测序列

(b) 服务使用频次预测值

图 7-30　知识服务 Avengers：Infinity War

7.4　基于时空互惠框架的服务使用频次预测方法

7.4.1　研究动机与问题定义

1. 研究动机

在对服务使用频次的进行预测时，服务之间的空间依赖关系暗含了服务消费者在不同服务之间转移的概率信息，有助于提高服务使用频次的预测精度。近年来，图卷积的快速发展使时空数据挖掘成为学术界推崇的新范式，可以在充分挖掘节点之间的空间依赖特征后，提高时间序列预测的精度。然而，经典的图卷积神经网络具有较高的工程应用先知。首先，使用图卷积神经网络的先决条件是已知的图结构，而在许多真实场景中，构建节点之间的图本身就不容易。其次，图卷积神经网络的性能往往极大程度地受图的质量影响。具体而言，含义鲜明的图数据可以提升时间序列预测的精度，而含义模糊的图数据反而可能误导模型，降低模型的性能。本章所研究的服务系统是一个多模态异构的网络，因此图的结构十分复杂。以图 7-31 所示的旅游服务系统为例，从地理位置的角度定义服务网络，服务 1 和服务 2 的使用频次具有较强的因果关系，因为景点服务的客流量容易带动其周边餐饮服务的客流量；从服务功能的角度看，服务 1 和服务 3 的使用频次具有较强的相关关系，因为在佳节假日时，这两个娱乐服务都将引来使用高峰；从服务协作关系的角度看，地标景点服务 4 和服务 5 由于长期被服务消费者组合使用，且由于地铁的公交方式缩短了二者之间的交通距离，因此，即便这两个服务地理位置相隔较远，它们的使用频次也存在较强的相关关系。从不同的角度出发，还可以用更多维的标准量化服务节点之前的空间依赖关系。可见，服务系统中的服务节点空间依赖关系十分复杂。此外，由于服务数量多、专业壁垒高以及容易发生空间依赖关系演化等特点，人工标注、数据众包方式往往来带标注成本高、质量参差不齐等问题。同时，对于深度神经网络而言，人为定义的特征也容易出现信息的重叠，造成特征的偏移，对模型而言也是次优的。考虑上述情况，本章认为现有的时空预测范式并不能很好地适应服务系统的现状。为了降低人工标注服务节点之间空间依赖关系的成本和解决人工标注质量次优的问题，本章将端到端(End-to-End)地让模型自动学习多维的空间依赖关系特征，并利用图卷积时空预测模型作为研究的重点，提出了服务使用频次预测和异构服务空间依赖关系推理的联合建模问题，在获取高质量的多维空间依赖关系表示的同时，充分发挥图卷积网络的潜能。

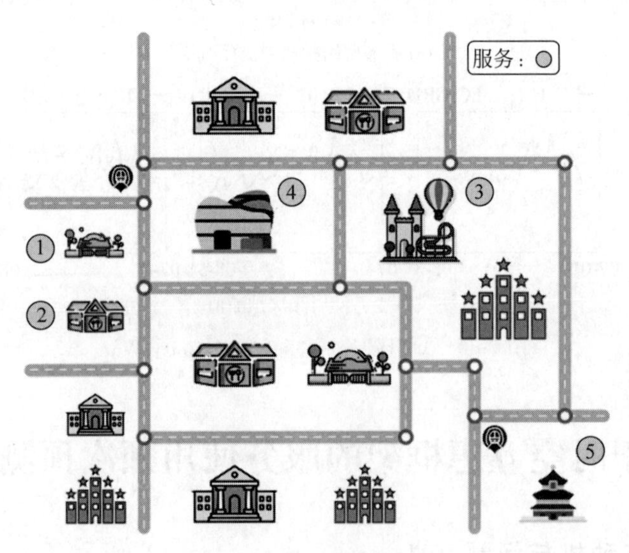

图 7-31　城市旅游服务

本章考虑服务节点之间有向、异构的空间依赖关系。然而，在对服务的使用频次和服务的拓扑结构进行时空耦合建模时，存在以下几个难点。

(1) 从数据特性的角度。本章考虑真实场景下，服务系统缺乏含义鲜明的服务空间依赖关系特征的实际情况。由于缺少足够的边标签，常见的基于监督学习的方式将难以用于推理节点之间可能的边。同时，在不引入额外的服务节点特征的情况下，直接通过服务的使用频次观测值度量两个服务之间的距离也不容易。由于服务使用频次序列具有大量的噪声，也难以从中抽取有效的特征，进而实现服务节点之间的距离度量。

（2）从参数学习的角度。由于缺少有效的归纳偏置（Inductive Bias），模型可能容易对噪声过拟合，并使学习过程变得不稳定。由于时间侧的服务使用频次观测值和空间侧的服务节点拓扑关系耦合紧密，时间侧参数的变化会影响空间侧的参数变化，反之亦然。在模型初始化的阶段，这种现象更加明显。

（3）从工程可行性的角度。本章的一个重要研究点为挖掘人工标签之外的新结构，而非仅限于对现有的标签进行重新量化。因此，假设考虑一个系统中有 n 个节点，则可能的边的个数就有 n^2 个。挖掘任意两个服务节点之间潜在连接会带来极大的计算复杂度。如何在有效控制计算复杂度的情况下，对潜在的连边关系进行推断，是本章研究的一个难点。

本质上，服务使用频次的趋势预测问题是一个时间序列预测的问题，大量现有的研究工作已经研究了对时间序列本身的分析建模方法，以及融合时间序列节点之间的空间依赖信息，进一步提升时间预测预测精度的方法。然而，本章考虑真实场景中，服务空间依赖标签良莠不齐的现实情况，希望在有限的数据下充分发挥图卷积网络的潜能。针对这一现状衍生出的三个研究难点，现有方法仍存在一些不足之处。首先，没有利用服务节点之间空间依赖关系的模型，如差分整合移动平均自回归模型、支持向量回归模型等，相较于对服务节点之间空间依赖关系进行挖掘利用的基于图卷积的神经网络模型，如弥散卷积循环神经网络等，存在较大的劣势。近年来，基于图卷积的时空预测模型成为学术界和工业界推崇的时间序列预测的新范式。然而，基于图卷积的神经网络模型的使用需建立在已经获取节点之间空间依赖关系的基础上，且其表现性能与图的质量强相关。通常，同样的图卷积神经网络模型，在标注质量高的图上的性能显著优于标注质量低的性能。因此，在本章所涉及的单一维度空间特征场景下，这类图卷积模型的性能受到数据的限制。图波动神经网络（Graph WaveNet）是与本章最相近的工作，通过对每个节点进行表示学习，挖掘节点对之间的关系。然而，这一方法需要逐一计算任意两个服务节点之间的关系，具有较大的计算复杂度。在本章所考虑的面向海量服务的大计算中，这一方法在计算机实现上存在问题。

2. 问题定义

基于 7.1.3 节介绍的服务系统框架和服务网络模型，结合上述研究动机与研究难点，本节对后文将涉及的主要符号进行补充定义，并给出本章所研究问题的形式化描述。

对于服务使用频次观测序列（定义 7-1）而言，本章考虑观测的服务使用频次序列的长度 P 较短，不超过 14 个单位时间点。本章考虑服务系统中服务热度不一的真实情况，因此，不同服务的使用频次观测序列的均值差异较大。

对于服务使用频次趋势预测值（定义 7-2）而言，本章不关注服务使用频次的长线预测精度，因此考虑预测的长度 Q 的值较小，不超过 14 个单位时间点。

对于服务空间依赖网络（定义 7-3）而言，本章考虑多模异构的服务空间依赖关系，因此使用 $\mathcal{G}^M=\{(\mathcal{V},E,W^m),m\in[0,M]\}$，对服务空间依赖网络进行描述。具体而言，本章考虑不同模态或结构下，服务之间边的权重为 W^m，其中，w_{ij}^m 表示服务 i 与服务 j 之间，在第 m 个模态或结构下的空间依赖关系强度。另外，本章考虑服务之间有向的空间依赖关系，因此 W^m 是不对称的。最后，本章考虑仅有少量的服务空间依赖标签是已知的现实场景。

根据上述研究动机，本章将利用有限的服务空间依赖的标签，从时空耦合的角度出发，对服务使用频次进行预测。该问题形式化的定义如下：

问题 7-4　服务使用频次与服务拓扑结构的时空耦合建模。给定服务系统中 N 个服务

过去 P 个单位时间的服务使用频次观测值 X 及有限的服务空间拓扑结构人工标签 $\mathcal{G}^0$，本章的目标为设计并训练一个模型(即耦合的函数 $f(\cdot)$ 和 $g(\cdot)$)，精准地预测这些服务未来较长一段时间(Q 个单位时间)的使用趋势 $\hat{Y}$，并推断多模异构的服务网络 $\{\mathcal{G}^m, m\in[1,M]\}$。

$$[X^1, X^2, \cdots, X^p, \mathcal{G}^0] \underset{g(\mathcal{G})}{\overset{f(X)}{\Rightarrow}} [\hat{\mathbf{Y}}^{p+1}, \cdots, \hat{\mathbf{Y}}^{p+q}, \mathcal{G}^1, \cdots, \mathcal{G}^M]$$

7.4.2 模型介绍

1. 模型概述

为了充分利用服务使用频次时间观测值和有限的服务空间依赖关系标签，本章设计了一种时空互惠预测框架(Reciprocal Spatiotemporal Framework，RST)，其结构如图 7-32 所示。在对某服务节点(如图中的黄色节点)进行服务使用频次预测时，时空互惠预测框架先通过本章设计的多模拓扑估计器(Multi-Modal Topology Estimator，MMTE)根据服务使用频次观测值，计算两个服务节点之间的空间依赖关系，并从数据集中采样若干个最相关的邻居节点(如图中的紫色节点)作为时空互惠框架的输入。在每个训练或者预测过程开始时，时空互惠预测框架先利用多模拓扑估计器生成多模态的服务拓扑结构作为图卷积模型的输入，再集成现有的基于图卷积的时空预测模型，对服务的使用频次进行预测。在迭代训练的过程中，多模拓扑估计器对服务节点空间依赖关系的量化质量不断提高，为图卷积网络提供优质的数据；图卷积网络在参数反向传播的过程中，将时间标签引入多模拓扑估计器中，使其学习到更适合模型的服务节点空间依赖关系的量化方法，形成互惠。

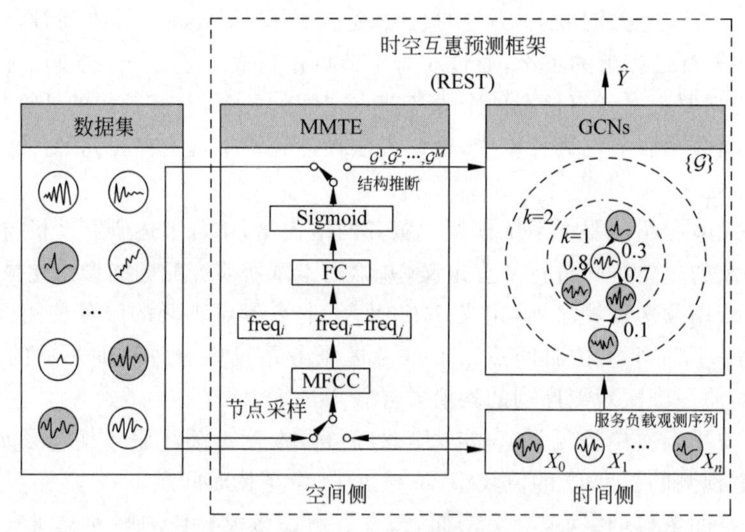

图 7-32　时空互惠预测框架

2. 服务空间依赖关系推理

在服务系统中，由于服务节点具有关系丰富、演化快速等特点，获取有价值的服务空间依赖关系往往具有较高成本。同时，专家定义的多模态空间结构可能存在信息重叠或缺失的问题，造成特征分布的改变，影响模型的学习。因此，本章针对这一问题，设计了一种多模拓扑估计器，其内部结构如图 7-32 所示。

由于服务节点的空间依赖关系主要是辅助服务使用频次的预测的，在不引入其他信息的情况下，多模拓扑估计器通过直接比较两个服务使用频次序列相似性，推断两个服务节点之间是否存在边，以及边的权重是多少。如前文所述，服务使用频次序列携带着许多噪声，因此如均值、方差的简单的统计量无法有效地反映服务使用频次序列的特征。因此，多模拓扑估计器使用了服务使用频次序列频域的特征，使用梅尔频率倒谱系数（Mel-Frequency Cepstrum Coefficients，MFCCs）表示服务使用频次序列的特征：

$$X[k]=\mathrm{fft}(x[n])$$

$$Y[c]=\log\left(\sum_{k=f_{c-1}}^{f_{c+1}}|X[k]|^2B_c[k]\right)$$

$$c_x[n]=\frac{1}{C}\sum_{c=1}^{C}Y[c]\cos\left(\frac{\pi n\left(c-\frac{1}{2}\right)}{C}\right)$$

其中，$x[n]$表示服务使用频次序列的历史观测值；$\mathrm{fft}(\cdot)$表示快速傅里叶变换；$B_c[k]$表示基滤波器；C 表示预定义的梅尔频率倒谱系数个数；$c_x[n]$表示大小为 C 的梅尔频率倒谱系数，该系数亦可用向量形式 c 表示。图 7-33 展示了多模拓扑估计器中，梅尔频率倒谱系数特征提取的过程。该过程首先将时域上的服务使用频率观测序列进行傅里叶变换得到其频域特征，再通过频域上低频密集高频稀疏的若干个滤波器，提取比一般的频谱更紧凑的特征表示。

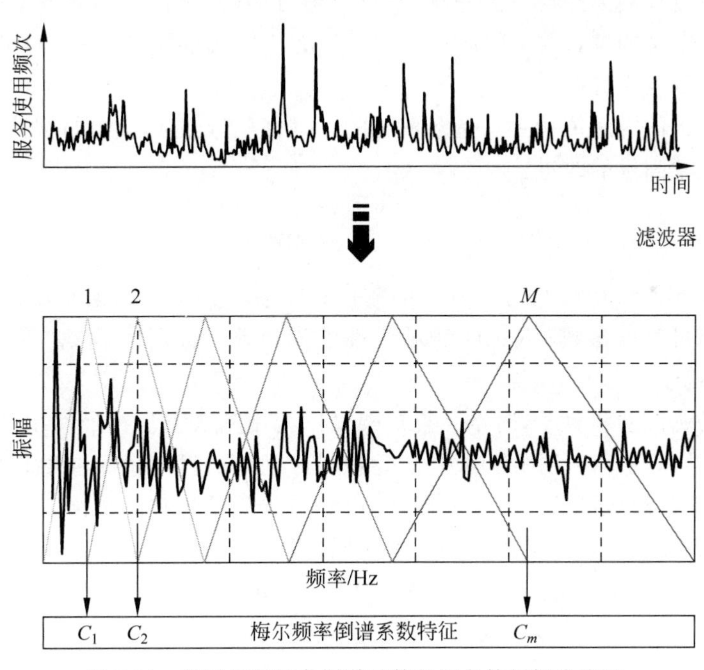

图 7-33　基于梅尔频率倒谱系数的服务特征提取流程

将序列的梅尔频率倒谱系数作为服务使用频次序列的有效特征，通过一层全连接层，成对地比较服务使用频次序列的相似性，并构建 M 维的异构服务网络：

$$\boldsymbol{a}_{ij}=\sigma(\boldsymbol{W}^{\mathrm{T}}\mathrm{concat}([\boldsymbol{c}_i,\boldsymbol{c}_i-\boldsymbol{c}_j])+\boldsymbol{b})$$

其中，$\boldsymbol{a}_{ij}$ 表示非对称的服务使用频次相似性度量，即服务节点之间多模态的加权边；$\boldsymbol{c}_i$（即

$\boldsymbol{c}_x[n]$)表示服务 i 的梅尔频率倒谱系数;$\boldsymbol{W}$ 表示全连接层的可学习参数,用于推断多模态的服务节点度量。多模拓扑估计器通过比较服务节点 i 的梅尔频率倒谱系数 $\boldsymbol{c}_i$ 和服务节点 i 与服务 j 的梅尔频率倒谱系数差 $\boldsymbol{c}_i-\boldsymbol{c}_j$ 来获得有向的服务节点距离度量。本章主要探索服务时空耦合的建模方式,所以仅通过较为直接的方式——全连接层,学习服务节点之间的距离度量,而更为精妙的服务使用频次序列特征工程和度量方式可以作为未来值得研究的课题。

如图 7-32 所示,多模拓扑估计器具有两种工作模式,分别为在蓝色箭头所示的模型训练或预测过程前采样相关的服务节点,和橙色箭头所示的在模型训练或预测过程中推断、量化服务节点之间的空间依赖关系。由于仅采样部分有关的服务节点,因此,在模型正向传播过程中,仅有 $n_{bs}n_{neigh}$ 个潜在的空间依赖关系需要度量,相比于全图考虑的 n^2 个潜在的边,计算时间复杂度、空间复杂度均显著下降。而在结构推断的流程中,随着模型训练过程的进行,多模拓扑估计器的参数通过服务使用频次的时间标签得到梯度反向传播,因此精度也随着训练过程的进行而提升,促进下一个迭代过程采样到质量更高的服务邻居节点。

3. 服务使用频次预测

基于采集的服务使用频次观测序列和多模拓扑估计器生成的服务节点空间依赖关系,时空互惠框架可以集成现有的图卷积模型,如弥散卷积循环神经网络和图波动网络,进行服务使用频次的时空预测。相比于上一章,本章考虑有向的、多模态的服务空间依赖关系,因此使用随机游走定义的拉普拉斯矩阵($\boldsymbol{L}^{rw}=I-\boldsymbol{D}^{-1}\boldsymbol{A}$)描述服务空间拓扑结构,并使用弥散卷积抽取服务的空间特征。

本章假设服务的空间依赖关系是多模态的,即服务节点之间边的特征是高维的,因此本章将弥散卷积做了高维的改进:

$$\boldsymbol{h}_s=\mathrm{ReLU}\left(\sum_{m=0}^{M-1}\sum_{k=0}^{K-1}\boldsymbol{Z}\bigstar\ \mathcal{G}^m g_\Theta\right)$$

其中,$\boldsymbol{h}_s$ 表示空间隐含状态,即弥散卷积的输出;M 表示预定义的模态数;Θ 表示多模态、高阶的弥散卷积可学习参数;ReLU 表示线性整流函数。特别地,本章将公式中的 D_I 和 D_O 看作一个模态。

使用改进的弥散卷积算子,时空互惠框架可以套用基于循环神经网络的时空预测图卷积模型(如弥散卷积循环神经网络)或基于卷积神经网络的时空预测图卷积模型(如图波动网络)作为时间侧的组成部分。不失一般性,以弥散卷积循环神经网络为例,可以使用类似门控循环单元的方式,捕捉服务使用频次的时间特征:

$$\boldsymbol{r}^t=\sigma(f_r\bigstar\ \mathcal{G}^m[\boldsymbol{X}^t,\boldsymbol{H}^{t-1}]+\boldsymbol{b}_r)$$

$$\boldsymbol{u}^t=\sigma(f_r\bigstar\ \mathcal{G}^m[\boldsymbol{X}^t,\boldsymbol{H}^{t-1}]+\boldsymbol{b}_u)$$

$$\boldsymbol{C}^t=\tanh(f_R\bigstar\ \mathcal{G}^m[\boldsymbol{X}^t,(\boldsymbol{r}^t\odot\boldsymbol{H}^{t-1})]+\boldsymbol{b}_c)$$

$$\boldsymbol{H}^t=\boldsymbol{u}^t\odot\boldsymbol{H}^{t-1}+(1-\boldsymbol{u}^t)\odot\boldsymbol{C}^t$$

其中,X^t 表示全部服务节点的使用频次观测值;H^{t-1} 表示上一时刻的时间隐含状态;$\bigstar\mathcal{G}^m$ 表示改进的多模态弥散卷积算子;r^t、u^t,C^t 分别表示 t 时刻的重置状态;更新状态及临时状态;f_r、f_u 和 f_C 分别表示可学习的重置门、更新门及控制参数;H^t 表示该时刻的时间隐含状态，是该单元是输出。特别注意的是，公式中多模态的服务空间关系$\mathcal{G}^m$是由多模拓扑估计器生成的，带有梯度。

最后，通过编码器编码和解码器解码，解码器中的$\boldsymbol{H}^t$将作为有效的时间特征，被全连接层回归生成服务使用频次的预测值：

$$\hat{\boldsymbol{Y}}^t=\boldsymbol{W}^{\mathrm{T}}\boldsymbol{H}^t+\boldsymbol{b}$$

其中，$\boldsymbol{H}^t$表示类门控循环单元输出的隐含状态；$\boldsymbol{W}$和$\boldsymbol{b}$分别表示学习的全连接层权重和偏置。为了降低模型过拟合的风险，本章的使用随机弃权(Dropout)的设置，处理待回归的隐含状态$\boldsymbol{H}^t$。

4. 时空互惠性分析

时空互惠网络的互惠特性表现在两个方面。就空间侧的多模拓扑估计器而言，一方面多模拓扑估计器的推断精度受益于时间侧的图卷积网络。如前文所分析的，在服务系统中，有价值的服务依赖关系标签有限，通过监督学习的方式训练一个神经网络实现链路预测基本没有可能。而时空互惠框架将多模拓扑估计器和图卷积网络连接在一起，形成了梯度传递的通道，使得即便缺少空间标签，仍然可以利用时间标签训练边推测网络。另一方面，多模拓扑估计器也有助于图卷积网络更精准地实现时空预测。多模拓扑估计器利用服务使用频次序列的频域特征，即梅尔频率倒谱系数，推理、量化服务节点之间的依赖关系，在模型训练或预测过程开始前，先从数据集中采样有价值的邻居，减少了过程中量化的复杂度。同时，多模拓扑估计器寻找的局部最优服务空间依赖关系也有助于提高图卷积网络的预测精度。在时空互惠框架迭代训练的过程中，多模拓扑估计器和图卷积网络的参数互相促进，最终实现精准的使用频次预测和链路预测。

不过，由于缺少有效的归纳偏置，在训练开始阶段也可能发生时空互害的情况。

7.4.3　参数学习

1. 损失函数设计

与之前几章类似，本章采用ℓ_1损失函数(或平均绝对误差)监督地训练时空互惠框架：

$$\mathcal{L}=\frac{1}{n}\sum_{i,t}|y_i^t-\hat{y}_i^t|$$

其中，n表示一个训练批次中服务节点的个数；$y_{i,t}$和$\hat{y}_{i,t}$分别表示服务使用频次在t时刻的真实观测值和预测值。考虑到服务使用频次数量级差异大的问题，损失函数对服务使用频次真实值和预测值取对数进行衡量，以消除模型对服务使用频次数量级的偏置。

2. 阶段式优化驱动器

正如前文所分析的，在正确训练的时刻互惠框架下，多模拓扑估计器和图卷积网络可以互相促进地提高使用频次预测和链路预测的精度。然而，由于缺少有效的归纳偏置，在训练的开始阶段，由于两个网络参数的随机初始化，两个网络可能互相拖累，容易导致训练过程的早停(Early Stop)。为了避免这种情况的发生，本节提出了一种分段启发式学习的训练方案。

如图7-34所示，分段启发式学习方案分为3个阶段。第一个阶段先利用有限的服务空间标签，如服务协作关系、学习图神经网络参数。对弥散循环神经网络而言，该阶段采用课程式学习的方式，根据逆Sigmoid函数，衰减地对真实观测值和模型预测值进行采样：

$$\varepsilon=\frac{l}{l+\exp\left(\frac{i}{l}\right)}$$

其中,l 表示采样概率衰减速率的超参数,一般根据数据集的大小和批大小调整。在该阶段中,图卷积网络最初将真实值作为模型输入,进行一步预测。在这种情况下,由于预测任务变得简单,故损失快速下降。随着采样概率的衰减,图卷积网络逐渐切换为自回归的模式,预测任务由一步预测过渡为多步预测,因此,损失函数的值又逐渐增加。当 ε 衰减至 0.1 时,第二阶段开启。受可程式学习的衰减启发,模型训练的第二阶段采用边部分真实值的方式对边推测网络进行训练。该阶段使用有限的标签,激活多模拓扑估计器。但该阶段不引入未知的潜在链接,主要学习量化的能力。当 γ 衰减至 0.1 时,第三阶段开启。第三阶段的开启意味着多模拓扑估计器开始从数据集中采样潜在的边,使用构成的新的图预测。可见损失在持续下降。

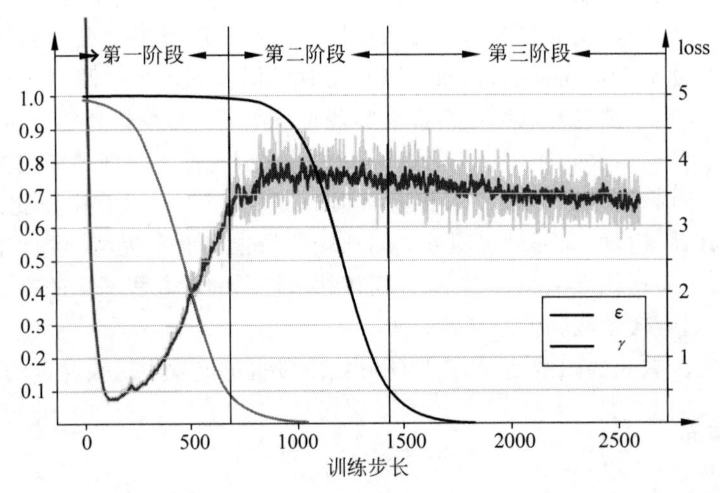

图 7-34　阶段式优化驱动器

7.4.4　模型验证

1. 实验设置

1）数据集

本章使用两个真实的公开数据集验证时空互惠预测框架的有效性,分别为洛杉矶高速交通服务数据集(Metr-LA)和维基百科知识服务数据集(Wiki-EN)。洛杉矶高速交通服务数据集由文献[18]发布,以 5min 为频率,记录了从 2012 年 3 月 1 日至 2012 年 6 月 30 日,洛杉矶 207 个高速公路交通服务节点的车流量数据。维基百科数据集已在前文详细介绍,本节不再赘述。以上两个数据集的基本统计信息可见表 7-5。

表 7-5　Metr-LA 和 Wiki-EN 数据集的基本统计信息

数据集	服务节点数量	边的数量	观测样本点个数
Metr-LA	207	1515	7094304
Wiki-EN	4118	8173	3265574

从时间的角度，由于本章侧重研究服务使用频次和服务拓扑结构时空互惠的预测方法，故在准备数据时，仅考虑相对短的服务使用频次观测序列，并假设在相对短的区间内不存在空间依赖关系演化的可能性。特别地，对于洛杉矶高速交通服务数据集而言，本章按时间顺序，将全部观测序列划分为长度为 12 个样本点（即 60min）作为模型输入序列和长度为 12 个样本点的真实序列。该设置与主要参考文献的实验设置保持一致。类似地，对于维基百科知识服务数据集而言，本章设置 14 个观测样本点（即 2 周）作为模型的输入序列和长度 14 的样本点作为模型的输出序列。本章将全部数据按时间顺序整理，前 70%的数据作为训练集，用于优化模型参数；中间 10%的数据作为验证集，用于控制模型的早停条件；最后 20%的数据作为测试集，用于评价不同模型的预测性能。

从空间的角度，本章提出的时空互惠预测框架需要基于有限的空间依赖关系标签来启动模型，其他基于图卷积的模型，也需要空间依赖关系标签进行参数训练。本章使用带阈值的高斯核，构建洛杉矶高速交通服务数据集中服务节点之间的加权距离，即

$$w_{ij}=\begin{cases}\exp\left(-\dfrac{d(v_i,v_j)^2}{\sigma^2}\right), & d(v_i,v_j)<\kappa\\ 0, & \text{其他}\end{cases}$$

2）评价指标

本章采用 5 种评价指标衡量时空互惠预测框架和基准方法在两个数据集上的预测精度。

绝对平均误差（MAE）：

$$\mathrm{MAE}=\frac{1}{\Omega}\sum_{i\in\Omega}|y_i-\hat{y}_i|$$

均方根误差（RMSE）：

$$\mathrm{RMSE}=\sqrt{\frac{1}{\Omega}\sum_{i\in\Omega}(y_i-\hat{y}_i)^2}$$

对数均方根误差（RMSLE）：

$$\mathrm{RMSLE}=\sqrt{\frac{1}{\Omega}\sum_{i\in\Omega}[\log(y_i+1)-\log(\hat{y}_i+1)]}$$

平均绝对百分比误差（MAPE）：

$$\mathrm{MAPE}=\frac{1}{\Omega}\sum_{i\in\Omega}\frac{|y_i-\hat{y}_i|}{y_i}$$

对称平均绝对百分比误差（SMAPE）：

$$\mathrm{SMAPE}=\frac{2}{\Omega}\sum_{i\in\Omega}\frac{|y_i-\hat{y}_i|}{y_i+\hat{y}_i}$$

上述表达式中，y_i 和 $\hat{y}_i$ 分别表示服务使用频次在样本点 i 上的观测值和预测值；Ω 表示观测样本点的集合。在 Metr-LA 数据集中，部分样本点没有采集到观测值，在实验中不将这些点列入误差计算范围。

在上述评价指标中，绝对平均误差、均方根误差、平均绝对百分比误差对数量级不敏感，与文献[18,31]保持一致，本章使用这三种评价指标衡量时空互惠预测框架和基准模型在洛杉矶通勤服务数据集上的预测误差。由于维基百科知识服务数据集中，服务的使用频次序列的数量级差异较大，因此，使用绝对平均误差对数均方根误差、对称平均绝对百分比误差衡量时空互惠预测框架和基准模型在维基百科知识服务数据集上的预测误差。

3）基准方法

本章选取了7种具有代表性的时间序列预测方法与时空互惠预测框架进行比较。

（1）基准方法1：ARIMA[20]。差分整合移动平均自回归模型（ARIMA）是工业界最常见的时间序列预测方法。在实验中，差分整合移动平均自回归模型需要对每一个序列单独建模，训练参数。

（2）基准方法2：VAR[26]。向量自回归模型是差分整合移动平均自回归模型的高维扩展，可以建模序列之间的简单依赖关系。不过该模型也仅具有线性建模的能力。

（3）基准方法3：SVR[23]。支持向量回归模型（SVR）具有较强的非线性特征捕捉能力，通过设置不同的核函数，支持向量回归模型预测金融时序任务中具有良好的表现。本章使用开源的sklearn python库实现。

（4）基准方法4：FC-LSTM[35]。全连接长短期记忆神经网络全连接长短期记忆神经网络使用长短期记忆单元作为循环网络的基本单元，具有很好的建模序列非线性、长短期依赖关系的能力。该方法是基于深度学习建模时间序列的经典方法。

（5）基准方法5：WaveNet[33]。波动网络是利用膨胀卷积建模序列长期依赖关系的方法。

（6）基准方法6：DCRNN[18]。弥散卷积循环神经网络是使用弥散卷积抽取时间序列之间空间依赖关系，并将这种空间建模能力和门控循环单元结合的方法。该方法是目前时空建模最先进的方法之一。

（7）基准方法7：Graph WaveNet[31]。图波动网络是使用一阶近似的切比雪夫图卷积抽取时间序列之间空间依赖关系，并将这种空间建模能力和膨胀因果卷积结合的方法。该方法通过学习、对比时间序列空间嵌入表达的方法，可以一定程度地推断节点之间的空间依赖关系。该方法是目前时空建模最先进的方法之一。

上述方法中，差分整合移动平均自回归模型和支持向量回归模型是对序列单独建模的方法，因此需要逐一针对服务使用频次观测序列训练模型参数。全连接长短期记忆神经网络、波动网络、弥散卷积循环神经网络、图波动网络均为基于神经网络的模型。

4）实验环境与超参数设置

本章的实验在Ubuntu操作系统中进行，CPU型号为Intel（R） Xeon（R） CPU E5-2680 v4 @ 2.40GHz，GPU为4块NVIDIA GTX 1080 Ti。对于洛杉矶高速交通服务数据集而言，本章使用与文献[43,66]完全一致的实验设置。对于维基百科英文知识服务数据集而言，全部方法的超参数都在其经验取值区间内，通过网格搜索的方式，取其在验证集的表现最佳的值进行汇总。特别地，本章选取中心服务一步可达的邻居服务作为向量自回归模型的输入，并取模型输出中中心服务对应的使用频次趋势作为实验结果。对于基于神经网络的模型而言，本章设置隐含层的参数个数为128。在时空互惠预测框架中，本章经验地设置13个梅尔频率倒谱系数作为多模拓扑估计器的输入。而至于重要的超参数，如图卷积的深度K和预定义的模态数M，本章将在后续章节仔细讨论其对模型的影响。

2. 实验结果分析

1）主要结果分析

为了验证时空互惠预测框架的有效性，本章设计了10次参数随机初始化的重复实验，并将时空互惠预测框架和基准方法在洛杉矶通勤服务数据集和维基百科英文科技服务数据集下的预测误差在表7-6和表7-7中进行汇总。

表 7-6　时空互惠预测框架和基准方法在洛杉矶通勤服务数据集下的预测误差统计

模型	15min			30min			60min		
	MAE	RMSE	MAPE	MAE	RMSE	MAPE	MAE	RMSE	MAPE
ARIMA	3.99	8.21	9.60%	5.15	10.45	12.70%	6.90	13.23	17.40%
VAR	4.42	7.89	10.20%	5.41	9.13	12.70%	6.52	10.11	15.80%
SVR	3.99	8.45	9.30%	5.05	10.87	12.10%	6.72	13.76	16.70%
FC-LSTM	3.44	6.30	9.60%	3.77	7.23	10.90%	4.37	8.69	13.20%
WaveNet	2.99	5.89	8.04%	3.59	7.28	10.25%	4.45	8.93	13.62%
DCRNN	2.77	5.38	7.30%	3.15	6.45	8.80%	3.60	7.59	10.50%
Graph WaveNet	2.69	5.15	6.90%	3.07	6.22	8.37%	3.53	7.37	10.01%
REST	2.66	4.88	6.78%	2.94	5.63	7.83%	3.35	6.62	9.35%

表 7-7　时空互惠预测框架和基准方法在维基百科英文科技服务数据集下的预测误差统计

模型	3 天			7 天			14 天		
	MAE	RMSLE	SMAPE	MAE	RMSLE	SMAPE	MAE	RMSLE	SMAPE
ARIMA	1646	0.6854	33.11%	1758	0.7293	34.95%	2380	0.6820	36.11%
VAR	2194	0.7636	42.52%	2711	0.8884	47.20%	3390	1.0425	53.58%
SVR	1423	0.5151	30.05%	1526	0.5427	31.43%	1653	0.5773	33.20%
FC-LSTM	827	0.3421	19.20%	878	0.3786	21.25%	952	0.4160	23.71%
WaveNet	755	0.3435	19.11%	830	0.3797	21.03%	917	0.4175	23.41%
DCRNN	765	0.3423	19.01%	827	0.3793	21.03%	903	0.4166	23.39%
Graph WaveNet①	—	—	—	—	—	—	—	—	—
REST	743	0.3400	18.63%	816	0.3776	20.70%	897	0.4148	23.07%

通过观察和分析这两组实验结果，可以得到以下结论：①在洛杉矶高速交通服务数据集的部分指标和维基百科英文知识服务数据集的全部指标中，向量自回归模型的预测误差相较差分整合移动平均自回归模型更高，尽管向量自回归模型是差分整合移动平均自回归模型的向量化扩展。这一现象说明，尽管服务节点的空间拓扑结构携带着有利于提升预测精度的信息，但若不能正确地使用，反而可能误导模型，降低模型的预测精度。②支持向量回归模型的预测误差相较差分整合移动平均自回归模型有较显著的减少，这一现象说明支持向量回归模型具备对非线性特征的建模能力，可以提高对服务使用频次预测的精度。③所有基于神经网络的模型(全连接长短期记忆神经网络、波动神经网络、弥散卷积循环神经网络、图波动神经网络及时空互惠预测框架)的预测误差相较其他模型有了十分显著的降低，这一现象说明神经网络模型引入的海量参数是建模服务使用频次序列非线性、周期性等

① Graph WaveNet 在 Wiki-EN 数据集上占用显存过大，无法得到实验结果。

复杂特性的有效手段。其中，分别基于循环神经网络和卷积神经网络的全连接长短期记忆神经网络和波动神经网络在两个数据集上表现不相上下，但相较于前三个模型在多步预测的任务上取得更优的预测性能，说明二者均为建模服务使用频次序列的优秀基础模型。④使用谱图卷积抽取服务节点空间特征的弥散卷积循环神经网络和图波动神经网络，都分别相较于它们的基础模型全连接长短期记忆神经网络和波动神经网络在预测误差上取得了进一步的下降，这一现象验证了谱图卷积的有效性。不过，值得一提的是，图波动神经网络在训练的过程中，需要对每个时间序列进行嵌入学习，计算复杂度是 $O(n^2)$，因此，在英文维基百科知识服务数据集上，超出了本章实验环境的显存，故无法得到实验结果。⑤使用弥散卷积循环神经网络作为基础组件的时空互惠预测框架在所有方法中取得了最低的预测误差，这一现象说明了时空互惠预测框架在提高服务使用频次预测任务上的有效性。

2）重要超参数讨论

图卷积的深度和预定义的模态数是影响时空互惠预测框架预测精度的重要超参数。为了探究这两个超参数对模型性能的影响，本节针对不同超参数设计了 10 次参数随机初始化的重复实验，并将时空互惠预测框架在不同超参数设置下的预测误差汇总在图 7-35 中。

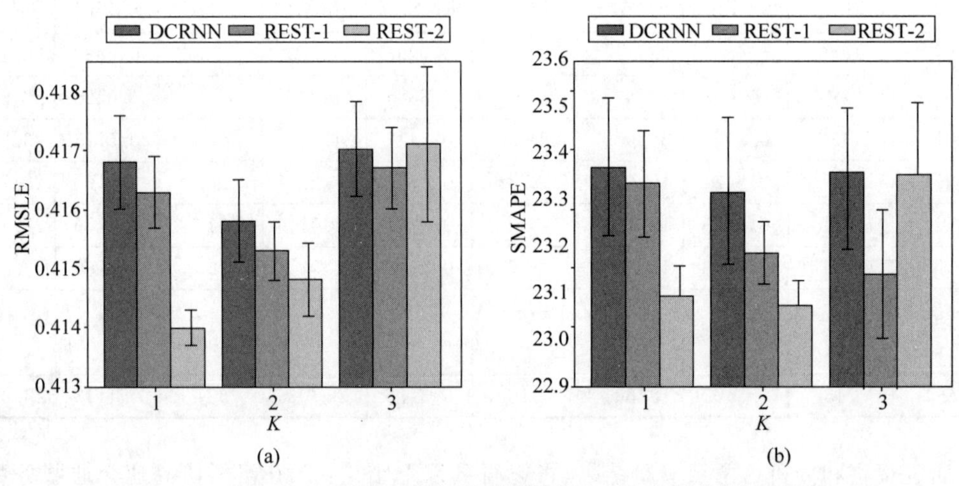

图 7-35 时空互惠预测框架的预测性能随预定义图卷积深度

观察图 7-35 可以得出以下结论。就图卷积的深度 K 而言，当 $K=1$ 时时空互惠预测框架的预测误差相对弥散卷积循环神经网络有显著的下降，体现了时空互惠预测框架中多模拓扑估计器和图卷积网络形成联动，取得了更好的预测精度。同时，当 $K=2$ 时，时空互惠预测框架的预测误差相较弥散卷积循环神经网络的预测误差下降得更为明显。

就预定义的模态数 M 而言，当固定模态数 $M=1$ 时，时空互惠预测框架和弥散卷积循环神经网络的唯一区别为前者的卷积网络模块依赖的图是由多模拓扑估计器生成的，而后者的图是通过人工打标签获得的。

3）关于阶段式优化驱动器的消融实验

根据之前的分析与猜想，在时空互惠预测框架下，空间侧的多模拓扑估计器与时间侧的图卷积网络在训练的过程中可能互相促进，也可能互相制约。本章设计了一个消融实验，验证阶段式优化驱动器的有效性。表 7-8 记录了 10 次重复随机实验下，有无使用阶段式优化驱动器的时空互惠预测框架的预测误差平均值与标准差。

表 7-8　时空互惠预测框架在有无使用阶段式优化驱动器下的预测误差

时空互惠框架	MAE	RMSLE	SMAPE
启用阶段式优化驱动器	897±9	0.4148±0.0007	23.07%±0.05
停用阶段式优化驱动器	904±12	0.4152±0.0011	23.34%±0.13

从表中可以看出，在使用阶段式优化驱动器对时空互惠预测框架的训练过程进行优化驱动下，各个预测误差指标的平均值与标准差都得到了显著的下降。这一实验结果大致可以说明阶段式优化驱动器的有效性。再进一步逐一检查实验的日志，本章发现在停用阶段式优化驱动器的设置下，模型有时也能达到和使用阶段式优化驱动器时一样的预测精度，但是比较二者平均的训练次数，发现未使用阶段式优化驱动器时，模型更容易出现早停，导致较高的预测误差，使对应实验组的平均值和标准差都增加。

4）服务拓扑结构的量化结果可视化展示

本章提出的时空互惠预测框架中的多模拓扑估计器具有两个作用，分别是在模型训练和预测阶段开始前，从海量服务中挑选若干个和待预测的中心服务相关的服务邻居节点，以及在模型训练和预测过程中对服务节点进行多模态边的量化。本节展示在预定义服务之间存在 2 种结构的设置下，多模拓扑估计器生成的服务网络结构。

图 7-36 展示了洛杉矶高速交通服务数据集后 51 个服务节点之间的空依赖关系强度。其中，图(a)的数据来自专家基于物理位置关系定义的人工标签，图(b)、(c)的数据由时空互惠预测框架中的多模拓扑估计器推断得出，图(d)的数据由图波动神经网络推断得出。通过观测这四张热度图，可以得出以下几个结论：

(1) 对比来自人工标签的图(a)和由多模拓扑估计器推断的图(b)、(c)，可以发现由多模拓扑估计器推断出的服务空间结构是稀疏的。这一结果带来的好处是，在图卷积网络进行预测和参数训练时，计算复杂度相比稠密的图大幅减少。

(2) 对比图(a)、(b)、(c)中红色方框内的服务空间依赖关系可以发现，由多模拓扑估计器推断出的服务空间依赖关系与人工标签的服务空间依赖关系存在较大差异。同时，可以看到多模拓扑估计器推断的两种结构也存在较大的差异。结合表 7-6 和表 7-7 展示的结果，可以说明多模拓扑估计器推断出的服务空间依赖关系相较人工标注的服务空间依赖关系更适合图卷积模型进行时空预测。

(3) 在图(c)中的紫色方框区域，多模拓扑估计器发现了人工标注下不存在的全新的连边关系。这一现象说明多模拓扑估计器除了可以对存在的边进行有效量化，也具备了发现新结构的能力，为空间依赖关系的构建带来了多样性。

(4) 对比由图波动神经网络推断得出的服务空间依赖图(d)，可以发现在图波动神经网络中，通过对服务节点进行表示学习的方式虽然可以量化服务之间的空间依赖关系，但是量化的结果导致了稠密的服务空间依赖网络。在面向海量服务的真实应用场景时，这样的方法将造成无法接受的计算负担。

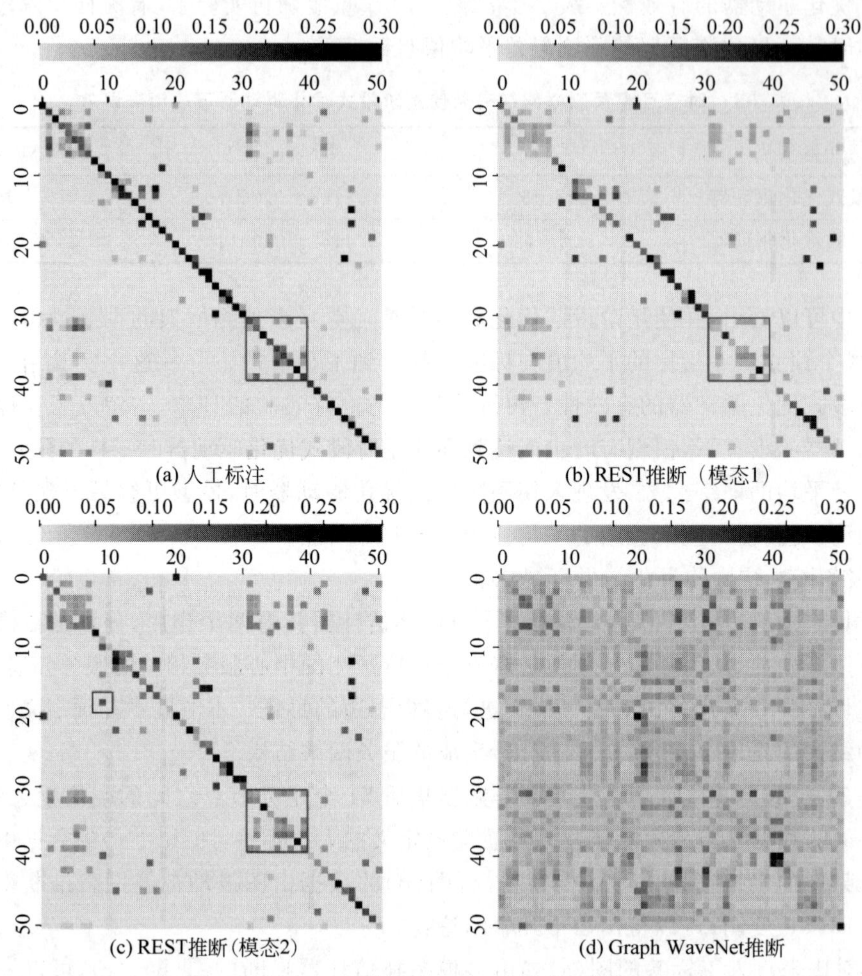

图 7-36 Metr-LA 数据集中，空间依赖关系可视化

参考文献

[1] Abrams C, Schulte R W. Service-oriented architecture overview and guide to SOA research[J]. Gartner Research, 2008.

[2] Huhns M N, Singh M P. Service-oriented computing: key Concepts and principles[J]. IEEE Internet Computing, 2005, 9(1): 75-81.

[3] Al-Masri E, Mahmoud Q H. Investigating web services on the world wide web[C]. In: Proceedings of the 17th international conference on World Wide Web. 2008: 795-804.

[4] Banerjee P, Friedrich R, Bash C, et al. Everything as a Service: Powering the New Information Economy[J]. Computer, 2011, 44(3): 36-43.

[5] Zheng Z, Xie S, Dai H N, et al. Blockchain challenges and opportunities: A survey[J]. International Journal of Web and Grid Services, 2018, 14(4): 352-375.

[6] Pilkington M. Blockchain technology: principles and applications[M]. Edward Elgar Publishing, 2016.

[7] Li T, Sahu A K, Talwalkar A, et al. Federated learning: Challenges, methods, and future directions

[J]. IEEE Signal Processing Magazine,2020,37(3):50-60.
[8] KonečnỳJ,McMahan H B,Yu F X,et al. Federated learning: Strategies for improving communication efficiency[J]. ArXiv preprint arXiv:1610.05492,2016.
[9] Wang L,von Laszewski G,Younge A,et al. Cloud computing: a perspective study[J]. New Generation Computing,2010,28(2):137-146.
[10] Dillon T,Wu C,Chang E. Cloud computing: issues and challenges[C]. 2010 24th IEEE Inter national Conference on Advanced Information Networking and Applications,2010:27-33.
[11] Tsui W H K,Balli H O,Gower H. Forecasting airport passenger traffic: the case of Hong Kong International Airport[J]. 2011.
[12] Ediger V Ş,Akar S. ARIMA forecasting of primary energy demand by fuel in Turkey[J]. Energy Policy,2007,35(3):1701-1708.
[13] Dong H,Jia L,Sun X,et al. Road traffic flow prediction with atime-oriented ARIMA model[C]. 2009 Fifth International Joint Conference on INC,IMS and IDC. 2009:1649-1652.
[14] Pitfield D. Ryanair's impact on airline market share from the London area airports: a time series analysis[J]. Journal of Transport Economics and Policy (JTEP),2007,41(1):75-92.
[15] 何国华. 区域物流需求预测及灰色预测模型的应用[J]. 北京交通大学学报(社会科学版),2008(1):33-37.
[16] 后锐,张毕西. 基于 MLP 神经网络的区域物流需求预测方法及其应用[J]. 系统工程理论实践(12):43-47.
[17] Lin X,Yang Z,Song Y. Short-term stock price prediction based on echo state networks[J]. Expert Systems with Applications,2009,36(3):7313-7317.
[18] Li,Yaguang and Yu,Rose,Shahabi,Cyrus and Liu,Yan. Diffusion Convolutional Recurrent Neural Network: Data-Driven Traffic Forecasting[C]. International Conference on Learning Representations (ICLR 2018).
[19] Geng X,Li Y,Wang L,et al. Spatiotemporal Multi-Graph Convolution Network for Ride-Hailing Demand Forecasting[J]. Proceedings of the AAAI Conference on Artificial Intelligence,2019,33:3656-3663.
[20] Anderson O D,Box G E P,Jenkins G M. Time Series Analysis: Forecasting and Control[M]. Holden-Day,1978:265.
[21] 刘泽远,杨孝宗,舒燕君. 基于 ARIMA 和卡尔曼滤波的在线 Web 服务 QoS 预测方法[J]. 智能计算机与应用,2019,009(001):135-138,142.
[22] Amin A,Colman A,Grunske L. An Approach to Forecasting QoS Attributes of Web Services Based on ARIMA and GARCH Models[C]. IEEE International Conference on Web Services, 2012.
[23] Smola A J,Schölkopf B. A tutorial on support vector regression[J]. Statistics and Computing,2004,14(3):199-222.
[24] 曹龙汉,吴帆,黄剑,等. SVR 优化算法及其在蓄电池容量预测中的应用[J]. 仪器仪表学报,2009(6):1313-1316.
[25] 张骏,吴志敏,潘雨帆,等. 基于 SVR 模型的驾驶简单反应时间预测方法[J]. 中国公路学报,2017(4).
[26] Lütkepohl H. New Introduction to Multiple Time Series Analysis[M]. Springer,2005:1-7.
[27] Liu Y,Roberts M C,Sioshansi R. A vector autoregression weather model for electricity supply and demand modeling[J]. Journal of Modern Power Systems & Clean Energy,2018,6:763-776.
[28] Taieb S B,Sorjamaa A,Bontempi G. Multiple-output modeling for multi-step-ahead time series forecasting[J]. Neurocomputing,2010,73(10-12):1950-1957.
[29] Hochreiter S,Schmidhuber J. Long short-term memory[J]. Neural Computation,1997,9(8):1735-1780.

[30] Cho K, van Merriënboer B, Gulcehre C, et al. Learning Phrase Representations using RNN Encoder-Decoder for Statistical Machine Translation[C]. Proceedings of the 2014 Conference on Empirical Methods in Natural Language Processing (EMNLP). Doha, Qatar: Association for Computational Linguistics, 2014: 1724-1734.

[31] Wu Z, Pan S, Long G, et al. Graph WaveNet for Deep Spatial-Temporal Graph Modeling[C]. Proceedings of the Twenty-Eighth International Joint Conference on Artificial Intelligence, IJCAI 2019, Macao, China, August 10-16, 2019. 2019: 1907-1913.

[32] Yu F, Koltun V. Multi-Scale Context Aggregation by Dilated Convolutions[C]. 4th International Conference on Learning Representations, ICLR 2016, San Juan, Puerto Rico, May 2-4, 2016, Conference Track Proceedings. 2016.

[33] Oord AVd, Dieleman S, Zen H, et al. Wavenet: A generative model for raw audio[J]. ArXiv preprint arXiv: 1609.03499, 2016.

[34] Lai G, Chang W C, Yang Y, et al. Modeling long-and short-term temporal patterns with deep neural networks[C]. The 41st International ACM SIGIR Conference on Research & Development in Information Retrieval. 2018: 95-104.

[35] Luong T, Sutskever I, Le Q, et al. Addressing the Rare Word Problem in Neural Machine Translation[C]. Proceedings of the 27th International Conference on Neural Information Processing Systems: vol. 2. 2015: 3104-3112.

第8章

基于区块链的服务生态原型系统设计及实践

8.1　研究背景与现状

8.1.1　背景与意义

现有的服务系统或平台多是中心化(Centralized)的，通常都需要服务系统管理者的角色存在。服务系统管理者主要承担三个方面的工作：运维支持、信息管理和信息增值。服务系统管理者需要对中心化的服务系统平台进行维护，从硬件和软件两个方面保证服务系统的稳定和安全运行。服务系统管理者还需要从系统层面了解服务系统的运行状况，保证系统中提供的服务和服务组合的信息准确并及时更新。此外，服务系统管理者还需要设计和扩展服务系统的相关功能，以激励更多的服务开发者和服务使用者参与到服务系统的生态构建中来。如 ProgrammableWeb. com[1] 就拥有一支专门的团队充当服务系统管理者的角色。但是，要维护一个大型的中心化的服务系统架构，往往需要耗费很高的基础设施成本和人力成本。维护一个大型的服务系统生态，基于一个中心化的框架，往往需要很高的基础设施和人力成本。虽然 StateOfTheDAPPS[2] 服务系统中的服务(应用)都是去中心化的，但作为服务平台本身，StateOfTheDAPPS 还是中心化的架构。此外，当系统过度中心化时，通常还会存在如安全防护、隐私管理、权限控制、信任问题和缺少直接的激励机制等问题。

1. 安全问题

中心化的服务系统平台通常更容易受到攻击，使得平台上存储的服务和服务组合信息、以及服务组合-服务的历史调用记录信息容易被篡改。中心化的服务系统平台的服务器一旦被入侵，那么平台上存储的服务和服务组合的相关信息将存在丢失和被篡改的风险，影响服务系统生态的正常运作，并带来一定的经济损失。

2. 过度中心化

过度的中心化可能会导致信任问题。对于服务开发者而言，只有当他完全信任这个服务系统平台,确保服务系统平台的可靠性、权威性和安全性,他才会积极地参与到服务系统生态的构建中,一方面,积极地发布可靠的新的服务;另一方面,通过对平台现有服务的重用,创造并发布新的服务组合。对于服务使用者而言,只有当他完全信任这个服务系统平台,确保其提供的服务和服务组合信息的真实性和不可篡改性,他才会通过该服务系统查询和使用相关的服务和服务组合。尽管现有的中心化的服务系统在信任问题上采取了很多的措施,如借助服务系统管理者的角色对服务和服务组合信息进行审核、维护和更新等操作,但这并不能完全解决平台与平台使用者之间的信任问题。

3. 数据隐私和权限问题

在传统的中心化的服务系统中,很难从系统层面以一种多方可信的方式实现细粒度的权限控制,包括对相关数据的读取和操作权限等。

4. 缺乏经济激励手段

在现有的大多数服务系统中,往往缺乏有效的经济激励手段,以提高服务使用者和服务开发者的积极性,构建一个活跃的生态系统。以 ProgrammableWeb 为例,开发者注册后,自愿地将其开发的服务和服务组合的相关信息发布到平台上。在 ProgrammableWeb 中,并没有涉及经济激励手段,所有的用户自愿地充当着服务使用者和服务开发者的角色,与服务系统管理者共同参与服务系统生态的构建。特别是对于服务开发者而言,并没有一个完善的激励机制,让其积极地参与到服务系统的构建和发展过程。

5. 维护成本过高

中心化的服务系统需要设置服务系统管理者的角色,以实时监控和维护系统的发展状况,保证其稳定繁荣发展。此外,为了保证一定的安全性,中心化的服务系统在基础设施建设上需要花费大量的成本。谷歌的 API 管理负责人 Anant Jhingran 也指出,想要建立一个用户都愿意使用的服务系统平台,需要耗费大量的人力和基础设施成本,并且维护费用也相当可观。

现有关于服务系统的研究很少有从架构层面探讨去中心化的设计和实践。

比特币[3]作为首个成功实现去中心化架构的数字货币系统,将区块链技术(Blockchain)引入了人们的视野。近年来,区块链技术得到了飞速的发展。以太坊基于比特币的思想,搭建了一个“全球计算机”,整个网络不受第三方干预,也不存在宕机和欺诈等问题。以太坊首次实现智能合约的概念[24,25],支持图灵完备的应用。超级账本 Fabric 作为企业级的联盟链解决方案,具备节点功能解耦、多通道、权限控制等特点,在企业级区块链解决方案中得到了广泛应用。区块链作为去中心化的分布式底层账本技术,为服务系统的去中心化研究提供了技术基础和解决方案思路。

本书在现有研究的基础上,设计了基于区块链的可信去中心化服务系统(Trusted Decentralized Service Eco-System, T-DSES)。该系统使用 INKchain 联盟链作为区块链底层架构。本书设计了去中心化服务系统的原型,该系统可以解决传统的中心化平台中存在的信任问题、安全防护、权限控制等问题。同时,结合通证体系,该系统提供了经济激励机制,以鼓励服务使用者和服务开发者积极参与系统生态的构建,保持服务系统的繁荣发展。

8.1.2 国内外研究现状

1. 中心化服务生态系统

中心化服务生态系统的模型如图 8-1 所示。

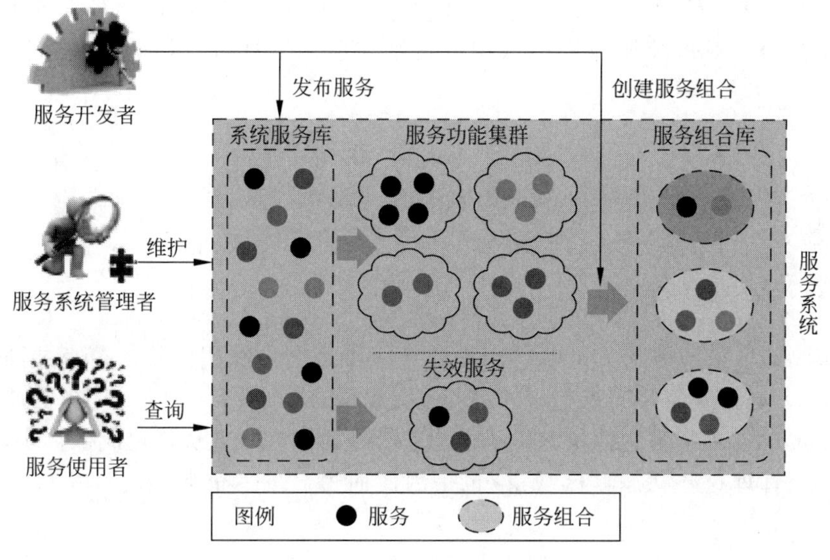

图 8-1 中心化生态系统

中心化服务生态系统通常都需要系统管理者的角色存在。服务系统管理者主要承担三个方面的工作：运维支持、信息管理和信息增值。服务系统管理者需要对中心化的服务系统平台运行维护。从硬件和软件两个方面保证服务系统的稳定和安全运行。服务系统管理者还需要从系统层面了解服务系统的运行状况，保证系统中提供的服务和服务组合的信息准确并及时更新。此外，服务系统管理者还需要设计和扩展服务系统的相关功能，以激励更多的服务开发者和服务使用者参与到服务系统的生态构建中来。如 ProgrammableWeb.com 就拥有一支自己的团队充当服务系统管理者的角色。

基于中心化的框架，Huang[26]将服务生态系统描述成了一个多层异质结构框架，用服务供应网络、服务组合开发网络、服务调用网络和服务组合评价网络来记录服务系统中各主体之间的增值行为，用服务竞争网络、服务协作网络来表述主体间的竞争和协作关系。通过对 ProgrammableWeb.com 的研究分析，发现了服务系统间存在小世界特性和幂律特性等。Liu[27]考虑了服务生态系统的动态演化，并总结了评估服务生态系统最重要的动态指标，比如稳定性、创造性等。

2. 去中心化服务生态系统

基于服务生态系统理论，Gao[28]搭建了第一个基于区块链的服务互联网生态模型 DSES。在 DSES 中，利用联盟链的权限控制机制，有助于筛选开发人员或用户进入到 DSES，从而促进存储在系统中的信息的质量和可靠性。DSES 发布自定义令牌"SToken"作为价值传递的媒介，围绕 SToken 定义了一系列激励机制，促进服务的发布、服务之间的协作增值等，从而进一步促进服务互联网的繁荣。服务之间的交互行为，都将通过智能合约来执行，并永久地记录在数据库中。DSES 充分利用了区块链的信任机制，以一种面向数据库的分布式解决方案撮合了互相不信任的服务提供商，使得服务发现和服务协作、服务推荐等能够以更高的可扩展性和可维护性实现。

区块链技术致力于解决服务系统的中心化问题，在众多服务领域都进行了充分的研究和应用。Zhang[29]提出了一种基于区块链技术致力于保护用户隐私的投票协议，参与者可以在线上投票而无须任何第三方的中心机构参与。Malamas[30]设计了基于区块链技术的权限控制系统用以对医疗服务中的数据进行细粒度的管理，同时记录数据，防止数据被篡改。

8.2 区块链简介

8.2.1 区块链特点

一个典型的区块链系统(Block Chain)通常是由多个不互相信任的节点共同组成的分布式网络[31]。这些节点共同维护一个共享的、全局的状态(State)集合，并通过发起交易(Transaction)的方式修改这些状态。区块链系统通常将这些交易打包成数据块，并使用一条链式结构来管理这些状态，“区块链”也是因此而得名。一个典型的区块链链式结构如图 8-2 所示。

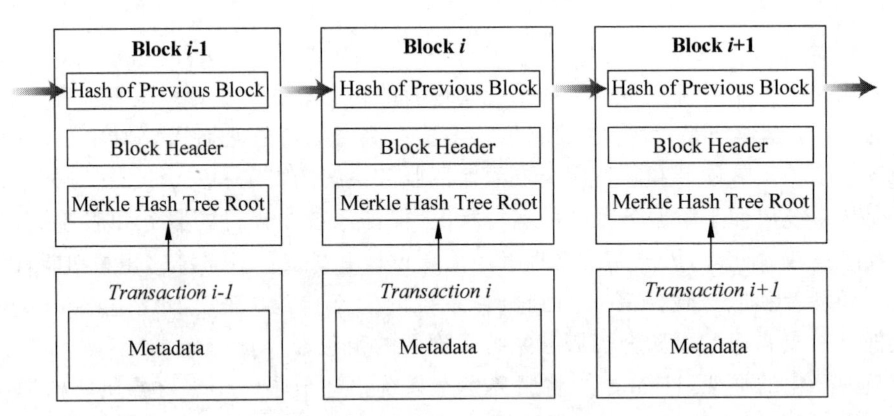

图 8-2 区块链链式结构示意图

如图 8-2 所示，开始运行后，区块链系统会自动地将一定时间内的交易打包成数据块，每个数据块通过哈希指针与前一个区块相连，一直连接到第一个生成的区块，即创始区块。每个区块通常包含区块头信息，交易 Merkle 树根，以及原始的交易信息[32]。区块链系统中的所有节点共同维护这样一条链式结构，并根据这些区块中的交易内容，对自身节点内存储的状态做出修改。因此，区块链也被称作是一种新型的分布式账本技术。

传统的数据库也可以看作是一系列应用在全局数据状态(State)上的操作的集合。从这点上看，区块链架构与传统数据库实现的功能是一致的。但与传统的中心化或分布式数据库不同，区块链是一个分布式的架构，并融合了分布式架构、共识算法、加密算法、经济学模型等多种技术，所实现的一种新型分布式账本架构。在区块链网络中，通常每个节点都拥有一个独立的数据库，所有节点之间通过共识算法，通过统一维护一条链式交易结构，达成全局状态集合的共识。也正是因为其独特的架构设计，使得基于区块链技术搭建的平台系统拥有去中心化、不可篡改性、不可伪造性、可验证性和匿名性的特点。

去中心化：区块链是一种分布式数据存储结构，没有中心节点，所有节点都保存全部的相同的区块信息，完全实现去中心化。对于特殊的应用场景，可以适当地采用弱中心化的管理节点，即中心节点不影响整个区块链结构的运行，比如弱中心化的监管机制；若从安全角度来说，弱中心化结构中的中心节点要满足对于区块链的安全不构成威胁，对用户隐私不构成威胁等。

不可篡改性：一方面，区块链中存储的交易信息每一条都有相对应的Hash值，由每一条记录的Hash值作为叶子节点生成二叉Merkle树，Merkle树的根节点（Hash值）保存在本区块的块头部分，区块头部除了当前区块的Merkle树的根节点，还要保存时间戳以及前一个区块的标识符（Hash指针）形成一条链式结构。因此，要想篡改区块链中的一条记录，不仅要修改本区块的Hash值，还要修改后续所有区块的Hash值，或者生成一条新的区块链结构，使得新的链比原来的链更长。实际上，这是很难实现的。一般，一个区块后面有6个新的区块生成时，即可认为该区块不可篡改，可以将该区块加入到区块链的结构中了。

不可伪造性：区块链保存的交易数据中不仅含有Hash值，还有交易双方的签名以及验证方的签名。签名具有不可伪造性，因此具有不可伪造性。

可验证性：可验证性指的是数据来源的可验证。每一笔交易中电子货币的产生和输入、输出都是可以验证的。区块链结构中不会凭空增加电子货币。以比特币为例，每一笔交易的输入都是前一笔交易的输出，每一笔交易的输出又是下一笔交易的输入，即交易的可追溯性。除了来源的可验证外，还有交易金额的可验证，即验证金额的正确性，确保交易过程中的每一笔资金都是可靠的。目前，为了保证用户的隐私，很多电子货币通过混币、环签名、零知识证明等技术在数据可验证的情况下，尽可能地切断金额的可追溯性。

匿名性：区块链中的匿名性实际上是一种伪匿名性。区块链中使用假名技术来切断账号和真实身份的联系。比如，对用户公钥进行一系列的Hash运算，得到的固定长度的Hash值作为对应的电子账号。实际上，随着使用次数的增加，通过数据分析可以分析出账号的很多交易行为，比如经常和哪些账号做交易，交易金额多少等，甚至可以和现实中的真实身份相联系。

8.2.2 区块链分类

根据应用范围的不同，区块链架构可以分为三类：公有链（Public Blockchain）、私有链（Private Blockchain）和联盟链（Permissioned Blockchain）。

1. 公有链

公有链是由众多匿名的参与者（网络节点）共同维护的完全分布式的点对点网络（Peer-to-Peer Network）。比特币[23]首次成功实现去中心化，是历史上首个经过大规模、长时间验证的数字货币系统。比特币是典型的公有链架构，任何人都可以参与到比特币网络的维护中，成为整个比特币网络中的一个节点。比特币系统具有去中心化、匿名性和自动预防通胀等特点。比特币网络通过工作量证明（Proof of Work，POW）机制来达成整个网络的共识。网络中不同节点间通过求解哈希问题参与网络的维护，第一个解决该问题的节点所打包的区块将被大家接受，该节点也会获得一定数量的比特币作为奖励。哈希问题在目前的计算模型下只能暴力求解，因此基于PoW的共识算法，节点通过维护网络所获得收益的期望与其算力基本成正比。比特币网络通过经济博弈，让合作者受益，非合作者则会遭受损失和风险。特别是当网络参与者众多时，一次作恶需要付出的代价要远远大于收益。也正是其独到的经济激励机制，吸引着越来越多的人参与到比特币网络的维护，即进行“挖矿”。此外，比特币网络会周期性调整问题难度,从而保证生成新区快的时间稳定在10min左右。

在比特币的基础上,以太坊(Ethereum)首次实现了智能合约(smart contract),支持图灵完备的应用开发。以太坊旨在打造一个智能合约平台,其上的去中心化应用可以按照智能合约的逻辑自动执行。基于区块链技术,理想情况下,整个以太坊网络不会存在第三方干预、宕机和欺诈等问题。以太坊使用权益证明(Proof of Stake)的共识机制。以太坊标志着区块链进入了智能合约时代,并开创了去中心化应用开发的热潮。

2. 私有链

在私有链(Private Blockchain)中,只有特定的组织或机构被允许接入,成为网络中的节点。私有链通常被应用在企业组织机构内部或某些确定的组织之间,以搭建一套基于区块链技术的业务应用系统。比如,多家银行间通过搭建私有的区块链系统,作为这些银行间对账等相关操作的底层架构。通过区块链技术,在确定相关的业务逻辑后,无须引入第三方监督机构,即可解决多个银行间的互信问题,并保证操作的安全性和不可篡改性。这样的架构只被应用在特定的参与者之间,而不允许其他任何的公司或组织机构接入。

3. 联盟链

联盟链是介于公有链和私有链之间的一种区块链底层架构。在联盟链中,通常需要一些可信的节点负责新区块的打包工作。与公有链相比,联盟链网络的运行需要更少的资源,并且能够实现更低的交易延时和更高的交易吞吐量。联盟链最大的特点是独有权限管理体系。在联盟链中,只有被授权获得许可的组织机构可以接入系统,参与系统的维护、或使用系统提供的相关功能。联盟链应用场景下,可以对接入节点的行为和数据访问权限做出细粒度的设定,因此更适合在企业级的应用场景下使用。

超级账本(Hyperledger)是由Linux基金会在2015年联合IBM、Accenture、Intel等30家企业共同成立的联合项目,旨在为企业级的分布式账本技术提供开源实现。Fabric是超级账本项目中的顶级项目之一,面向企业级应用,提供分布式账本底层架构,具有节点功能解耦、多通道、权限控制等特点,并以链码(chaincode)的形式提供智能合约的实现。

Fabric的整体框架如图8-3所示。

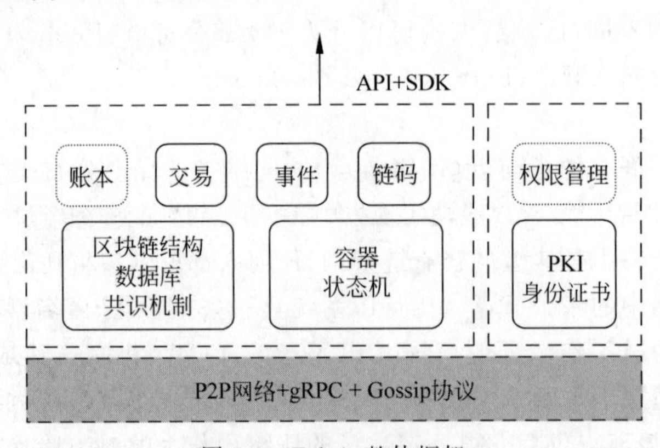

图8-3 Fabric整体框架

Fabric对外提供了规范的API与SDK供应用程序使用,使应用程序能够更加便捷地访问Fabric。在Fabric中,主要有账本、交易、事件、链码等资源可供应用程序访问。账本作为最为核心的模块,记录了所有交易的过程,它包含了区块链结构与数据库,依靠共识机制加以保障。链码作为 Fabric 上的智能合约指定了交易的业务逻辑，它的实现需要状态机与容器技术的支持。权限管理是 Fabric 中的重要环节，能够对整个 Fabric 系统提供访问控制，利用的是 PKI、身份证书、非对称加密等安全技术。底层结构中，Fabric 中的节点构成了 P2P 网络，节点间进行交互时使用 Gossip 协议在 gRPC 通道中进行通信。

Fabric 层次化与模块化的架构为其可插拔、可配置的特性构建了基础，为应用者与开发者都提供了极大的便利。

Fabric 网络中的节点主要可划分为 Orderer 节点和 Peer 节点。Orderer 节点是 Fabric 网络中参与共识的节点。在排序模块中工作，它们接收客户端发来的经过背书的交易请求，通过共识机制对一批交易的顺序及组合成的区块结构达成一致，之后广播给 Peer 节点。所有的 Peer 节点都是记账节点，同时又可能担任背书节点、领导节点、锚节点。

在 Fabric 中，共识过程指的是多个节点对某批交易的合法性、发生顺序及对账本的更新结果达成一致性认可的过程。Fabric 的共识过程主要分为背书、排序、验证这三个步骤。

背书：当客户端意图发起某笔交易时，首先需要向背书节点提交交易提案。背书节点依照链码即智能合约的背书策略，决定是否支持该提案通过。如果支持，则对提案以及该提案造成的状态变更以数字签名的方式进行背书。

排序：排序服务是由 Orderer 节点对一段时间内的交易顺序达成一致的过程。排序服务采用的是可插拔架构，可以在 solo 模式与 kafka 模式之间进行选择，也支持自定义实现的拜占庭容错(Byzantine Fault Tolerance，BFT)等类型的排序后端。

验证：验证是在排序过程之后检查交易结构完整性、交易前后一致性的过程，是将交易提交到分布式账本前的最后一次检查。

INKchain(INK consortium blockchain)[13]是由 INK 基金会牵头的联盟链项目，旨在为地域性的可信联盟链架构提供开源实现。INKchain 是基于超级账本 Fabric 进行二次开发的联盟链底层，创新性地新增账户(Account)系统和通证(Token)系统。INKchain 支持用户自定义通证发行，以及任意类型的通证在账户之间的流转，使得联盟链的应用场景进一步得到了扩展。

服务生态系统的参与者之间的行为(发布服务、调用服务、发布服务组合等)体现了服务系统自身应当具有的基本功能和对外接口。结合这些需求，本书选用 INKchain 作为区块链的底层架构，主要出于两方面的原因。一方面，INKchain 是基于超级账本 Fabric 开发的联盟链底层架构，拥有联盟链所具备的节点功能解耦和细粒度权限控制等特性，适用于企业级应用环境的需要。另一方面，INKchain 创新的账户系统和通证系统将有助于基于智能合约，在实现服务系统基本功能的同时，进一步实现对系统生态参与者的经济激励方法。

综上，本书选用 INKchain 作为区块链底层架构，设计可信去中心化的服务系统原型，并应用实际数据集进行实验，分别从功能上和性能上验证设计的可行性和有效性。

8.2.3 区块链关键技术简介

1. 智能合约

智能合约又称智能合同，是由事件驱动的、具有状态的、获得多方承认的、运行在区块链之上的且能够根据预设条件自动处理资产的程序。智能合约最大的优势是利用程序算法替代人仲裁和执行合同。简单来说，智能合约是一种用计算机语言取代法律语言去记录条款的合约。智能合约可以由一个计算系统自动执行。简单地说，智能合约就是传统合约的数字化版本。

如果区块链是一个数据库，智能合约就是能够使区块链技术应用到现实当中的应用层。智能合约是在区块链数据库上运行的计算机程序，可以在满足其源代码中写入的条件时自行执行。智能合约一旦编写好就可以被用户信赖，合约条款不能被改变，因此合约是不可更改的。

与传统合约相比，智能合约有很多优势：

(1) 智能合约与传统合约相比，最大的特点和优势就是其解决了"信用"的问题。传统合约达成前，参与者先要了解各方的信用背景以选择合适的对象；合约达成后的阶段，也要依赖于各方的诚实信用，或者引入第三方(如支付宝)来担保合约履行。

(2) 智能合约因为链上的资源是真实透明的，合约的内容确定后就无法更改，执行更是不用依赖任何额外操作。最终，"匿名信用"成为现实，合约缔结前无须进行信用调查，缔结后也不用第三方进行担保履行，从而实现交易成本大大降低，交易效率则大幅提高。

(3) 智能合约的数据无法删除、修改，只能新增，而智能合约的历史可追溯，同时篡改合约或违约的成本将很高，因为其作恶行为将被永远记录并广为人知。

(4) 去中心化的智能合约，不依赖第三方执行合约。智能合约的潜在好处包括降低签订合约、执行和监管方面的成本；因此，对很多低价值交易相关的合约来说，这将极大降低人力成本。合约验证和执行的整个过程随着用户间的直接交易而变得快速。

(5) 智能合约不容易出现单点故障的问题。智能合约保存在区块链分布式账本上时，不存在放错或丢失的风险。这意味着连接到网络的每个设备都有一份合约副本，并且数据会永远保存在网络上。

2. 加密算法

为了保障账户安全以及数据安全，区块链中包含了大量密码学算法，主要分为两大类：哈希算法和非对称加密算法。

1) Hash 算法

Hash 算法是区块链中应用最多的一种算法，它被广泛使用在构建区块和确认交易的完整性上。它是一类数学函数算法，又称为散列算法，需具备三个基本特性：其输入可为任意大小的字符串；它产生固定大小的输出；它能进行有效计算，也就是能在合理的时间内算出输出值。

如果要求哈希算法达到密码学安全，还要求它具备以下三个附加特性。

(1) 碰撞阻力：是指对于两个不同的输入，必须产生两个不同的输出。如果对于两个不同的输入产生了相同的输出，那么就说明不具备碰撞阻力，或是弱碰撞阻力。

(2) 隐秘性：也称为不可逆性，是指 $y=\text{HASH}(x)$ 中，通过输入值 x，可以计算出输出值 y，但是无法通过 y 值去反推计算出 x 值。为了保证不可逆，就得让 x 的取值来自一个非常广泛的集合，使之很难通过计算反推出 x 值。

(3) 谜题友好：这个特性可以理解为，谜题是公平友好的，例如算法中 $y=\text{HASH}(x)$，如果已知 y 值，想要得到 x 值，那就必须暴力枚举，不断尝试才能做到，并且没有比这更好的办法，没有捷径。

Hash 算法有很多，比特币主要使用的哈希算法是 SHA-256 算法。

2）非对称加密算法

按照加解密过程是否使用同一密钥的设计理念，加密算法被分为对称加密算法（private key cryptography）和非对称加密算法（public key cryptography）。前者加密过程使用了同一套密码，后者加解密过程使用不同的两套密码。

非对称加密算法中公钥和私钥是一一对应的关系，即每一个公钥都有与之一一对应的私钥，反之亦然，并且所有的公钥私钥对都是不同的。使用公钥加密的信息可以被私钥解密，同时使用公钥也可以验证使用私钥签名的信息。可使用私钥生成公钥，但使用公钥推算与之对应私钥是基本不可能实现的[34]。

常见的非对称加密算法包括：RSA 算法与椭圆曲线加密算法。

RSA 是第一个比较完善的公开密钥算法。RSA 的安全性基于大数分解的难度。其公钥和私钥是一对大素数（100～200 位十进制数或更大）的函数。从一个公钥和密文恢复出明文的难度，等价于分解两个大素数之积（该问题是公认的数学难题）。RSA 的公钥、私钥的组成，以及加密、解密的公式见表 8-1。其中，m 表示明文，c 表示密文。

表 8-1 RSA 加密解密算法

公钥 KU	n：两素数 p 和 q 的乘积（p 和 q 必须保密） e：与$(p-1)(q-1)$互质的随机数
私钥 KR	d：$e^{-1} \bmod (p-1)(q-1)$
加密	$c=m^e \bmod n$
解密	$m=c^d \bmod n$

椭圆曲线加密法（EllipticCurveCryptograph，ECC）以椭圆曲线理论[35]为基础，利用有限域上椭圆曲线的点构成 *Abel* 群离散对数难解性，实现加密、解密和数字签名，将椭圆曲线上的加法运算与离散对数中的模乘运算相对应，就可以建立基于椭圆曲线的对应密码体制。

椭圆曲线不是一个椭圆（椭圆形状），而是由交叉两个轴线的环线表示。用曲线上的点乘以一个数可以产生曲线上的另一个点，但是即使知道原来的数和结果，也很难找到乘的数。利用此性质，选定特定的椭圆曲线，比如比特币系统中选用的曲线 secp256k1，即曲线

$$y^2 = x^3 + 7 \tag{8-1}$$

选定基点 P，随机生成私钥 k，则公钥 Q 可由以下公式得出：

$$Q = k \cdot P \tag{8-2}$$

生成随机数 r，则公钥加密过程如下：

$$C = \{rP, M + rQ\} \tag{8-3}$$

私钥解密：

$$M = (M + rQ - k(rP)) \tag{8-4}$$

3. 共识机制

在区块链系统中没有像银行一样的中心化机构，所以在进行传输信息、价值转移时，共识机制解决并保证每一笔交易在所有记账节点上的一致性和正确性问题。区块链的这种新的共识机制使其在不依靠中心化组织的情况下，依然大规模高效协作完成运转。常见的共识机制包括：工作量证明（POW）、权益证明（POS）、一致性共识（Raft）、分布式队列（Kafka）等。

1）工作量证明

工作量证明(Proof of Work,POW)是确认完成一定计算工作的证明,要求用户解决一些消耗时间与算力并且可以被快速验证正确性的算数问题。该共识机制以解决该问题所耗费的时间、能源、设备作为担保,因此攻击成本很高。在区块链中应用POW既保证了区块链下一区块的唯一性,又能够有效防止恶意攻击。

在POW共识机制下,区块链网络中任一节点向区块链写入新区块的条件是必须解决网络给出的工作量证明难题。该题有三要素,分别为工作量证明函数、难度系数与区块。工作量证明函数一般选取较难解决的算数问题,如Hash列算法中的SHA-256算法。区块包括区块头与区块体,其中区块头在POW中作为输入数据。难度系数代表了生成新区块所需要的进行的哈希运算的次数。

工作量证明的过程如图8-4所示。通过不断改变区块头中的Nonce值,并对更改后的区块头进行双重SHA-256运算以达到计算结果小于目标值的目的。第一个达成目标的区块将会获得记录新区块的资格。

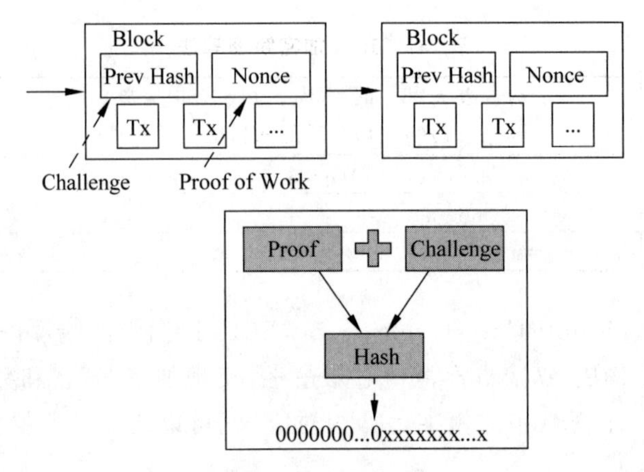

图8-4 工作量证明

工作量证明机制在保证交易安全方面有着出色的表现,但是缺点也显而易见,一是消耗了巨大的算力与资源,二是交易等待确认时间过长,不适用于对实时性要求高的场景。

2）权益证明

权益证明(Proof of Stake,POS)与POW不同,生成新区块的难度依据的是节点在网络中占有的股权比。POS中创造了币龄(COINAGE)的概念。计算公式如下：

$$\text{COINAGE} = \text{COUNT} \times T \tag{8-5}$$

其中,COUNT为节点持币的个数；T为节点持币的时间。

POS是根据币龄的大小来调整挖矿的难度。币龄越长,越容易拿到记账权。

POS相较POW而言,节省了计算资源,效率也有相应的提升。但是因为持币较多者生成新区块的成本会降低,大大提高了节点作恶的风险。

3）一致性共识

Raft主要通过日志的复制来完成系统一致性的功能。Raft中的节点有三种状态：跟随节点、候选节点以及主节点。在系统运行时,跟随节点在周期时间内等待主节点发送的同步信息或者候选节点发送的候选请求信息,若在周期时间内未收到以上信息,则跟随节点将改变自身状态,转变为候选者节点。在候选者节点阶段,在该节点的候选请求周期内,候选者节点将向系统中发送竞选请求,若在这期间内能够收到来自跟随着节点投出的超过半数的投票,候选者节点就成为主节点并对数据信息进行发布;若在候选请求周期内收到来自其他主节点的信息,则将节点状态转为跟随节点,接受主节点发布的信息后复制并进行回复。Raft 机制中节点状态转换图如图 8-5 所示。

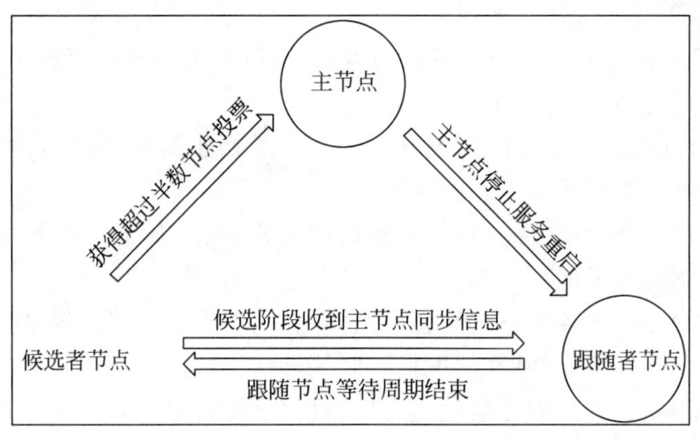

图 8-5　Raft 节点转换示意图

Raft 具有如下的特点:①Raft 共识机制中的强主节点特性,消息日志的复制过程保持着从主节点开始转向跟随者节点,能够让消息日志复制的过程变得简单且容易理解。②主节点选举方式,使用周期随机的定时时钟来进行节点状态改变,参与主节点选举,通过获取过半票数来变成主节点的机制,降低了节点选举时出现的冲突概率。Raft 共识机制经过主节点选举阶段后,使用日志复制的机制来保证数据的一致性与安全性。在日志复制阶段,主节点采用与选举阶段类似的周期时钟来进行消息发布与等待回复。在日志复制阶段中的超时机制被定义为心跳超时机制(Heart Beat Timeout),在一个定时周期内,主节点发送添加数据的消息(Append Entries)给跟随者节点,跟随者节点在这个周期内完成数据的复制添加并进行回复;主节点收到其他跟随节点的回复后,将处理结果返回给用户端。

4) 分布式队列

Kafka 是由 Apache 软件基金会开发的为分布式系统提供高吞吐量与低延迟通信的平台。Hyperledger Fabric 自 1.0 版本后将 Kafka 作为备选的共识模块,但是它最初并不是专门为区块链设计的。

Kafka 通过消息发布/订阅机制为系统提供了分区的消息序列,保存了同个分区内消息的有序性,并与 Zookeeper 提供的分布式协调服务相结合提高了系统的抗崩溃能力。

从工程角度来讲,Kafka 的安全性较低,也不能抵抗拜占庭攻击。需要区块链引入较强的权限管理与身份验证机制来提高系统的安全级别。

8.3　去中心化服务生态系统原型设计

与现有的中心化的服务系统架构不同,本书拟研究的去中心化的服务系统具有以下特点:

(1) 更高的安全性保障。相比中心化架构,区块链底层使得去中心化的服务系统安全性得到更大程度的保障,平台上的服务和服务组合的相关信息安全不可篡改。

(2) 解决多方互信问题。基于区块链的架构能够使得去中心化的服务系统可以解决传统的服务系统与不同用户之间的信任问题。区块链账本中的信息不可篡改,且可以查询到从系统运行以来的服务和服务组合的创建、发布记录,为基于服务系统信息的服务发现、服务组合和服务推荐等应用提供天然保障。

(3) 细粒度权限控制。根据应用场景的需求,可以制定多方互信的应用行为逻辑,实现服务系统生态的构建。

(4) 经济激励机制。去中心化的服务系统中提供初步的经济激励机制,以提高服务开发者的积极性,有助于服务系统生态的繁荣发展。

(5) 维护成本低。与传统的中心化服务系统架构相比,基于区块链的去中心化的架构一旦搭建,维护成本将会很低。

综上,整个去中心化服务生态系统会带来"可信"的增强,即服务系统信息本身的可信、参与者权限的可信和参与者贡献度的可信。区块链作为底层其不可篡改的特性保障了存储的服务、服务组合等相关信息的可信度,信息的可信会促进参与者更积极地参与到服务生态系统的共建中。联盟链所具有的细粒度的权限控制,进一步结合智能合约的业务逻辑设计,保障了参与者权限的可信。另外,参与者的相关活动都会在系统中记录,其行为贡献度可以得到进一步的记录,增强了可信度。

8.3.1 框架概述

本书设计的基于区块链的去中心可信化服务系统(T-DSES)架构如图 8-6 所示。系统的主要组成元素包括:服务开发者/使用者、SDK/APP 模块、CA 模块和区块链网络模块。

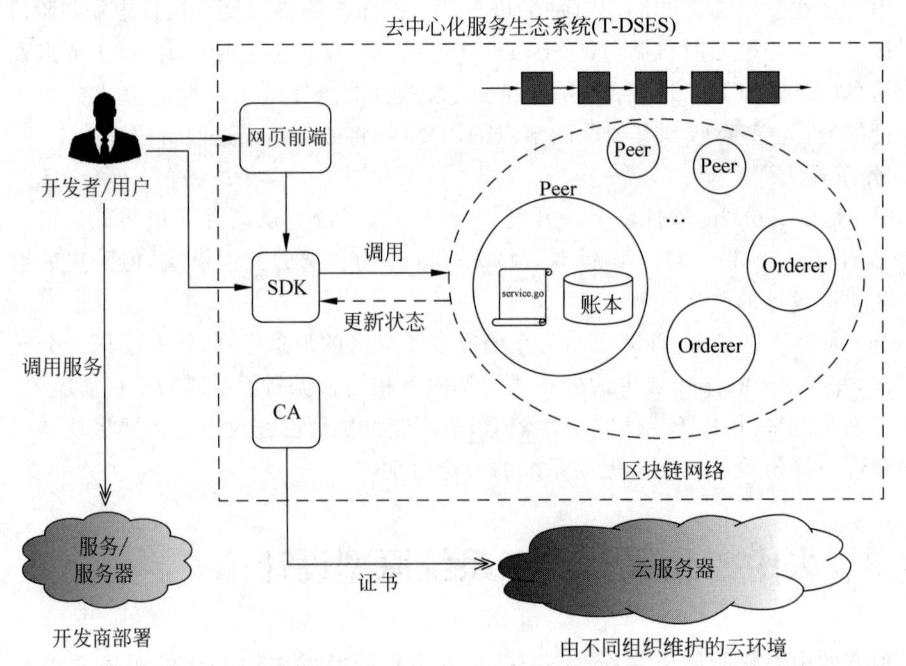

图 8-6 去中心化可信服务系统架构图

通过 CA 模块授权发放的证书，服务开发者/使用者可以获得相应的权限，通过 SDK/APP 模块或易用性较强的前端页面发起查询或者调用请求；通过区块链网络模块中的智能合约的相关接口，访问和修改账本中的状态。区块链网络模块由 Peer 和 Orderer 两种节点组成，借助链式的数据块结构，共同维护全局的账本状态。

在实际的应用场景中，当事先各参与方就业务逻辑达成一致后，可以使用图灵完备的智能合约对业务逻辑进行统一的接口封装。这样，参与去中心化服务生态系统的用户只能够调用封装好的接口、遵循相应的业务逻辑进行操作。在联盟链中，智能合约被部署在每个 Peer 节点上，对所有的参与者公开可见。本书通过智能合约定义了系统参与者之间的行为，实现了传统中心化服务系统具备的业务逻辑，同时也实现了经济激励的机制。任何非法操作(未在智能合约中声明或在用户权限外)的操作将对于全局的账本状态没有影响。共识机制的约束使得原本可能互不信任的各方能够一起维护一个统一的账本。因此，T-DSES 为服务推荐、服务发现、服务管理等相关研究提供了可信的信息环境。更进一步，利用 INKchain 的特性，本书在 T-DSES 中发布“SToken”来实现价值的可信流转，并基于此实现了一定的经济激励措施，以激励系统参与者更积极地为服务系统的发展做出贡献。

下面对构成去中心化可信服务系统的各个主要组成元素进行详细说明。

1. 服务器部分(Servers)

如图 8-6 所示，在 T-DSES 中，为了实现基础的业务逻辑和功能，需要部署三种类型的服务器。首先，在得到 CA 服务的证书授权后，相关的参与方需要相应的服务器来部署 T-DSES 中的区块链网络。这些服务器可以使用物理机，也可以使用云环境中的虚拟机。其次，系统中的前端页面服务也需要使用专门的服务器来部署。该服务器可以由第三方或用户自身提供。前端页面是为了方便用户或服务开发者更方便地调用相关的智能合约接口，其本身支持实现的业务逻辑与通过 SDK 调用完全一致。最后，因为服务生态系统是服务和服务组合信息汇聚的平台，提供了服务和服务组合的调用接口，所以开发者需要相应的服务器来部署这些服务或服务组合本身，从而提供相应的服务并响应用户的调用请求。

2. 服务开发者(Developer)/使用者(User)角色

在去中心化的服务系统中，仅拥有两种参与角色，即服务开发者和服务使用者。基于区块链的去中心化架构使得系统的安全性、隐私性和不可篡改性得到保障；系统的使用者必须获得 CA 模块发放的证书才拥有数据访问和操作的权限；并且服务系统相关的业务逻辑已经通过智能合约的形式部署在区块链网络的每一个 Peer 节点中，所有的系统生态参与者根据证书的权限设定与自身需求，通过智能合约的接口与账本状态进行交互。因此，在去中心化的服务系统中，不再需要“服务系统管理者”的角色，精简了系统架构，也节约了相关的成本。

服务开发者和服务使用者可以通过智能合约的相关接口发起一系列的调用和查询操作，如发布新服务、查询服务信息、创建新的服务组合等。服务开发者和使用者通过 SDK/APP 模块将这些调用或查询操作广播到区块链网络。

3. 可交互前端

可交互前端为服务开发者或使用者提供了一种更易用的调用智能合约接口的方法。如图 8-6 所示，用户在前端发起相应的请求后，实际上也是通过调用 SDK 来与区块链网络进行交互,服务开发者或使用者的相关操作习惯可以与原先在中心化的服务系统中保持一致。在实际的应用场景中,往往需要一个网页前端。前端的代码可以是开源的,运行的服务器可以由任意角色维护,前端本身的操作和逻辑同样只能够依据智能合约中约定的逻辑进行操作。

4. SDK 模块

通过智能合约的相关接口,SDK 模块实现了服务系统的应用业务逻辑。SDK 模块是用户直接接触的模块,也是用户与区块链网络中的账本状态进行交互的接口。SDK 在实际中有多种实现方式,如作为接口层部署在区块链网络中的 Peer 节点上,或者设计相应的前端,便于用户实际使用等。SDK 模块实现的前提是区块链网络模块的运行,以及智能合约相关接口的可用性。INKchain 拥有配套的 SDK 项目“INK SDK”[36],在本书直接部署应用。INK SDK 提供了便捷操作基于 INKchain 构建的区块链底层的相关接口(如启动网络、动态配置网络节点和区块链网络层参数等),以及调用账户和智能合约的相关接口等。

5. CA 模块

CA 模块负责管理相关证书的发放。只有获得 CA 模块的证书授权,服务开发者/用户才能够依据证书设定的角色权限,通过 SDK 模块或网页前端,并根据智能合约提供的接口与区块链中的账本状态发生交互。

6. 区块链网络模块

图 8-6 的右侧是去中心化服务系统的核心模块——区块链网络模块(Blockchain Network)。区块链网络模块是基于 INKchain 联盟链底层创建的分布式账本架构,通过链式结构记录交易信息,维护全局的账本状态。交易提案(Transaction Proposal)则由所有的服务开发者与使用者通过智能合约定义的接口发起。

与超级账本 Fabric 类似,基于 INKchain 搭建的区块链网络中包含两类节点:Peer 节点和 Orderer 节点[37]。Peer 节点包含两个功能,即背书(Endorser)和确认(Committer)。在接收到服务开发者/使用者通过 SDK/APP 发送的交易请求后,Peer 节点会模拟执行,并给这些交易请求进行背书签名。另外,在接收到新生成的区块后,Peer 节点会在验证后根据区块中的交易信息更新本地的账本。Orderer 节点是区块链网络模块中负责共识的模块,验证背书后的交易请求并按照预先设定的速率,将这些交易打包成区块,广播到网络中去。

智能合约是外界与区块链模块账本交互的唯一渠道,根据业务逻辑需要,提供相应的接口访问和修改区账本状态。基于 INKchain 搭建的区块链模块中,需要被写入的数据称为“状态”,以键值对(key-value)的形式存储在账本中。

8.3.2 典型业务行为场景

为了说明在 T-DSES 中不同参与者之间的业务交互行为,在此总结两类典型的业务行为场景:①发生在服务使用者和开发者之间——用户调用一个具体的被某个开发者发布的服务;②发生在服务组合开发者和服务开发者之间——服务组合开发者在开发新的服务组合时调用先用的一个服务。

1. 调用具体服务

如图 8-7 所示，第一个主要的场景是用户 A 尝试调用服务开发者 B 发布的服务 i。在这个场景中，相关的行为流程如表 8-2 所述。

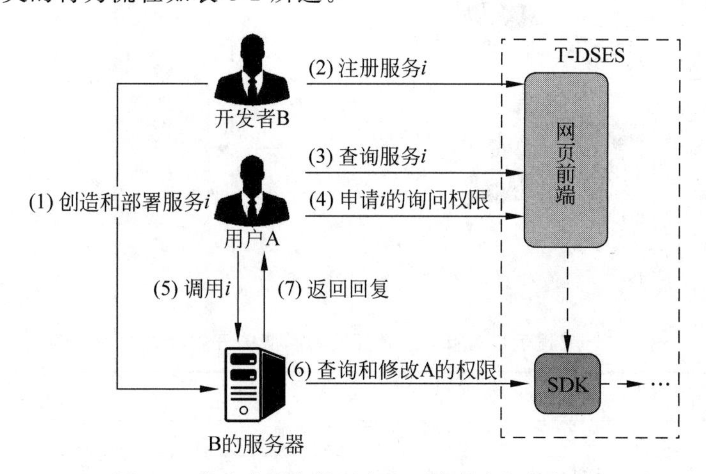

图 8-7　发生在服务使用者和开发者之间的行为

表 8-2　流程示意：服务使用者与开发者之间的行为

流程：用户调用一个具体的被某个开发者发布的服务
Step 1. 服务开发者 B 创建服务 i，并且在他的服务器上部署服务 i，以对外提供相应的服务和请求响应。
Step 2. 服务开发者 B 在 T-DSES 中注册服务 i，即通过网页前端或 SDK 将服务 i 的相关信息发布到 T-DSES 中。通过调用相应的智能合约接口，全局账本中会新增服务 i 的信息。
Step 3. 服务使用者 A 在 T-DSES 中发现了服务 i，并且服务 i 的相关功能整好满足了他的使用需求。
Step 4. 服务使用者 A 申请服务 i 的使用权限。为了得到服务 i 特定次数的使用权限，他必须向开发者 B 支付对应数量的 SToken。在交易确认后，服务使用者 A 对于服务 i 的使用权限将会被添加到全局的账本中。
Step 5. 服务使用者 A 向开发者 B 的服务器发起调用服务 i 的请求。
Step 6. 在收到 A 的调用请求后，服务器通过 SDK 查询 A 的服务使用权限，查询结果为复核要求，便根据 A 的访问请求返回请求结果。同时，服务器会再向 T-DSES 发起一个请求，将服务使用者 A 调用 i 的允许次数减一。

在上述 Step 4 中，当交易成功执行后，A 调用服务 i 的权限会被记录到全局账本，并且可以被当前服务系统的任意参与方查询到。此外，在 T-DSES 中，如果用户 A 觉得服务 i 对他的帮助很大，他可以通过“打赏”的方式给予服务开发者 B 一定数量的 SToken 来进行激励。

2. 创建服务组合

如图 8-8 所示，通过搜索 T-DSES 中已发布的服务信息，开发者 C 发现服务 i 对他创建一个新的服务组合 j 很有帮助。第二个典型的业务行为场景是，服务开发者 C 尝试在创建服务组合 j 时调用服务开发者 B 发布的服务 i，以简化其开发的复杂度，更好地满足当前的需求。相关的行为流程叙述如表 8-3 所述。

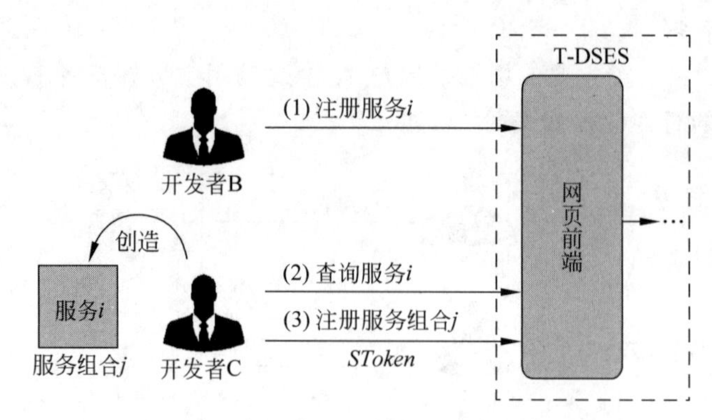

图 8-8 发生在服务组合开发者与服务开发者之间的行为

表 8-3 流程示意：服务组合开发者和服务开发者之间的行为

流程：服务开发者调用服务创建新的服务组合
Step 1. 服务开发者 B 创建服务 i，并且在 T-DSES 中注册服务 i。
Step 2. 通过服务信息搜索接口，服务组合开发者 C 发现服务 i 对于其创建满足复杂需求的服务组合非常有帮助。
Step 3. 服务开发者 C 创建了一个新的服务组合 j，j 调用了服务 i 来实现相应的功能。为了在 T-DSES 中注册服务组合 j，C 必须向 B 转移一定的 SToken 以在创建服务组合时使用 i。当交易成功后，C 创建的新的服务组合 j 的信息会被成功发布到 T-DSES 中

通过上述流程，一个新的服务组合会被发布到服务生态系统中，其相关信息会被记录和同步在全局的账本上，不可篡改。

8.3.3 区块链网络

从区块链的角度，本节对去中心化服务系统中的交易过程(即涉及账本信息变化的过程)进行总结，如表 8-4 所述。

表 8-4 流程：去中心化服务系统交易执行过程

流程：去中心化服务系统的交易发起和确认过程
Step 1. 服务开发者/用户获得 CA 模块颁发的证书，获得相关授权。
Step 2. 服务开发者/用户通过 SDK/APP 模块，按照智能合约的接口，向区块链网络模块发起交易提案。
Step 3. Peer 节点接收到提案后对交易提案模拟执行，并进行背书。
Step 4. Peer 节点将背书后的交易提案返回给用户。
Step 5. 背书后的交易提案被发送给区块链网络中的 Orderer 节点。
Step 6. 根据设定的速率，Orderer 将一定时间内收到的交易提案进行验证和多版本检查，并打包生成新的区块。
Step 7. Orderer 将新生成的区块广播给区块链网络中的 Peer 节点。
Step 8. Peer 节点在区块通过合法性验证后，根据区块中的交易信息修改账本的状态

借助区块链底层架构，T-DSES 通过构建“区块”的形式，记录涉及账本状态改变的操作，而不是存储在一个由第三方管理的中心化的服务器上(如 Programmable. com)。区块

链架构提升了系统的安全性，并降低了系统的维护成本。在T-DSES中，区块链网络中的Orderer和Peer节点可以由不同的多个授权组合或机构分别执行。网络中的智能合约按照事先约定的商业逻辑编写确定，任何尝试访问或改变账本状态的操作只能通过合约提供的接口实现。T-DSES是去中心化、分布式的架构，也不再需要"服务系统管理者"的角色参与生态构建。因此，相比传统的中心化的服务系统架构，T-DSES所需耗费的基础设施成本和人力维护成本将更低。

8.3.4　安全需求与权限控制

区块链本身并不是一门新的技术，而是众多技术共同发展、应用突破阈值后的产物。INKchain联盟链底层综合使用了Hash编码、非对称加密和数字签名[39]等技术，并在共识方面使用工业界广泛应用的Apache Kafka[40]。在交易的发起和确认过程中，需要对交易提案进行背书、签名、确认和对版本检查等操作。此外，INKchain本身作为联盟链所具有的权限控制功能也进一步保证了T-DSES的可靠性和安全性。

公有链中通常不存在权限控制模块，任何人都可以作为一个节点加入到公有链中，共同维护链式区块结构和全局账本信息。联盟链是专门为企业级应用设计的区块链底层架构，引入了权限控制模块。基于INKchain，T-DSES从三个方面实现了权限控制：①通过CA模块，基于PKI服务发放证书，只有拥有授权证书的机构或个人才能够查询和访问T-DSES账本状态；②INKchain可以通过细粒度的权限设置实现不同机构对数据的不同使用和访问权限；③借助INK Account账户系统，T-DSES通过智能合约"service.go"实现了基于业务逻辑的功能层面的细粒度权限设置。

8.3.5　智能合约设计

与超级账本Fabric类似，在INKchain中，通过链码的形式实现智能合约的相关功能。在实际的区块链应用中，经过联盟链参与者的协商，就业务应用的相关逻辑达成一致后，可以将这些逻辑以代码的方式编写到智能合约中，并部署到T-DSES的区块链网络中。部署成功后，参与到该联盟链中的组织机构或个人都只能够根据对应的权限，调用智能合约相关的接口与区块链账本交互。智能合约对通过SDK/APP发送的交易提案做出回应，执行对应的逻辑，并对区块链网络中的账本状态进行读写。因此，智能合约的设计通常是区块链应用中最核心的环节。

本书通过智能合约"service.go"，实现了服务系统的基本业务应用逻辑。进一步，T-DSES还通过智能合约实现了具体的经济激励措施，以激励服务开发者和服务使用者积极参与服务系统的生态构建，促进服务系统的繁荣发展。智能合约通过Golang语言编写。下面将介绍智能合约的详细实现。

1. 数据结构设计

智能合约service.go中设计的数据结构如图8-9所示。

INK Account：INKchain在超级账本Fabric的基础上添加了账户体系(INK Account)和通证体系，支持自定义通证的发行和不同账户间的通证流转。INK Account可以用来管理基于INKchain搭建的特定联盟链上的各种数字资产(Digital Assets)，即各种自定义的通证。每一个INK Account通过Address字段唯一确定。INK Account应用非对称加密，

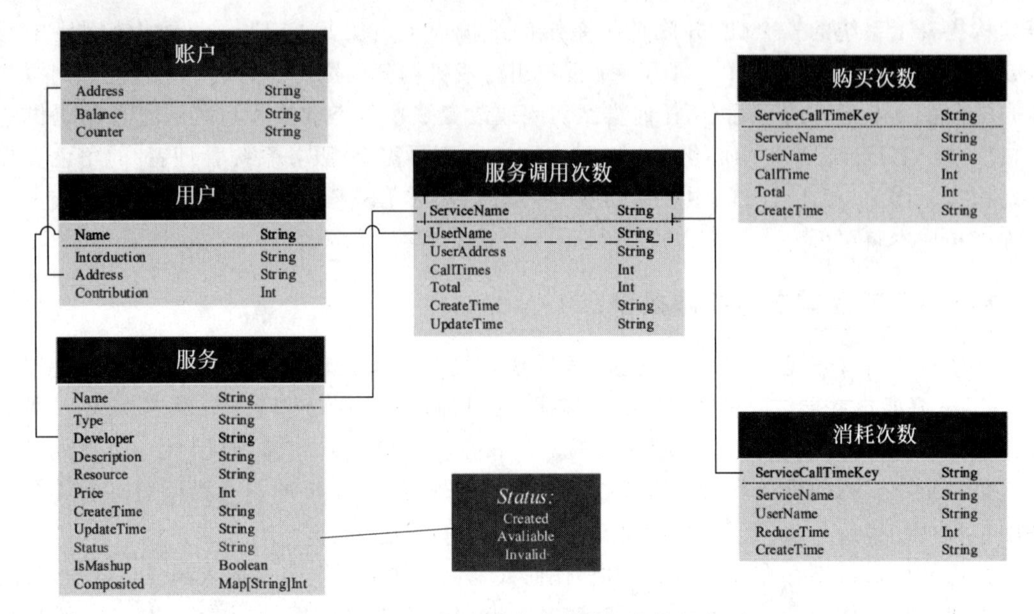

图 8-9　T-DSES 智能合约数据结构设计

每个用户保存和管理自己的私钥(Private Key),由私钥可以导出账户地址。同时,在使用 INKchain 封装的智能合约的调用接口指令 invoke 时,需要输入私钥作为调用参数之一,以实现对调用者身份的识别。Balance 字段记录了该账户中拥有的通证类型和具体数额。Counter 是用来辅助进行版本验证时的字段。

User:在数据结构设计上,T-DSES 不区分服务开发者和服务使用者,而是将他们统一定义为服务系统中的用户 User。Name 是该结构的键,唯一确定一个用户。在创建一个用户时,往往需要提供他的简要介绍。同时,一个用户与其 INK 账户地址间存在一一对应关系,通过用户数据结构中的 Address 字段实现。特别地,T-DSES 在用户数据结构中加入 Contribution 字段,用来记录该用户对服务系统的贡献程度。

Service:从结构上说,T-DSES 使用服务数据结构 Service 来记录服务和服务组合的信息。每个服务或服务组合通过 Developer 字段与一个用户一一对应,该用户即为服务的开发者。在服务数据结构中,IsMashup 被用来区分存储的是一个具体的服务还是服务组合的信息。当记录的是一个服务组合的信息时,Composited 字段将存储该服务调用的成员服务集合 ms(i)。特别地,在服务数据结构服务中,T-DSES 使用 Status 字段来记录一个服务的具体状态。通常来说,一个服务或服务组合具有三种状态:

(1) 创造(Created):一个服务或服务组合已经被开发者创建,但因为没有开发完善或相关信息需要补充,还没有正式公开发布。

(2) 可用(Available):一个已经被正式发布的服务或服务组合,可以被服务开发者使用。

(3) 失效(Invalid):服务系统中的一个服务或服务组合以为外部或提供商本身的原因而逐渐消亡,变得不可用。

2. 基本功能实现

基于数据结构的定义,T-DSES 在智能合约中实现的 invoke 函数接口如表 8-5 所示。

表 8-5　智能合约中 invoke 函数接口

函　　数	功　　能
RegisterUser	注册新用户
RemoveUser	移除已存在的用户
QueryUser	查询用户信息
RegisterService	注册一个新的服务
PublishService	发布一个新创建的服务
InvalidateService	让一个服务失效
CreateMashup	创建一个服务组合
QueryService	查询一个服务组合信息
EditService	编辑服务或服务组合的信息
QueryServiceByUser	查询一个用户发布的所有服务
QueryServiceByRange	查询一定范围内的所有服务
CallService	请求服务的访问接口
GetSpecCallTime	查询一个用户访问某一服务的剩余访问次数
GetCallTimesOfService	查询某个服务所有用户的访问次数
ReduceCallTime	减少用户访问某一服务的剩余次数
RewardService	打赏一个服务开发商

表 8-5 中实现的 invoke 函数接口可以分为三类：用户相关函数、服务相关函数和激励相关函数。通过 INKchain 中提供的链码接口(Chaincode Stub Interfaces)GetSender，在编写智能合约的过程中，可以很方便地获取到当前函数调用者的身份(通过地址 Address 来唯一确定)。另外，结合 INKchain 封装的 Transfer 和 GetAccount 接口，T-DSES 还通过智能合约实现了去中心化服务系统架构中的相关经济激励措施，以促进服务系统的稳定繁荣发展。

3. 服务状态改变基本逻辑

基于本文对数据结构的设计，服务相关函数会使得服务系统中服务或服务组合的状态发生变化。服务状态随服务相关函数的变化情况如图 8-10 所示。

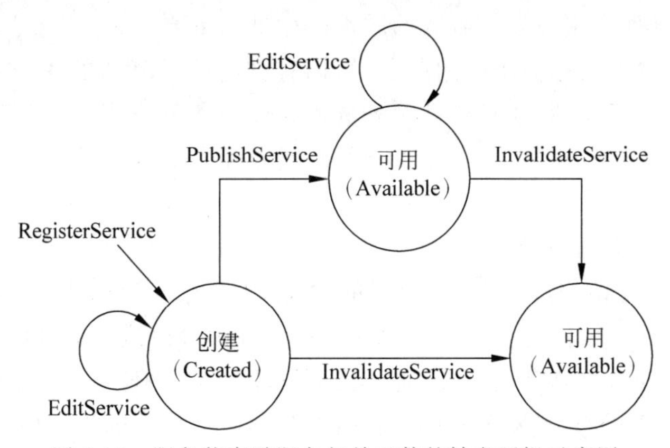

图 8-10　服务状态随服务相关函数的转变逻辑示意图

服务开发者通过调用智能合约 RegisterService 接口创建新的服务或服务组合。被创建的服务或服务组合会被先标记为创建(Created)状态。当相关功能开发完毕，以及服务相关信息补充完整后，当前服务或服务组合的开发者再通过 PublishService 接口发布服务，将服务标记为可用(Available)状态。可用状态下的服务信息可以被其他用户查询到，并能够被其他开发者调用以创建新的服务组合。因为一些主观或客观因素导致服务失效时，服务开发者通过调用 InvalidateService 接口将处于创建或可用状态的服务标记为失效。失效的服务信息不能被平台其他用户查询，也不能被用于新的服务组合的创建。同时，处于创建或可用状态的服务或服务组合的信息控制权完全属于对应开发者。开发者通过调用 EditService 接口修改服务或服务组合的相关信息。

4. 激励措施设计

T-DSES 从三个方面对系统中的经济激励方法进行了设计：用户贡献值衡量、服务组合创建激励机制和用户打赏机制。

1) 用户贡献值衡量

在用户数据结构的设计中，T-DSES 通过 Contribution 字段来衡量一个用户对当前服务系统的贡献值大小。当用户发布新的服务或服务组合时，Contribution 字段会发生改变。用户 i 对服务系统的贡献值通过下式计算：

$$contribution_i = \ln(n_s + n_m + 1) + \lambda \frac{n_i}{n_s}$$

上式从数量和质量上分别衡量当前用户对服务系统的贡献程度。$\ln(n_s + n_m + 1)$表示从数量层面对该用户贡献值的衡量。n_s 表示该用户发布的服务的总数，n_m 表示该用户发布的服务组合的总数。为了保持贡献值为正值，在公式的数量贡献衡量部分，在服务和服务组合总数的基础上加了 1。$\lambda \frac{n_i}{n_s}$表示从质量层面对该用户贡献值的衡量。当用户发布的服务被更多的服务组合调用时，该用户创建的服务的质量更高。n_{si} 表示用户 i 所创建的服务中，被服务组合调用过的服务总数。n_i 表示这些服务被调用的总次数。参数 λ 用来调节计算用户贡献值时对数量和质量衡量方面的偏好。此外，在衡量数量层面用户的贡献值时，对 $n_s + n_m + 1$ 的结果使用了对数。在服务系统中，服务组合的创建通过调用现有的服务，实现了服务商业应用价值的提升，与单纯地创建服务组合相比，对服务系统生态构建的贡献更大。因此衡量贡献值时，用户发布服务的质量往往更加重要。

当一个服务开发者根据需求选用服务时，拥有更高的贡献值的用户开发的服务通常具有更高的重用价值和可靠性，通常会被优先选用。而服务开发者会通过所开发服务的重用获得基于 SToken 的价值激励。因此，系统中的服务开发者往往偏向于开发更高质量的服务和服务组合。

2) 服务组合创建激励机制

基于 INKchain 支持自定义通证发行的功能，T-DSES 通过调用相关接口发行通证 SToken(Service Token)，作为在去中心化的服务系统中价值流传的基本媒介。系统中的经济激励措施基于 SToken 构建，通过该通证在不同用户的 INK 账户之间的流转，实现服务系统价值的流转，鼓励服务开发者和用户积极参与到服务系统的生态构建中，促进服务生态系统的稳定发展。

比如，当服务开发者调用智能合约的函数接口创建服务组合时，需要向调用的每个成员服务的开发者支付一定数额的 SToken 作为使用这些服务的成本。借助基于 SToken 的价值流转，服务开发者被激励，他们会更积极地创建具有高可用性和重用价值的高质量服务，从而促进服务系统的发展。

3）用户打赏机制

此外，借助智能合约 RewardService 函数接口，用户可以向某个特定服务或服务组合的开发者打赏任意数量的 SToken，作为这些开发者开发高质量服务的奖励。相关的功能同样可以通过 INKchain 提供的 Transfer 接口实现，在此不再赘述。

8.3.6 基于云主机的生产环境介绍

不论是 Fabric 联盟链还是 INKchain，都是基于 docker swarm 进行部署的。所有的 Peer、Orderer 和 Client 程序都是容器化部署的。本节基于对 Kubernetes 的介绍，概述基于云环境的 T-DSES 中的区块链网络的生产环境部署方法，包括从 Kubernetes 中的 Service 和 Namespace 维度的详细介绍。

1. Kubernetes 概述

Kubernetes 是一款开源的容器编排工具，它是一个可移植的、可扩展的开源平台，用于管理容器化的工作负载和服务，可促进声明式配置和自动化。Kubernetes 的架构遵循主从式（master-slave）架构，如图 8-11 所示。在 Kubernetes 中，有两种类型的节点：Master 和 Node。在实际部署中，每一个节点可以对应于一台用户本地的物理主机或者云环境下的一台虚拟机。节点的数量通常可以根据业务的需求做灵活的调整。

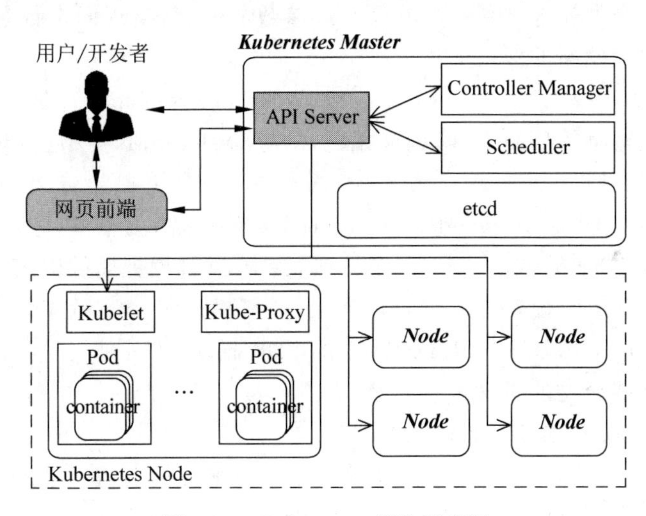

图 8-11　Kubernetes 架构示意图

（1）Master 节点：Master 节点是整个集群的中心控制节点，管理整个系统中的相关通信行为。为了实现系统的高可用，在 T-DSES 中，本书部署了一个 3 节点的 Mater 集群。Master 节点通常包括 API Server、Controller Manager 和 Scheduler 和 etcd 等模块。API Server 基于 HTTP 协议，提供内部和外部的通信接口，是 Master 节点的核心组件[41]。Controller Manager 会记录当前集群状态向目标集群状态转变的过程[43]。Scheduler 会记录每个节点的资源使用状态以保证资源的合理分配。etcd 是一个分布式的持久键值数据库，用来存储相关的配置文件[44]。

(2) Node 节点：Node 节点通常被部署在 docker 环境中。每个 Node 节点包括 Kubelet、Kube-proxy 和 Pod 等组成部分。Kubelet 用来监控当前节点的运行状态，确保每个部署在该节点上的容器都正常运行。Kube-proxy 则用于实现网络代理和负载均衡，并基于 Pod 的抽象提供相应的服务(Service)。Pod 是 Kubernetes 中调度的基础单元，每个 Pod 通常提供了一个容器化的环境，是部署微服务极其相应的依赖库的最基础的环境。

综上，基于 Kubernetes 搭建的生产环境，可以带来可维护性、灵活性、易用性，可以缩短因为故障或升级导致的业务宕机时间。这些特性也使得 T-DSES 基于 Kubernetes 部署的区块链网络更加高可用。

2. Kubernete 中的 Service

在 Kubernetes 中，服务(Service)是一系列 Pod 的集合。每个 Pod 会被打上相应的标签，具有相同标签的 Pod 会组成一个共同的服务，对外提供响应的功能。在 T-DSES 中，Kubernetes 中共有如下几种服务。

(1) CA Service：CA(Certification Authorization)是系统中用来进行证书管理的服务单元。它会给相关的组织或个人发放合法的基于 PKI 的身份认证，从而授权他可以根据智能合约定义的接口与区块链网络发生交互。

(2) Peer Service：Peer 服务主要实现 Peer 节点的相关功能，包括维护账本以及运行智能合约，并参与到区块链网络中交易(Transaction)的流程。

(3) Orderer Service：Orderer 服务是联盟链中实现共识机制的模块，将排序后的交易打包成新的 block 并发布到网络中。可以通过参数的配置，实现固定数量的交易后触发或是固定的时间间隔触发新的区块的生成。

(4) Kafka Service 和 Zookeeper Service：Kafka 和 Zookeeper 都是 Apache 软件基金会的开源项目。在联盟链的环境里，两者互相配合，与 Orderer 服务一起实现对多个交易的排序，实现网络的全局共识。

(5) Cli Service：Cli(Command Line Interface)服务提供了一些封装好的接口工具，如 Peer、Configtxlator、Cryptogen、Configtxgen 等，为 Peer 管理员提供调试区块链网络的相关工具和环境。

(6) Rest Service：用来部署 T-DSES 中的 SDK 模块，为外部提供与区块链网络交互的接口。接口基于智能合约的定义进行封装。

3. 基于 Namespace 组织的内部逻辑

在 Kubernetes 中，Namespace 被用来将系统的资源划分为互不重合的多个集合，适用于多个组织下的不同用户的使用场景，每个组织的资源通常使用一个 Namesapce 进行管理。

图 8-12 显示了在 T-DSES 中是如何使用 namespace 进行资源的逻辑管理。具体来说，在 T-DSES 的生产环境中，每个 namespace 对应一个具体的参与服务生态系统的组织。对于每个参与方来说，除了维护 Peer 之外，也需要相应的辅助 service 来提供相应的证书发放、调试等功能。因此，在每个组织对应的 namespace 中，部署有 Peer、CA、cli、Rest 等服务。Orderer 构成一个专门的 namespace，之中的 Zookeeper、Kafka、Orderer 三个服务均以集群的形式部署，来提升可用性，实现区块链网络中的共识机制。

综上，基于 Kubernetes 的环境，结合 namespace 进行组织对应的资源的划分，可以基于云

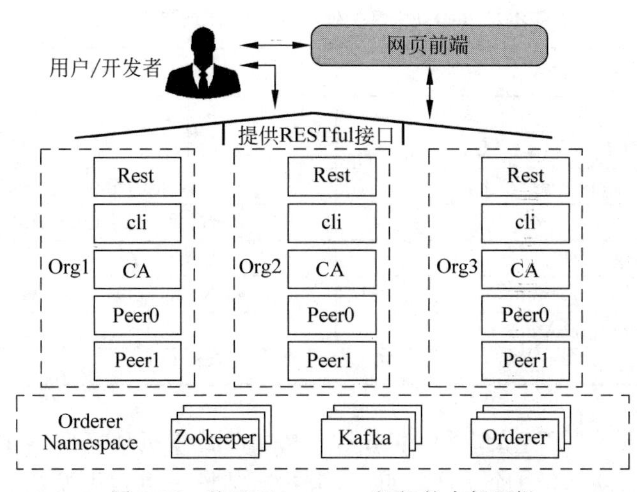

图 8-12 基于 Namespace 组织的内部逻辑

主机部署 T-DSES 的高可用的实际生产环境。整个环境的高可用性，既受益于 Kubernetes 本身的特性，也源自区块链网络底层架构以及业务侧的逻辑细分设计。

8.4 原型系统实践

8.4.1 服务互联网数据集

在本节的实验中使用实际数据集 ProgrammableWeb. com 进行原型系统的功能和性能测试。本书使用基于 ProgrammableWeb. com 创建的服务系统数据集作为实验的真实场景数据集。自成立以来，该平台不断地聚集服务开发者和服务使用者，构建了一个由 Web 服务(API)和服务组合组成的服务生态系统。ProgrammableWeb. com 平台拥有自己的管理和维护团队，充当着服务系统中的服务系统管理者角色。服务开发者不断地发布新的服务，并通过对现有服务的重用发布新的服务组合。目前，ProgrammableWeb. com 是服务计算领域公认的数据量较大的、较权威的公开数据集[45]。本书抓取了该网站自成立(2005 年 9 月)以来到 2016 年 12 月关于服务和服务组合的相关信息，构建 ProgrammableWeb. com 数据集。数据集的基本信息如表 8-6 所示。

表 8-6 ProgrammableWeb. com 数据集基本信息

服务(service)总数	14012
被服务组合(mashup)调用过的服务总数	1243
服务组合总数	6301
服务组合平均调用服务个数	2.06

8.4.2 生产环境搭建

在本节的实验中，底层 INKchain 选用 0. 13. 0 release 版本，作为 T-DSES 的区块链底层架构。其他相关软件和方法的详细参数如表 8-7 所示。

表 8-7 T-DSES 相关软件和方法详细参数说明

软件	版本
Inkchain	0.13.0
Inkchain SDK	0.17.4
OS of cloud machine	Ubuntu 16.04
Chaincode	Go 1.9.2 Linux/AMD64
Containerization	Docker 1.35
Container Management	Kubernetes 1.10.11
Digital Signature Alg.	ECDSA (256 bit key)
Hash Function	SHA-256

在实验环节，根据 3.2.7 的介绍，本书基于真实的云主机环境搭建 T-DSES 系统原型。在实验场景中，本书设定有 3 个不同的组织，来共同维护去中心化服务系统。其中，每个组织包含 2 个 Peer 节点。Orderer 集群则部署了 3 个节点。所有的 Peer、Orderer 和客户端程序均以容器化的形式部署。Kubernetes 中使用的基础云主机环境的配置为 2 核 4GB 内存。上述相关的生产环境的参数总结如表 8-8 所示。

表 8-8 T-DSES 基于云主机的生产环境配置参数

环境	配置
K8S Master	3 个 2c4g 云服务器
K8S Node	5 个 2c4g 云服务器
组织数量	3
每个组织 Peer 节点数量	2
集群 Orderer 节点数量	3
前端服务器	1 个 2c4g 云服务器

总的来说，T-DSES 系统的高可用性来源于四个方面：①Kubernetes 本身相关的功能特点，如 Scheduler 组件、资源隔离和冗余部署的机制等；②Peer 节点在每个组织下的冗余部署；③Orderer 服务的集群化冗余部署；④联盟链底层本身的相关高可用设计，所有 Peer 共同维护的账本需要达成共识后才会发生更改。

8.4.3 原型系统界面展示

1. 登录及注册界面

用户可以在该界面使用已有用户名登录，或者注册新的用户登录，用户在注册时需要提供姓名、介绍、以及选择“消费者”“服务供应商”以及“服务组合开发者”作为用户主要身份类型，新用户将获得一定 SToken 作为初始值(图 8-13)。

2. 平台主界面

该界面展示用户的信息，并提供了“用户轨迹”“查询服务”“发布服务”“查询服务组合”“发布服务组合”功能按钮，可以分别进入“用户行为”“服务信息”“发布服务”“服务组合信息”“发布服务组合”的展示和操作界面。单击“刷新”按钮会更新用户的 SToken 值(图 8-14)。

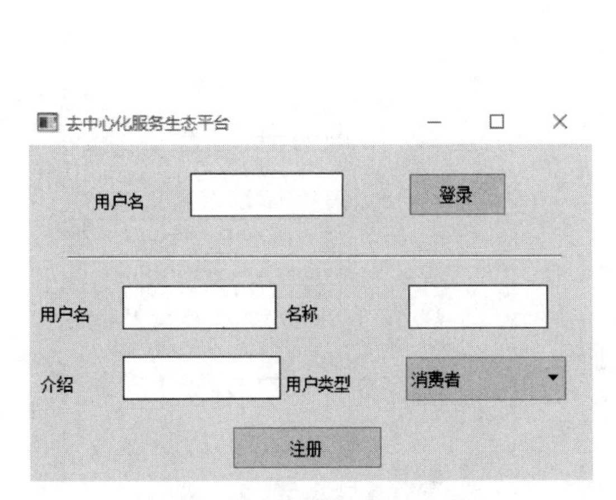

图 8-13　登录及注册界面

图 8-14　平台主界面

3. 用户行为展示界面

该界面会展示用户在该平台上的所有操作，以事件类型、事件描述、发生时间的方式展示。事件类型包括了发布服务、调用服务、调用服务组合、服务被调用、服务组合被调用(图 8-15)。

用户行为

	事件类型	事件描述	发生时间
1	发布服务	wuxing publishes Google	Thu Nov 26 11:30:17 UTC 2020
2	发布服务	wuxing publishes test_service	Thu Nov 26 19:31:25 UTC 2020
3	调用服务	wuxing invokes Google Maps	Thu Nov 26 14:47:16 UTC 2020
4	调用服务	wuxing invokes Google Maps	Thu Nov 26 15:12:13 UTC 2020
5	调用服务	wuxing invokes Google Maps	Thu Nov 26 15:23:32 UTC 2020
6	调用服务	wuxing invokes Google Maps	Thu Nov 26 15:25:23 UTC 2020
7	调用服务	wuxing invokes Google Maps	Thu Nov 26 15:25:36 UTC 2020
8	调用服务组合	wuxing invokes Product Vide...	Thu Nov 26 16:23:04 UTC 2020

图 8-15　用户行为展示界面

4. 服务信息展示界面

在该界面的列表中展示服务的信息，包括服务名称和服务描述(图 8-16)。若用户在上方输入框中输入服务名称，并单击“查询”按钮，可在列表中显示搜索到的服务信息。单击“查询所有”按钮，可以看到平台中所有已经发布的服务信息。选中其中一条服务记录，可以进入服务描述界面。

5. 服务描述界面

该界面会详细描述存储的服务所有信息，包括名称、提供商、类型、发布时间、服务描述、以及服务调用记录(图 8-17)。单击“调用”按钮，则会触发“服务调用”事件，调用记录窗口会更新并展示本次调用信息，包括调用用户、调用详情、调用时间。一定数量 SToken 将会从调用用户转移到服务提供商。

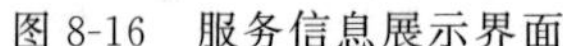
图 8-16　服务信息展示界面

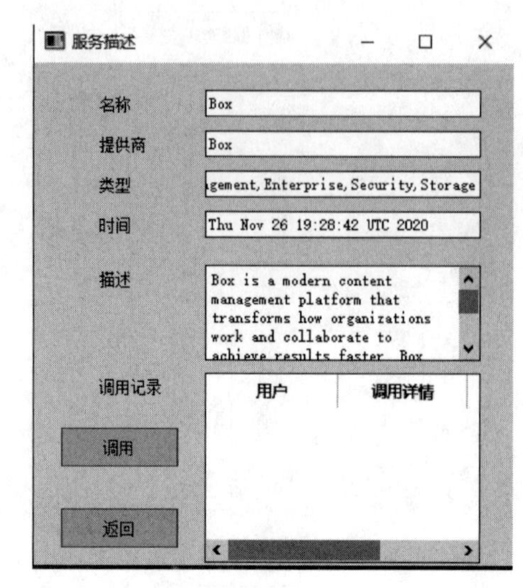

图 8-17　服务描述界面

6. 服务发布界面

用户在该界面输入发布服务的名称、种类及描述，即可将服务发布在平台，平台会自动生成服务发布时间，生成一条服务信息在相应界面展示以及供用户调用(图 8-18)。用户发布服务可以获得 SToken。

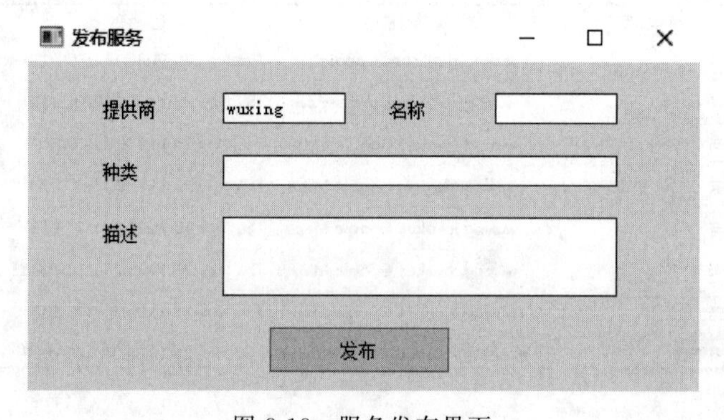

图 8-18　服务发布界面

7. 服务组合信息展示界面

在该界面的列表中展示服务组合的信息，包括服务组合名称和服务组合描述(图 8-19)。若用户在上方输入框中输入服务组合名称，并单击“查询”按钮，可在列表中显示搜索到的服务组合信息。单击“查询所有”按钮，可以看到平台中所有已经发布的服务组合信息。选中其中一条服务组合记录，可以进入服务组合描述界面。

8. 服务组合描述界面

该界面会详细描述存储的服务组合所有信息，包括名称、提供商、类型、发布时间、包含服务、服务描述以及服务调用记录(图 8-20)。单击“调用”按钮，则会触发“服务调用”事件，调用记录窗口会更新并展示本次调用信息，包括调用用户、调用详情、调用时间。一定数量 Token 将会从调用用户转移到服务组合开发者。

图 8-19　服务组合信息展示界面

9. 服务组合发布界面

用户在该界面发布服务组合,需要用户输入服务组合名称、种类、描述,并添加组成的服务(图 8-21)。在"添加服务"按钮下方输入服务名称,即可逐个添加服务,该服务组合包含的所有服务将会显示在服务组成窗口。平台会自动生成服务组合发布时间,生成一条服务组合信息在相应界面展示以供用户调用。用户发布服务组合可以获得 SToken。

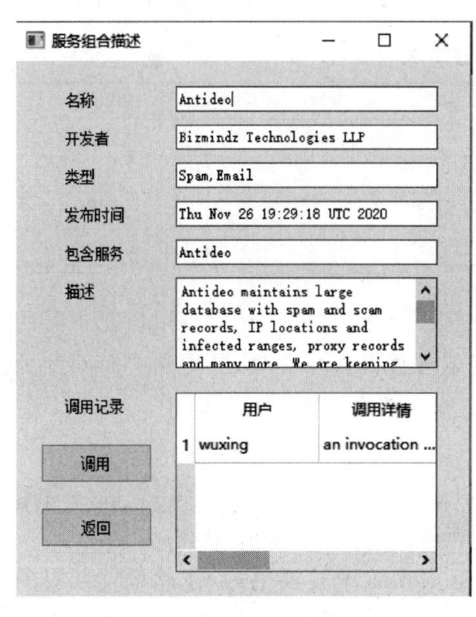

图 8-20　服务组合描述界面

图 8-21　服务组合发布界面

8.4.4　性能分析

T-DSES 系统设计的初衷,是构建一个自组织、稳定运行的实用的去中心化服务系统。

在联盟链的链码(智能合约)中,Invoke 和 Query 是两个最基础的接口类型,分别用于修改和查询区块链账本中的相关信息。因此,本节分别从 invoke 和 query 两种调用角度来对 T-DSES 系统的性能进行评估。

1. Invoke 接口性能评估

以 ProgrammableWeb. com 为例,自从 2005 年成立以来,直到 2017 年 12 月,平均每天发布的服务数量为 4.10 个。其中,每天发布服务的峰值约为 110 个,发布服务组合的峰值约为 40 个。这些数值远远小于超级账本 Fabric 的基本性能[46]。综上所述,TDSES 中涉及区块链网络账本状态改变的操作频次需求远远低于超级账本 Fabric 所提供的基础性能。

INKchain 在超级账本 Fabric 的基础上,通过改变区块结构,在 Fabric 原有读写集(Read-Write Set)的基础上新增转移集(Transfer Set),进一步提升了涉及通证流转的相关操作的性能。通过使用 Hyperledger 官方的性能测试工具 Calipher,本书提前配置了 5000 个用户 INK 账户,在随机两个账户间发起 Transfer 操作,持续一小时。经测试,TPS (Transactions Per Second)约为 2000。因此,即使综合考虑上在创建新的服务组合或者打赏相关服务时所产生的 invoke 操作,当前 INKchain 的性能是满足去中心化服务生态系统 T-DSES 的性能需求的。

2. Query 接口性能评估

本书中,为了测试 Query 类接口的性能,通过 registerService 函数在 T-DSES 的生产环境中导入不同数量的服务信息,测试 Query 接口的访问延时。实验中,将 T-DSES 中存储的服务信息的数量从 4000 以 2000 的间隔增加到 10000。同时,在每个固定的服务信息数量下,Query 请求的并发数也从 1 逐渐增加到 200,持续测试 20min。实验结果如表 8-9 所示。

表 8-9 Query 性能实验结果

# of Trans. Data	4000	6000	8000	10000
# of Total Request	123149	126479	126066	125989
# of Failed Request	2	3	2	4
Request Success Rate(%)	100	100	100	100
Avg. Response Time(ms)	525.63	1027.07	1021.54	1030.83

表 8-9 中的实验结果表明,基于本书在云主机上部署的 T-DSES 的生产环境,在不同的场景下,请求成功率均接近 100%。当 Query 的并发请求数量为 200 时,平均相应时间约为 1030ms。综上,T-DSES 中区块链网络的 Query 性能能够满足实际应用的需求。

3. 鲁棒性测试

为了对系统的鲁棒性展开测试,本书通过人工制造故障后,再通过智能合约接口发起 invoke 交易请求,并通过对应的 Query 接口查询,以确认系统是否仍能够正常运行。

基于 3.3.2 节搭建的 T-DSES 的生产环境是基于 Kafka 形成共识的,在此设置部署的智能合约 service. go 的背书策略为"Necessary for Org 1",即一定需要第一个组织进行交易的背书确认。在这样的设置下,通过实验可以发现,只要第一个组织中的任意一台 Peer 节点以及系统中的 Orderer 集群能够正常工作,T-DSES 仍然能够提供相应的服务。

更进一步,本书另外部署了一套基于 BFT 共识机制的生产环境。在这个测试环境里,经过测试,只要半数以上的 Peer 节点正常运行,整个系统就能够正常提供服务。

参考文献

[1] https://www.programmableweb.com/.

[2] https://www.stateofthedapps.com/zh.

[3] Nakamoto S. Bitcoin: A peer-to-peer electronic cash system[J]. Consulted,2008: 1-2.

[4] 李赫,孙继飞,杨泳,等.基于区块链2.0的以太坊初探[J].中国金融电脑,2017(6): 57-60.

[5] Ulieru M. Blockchain 2.0 and beyond: Adhocracies[M]. Springer International Publishing,2016.

[6] HuangK,Fan Y,Tan W,et al. BSNet: a network-based framework for service-oriented business ecosystem management[J]. Concurrency and Computation: Practice and Experience,2013,25(13): 1861-1878.

[7] LiuY,Fan Y,Huang K. Service Ecosystem Evolution and Controlling: A Research Framework for the Effects of Dynamic Services[C]//International Conference on Service Sciences. IEEE,2013.

[8] Gao Z,Fan Y,Wu C,et al DSES: A Blockchain-Powered Decentralized Service Eco-System[C]//2018 IEEE 11th International Conference on Cloud Computing (CLOUD),San Francisco,CA,2018.

[9] Zhang W,Yuan Y,Hu Y,A. Chopra,S. Huang. A Privacy-Preserving Voting Protocol on Blockchain. 2018 IEEE 11th International Conference on Cloud Computing (CLOUD),San Francisco,CA,2018: 401-408.

[10] Malamas V,Dasaklis T,Kotzanikolaou P,etal,A Forensics-by-Design Management Framework for Medical Devices Based on Blockchain[C]//2019 IEEE World Congress on Services (SERVICES), Milan,Italy,2019: 34-40.

[11] Anh D TT,Zhang M,Ooi B C,et al. Untangling blockchain: A data processing view of blockchain systems[J]. IEEE Transactions on Knowledge and Data Engineering,2017,(99): 1-1.

[12] 李伟.区块链、数字货币与金融安全[J].高科技与产业化,2017(7): 34-37.

[13] https://github.com/inklabsfoundation/inkchain.

[14] Singh G,et al. A Study of Encyption Algorithms (RSA,DES,3DES and AES) for Information Security[J]. International Journal of Computer Applications,2013,67(19): 33-38.

[15] 丁勇.椭圆曲线密码快速算法理论[M].北京: 人民邮电出版社,2012.

[16] https://github.com/inklabsfoundation/inkchain-sdk.

[17] Stanciu A. Blockchain based distributed control system for edge computing [C]//International Conference on Control Systems and Computer Science,2017: 667-671.

[18] Yi X. Hash function based on chaotic tent maps[J]. IEEE Transactions on Circuits & Systems Ⅱ Express Briefs,2005,52(6): 354-357.

[19] Merkle R C. A certified digital signature [C]//Conference on the Theory and Application of Cryptology. [S. l.]: Springer,1989: 218-238.

[20] https://kafka.qpqche.org.

[21] Dikaleh S,Sheikh O,Felix C. Introduction to Kubernetes[C]//Proceedings of the 27th Annual International Conference on Computer Science and Software Engineering,2017. 300-310.

[22] Ellingwood J,An Introduction to Kubernetes[J]. Retrieved April,2017(15).

[23] Sayfan G Mastering Kubernetes[M]. Packt Publishing Ltd,2017.

[24] Truyen E,Van Landuyt D,Reniers V,etal. Towards a container-based architecture for multitenant saas applications,[C]//Proceedings of the 15th International Workshop on Adaptive and Reflective Middleware. ACM,2016: 1-6.

[25] Pahl C,Lee B Containers and clusters for edge cloud architectures-a technology review[C]//in 2015

3rd international conference on future internet of things and cloud. IEEE,2015：379-386.

[26] Huang K,Fan Y,Tan W. An empirical study of programmable web：A network analysis on a service-mashup system[C]//IEEE International Conference on Web Services. Honolulu,HI,IEEE Computer Society,2012：552-559.

[27] Dinh T T A,Liu R,Zhang M,et al. Untangling blockchain：A data processing view of blockchain systems[J]. arXiv,2017：1708.